国家级一流本科专业建设成果教材

高等院校智能制造应用型人才培养系列教材

机械制造技术基础

赵元　于欢　主编
张丽娜　邢艳　副主编

Technical Foundation of
Mechanical Manufacturing

化学工业出版社
·北京·

内 容 简 介

《机械制造技术基础》是根据应用型本科院校“国一流”专业——机械设计制造及其自动化专业的基本要求编写的。全书从培养学生的综合职业能力出发，基于OBE（成果导向教育）的教育教学理念，以机械加工工艺过程编制为主线，从工艺系统（刀具、夹具、机床、工件）角度将轴类、盘盖类、箱体类典型零件加工时的金属切削特点、机械加工质量、加工工艺流程、装配工艺基础有机地结合起来，注重培养学生综合的工程实践应用能力。

全书共分6章，内容主要包括金属切削原理、金属切削机床与刀具、机床夹具设计、机械加工质量分析、机械加工工艺规程、机械装配工艺基础。

本书适合用作应用型本科院校机械类专业的专业基础课教材，也可供其他有关专业的师生及从事相关专业的工程技术人员参考。

图书在版编目（CIP）数据

机械制造技术基础/赵元，于欢主编. —北京：化学工业出版社，2024.1

高等院校智能制造应用型人才培养系列教材

ISBN 978-7-122-44348-9

Ⅰ. ①机… Ⅱ. ①赵…②于… Ⅲ. ①机械制造工艺-高等学校-教材 Ⅳ. ①TH16

中国国家版本馆CIP数据核字（2023）第201303号

责任编辑：张海丽　　文字编辑：张　琳

责任校对：刘曦阳　　装帧设计：韩　飞

出版发行：化学工业出版社（北京市东城区青年湖南街13号　邮政编码100011）

印　　刷：北京云浩印刷有限责任公司

装　　订：三河市振勇印装有限公司

787mm×1092mm　1/16　印张21　字数508千字　2024年2月北京第1版第1次印刷

购书咨询：010-64518888　　售后服务：010-64518899

网　　址：http://www.cip.com.cn

凡购买本书，如有缺损质量问题，本社销售中心负责调换。

定　　价：69.00元

高等院校智能制造应用型人才培养系列教材
建设委员会

序

党的二十大报告指出，要建设现代化产业体系，坚持把发展经济的着力点放在实体经济上，推进新型工业化，加快建设制造强国、质量强国、航天强国、交通强国、网络强国、数字中国。实施产业基础再造工程和重大技术装备攻关工程，支持专精特新企业发展，推动制造业高端化、智能化、绿色化发展。推动战略性新兴产业融合集群发展，构建新一代信息技术、人工智能、生物技术、新能源、新材料、高端装备、绿色环保等一批新的增长引擎。其中，制造强国、高端装备等重点工作都与智能制造相关，可以说，智能制造是我国从制造大国转向制造强国、构建中国制造业全球优势的主要路径。

制造业是一个国家的立国之本、强国之基，历来是世界各主要工业国高度重视和发展的重要领域。改革开放以来，我国综合国力得到稳步提升，到 2011 年中国工业总产值全球第一，分别是美国、德国、日本的 120%、346%和 235%。党的十八大以来，我国进入了新时代，发展的格局更为宏大，“一带一路”倡议和制造强国战略使我国工业正在实现从大到强的转变。我国不但建立了全球最为齐全的工业体系，而且在许多重大装备领域取得突破，特别是在三代核电、特高压输电、特大型水电站、大型炼化工、油气长输管线、大型矿山采掘与炼矿综采重点工程建设项目、重大成套装备、高端装备、航空航天等领域取得了丰硕成果，补齐了短板，打破了国外垄断，解决了许多“卡脖子”难题，为推动重大技术装备高质量发展，实现我国高水平科技自立自强奠定了坚实基础。进入新时代的十年，制造业增加值从 2012 年的 16.98 万亿元增加到 2021 年的 31.4 万亿元，占全球比重从 20%左右提高到近 30%；500 种主要工业产品中，我国有四成以上产量位居世界第一；建成全球规模最大、技术领先的网络基础设施……一个个亮眼的数据，一项项提气的成就，勾勒出十年间大国制造的非凡足迹，标志着我国迎来从“制造大国”“网络大国”向“制造强国”“网络强国”的历史性跨越。

最早提出智能制造概念的是美国人 P.K.Wright，他在其 1988 年出版的专著 *Manufacturing Intelligence*（《制造智能》）中，把智能制造定义为“通过集成知识工程、制造软件系统、机器人视觉和机器人控制来对制造技工们的技能与专家知识进行建模，以使智能机器能够在没有人工干预的情况下进行小批量生产”。当然，因为智能制造仍处在发展阶段，各种定义层出不穷，国内外有不同专家给出了不同的定义，但智能机器、智能传感、智能算法、智能设计、解决制造过程中不确定问题的智能方法、智能维护是智能制造的核心关键词。

从人才培养的角度而言，实现智能制造还任重道远，人才紧缺的局面很难在短时间内扭转，相关高校师资力量也不足。据不完全统计，近五年来，全国有 300 多所高校开办了智能制造专业，其中既有双一流高校，也有许多地方院校和民办高校，人才培养定位、课程体系、教材建设、实践环节都面临一系列问题，严重制约着我国智能制造业未来的长远发展。在此情况下，如何培养出适应不同行业、不同岗位要求的智能制造专业人才，是许多开设该专业的高校面临的首要任务。

智能制造的特点决定了其人才培养模式区别于其他传统工科：首先，智能制造是跨专业的，其所涉及的知识几乎与所有工科门类有关；其次，智能制造是跨行业的，其核心技术不仅覆盖所有制造行业，也适用于某些非制造行业。因此，智能制造人才培养既要考虑本校专业特色，又不能脱离社会对智能制造人才的需求，既要遵循教育的基本规律，又要创新教育体系和教学方法。在课程设置中要充分考虑以下因素：

- 考虑不同类型学校的定位和特色；
- 考虑学生已有知识基础和结构；
- 考虑适应某些行业需求，如流程制造、离散制造、混合制造等；
- 考虑适应不同生产模式，如多品种、小批量生产、大批量生产等；
- 考虑让学生了解智能制造相关前沿技术；
- 考虑兼顾应用型、技能型、研究型岗位需求等。

改革开放 40 多年来，我国的高等教育突飞猛进，高等教育的毛入学率从 1978 年的 1.55%提高到 2021 年的 57.8%，进入了普及化教育阶段，这就意味着高等教育担负的历史使命、受教育的对象都发生了深刻的变化。面对地方应用型高校生源差异化大，因材施教，做好智能制造应用型人才培养，解决高校智能制造应用型人才培养的教材需求就是本系列教材的使命和定位。

要解决好这个问题，首先要有一个好的定位，有一个明确的认识，这套教材定位于智能制造应用型人才培养需求，就是要解决应用型人才培养的知识体系如何构造，智能制造应用型人才的课程内容如何搭建。我们知道，应用型高校学生培养的主要目的是为应用型学科专业的学生打牢一定的理论功底，为培养德才兼备、五育并举的应用型人才服务，因此在课程体系、基础课程、专业教育、实践能力培养上与传统综合性大学和"双一流"学校比较应有不同的侧重，应更着眼于学生的实用性需求，应满足社会对应用技术人才的需求，满足社会实际生产和社会实际发展的需求，更要考虑这些学校学生的实际，也就是要面向社会发展需求，为社会各行各业培养"适销对路"的专业人才。因此，在人才培养的过程中，对实践环节的要求更高，要非常注重理论和实践相结合。据此，在应用型人才培养模式的构建上，从培养方案、课程体系、教学内容、教学方式、教材建设上都应注重应用型人才培养的规律，这正是我们编写这套应用型高校智能制造相关专业教材的目的。

这套教材的突出特色有以下几点：

① 定位于应用型。这套教材不仅有适应智能制造应用型人才培养的专业主干课程和选修课程教材，还有基于机械类专业向智能制造转型的专业基础课教材，专业基础课教材的编写中以应用为导

向，突出理论的应用价值。在编写中引入现代教学方法和手段，结合教学软件和工业仿真软件，使理论教学更为生动化、具象化，努力实现理论课程通向专业教学的桥梁作用。例如，在制图课程中较多地使用工业界成熟设计软件，使学生掌握比较扎实的软件设计能力；在工程力学教学中引入有限元软件，实现设计计算的有限元化；在机械设计中引入模块化设计的概念；在控制工程中引入MATLAB 仿真和计算机编程内容，实现基础教学内容的更新和对专业教育的支撑，凸显应用型人才培养模式的特点。

② 专业教材突出实用性、模块化、柔性化。智能制造技术是利用先进的制造技术，以及数字化、网络化、智能化等知识和控制理论来解决制造过程中不确定和非固定模式的问题，使得制造过程具有智能的技术，它的特点是综合性和知识内涵的丰富性以及知识本身的创新性。因此，在教材建设上与以前传统的知识技术技能模式应有大的区别，更应注重对学生理念、意识、认知、思维方式和系统解决问题能力的培养。同时考虑到各行业、各地和各校发展阶段和实际办学水平的不同，希望这套教材尽可能为各校合理选择教学内容提供一个模块化、积木式结构，并在实际编写中尽量提供项目化案例，以便学校根据具体情况做柔性化选择。

③ 本系列教材注重数字资源建设，更多地采用多媒体的互动方式，如配套课件、教学视频、测试题等，使教材呈现形式多样化，数字内容更为丰富。

由于编写时间紧张，智能制造技术日新月异，编写人员专业水平有限，书中难免有不当之处，敬请读者及时批评指正。

高等院校智能制造应用型人才培养系列教材建设委员会

前 言

“机械制造技术基础”是机械类专业的专业基础课，是一门综合性、实践性较强的课程。通过本课程的学习，学生能够掌握机械制造技术的基本知识和基础理论，主要包括金属切削原理、金属切削刀具、金属切削机床、机床夹具设计原理、机械加工质量、工艺规程设计等方面的内容；通过本课程的学习，学生能为后续专业课的学习、毕业设计以及毕业后从事机械设计与制造类的工作打下基础。

党的十九大报告明确提出，要培养造就一大批具有国际水平的战略科技人才、科技领军人才、青年科技人才和高水平创新团队。报告中也明确提出了深化产教融合。为顺应应用创新型人才培养方案的需求，促进教育链、人才链与产业链、创新链有机衔接，本书中的内容体现了理论教学与实践教学的交融性，每一章都有项目任务与项目实施，知识内容以项目为载体进行分解，让学生体会做中学、学中做，理论与实际融为一体。除此之外，本书中每一章都设置了思维导图，让读者能够对章节内容有一个清晰的认识，了解各个具体项目用到的知识内容是什么。

党的二十大报告提出，深化教育领域综合改革，加强教材建设和管理；推进教育数字化，建设全民终身学习的学习型社会、学习型大国。基于此，为方便教师使用和学生学习，本书制作了配套课件，并提供各章的习题答案，供使用者参考。读者可扫描封底或每章首的二维码下载本教材配套电子资源。

本书按 60 左右学时的教学计划编写，在使用时可根据实际教学计划和学时安排酌情增减有关内容。

本书由赵元教授、于欢副教授主编，并完成全书的统稿工作。本书第 1 章由于欢编写，第 2 章由侯剑锋、齐胜编写，第 3 章由朱晓慧、于婧超编写，第 4 章由于欢、张丽娜编写，第 5 章由赵元编写，第 6 章由赵元、邢艳编写。

本书在编写过程中参考了一些专家和同行的有关文献，在此，谨向他们表示衷心的感谢！

由于编者水平有限，书中不足之处在所难免，诚恳希望广大读者批评指正。

编者

扫码下载本书电子资源

目 录

第1章 金属切削原理 1

第1章

金属切削原理

本章思维导图

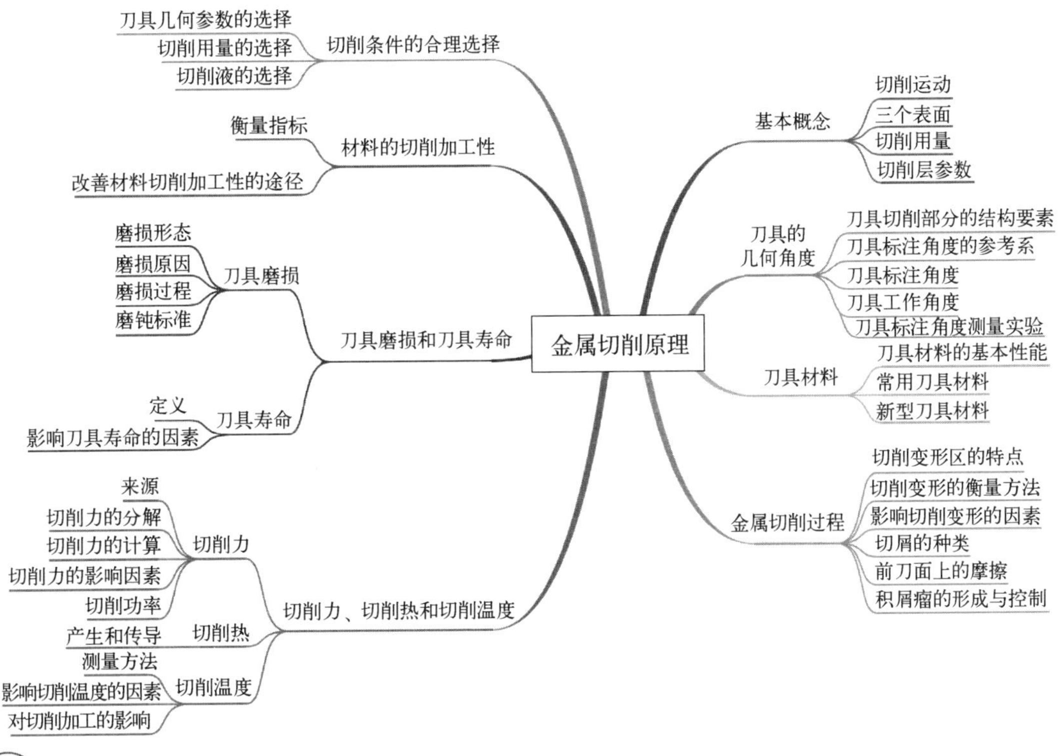

知识目标

（1）熟悉切削运动与切削用量的基本概念；

（2）熟悉刀具切削部分的构成；

（3）掌握刀具标注角度的相关知识；
（4）了解刀具工作角度的相关知识；
（5）熟悉刀具材料的相关知识；
（6）熟悉金属切削过程中的各种物理现象及其产生原因。

能力目标

（1）具备根据工件材料选择刀具材料的能力；
（2）具备根据加工工件结构选择刀具角度的能力；
（3）具备结合加工过程中的物理现象，判断加工不合格因素的能力。

思政目标

（1）具有从局部到整体的全局观；
（2）具备团队合作的能力，以及具备团队领导者的能力。

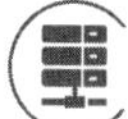

项目引入

图 1.1 为减速器中的输出轴，该零件为典型的阶梯轴。技术要求：①未注圆角 $R1$；②保留中心孔；③调质处理 28~32HRC；④材料 45 钢。加工该轴时，应选择哪种刀具材料？刀具角度应如何选择？加工后检验 $\phi 80$ 轴段尺寸偏小，是什么原因导致的不合格？

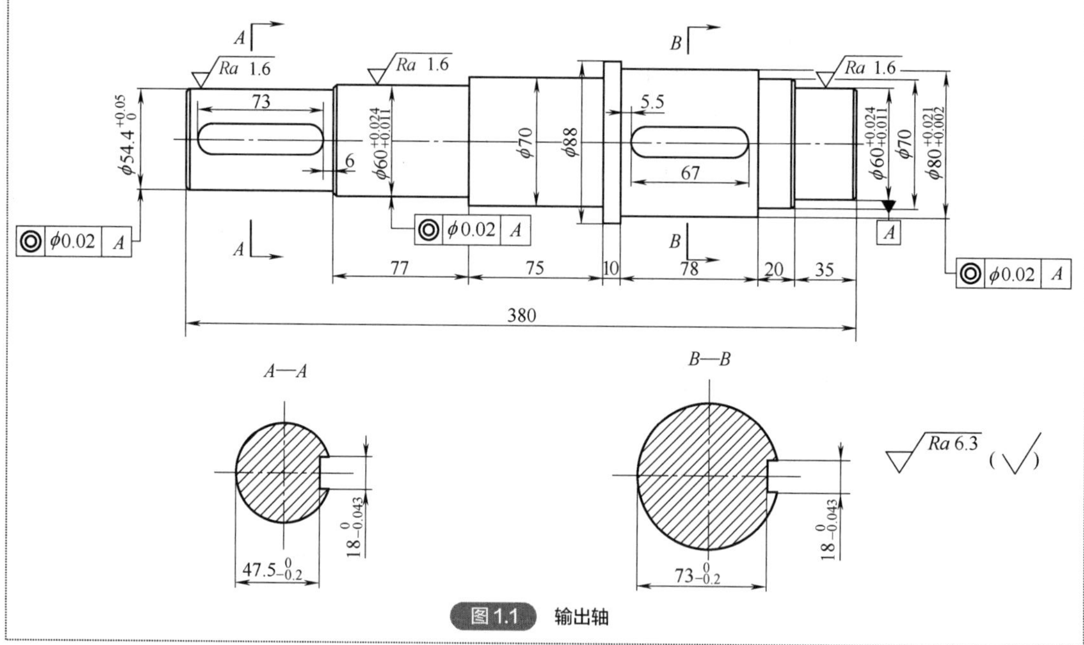

图 1.1 输出轴

1.1 概述

1.1.1 切削运动

金属切削加工是利用金属切削刀具切去工件毛坯上多余的金属层（加工余量），以获得一定的尺寸精度、几何精度和表面质量的机械加工方法。刀具的切削作用是通过刀具与工件之间的相互作用和相对运动来实现的。

刀具与工件间的相对运动称为**切削运动，即表面成形运动**。切削运动可分解为主运动和进给运动。

① **主运动**　使刀具和工件产生相对运动以进行切削的运动，是切下切屑所需的最基本的运动。在切削运动中，通常**主运动的速度最高，消耗的机床功率最大**。

例如：车削外圆柱面时，工件的旋转运动、铣削时铣刀的旋转运动都是主运动。其他切削加工方法中的主运动也同样是由工件或刀具来完成的，其形式**可以是旋转运动**（如车削、铣削、钻削、磨削、镗削），**也可以是直线运动**（如刨削、拉削），**每种切削加工方法的主运动通常只有一个**。

② **进给运动**　多余材料不断被投入切削，从而加工出完整表面所需的运动。通常，**进给运动的速度与消耗的功率比主运动的小**。

例如：车削外圆柱面时刀具的纵向或横向运动、铣削时工件的直线移动都是进给运动。其他切削加工方法中，也是由工件或刀具来完成进给运动。**进给运动可以是间歇的**（如刨削中工作台的间歇进给），**也可以是连续的**（如车削中车刀的移动、铣削中工作台的移动、平面磨削中工作台的移动、钻削中刀具的移动等），**进给运动可以有一个**（如拉削）**或几个**（如磨削等）。

一般地，切削运动及其方向用切削运动的速度矢量来表示。其中，主运动切削速度用 $\boldsymbol{v}_c$ 表示；进给速度用 $\boldsymbol{v}_f$ 表示；主运动与进给运动合成后的运动，称为合成切削运动，速度用 $\boldsymbol{v}_e$ 表示，如图 1.2 所示。切削工件外圆时，合成切削运动速度 $\boldsymbol{v}_e$ 的大小和方向如下：

$$\boldsymbol{v}_e=\boldsymbol{v}_c+\boldsymbol{v}_f \tag{1.1}$$

主运动方向是在不考虑进给运动的情况下，切削刃上选定点相对于工件的瞬时运动方向；**进给运动方向**是在不考虑主运动的情况下，切削刃上选定点相对于工件的瞬时运动方向。

1.1.2　切削表面

在切削过程中，工件上始终存在着 3 个不断变化的表面，如图 1.2 所示。

① **已加工表面**　工件上已切去切屑的表面。

② **待加工表面**　工件上即将被切去切屑的表面。

③ **加工表面**（也称切削表面、过渡表面）　工件上正在被切削的表面，它是待加工表面和已加工表面之间的过渡部位。

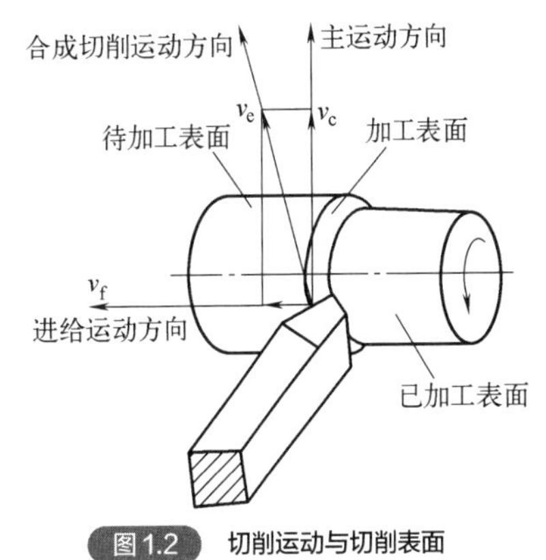

图 1.2　切削运动与切削表面

1.1.3　切削用量三要素

切削用量是切削时各运动参数的总称，包括切削速度、进给量和背吃刀量（切削深度）三要素，它们是调整机床运动的依据。图 1.3 中分别示意了车外圆、车端面、铣平面、钻孔、镗孔时的切削用量。

① **切削速度 $\boldsymbol{v}_c$**　在单位时间内，工件或刀具沿主运动方向的相对位移，单位为 m/s。

若主运动为旋转运动，则计算公式为式（1.2）：

$$v_c = \frac{\pi d_w n}{1000 \times 60} \tag{1.2}$$

式中　d_w——工件待加工表面或刀具的最大直径，mm；

n——工件或刀具每分钟转数，r/min。

主运动为往复直线运动（如刨削），常用其平均速度作为切削速度 v_c（单位是 m/s），计算公式为式（1.3）：

$$v_c = \frac{2Ln_r}{1000 \times 60} \tag{1.3}$$

式中　L——往复直线运动的行程长度，mm；

n_r——主运动每分钟的往复次数，次 / min。

② **进给量 f**　在主运动每转一转或每一行程时（或单位时间内），刀具与工件之间沿进给运动方向的相对位移，单位是 mm/r（用于车削、镗削等）或 mm/行程（用于刨削、磨削等）。进给速度 v_f（单位是 mm/s）与进给量 f 或每齿进给量 f_z（用于铣刀、铰刀等多刃刀具，单位是 mm/z）的关系见式（1.4）：

$$v_f = nf = nzf_z \tag{1.4}$$

式中　z——刀具齿数。

③ **背吃刀量（切削深度）a_p**　待加工表面与已加工表面之间的垂直距离，单位是 mm。车削外圆时背吃刀量见式（1.5）：

$$a_p = \frac{d_w - d_m}{2} \tag{1.5}$$

钻孔时背吃刀量见式（1.6）：

$$a_p = \frac{d_m}{2} \tag{1.6}$$

式中　d_w、d_m——待加工表面和已加工表面的直径，mm。

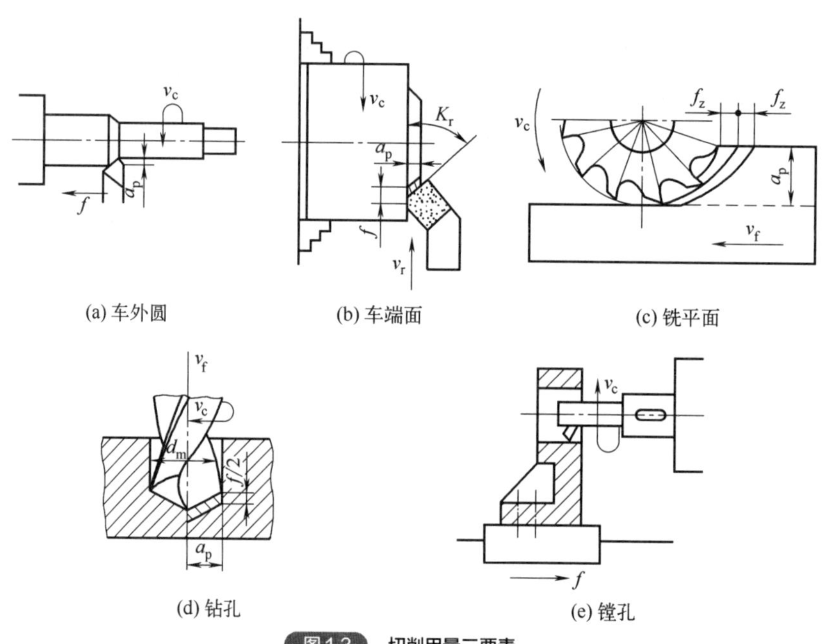

图 1.3　切削用量三要素

1.1.4 切削层参数

以外圆纵车为例，如图 1.4 所示，车刀主切削刃上任意一点相对于工件的运动轨迹是一条空间螺旋线。当刃倾角等于零时，主切削刃所切出的过渡表面为螺旋面。工件每转一转，车刀沿工件轴线移动一段距离，即进给量。这时，切削刃从过渡表面Ⅰ的位置移到相邻过渡表面Ⅱ的位置上，此时Ⅰ、Ⅱ之间的金属层转变为切屑。**切削层**是指工件上正被切削刃切削的一层金属，亦即相邻两个加工表面之间的一层金属。切削层的大小反映了切削刃所受载荷的大小，直接影响到加工质量、生产率和刀具的磨损等。

在外圆纵车时，当 $K_r' = 0$、刃倾角 λ_s=0 时，切削层的截面形状为一平行四边形；当 K_r=90°时为矩形，其底边尺寸等于进给量 f，高等于背吃刀量 a_p。

为了简化计算工作，切削层的表面形状和尺寸，通常都在垂直于切削速度 v_c 的基面 P_r 内观察和测量。切削层参数见图 1.4。

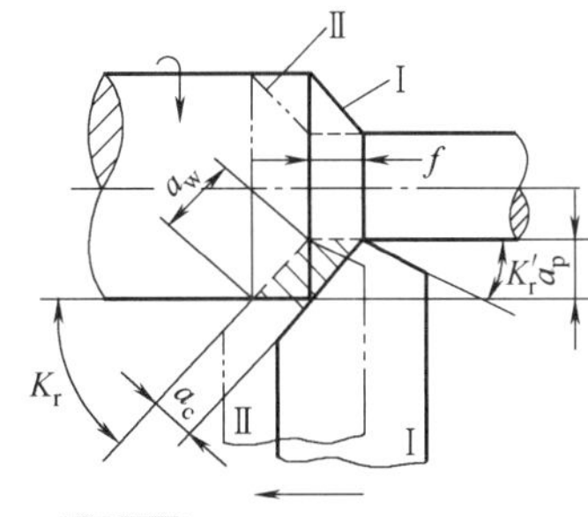

图 1.4 切削用量与切削层参数

① **切削宽度 a_w** 沿主切削刃方向度量的切削层尺寸，单位是 mm。车外圆时切削宽度见式（1.7）：

$$a_w = \frac{a_p}{\sin K_r} \tag{1.7}$$

式中 K_r——切削刃和工件轴线之间的夹角。

② **切削厚度 a_c** 两相邻加工表面间的垂直距离，单位是 mm。车外圆时切削厚度见式（1.8）：

$$a_c = f \sin K_r \tag{1.8}$$

③ **切削层面积 A_c** 切削层垂直于切削速度截面内的面积，单位是 mm^2。该切削面积为名义切削面积，即副偏角（K_r'）为零时的面积，当副偏角不为零时，实际切削面积等于名义切削面积与残余面积的差值（图 1.4 中阴影部位为残余面积）。车外圆时切削层面积见式（1.9）：

$$A_c = a_w a_c = a_p f \tag{1.9}$$

从式（1.7）和式（1.8）中可得出，f 与 a_p 在一定的条件下，主偏角 K_r 越大，切削厚度 a_c 也就越大，但切削宽度 a_w 越小；主偏角 K_r 越小，切削厚度 a_c 也就越小，但切削宽度 a_w 越大；当 K_r=90°时，a_c=f，a_w=a_p。值得注意的是，当切削刃为曲线时，切削刃各点对应的主偏角是不同的，因此各点所对应的切削厚度也是不同的。

1.2 刀具角度

1.2.1 刀具切削部分的组成

随着机械制造技术的不断发展，用于金属切削加工的刀具也在不断地革新，从外形到切削性能都在不断优化，但不论刀具形式如何，其切削部分的几何形状和参数都与车刀有着共同之处。各种多刃刀具或复杂刀具，就其一个刀齿而言，都可近似看作一把车刀的切削部分。因此，外圆车刀是最基本、最典型的切削刀具。

如图 1.5 所示，外圆车刀由刀头和刀体两部分构成。其中，刀体是夹持部分，刀头部分承担切削工作。其切削部分（即刀头）由前面、主后面、副后面、主切削刃、副切削刃和刀尖组成，简称“三面两刃一尖”。其定义分别为：

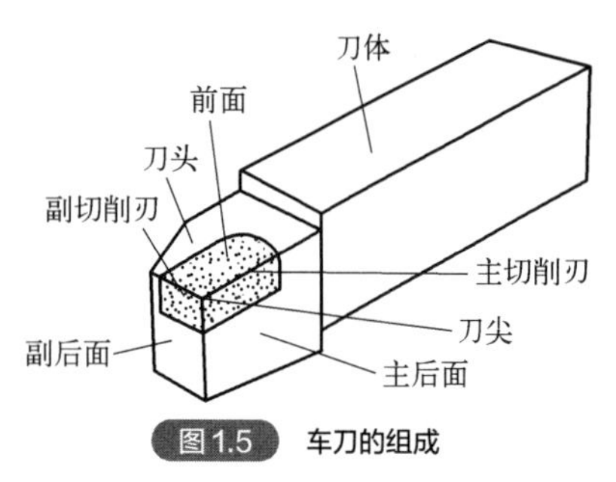

图 1.5 车刀的组成

① **前面（前刀面）A_γ** 刀具上与切屑接触并相互作用的表面（或切屑流经的表面）。

② **主后面（主后刀面）A_α** 刀具上与工件过渡表面相对的表面。

③ **副后面（副后刀面）A'_α** 刀具上与工件已加工表面相对的表面。

④ **主切削刃 S** 前刀面与主后刀面的交线，它完成主要的切削工作。

⑤ **副切削刃 S'** 前刀面与副后刀面的交线，它配合主切削刃完成切削工作（主要起到修光的作用），并最终形成已加工表面。

⑥ **刀尖** 连接主切削刃和副切削刃的一段切削刃，它可以是小的直线段或圆弧，也称为过渡刃。

1.2.2 刀具角度参考系

刀具角度是确定刀具切削部分几何形状的重要参数，用于定义刀具角度的各基准坐标平面（称为参考系）。按照刀具所处状态不同，将参考系分为两类：一是刀具静止参考系；二是刀具工作参考系。

刀具静止参考系是刀具设计时标注、刃磨和测量的基准，用此定义的刀具角度称为刀具标注角度。刀具工作参考系是确定刀具切削工作时角度的基准，用此定义的刀具角度称为刀具工作角度。

按照国际刀具标准 ISO 3002-1：1982 中规定，刀具静止参考系有 4 种，分别是正交平面参考系、法平面参考系、假定工作平面参考系和背平面参考系。在进行刀具设计时最常用的是正交平面参考系，因此本书仅介绍正交平面参考系，如图 1.6 所示。

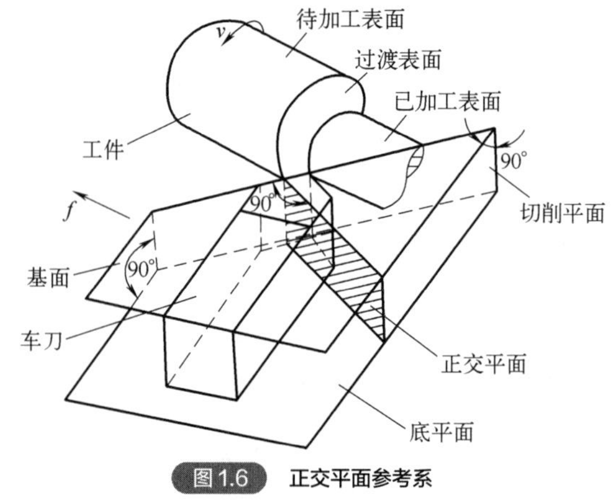

图 1.6 正交平面参考系

① **基面 P_r** 通过主切削刃上某一点，并与该点切削速度方向相垂直的平面。

② **切削平面 P_s** 通过主切削刃上某一点，与主切削刃相切，且垂直于基面的平面。

③ **正交平面 P_o（主剖面）** 通过主切削刃上某一点，并与主切削刃在基面上的投影相垂直的平面（或者同时垂直于基面与切削平面的平面）。

基面、切削平面和正交平面共同组成刀

具标注角度的正交平面参考系。

1.2.3 刀具的标注角度

刀具的标注角度是制造和刃磨刀具所必需的，并在刀具设计图上予以标注的角度。刀具的标注角度主要有 5 个，以车刀为例，如图 1.7 所示，表示了几个角度的定义。

① **前角 γ_o** 在正交平面内测量的前刀面与基面之间的夹角，前角表示前刀面的倾斜程度，有正、负和零值之分。当前刀面与基面平行时，前角为零；当前刀面与切削平面间夹角小于 90°时，前角为正；当前刀面与切削平面间夹角大于 90°时，前角为负。其正负如图 1.8（a）所示。

② **后角 α_o** 在正交平面内测量的主后刀面与切削平面之间的夹角，后角表示主后刀面的倾斜程度，一般为正值。其正负如图 1.8（a）所示。

③ **主偏角 K_r** 在基面内测量的主切削刃在基面上的投影与进给运动方向的夹角，主偏角一般为正值。

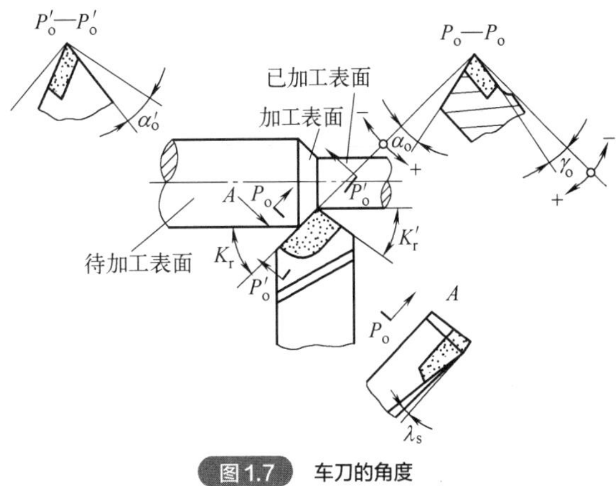

图 1.7 车刀的角度

④ **副偏角 K_r'** 在基面内测量的副切削刃在基面上的投影与进给运动反方向的夹角，副偏角一般为正值。

⑤ **刃倾角 λ_s** 在切削平面内测量的主切削刃与基面之间的夹角，如图 1.8（b）所示。当主切削刃呈水平时，$\lambda_s=0$，此时切削刃与基面（车刀底平面）平行；当刀尖为主切削刃上最低点时，$\lambda_s<0$，此时刀尖相对车刀的底平面处于最低点；当刀尖为主切削刃上最高点时，$\lambda_s>0$，此时刀尖相对车刀的底平面处于最高点。

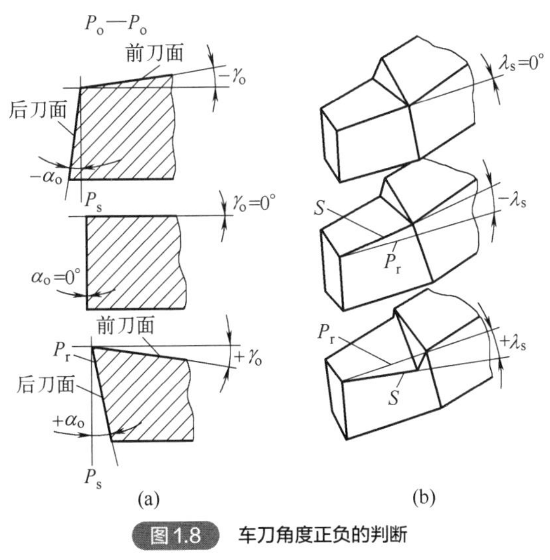

图 1.8 车刀角度正负的判断

需要说明的是，此时刀具的标注角度是在刀尖与工件回转轴线等高、刀杆纵向轴线垂直于进给方向并且不考虑进给运动的影响等条件下描述的。

此外，为了比较切削刃、刀尖的强度，刀具上还定义了两个角度，属于派生角度，即楔角 β_o 和刀尖角 ε_r。

楔角 β_o 是在正交平面内测量的前面与后面之间的夹角，其计算公式为式（1.10）。

$$\beta_o = 90^\circ - (\gamma_o + \alpha_o) \tag{1.10}$$

刀尖角 ε_r 是在基面上测量的，主、副切削刃在基面上的投影的夹角，其计算公式为式（1.11）。

$$\varepsilon_r = 180^\circ - (K_r - K_r') \tag{1.11}$$

1.2.4 刀具的工作角度

在实际的切削加工中，由于刀具安装位置和进给运动的影响，刀具的标注角度会发生一定的变化，其原因是切削平面、基面和正交平面位置会发生变化。以切削过程中实际的切削平面、基面和正交平面为参考系（该参考系称为工作参考系）所确定的刀具角度称为刀具的工作角度，又称实际角度。工作角度的符号分别是在标注角度的右下角增加字母 e，即 γ_{oe}、α_{oe}、K_{re}、K_{re}'、λ_{se}。

（1）刀具安装位置对工作角度的影响

以车刀车外圆为例，若不考虑进给运动，当刀尖安装得高于［如图 1.9（a）所示］或低于［如图 1.9（b）所示］工件轴线时，刀具的工作前角 γ_{oe} 和工作后角 α_{oe} 产生变化。

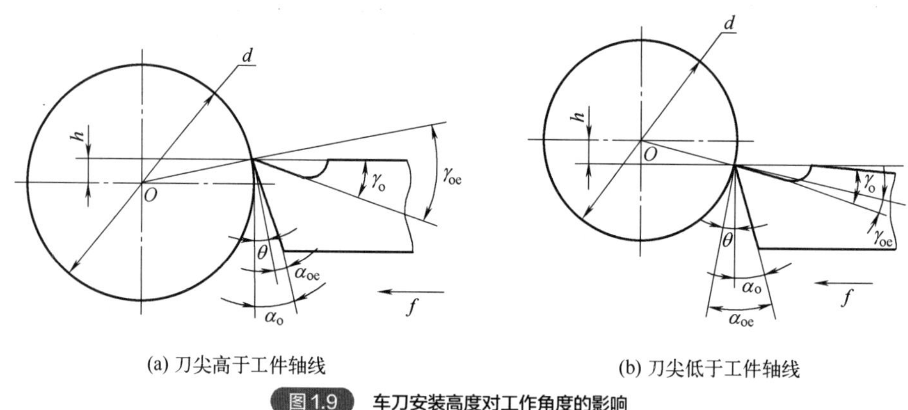

图 1.9 车刀安装高度对工作角度的影响

当车刀刀杆的纵向轴线与进给方向不垂直时，如图 1.10 所示，刀具的工作主偏角 K_{re} 和工作副偏角 K_{re}' 产生变化。

（2）进给运动对工作角度的影响

车削时由于进给运动的存在，使车外圆及车螺纹的加工表面实际上是一个螺旋面。车端面或切断时，加工表面是阿基米德螺旋面，如图 1.11 所示。因此，实际的切削平面和基面都要偏转一个附加的螺纹升角 μ，使车刀的工作前角 γ_{oe} 增大，工作后角 α_{oe} 减小。一般车削时，进给量比工件直径小很多，故螺纹升角 μ 很小，它对车刀工作角度影响不大，可忽略不计。但在车端面、切断和车外圆进给量（或加工螺纹的导程）较大时，则应考虑螺纹升角的影响。

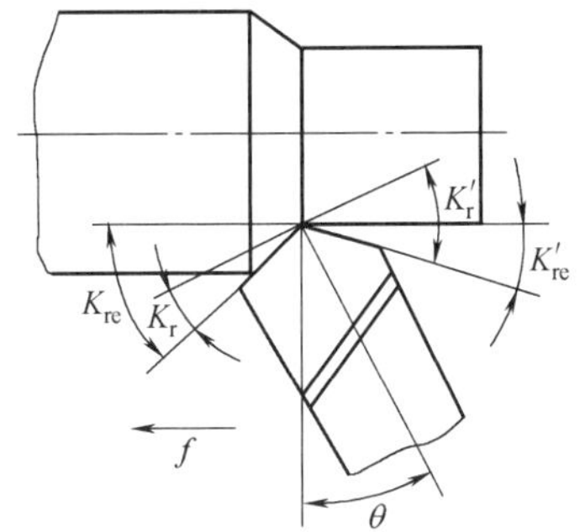

图 1.10 车刀安装偏斜对工作角度的影响

（θ 为切削时刀杆纵向轴线的偏转角）

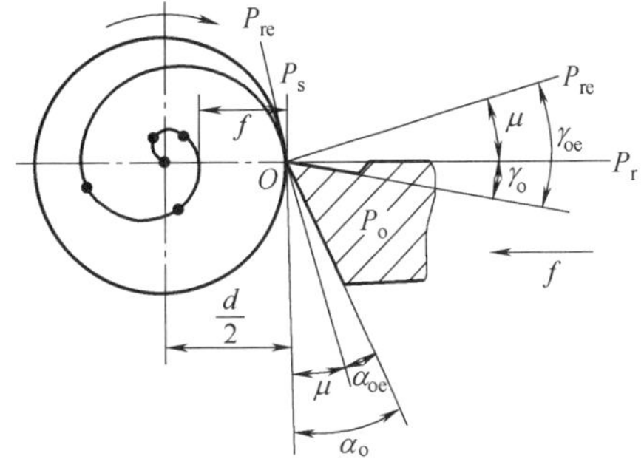

图 1.11 横向进给运动对工作角度的影响

刀具的标注角度测量实验

（1）实验目的

① 了解机械加工刀具的种类和特点；
② 了解刀具标注角度的构成；
③ 熟悉车刀量角仪，掌握刀具标注角度的测量方法；
④ 熟悉车刀的几何形状，根据刀具标注角度的定义测出车刀的标注角度。

（2）实验内容和要求

① 利用车刀量角仪测量外圆车刀的 5 个标注角度；
② 将测得数值填入表中；
③ 根据所测的角度画出刀具的标注角度图。

（3）实验设备和仪器

车刀量角仪 6 台，外圆车刀 6 把，端面车刀 6 把，内孔车刀 6 把，切断刀 6 把。

（4）实验原理与方法

车刀量角仪结构如图 1.12 所示。

量角仪圆形底盘的周边上刻有从 0°起顺、逆时针两个方向各 100°的**刻度盘 1**，其上面的**支承板**可绕**小轴**转动，转动的角度由连在支承板上的**指针**指示出来。支承板上的导块和**滑块 1**、**滑块 2** 固定在一起，可在支承板的滑槽内平行滑动。

升降杆固定安装在圆形**底盘**上，它是一根矩形螺纹丝杠，其上面的**升降螺母**可以使**导向块**沿升降杆上的键槽上下滑动。导向块上面用

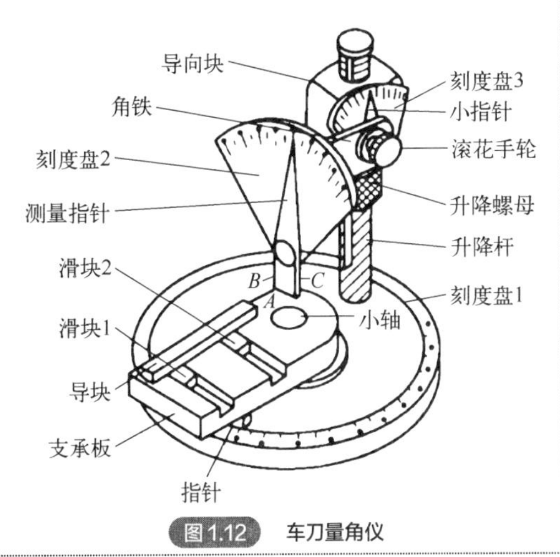

图 1.12 车刀量角仪

螺钉固定装有一个**刻度盘 3**，在刻度盘 3 的外面用**滚花手轮**将**角铁**的一端锁紧在导向块上。当松开滚花手轮时，角铁以滚花手轮为轴，可以向顺、逆时针两个方向转动，其转动的角度用固定在角铁上的小指针在刻度盘 3 上指示出来。

在角铁的另一端固定安装扇形**刻度盘 2**，其上安装着能顺时针转动的**测量指针**，并在刻度盘 2 上指示出转动的角度。

当指针、小指针和测量指针都处于 0°时，测量指针的前面和侧面 *B*、*C* 垂直于支承板的平面，而测量指针的底面 *A* 平行于支承板的平面。测量车刀角度时，就是根据被测角度的需要，转动支承板，同时调整支承板上的车刀位置，再旋转升降螺母使导向块带动测量指针上升或下降而处于适当的位置。然后用测量指针的前面（或侧面 *B*、*C*，或底面 *A*），与构成被测角度的面或线紧密贴合，从刻度盘 2 上读出测量指针指示的被测量角度数值。

（5）实验步骤

① 原始位置调整　将量角仪的指针、小指针和测量指针全部调至零位，并把车刀放在支承板上，使车刀侧面贴紧导块侧面、刀尖贴紧测量指针的前面。此时，测量指针的底面 *A* 与基面平行，刀杆的轴线与测量指针的前面垂直，如图 1.13 所示。

② 在基面内测量主偏角、副偏角　旋转支承板，使主切削刃与测量指针的前面贴合，根据主偏角的定义，即可直接在刻度盘 2 上读出主偏角的数值。同理，旋转支承板，使副切削刃与测量指针的前面贴合，即可直接在刻度盘 1 上读出副偏角的数值，如图 1.14 所示。

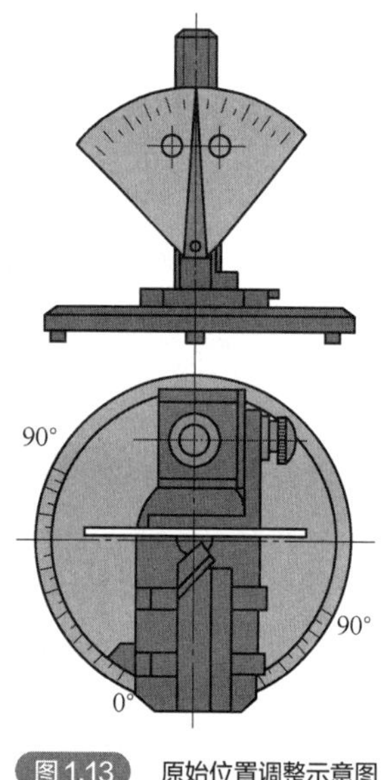

图 1.13　原始位置调整示意图

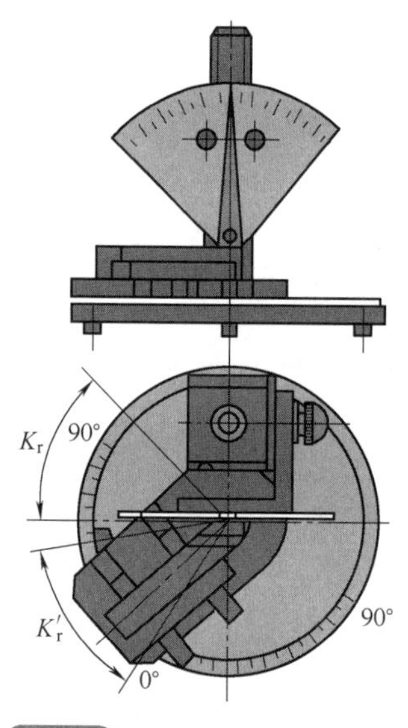

图 1.14　主偏角、副偏角测量示意图

③ 在切削平面内测量刃倾角　旋转支承板，使主切削刃与测量指针的前面贴合，此时，测量指针与车刀主切削刃的切削平面重合。再根据刃倾角的定义，使测量指针底面与主切削刃贴合，即可在刻度盘 2 上读出刃倾角的数值（注意正负），如图 1.15 所示。

④ 在主剖面内测量前角、后角　将支承板从原始位置逆时针旋转 $90°-K_r$，此时测量指针所在的平面即为车刀主切削刃上的主剖面。根据前角的定义，调节升降螺母，使测量指针底面与前刀面贴合，即可在刻度盘 2 上读出前角的数值，如图 1.16 所示。测量后角时，量角仪处

于上述同一位置，根据后角的定义，调节升降螺母，使测量指针侧面与后刀面贴合，即可在刻度盘2上读出后角的数值，如图1.17所示。

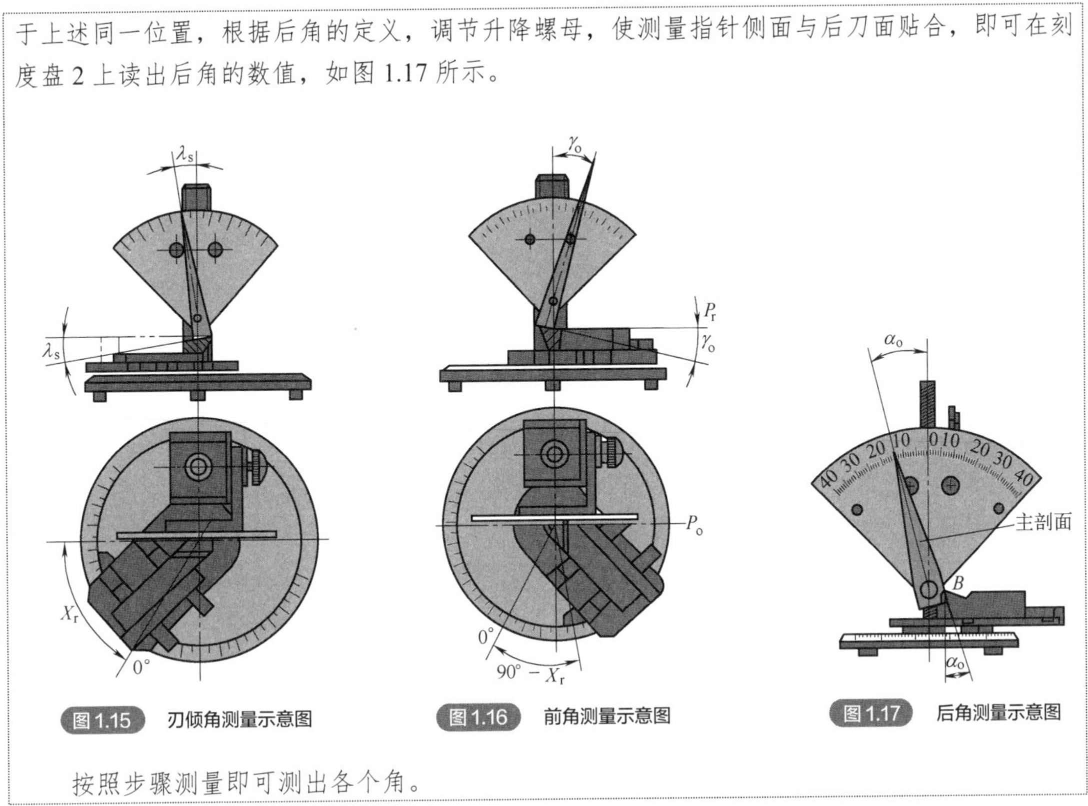

图1.15　刃倾角测量示意图　　图1.16　前角测量示意图　　图1.17　后角测量示意图

按照步骤测量即可测出各个角。

1.3　刀具材料

为了完成切削，除了要求刀具具有合理的角度和适当的结构外，刀具的材料是切削的重要基础。刀具材料一般是指刀具切削部分（即刀片）的材料。在切削过程中，刀具在强切削力和高温下工作，同时与切屑和工件表面都产生剧烈的摩擦，因此工作条件极为恶劣，其性能的优劣是影响加工质量、加工效率以及刀具寿命的关键因素。而新型刀具材料的选用能有效地提高切削效率、加工质量和降低成本，也是解决某些材料难加工问题的工艺关键。

1.3.1　刀具材料应该具备的基本性能

切削加工时，刀具与切屑、工件相互接触的表面上承受着很大的压力和强烈的摩擦，刀具在高温、高压以及断续切削（存在冲击、振动）等条件下工作，因此，作为刀具材料应满足以下基本要求：

① **高的硬度**　刀具材料的硬度必须高于工件的硬度，以便切入工件，在常温下，刀具材料的硬度一般应该在60HRC以上。硬度是刀具材料应具备的基本特性，一般硬度越高，可允许的切削速度越高，而韧性越大，可承受的切削力越大。

② **高的耐磨性**　即抵抗磨损的能力，一般情况下，刀具材料硬度越高，耐磨性越好。材料中硬质点（碳化物、氯化物等）的硬度越高、数量越多、颗粒越小、分布越均匀，则耐磨性越高。

③ **高的耐热性** 指刀具在高温下仍能保持硬度、强度、韧性和耐磨性的能力。通常用高温硬度值来衡量，也可以用刀具切削时允许的耐热温度值来衡量。它是影响刀具材料切削性能的重要指标，耐热性越好的材料允许的切削速度就越高。

④ **足够的强度和韧性** 只有具备足够的强度和韧性，刀具才能承受切削力和切削时产生的振动，以防出现脆性断裂和崩刃的现象。

⑤ **良好的工艺性与经济性** 为便于刀具本身的制造，刀具材料还应具有一定的工艺性能，如切削性能、磨削性能、焊接性能及热处理性能等。工具钢应有较好的热处理工艺性，淬火变形小、淬透层深、脱碳层浅；高硬度材料须有可磨削加工性；需焊接的材料，宜有较好的导热性与焊接工艺性。此外，在满足以上性能要求时，应尽可能满足资源丰富、价格低廉的要求。

⑥ **良好的热物理性能和耐热冲击性能** 要求刀具的导热性要好，不会因受到大的热冲击，产生刀具内部裂纹而导致刀具断裂。

应该指出，上述要求中有些是相互矛盾的，如硬度越高、耐磨性越好的材料，其韧性和强度就越差，耐热性好的材料韧性也较差。所以，要求刀具材料在保持有足够的强度与韧性条件下，尽可能有高的硬度与耐磨性。实际工作中，应根据具体的切削对象和条件，选择最合适的刀具材料。

1.3.2 常用刀具材料

在切削加工中常用的刀具材料有：工具钢（包括碳素工具钢、合金工具钢、高速钢）、硬质合金、涂层硬质合金、陶瓷（包括金属陶瓷和非金属陶瓷）、金刚石、立方氮化硼等。一般机加工中使用最多的是高速钢与硬质合金。一般硬度越高可允许的切削速度越高，而韧性越高可承受的切削力越大。常用刀具材料的特性如表 1.1 所示。

（1）碳素工具钢与合金工具钢

碳素工具钢是含碳量最高的优质钢（碳的质量分数为 0.7%～1.2%），如 T10A。碳素工具钢淬火后具有较高的硬度，而且价格低廉。但这种材料的耐热性较差，当温度达到 200℃时，即失去它原有的硬度，并且淬火时容易产生变形和裂纹。

合金工具钢是在碳素工具钢中加入少量的 Cr、W、Mn、Si 等合金元素形成的刀具材料（如 9SiCr）。由于合金元素的加入，与碳素工具钢相比，其热处理变形有所减小，耐热性也有所提高。

以上两种刀具材料因其耐热性都比较差，所以常用于制造手工工具和一些形状较简单的低速刀具，如锉刀、锯条、铰刀等。

表 1.1 常用刀具材料的特性

种类	牌号	硬度	维持切削性能的最高温度/℃	抗弯强度/GPa	工艺性能	用途
碳素工具钢	T8A T10A T12A	60~64HRC （81~83HRA）	200	2.45~2.75	可冷热加工成形，工艺性能良好，磨削性好，须热处理	只用于手动刀具，如手动丝锥、板牙、铰刀、锯条、锉刀等

续表

种类	牌号	硬度	维持切削性能的最高温度/℃	抗弯强度/GPa	工艺性能	用途
合金工具钢	9CrSi CrWMn 等	60~65HRC (81~83HRA)	250~300	2.45~2.75	可冷热加工成形，工艺性能良好，磨削性好，须热处理	只用于手动或低速机动刀具，如丝锥、板牙、拉刀等
高速钢	W18Cr4V W6Mo5Cr4V2Al W10Mo4Cr4V3Al	62~70HRC (82~87HRA)	540~600	2.45~4.39	可冷热加工成形，工艺性能良好，须热处理，磨削性好，但高钒类较差	用于各种刀具，特别是形状较复杂的刀具，如钻头、铣刀、拉刀、齿轮刀具、丝锥、板牙、刨刀等
硬质合金	钨钴类： YG3，YG6，YG8 钨钴钛类： YT5，YT15，YT30 含有 TaC、NbC 类	89~94HRA	800~1100	0.88~2.45	压制烧结后使用，不能冷热加工，多镶刀片使用，无须热处理	车刀刀头大部分采用硬质合金，铣刀、钻头、滚刀、丝锥等亦可镶刀片使用。钨钴类可加工铸铁、非铁金属；钨钴钛类加工碳素钢、合金钢、淬硬钢等
陶瓷材料		91~95HRA	>1200	0.441~0.833		多用于车刀，性脆，适于连续切削
立方氮化硼		7300~9000HV	>1000		压制烧结而成，可用金刚石砂轮磨削	用于硬度、强度较高材料的精加工。在空气中达 1300℃时仍保持稳定
金刚石		10000HV	700~800		用天然金刚石砂轮刃磨困难	用于非铁金属的高精度、小表面粗糙度切削，700~800℃时易炭化

(2)高速钢

高速钢又称为锋钢或风钢，它是含有较多 W、Cr、V 等合金元素的高合金工具钢，如 W18Cr4V。与碳素工具钢和合金工具钢相比，高速钢具有较高的耐热性，温度达 600℃时，仍能正常切削，其许用切削速度为 30~50m/min，是碳素工具钢的 5~6 倍，而且它的强度、韧性和工艺性都较好，可广泛用于制造中速切削及形状复杂的刀具，如麻花钻、铣刀、拉刀、各种齿轮加工工具，并可以加工碳钢、合金钢、有色金属和铸铁等多种材料。

为了提高高速钢的硬度和耐磨性，常采用如下措施：

a. 在高速钢中增添新的元素。如我国制成的铝高速钢，增添了铝元素，使其硬度达70HRC，耐热性超过600℃，被称为高性能高速钢或超高速钢。

b. 用粉末冶金法制造的高速钢称为粉末冶金高速钢。它可消除碳化物的偏析并细化晶粒，提高了材料的韧性、硬度，并减小了热处理变形，适用于制造各种高精度刀具。

高速钢按切削性能可分为普通高速钢和高性能高速钢。

① **普通高速钢** 可分为钨系高速钢和钨钼系高速钢。

钨系高速钢中早期常见的牌号是W18Cr4V，它具有较好的综合性能，可制造各种复杂刀具和精加工刀具，但是由于W是一种重要的战略资源，而该牌号中W含量所占比重较大，因此现在这个牌号应用较少，在一些发达国家已经逐步被淘汰。

钨钼系高速钢中现在较常见的牌号是W6Mo5Cr4V2，它具有较好的综合性能。由于钼的作用，其碳化物呈细小颗粒且分布均匀，故其抗弯强度和冲击韧度都高于钨系高速钢，并且有较好的热塑性，适于制作热轧工具。但这种材料有脱碳敏感性大、淬火温度范围窄、较难掌握热处理工艺等缺点。

W9Mo3Cr4V是我国自行研制的一种高速钢，其硬度、强度、热塑性略高于W6Mo5Cr4V2，具有较好的硬度和韧性，并且易轧、易锻、热处理温度范围宽、脱碳敏感性小，成本也更低。

② **高性能高速钢** 是在普通高速钢的基础上，通过调整化学成分和添加其他合金元素，使其性能高于普通高速钢的新型高速钢。此类高速钢主要用于高温合金、钛合金、高强度钢和不锈钢等难加工材料的切削加工。

高性能高速钢有以下几种：

高碳高速钢 碳的质量分数提高到0.9%~1.05%，使钢中的合金元素全部形成碳化物，从而提高钢的硬度、耐磨性和耐热性，但其强度和韧性略有下降，典型牌号为95W18Cr4V。

高钒高速钢 钒的质量分数提高到3%~5%，由于碳化钒含量的增加，提高了高速钢的耐磨性，一般用于切削高强度钢，其典型牌号为W6Mo5Cr4V3。但此种高速钢的刃磨比普通高速钢困难。

钴高速钢 在高速钢中加入钴，从而提高了高速钢的高温硬度和抗氧化能力。钴高速钢的典型牌号为W2Mo9Cr4VCo8，它有良好的综合性能，用于切削高温合金、不锈钢等难加工材料，效果很好。

铝高速钢 是我国独创的新型高速钢，它是在普通高速钢中加入少量的铝，从而提高了高速钢的耐热性和耐磨性，有良好的综合性能。其典型牌号为W6Mo5Cr4V2Al，它达到了钴高速钢的切削性能，可加工性好，价格低廉，与普通高速钢的价格接近。但刃磨性差，热处理工艺要求较严格。

上述部分高速钢牌号及主要力学性能见表1.2。

表1.2 常用高速钢的牌号及其物理力学性能

类型	牌号[①]	硬度HRC			抗弯强度 σ_{bb}/GPa	冲击韧度 a_K/（MJ/m²）
		室温	500℃	600℃		
普通高速钢	W18Cr4V	63~66	56	48.5	2.94~3.33	0.176~0.314
	W6Mo5Cr4V2	63~66	55~56	47~48	3.43~3.92	0.294~0.392
	W9Mo3Cr4V	65~66.5	—	—	4~4.5	0.343~0.392

续表

类型		牌号[①]	硬度 HRC			抗弯强度 σ_{bb}/GPa	冲击韧度 a_K/（MJ/m^2）
			室温	500℃	600℃		
高性能高速钢	高钒	W12Cr4V4Mo	65~67	—	51.7	≈3.136	≈0.245
		W6Mo5Cr4V3	65~67	—	51.7	≈3.136	≈0.245
	含钴	W6Mo5Cr4V2Co5	66~68	—	54	≈2.92	≈0.294
		W2Mo9Cr4VCo8	67~70	60	55	2.65~3.72	0.225~0.294
	含铝	W6Mo5Cr4V2Al	67~69	60	55	2.84~3.82	0.225~0.294
		W10Mo4Cr4V3Al	67~69	60	54	3.04~3.43	0.196~0.274
		W6Mo5Cr4V5SiNbAl	66~68	57.7	50.9	3.53~3.82	0.255~0.265

① 牌号中化学元素后面数字表示质量分数大致比例，未注者在 1%左右。

（3）硬质合金

硬质合金是以高硬度、高熔点的金属碳化物（WC、TiC、TaC、NbC）为基体，以金属 Co、Ni 等为黏结剂，用粉末冶金方法制成的一种合金。其中，常用的黏结剂是 Co，碳化钛基的黏结剂是 Mo、Ni。

硬质合金的物理性能取决于合金的成分、粉末颗粒的粗细以及合金的烧结工艺。含高硬度、高熔点的硬质相愈多，合金的硬度与高温硬度愈高。含黏结剂愈多，强度愈高。合金中加入 TaC、NbC 有利于细化晶粒，提高合金的耐热性。常用的硬质合金牌号中含有大量的 WC、TiC，因此其硬度、耐磨性、耐热性均高于工具钢。常温硬度达 89~94HRA，能耐 800～1000℃的高温。切削钢时，切削速度可达 220m/min 左右。在合金中加入熔点更高的 TaC、NbC，可使耐热性提高到 1000~1100℃，切削钢时，切削速度可进一步提高到 200~300m/min。硬质合金耐磨、耐热性好，许用切削速度高，但强度和韧性比高速钢低、工艺性差，因此硬质合金常用于制造形状简单的高速切削刀片，经焊接或机械夹固在车刀、刨刀、面铣刀、钻头等刀体（刀杆）上使用。

硬质合金按其化学成分与使用性能分为三类：

K 类：钨钴类（WC+Co）（原冶金工业部标准 YG 类）。

P 类：钨钛钴类（WC+TiC+Co）（原冶金工业部标准 YT 类）。

M 类：添加稀有金属碳化物类［WC+TiC+TaC（NbC）+Co］（原冶金工业部标准 YW 类）。

① **K 类合金** K 类合金抗弯强度与韧性比 P 类高，能承受对刀具的冲击，可减少切削时的崩刃，但耐热性比 P 类差，因此主要用于加工铸铁、非铁材料与非金属材料。在加工脆性材料时切屑呈崩碎状。K 类合金导热性能较好，有利于降低切削温度。常用的牌号有 YG3、YG6、YG8 等，其中数字表示 Co 的质量分数。

合金中含钴量愈高，韧性愈好，适用于粗加工；含钴量少的适用于精加工。

② **P 类合金** P 类合金有较高的硬度，特别是有较好的抗黏结、抗氧化能力。它主要用于加工以钢为代表的塑性材料。加工钢时塑性变形大，摩擦剧烈，切削温度较高。P 类合金磨损慢，刀具寿命高。合金中含 TiC 量较多者，含 Co 量就少，耐磨性、耐热性就更好，适合精加工。但 TiC 量较少者，则适用于粗加工。常用的牌号有 YT5、YT15、YT30 等，其中数字表示 TiC 的质量分数。

③ **M 类合金** M 类合金加入了适量稀有难熔金属碳化物，以提高合金的性能，其中 TaC 或 NbC 一般质量分数在 4%左右。

TaC 或 NbC 在合金中的主要作用是提高合金的高温硬度与高温强度。在 YG 类合金中加入 TaC，可使合金在 800℃时强度提高 0.15~0.2GPa。在 YT 类合金中加入 TaC，可使合金高温硬度提高 50~100HV。

为了克服常用硬质合金强度和韧性低、脆性大、易崩刃的缺点，常采用如下措施改善其性能：

① **调整化学成分** 增添少量的碳化钽（TaC）、碳化铌（NbC），使硬质合金既有高的硬度，又有好的韧性。

② **细化合金的晶粒** 如超细晶粒硬质合金，硬度可达 90～93HRC，抗弯强度可达 2.0GPa。

③ **采用涂层刀片** 在韧性较好的硬质合金（如 YG 类）基体表面，涂敷 5~10μm 厚的一层 TiC 或 TiN，以提高其表层的耐磨性。

1.3.3 新型刀具材料

近年来，随着高硬度难加工材料的出现，对刀具材料提出了更高的要求，这就推动了刀具新材料的不断开发。

① **陶瓷** 陶瓷是以氧化铝（Al_2O_3）或氮化硅（Si_3N_4）等为主要成分，经压制成形后烧结而成的刀具材料。陶瓷的硬度高、化学性能好、耐氧化，所以被广泛用于高速切削加工中。但由于其强度低、韧性差，长期以来主要用于精加工。

陶瓷刀具与传统硬质合金刀具相比，具有以下优点：a.有很高的硬度（91~95HRA）和耐磨性；b.有很高的耐热性，在 1200℃以上仍能进行切削，切削速度比硬质合金高 2~5 倍，而且随着温度的升高，陶瓷刀具的高温力学性能降低很慢；c.有很高的化学稳定性，与金属的亲和力小，抗黏结和抗扩散的能力好；d.有较低的摩擦系数，切屑不易粘刀、不易产生积屑瘤。主要缺点是：脆性大，抗弯强度低，冲击韧性差，易崩刃，使其使用范围受到限制。近年来，随着材料研究的不断发展，可通过不同的增韧补强机制，改善陶瓷材料的抗弯强度和冲击韧性等性能。

陶瓷车刀可用于加工钢、铸铁，车、铣加工也都适用。

② **立方氮化硼（CBN）** 立方氮化硼是于 20 世纪 70 年代发展起来的一种人工合成的新型刀具材料，它是由立方氮化硼在高温、高压下加入催化剂转变而成的。其硬度很高，可达 7300~9000HV，仅次于金刚石，并具有很好的热稳定性，可承受 1000℃以上的切削温度。其最大优点是在高温（1200～1300℃）时也不会与铁族金属起反应，因此，既能胜任淬硬钢、冷硬铸铁的粗车和精车，又能胜任高温合金、热喷涂材料、硬质合金及其他难加工材料的高速切削。

③ **人造金刚石** 人造金刚石是通过合金触媒的作用，在高温高压下由石墨转化而成，可以达到很高的硬度，显微硬度可达 10000HV，因此具有很高的耐磨性，其摩擦因数小，切削刃可以做得非常锋利。但人造金刚石的热稳定性差，不得超过 700～800℃，特别是它与铁元素的化学亲和力很强，因此它不宜用来加工钢铁件。人造金刚石主要用来制作模具磨料，用作刀具材料时，多用于在高速下精细车削或镗削非铁金属及非金属材料。尤其用它切削加工硬质合金、陶瓷、高硅铝合金等高硬度、高耐磨性的材料时，具有很大的优越性。

1.4 金属切削过程

金属切削过程是指刀具和工件相互作用过程中，刀具从工件表面上切下多余金属层形成切屑和已加工表面的过程。在这个过程中，会发生切削变形，产生积屑瘤、切削力、切削功率、切削热和切削温度、刀具磨损等因素，本节主要介绍各种因素的成因、作用和变化规律，以便为切削加工条件的选择、加工质量的保证、生产成本的降低及生产效率的提高打下基础。

1.4.1　切削变形区的特点

对塑性金属进行切削时，切屑的形成过程就是切削层金属的变形过程，如图 1.18 所示。在低速直角自由切削［是指刃倾角为 0 时只有一条切削刃的切削，如图 1.19（a）所示；刃倾角不为 0 的切削为斜角切削，如图 1.19（b）所示］工件侧面时，用显微镜观察得到的切削层金属变形的情况如图 1.18（a）所示，由图 1.18（a）可绘制出的滑移线和流线示意图，如图 1.18（b）和（c）所示。

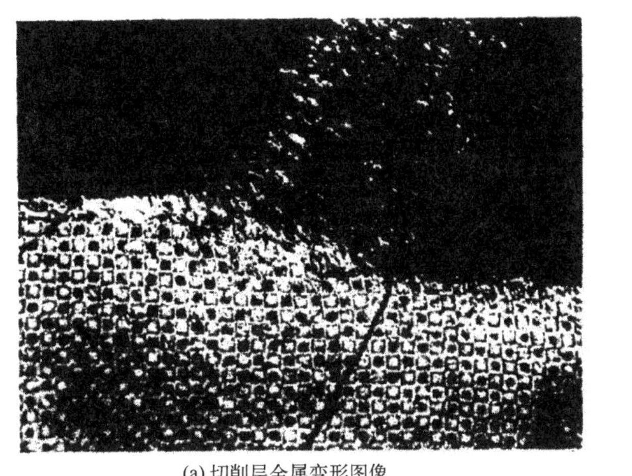

(a) 切削层金属变形图像

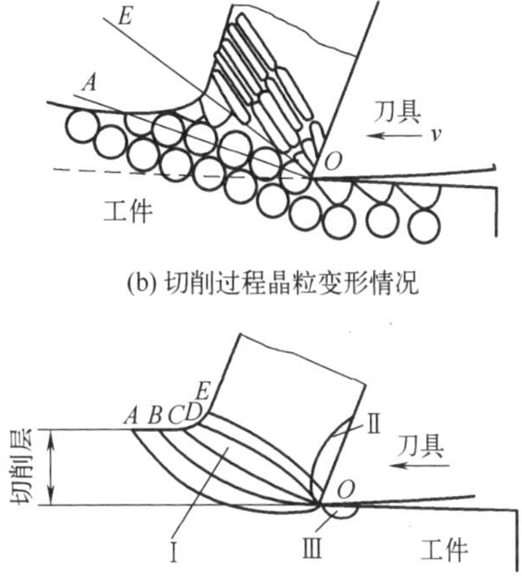

(b) 切削过程晶粒变形情况

(c) 切削过程3个变形区

图 1.18　切屑的形成过程

当工件受到刀具的挤压以后，切削层金属在始滑移面 *OA* 以左发生弹性变形，愈靠近 *OA* 面，弹性变形愈大。在 *OA* 面上，应力达到材料的屈服点 σ_s，则发生塑性变形，产生滑移现象。随着刀具的连续移动，原来处于始滑移面上的金属不断向刀具靠拢，应力和变形也逐渐加大。在终滑移面 *OE* 上，应力和变形达到最大值。越过 *OE* 面，切削层金属将脱离工件基体，沿着前刀面流出而形成切屑，完成切离过程。经过塑性变形的金属，其晶粒沿大致相同的方向伸长。可见，金属切削过程实质是一种挤压过程，在这一过程中产生的许多物理现象都是由切削过程中的变形和摩擦所引起的。

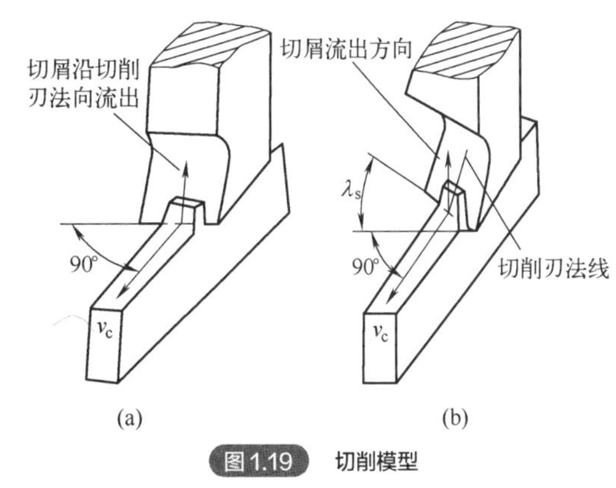

(a)　(b)

图 1.19　切削模型

切削塑性金属材料时，刀具与工件接触的区域可分为 3 个变形区。*OA* 与 *OE* 之间是切削层的塑性变形区Ⅰ，称为第一变形区，或称基本变形区。基本变形区的变形量最大，常用它来说明切削过程的变形情况。在一般的切削速度范围内，第一变形区的宽度约为 0.02~0.2mm，切削速度越高，其宽度越窄。

切屑与前刀面摩擦的区域Ⅱ称为第二变形区，或称摩擦变形区。切屑形成后与前刀面之间存在压力，所以沿前刀面流出时必然有很大的摩擦，因而使切屑底层又一次产生塑性变形。

工件已加工表面与后刀面接触的区域Ⅲ称为第三变形区，或称加工表面变形区。已加工表面受到切削刃钝圆部分和后面的挤压和摩擦，产生变形和回弹，造成已加工表面金属纤维化和加工硬化。

这三个变形区汇集在切削刃附近，此处的应力比较集中而复杂，金属的切削层就在此处与工件基体发生分离，大部分变成切屑，很小一部分留在已加工表面上。

1.4.2 切削变形的衡量方法

研究切削变形的规律，通常用相对滑移 ε、切屑厚度压缩比 Λ_h（变形系数 ξ）和剪切角 φ 的大小来衡量切削变形程度。

相对滑移 ε 是指切削层在剪切面上的相对滑移量；切屑厚度压缩比 Λ_h 是表示切屑外形尺寸的相对变化量；剪切角 φ 是从切屑根部金相组织中测定的晶格滑移方向与切削速度方向之间的夹角。ε、Λ_h 和 φ 均可用来定量研究切削变形规律。

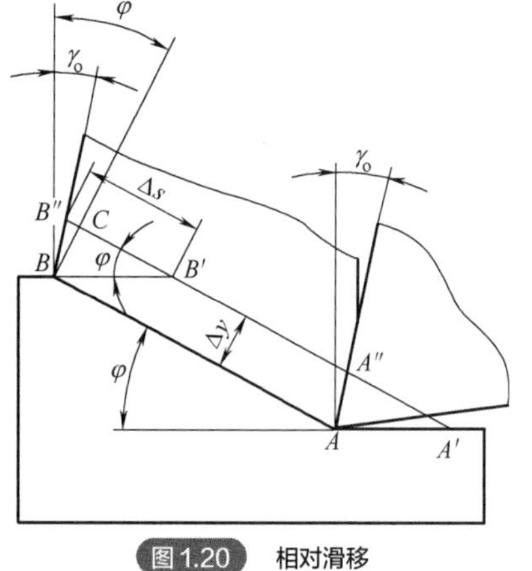

图1.20 相对滑移

（1）相对滑移（剪应变）ε

切削过程中金属变形的主要特征是剪切滑移，所以常用第一变形区的滑移变形的大小近似地表示切削过程的变形量，即可近似地用相对滑移 ε 来度量切屑的变形程度。相对滑移 ε 越大，变形程度越大。

如图 1.20 所示，在切削过程中，当平行四边形 $AA'B'B$ 发生剪切变形，变为 $AA''BB''$ 时，这个相对滑移可以近似地认为是发生在剪切平面 $A'B'$ 上。滑移量为 Δs，相对滑移 ε 的表示见式（1.12）：

$$\varepsilon = \frac{\Delta s}{\Delta y} = \frac{B'C + CB''}{BC} = \frac{B'C}{BC} + \frac{CB''}{BC} = \cot\varphi + \tan\left(\varphi - \gamma_o\right) \tag{1.12}$$

（2）切屑厚度压缩比 Λ_h

切屑厚度压缩比是衡量变形程度的另一个参数，它表示实际切屑厚度与切削层公称厚度之比。如图 1.21 所示，切屑经过剪切变形，又受到前刀面摩擦后，与切削层比较，它的长度缩短，即 $l_{ch}<l_c$，厚度增加，即 $a_{ch}>a_c$（宽度不变），这种切屑外形尺寸变化的变形现象称为切屑的收缩。

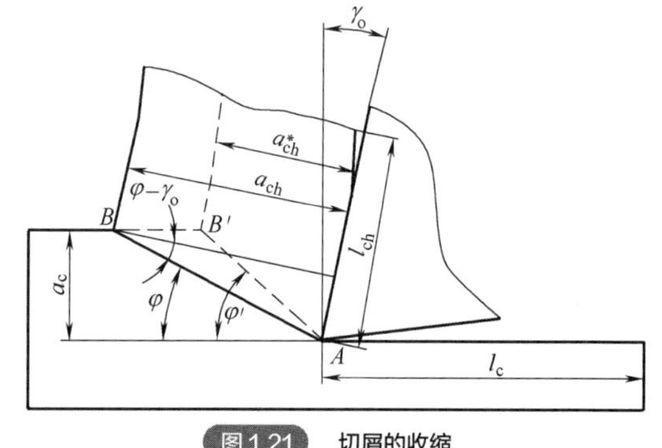

图1.21 切屑的收缩

切屑厚度压缩比 Λ_h 表示切屑收缩的程度，见式（1.13）：

$$\Lambda_h = \frac{l_c}{l_{ch}} = \frac{a_{ch}}{a_c} > 1 \qquad (1.13)$$

式中 l_c、a_c——切削层长度和厚度；

l_{ch}、a_{ch}——切屑长度和厚度。

加工普通塑性金属时，Λ_h总是大于1（加工钛合金除外），如切削中碳钢时，Λ_h=2~3。工件材料的塑性越大，Λ_h也越大。由于切屑厚度压缩比测量方便、直观，一般常用它来表示变形量的大小。

由图1.21可知剪切角φ变化对切屑收缩的影响，φ增大，剪切平面AB减小，切屑厚度a_{ch}减小，Λ_h变小，它们之间的关系见式（1.14）：

$$\begin{aligned}\Lambda_h &= \frac{a_{ch}}{a_c} = \frac{\overline{AB}\cos(\varphi-\gamma_o)}{\overline{AB}\sin\varphi} = \frac{\cos(\varphi-\gamma_o)}{\sin\varphi} \\ &= \frac{\cos\varphi\cos\gamma_o + \sin\varphi\sin\gamma_o}{\sin\varphi} = \cot\varphi\cos\gamma_o + \sin\gamma_o\end{aligned} \qquad (1.14)$$

由式（1.14）可知，剪切角φ与前角γ_o是影响切削变形的两个主要因素。

（3）剪切角φ

根据“切应力与主应力方向呈 45°”的剪切理论，在切削过程中主应力与作用力的合力的方向一致，则剪切角φ计算见式（1.15）：

$$\varphi = 45^\circ - (\beta - \gamma_o) \qquad (1.15)$$

式中 β——由前刀面上摩擦因数μ确定的摩擦角，即$\tan\beta=\mu$。

由此可知，增大刀具前角γ_o，减小刀具前刀面与切屑之间的摩擦，使剪切角φ增加，可以减小切削变形。

1.4.3 影响切削变形的因素

① **加工材料** 材料的强度、硬度越高，刀-屑接触面间的正压力越大，平均正应力也越大，则摩擦因数减小，摩擦角减小，故剪切角增大。因此，切削变形减小。

② **前角** 后角不变时，前角增大，楔角减小，切削刃钝圆半径也随之减小，因此切屑流出阻力减小，使得摩擦因数（摩擦力与正压力的比值）减小，剪切角增大（由于摩擦因数等于摩擦角的正切值，故摩擦因数减小，摩擦角减小，摩擦角与剪切角成反比），因此切削变形减小。

③ **切削速度** 切削速度是通过切削温度和积屑瘤影响切削变形的。由于低速时切削温度低，刀-屑接触面不易黏结，摩擦因数小，切削变形小；随着速度提高，温度升高，黏结逐渐严重，摩擦因数增大，切削变形增大；切削速度进一步提高，温度使加工材料剪切屈服强度降低，切应力减小，摩擦因数减小，因此，切削变形小。

当产生积屑瘤时，随着速度提高，积屑瘤高度逐渐增加，使刀具实际工作前角随之增大，切屑厚度压缩比减小。切削速度为20m/min左右时，积屑瘤高度达到最大值，则切屑厚度压缩比最小；当切削速度超过约40m/min而继续提高时，由于温度升高，摩擦因数降低，使切屑厚度压缩比减小；在高速时，切削层来不及充分变形已被切离，所以切屑厚度压缩比很小。

④ **进给量** 由切削层参数计算公式可知，当主偏角一定时，进给量与切削层厚度成正比，所以当进给量增大时，切削层厚度和切屑厚度增加，使得前面上正压力增大，平均正应力增大，因此摩擦因数减小，切屑厚度压缩比减小，切削变形减小。

1.4.4 切屑的种类

由于工件材料不同，切削过程中的变形程度也就不同，因而产生的切屑种类也就多种多样，如图 1.22（a）、图 1.22（b）、图 1.22（c）所示为切削塑性材料的切屑，如图 1.22（d）所示为切削脆性材料的切屑。

① **带状切屑** 这是较常见的一种切屑，如图 1.22（a）所示。它的内表面是光滑的，外表面是毛茸的。如用显微镜观察，在外表面上也可看到剪切面的条纹，但每个单元很薄，肉眼看来大体上是平整的。加工塑性金属材料，当切削厚度较小、切削速度较高、刀具前角较大时，一般会得到这类切屑。它的切削过程平稳、切削力波动较小、已加工表面粗糙度较小。

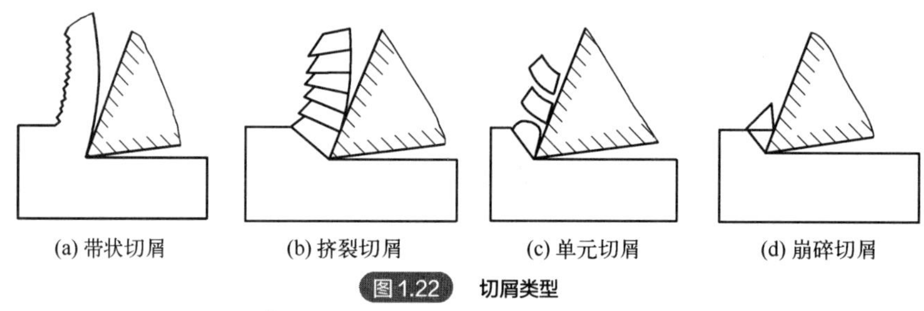

图 1.22 切屑类型

② **挤裂切屑** 这类切屑与带状切屑的不同之处在于外表面呈锯齿形，内表面有时有裂纹，如图 1.22（b）所示。这类切屑之所以呈锯齿形，是由于它的第一变形区较宽，在剪切滑移过程中滑移量较大。由滑移变形所产生的加工硬化使剪切力增加，在局部达到材料的破裂强度。这种切屑大多在切削速度较低、切削厚度较大、刀具前角较小时产生。

③ **单元切屑** 如果在挤裂切屑的剪切面上，裂纹扩展到整个面上，则整个单元被切离，成为梯形的单元切屑，如图 1.22（c）所示。

以上 3 种切屑只有在加工塑性材料时才可能得到。其中，带状切屑的切削过程最平稳，单元切屑的切削力波动最大。在生产中最常见的是带状切屑，有时得到挤裂切屑，单元切屑则很少见。假如改变挤裂切屑的条件，如进一步减小刀具前角，降低切削速度，或加大切削厚度，就可以得到单元切屑；反之，则可以得到带状切屑。这说明切屑的形态是可以随切削条件而转化的。掌握了它的变化规律，就可以控制切屑的变形、形态和尺寸，以达到卷屑和断屑的目的。

④ **崩碎切屑** 这是属于脆性材料的切屑。这种切屑的形状是不规则的，加工表面是凸凹不平的，如图 1.22（d）所示。从切削过程来看，切屑在破裂前变形很小，和塑性材料的切屑形成机理也不同，它的脆断主要是由于材料所受应力超过了它的抗拉极限。加工脆性材料，如高硅铸铁、白口铸铁等，特别是当切削厚度较大时常得到这种切屑。由于它的切削过程很不平稳，容易破坏刀具，也有损于机床，已加工表面又粗糙，因此在生产中应力求避免。其方法是减小切削厚度，使切屑成针状或片状；同时适当提高切削速度，以增加工件材料的塑性。

以上是 4 种典型的切屑，但加工现场获得的切屑，其形状是多种多样的。在现代切削加工中，切削速度与金属切除率达到了很高的水平，但切削条件很恶劣，常常产生大量“不可接受”的切屑。这类切屑或拉伤工件的已加工表面，使表面粗糙度恶化；或划伤机床，卡在机床运动副之间；或造成刀具的早期破损；有时甚至影响操作者的安全。特别对于数控机床、生产自动线及柔性制造系统，如不能进行有效的切屑控制，轻则限制了机床能力的发挥，重则使生产无法正常进行。

所谓切屑控制（又称切屑处理，工厂中一般简称为“断屑”），是指在切削加工中采取适当的措施来控制切屑的卷曲、流出与折断，使之形成“可接受”的良好屑形。从切屑控制的角度出发，国际标准化组织（ISO）制定了切屑分类标准，如图 1.23 所示。

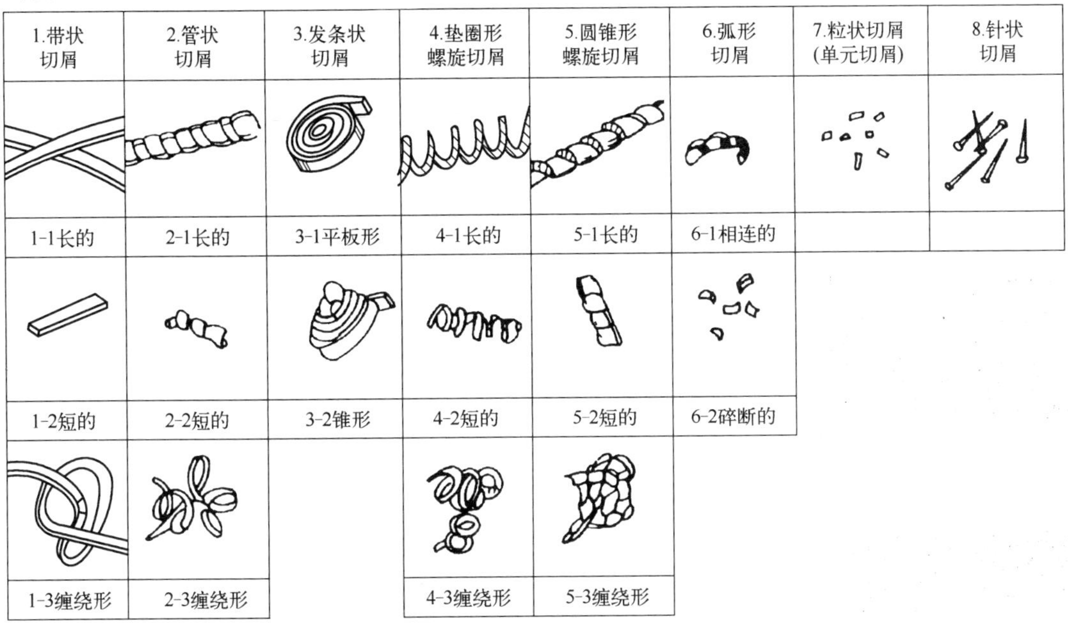

1.带状切屑	2.管状切屑	3.发条状切屑	4.垫圈形螺旋切屑	5.圆锥形螺旋切屑	6.弧形切屑	7.粒状切屑(单元切屑)	8.针状切屑
1-1长的	2-1长的	3-1平板形	4-1长的	5-1长的	6-1相连的		
1-2短的	2-2短的	3-2锥形	4-2短的	5-2短的	6-2碎断的		
1-3缠绕形	2-3缠绕形		4-3缠绕形	5-3缠绕形			

图 1.23　国际标准化组织制定的切屑分类法 [见 ISO 3685：1993 (E)]

衡量切屑可控性的主要标准是：不妨碍正常的加工，即不缠绕在工件、刀具上，不飞溅到机床运动部件中；不影响操作者的安全；易于清理、存放和搬运。ISO 分类法中的 2-2、3-1、3-2、4-2、5-2、6-2 类切屑单位重量所占空间小，易于处理，属于良好的屑形。对于不同的加工场合，如不同的机床、刀具或者不同的被加工材料，有相应的可接受屑形。因而，在进行切屑控制时，要针对不同情况采取相应的措施，以得到相应的可接受的良好屑形。

在实际加工中，应用最广的是使用可转位刀具，并且在前刀面上磨制出断屑槽或使用压块式断屑器。

1.4.5　前刀面上的摩擦

塑性金属在切削过程中，由于切屑与前刀面接触区域接触压力和接触温度很高，所以实际上切屑底层金属与前刀面呈黏结状态。故切屑与前刀面之间不是单一的外摩擦，也存在切屑与前刀面黏结层与其上层金属之间的**内摩擦**，即金属内部的滑移剪切，它不同于外摩擦（外摩擦力的大小与摩擦因数以及正压力有关，与接触面积无关），而是**与材料的流动应力特征以及黏结面积大小有关。**

图 1.24 表示切屑和前刀面摩擦时的情形。刀-屑接触部分分两个区域，在黏结部分为内摩擦，滑动部分为外摩擦。图中也表示出了整个刀-屑接触区上正应力σ_γ的分布，显然金属的内摩

擦力要比外摩擦力大得多，因此，应着重考虑内摩擦。

1.4.6 积屑瘤

（1）积屑瘤现象

在切削速度不高而又能形成连续切屑的情况下，加工一般钢料或其他塑性材料时，常常在前刀面处粘着一块剖面有时呈三角状的硬块。它的硬度很高，通常是工件材料的2~3倍，在处于比较稳定的状态时，能够代替切削刃进行切削。这块冷焊在前刀面上的金属称为积屑瘤或刀瘤。它形成在第二变形区，是由摩擦和变形形成的物理现象。积屑瘤剖面的金相磨片如图1.25所示。

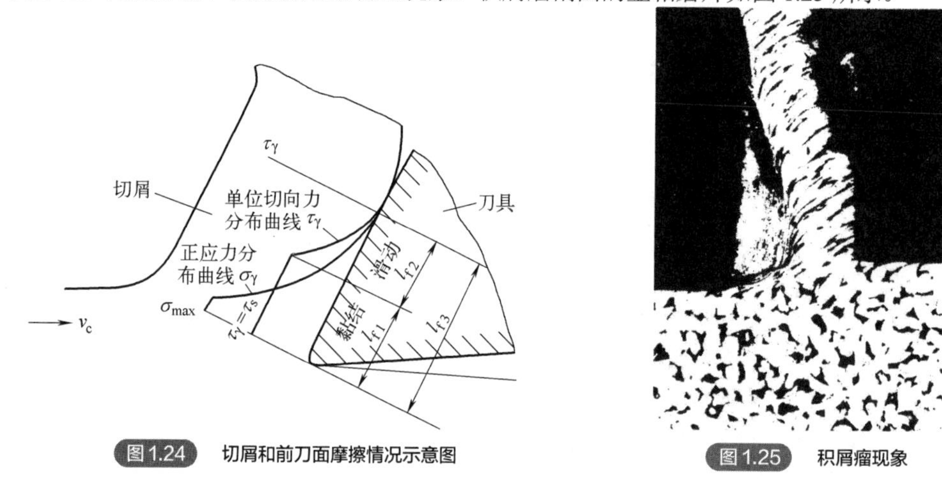

图1.24 切屑和前刀面摩擦情况示意图

图1.25 积屑瘤现象

（2）积屑瘤作用

积屑瘤对切削加工的优势是能保护刀刃刃口，增大实际工作前角（如图1.26所示），减小切削变形、切削力和切削热。缺点是造成过切，加剧了前刀面的磨损，造成切削力的波动，影响加工精度和表面粗糙度。积屑瘤对粗加工是有利的，对于精加工则相反。

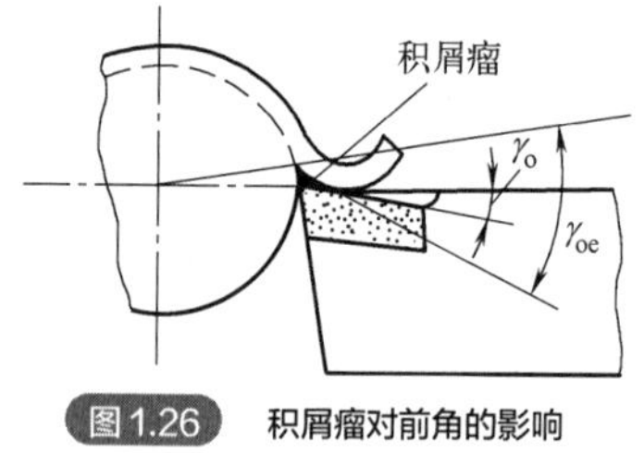

图1.26 积屑瘤对前角的影响

（3）减小或避免积屑瘤的措施

① 避免采用产生积屑瘤的速度进行切削，即宜采用低速或高速切削，但低速加工效率低，故多用高速切削。

② 采用大前角刀具切削，以减小刀具与切屑接触的压力。

③ 提高工件的硬度，减少加工硬化倾向。

④ 减少进给量，减小前刀面的粗糙度值，合理使用切削液等。

1.5 切削力和切削功率

1.5.1 切削力的定义及来源

切削力是指在切削过程中刀具对工件的作用力，在切削时它是影响工艺系统强度、刚度和被加工工件质量的重要因素。切削力也是设计机床、夹具和计算切削动力消耗的主要依据。在自动化生产和精密加工中，也常利用切削力来检测和监控刀具磨损和已加工表面质量。

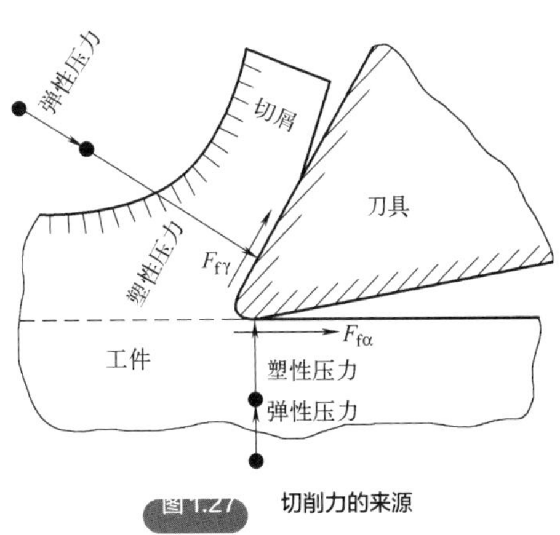

图1.27 切削力的来源

在金属切削时，刀具切入工件（被加工材料），使被加工材料发生变形并成为切屑所需的力，称为切削力。由前面对切削变形的分析可知，切削力来源于4个方面（如图1.27所示）：

① 克服被加工材料弹性变形的抗力；

② 克服被加工材料塑性变形的抗力；

③ 克服切屑对前刀面的摩擦力；

④ 克服刀具后刀面对过渡表面与已加工表面之间的摩擦力。

1.5.2 切削力的分解

上述各力的总和形成作用在刀具上的合力 F。为方便进行测量和计算，F 可分解为相互垂直的 F_f、F_p、F_c 三个分力，如图1.28所示。其中，F_D 为 F_p 与 F_f 的合力，也称为推力，该力是在基面上，且垂直于主切削刃在基面上的投影。

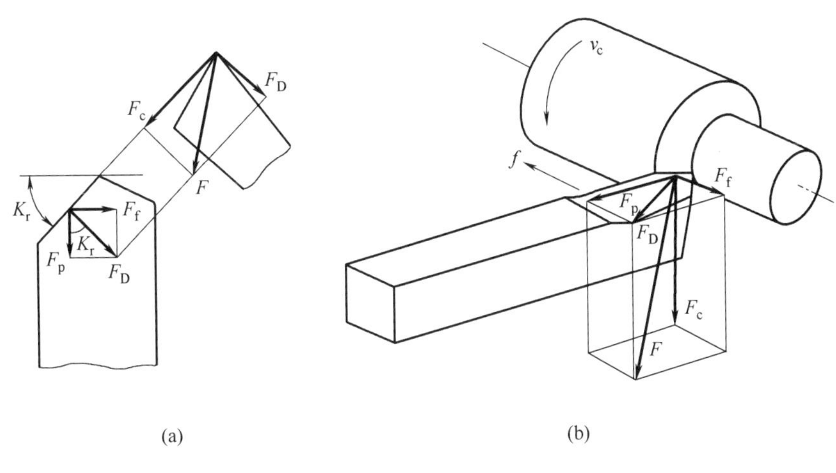

图1.28 切削合力和分力

以车削模型为例：

F_c——主切削力（切向力）。它的方向与过渡表面相切并与基面垂直。F_c 是计算车刀强度、设计机床零件、确定机床功率所必需的参数。

F_f——进给力（轴向力、进给抗力）。它是处于基面内并与工件轴线平行与进给方向相反的力。F_f 是设计进给机构、计算车刀进给功率所必需的参数。

F_p——背向力（切深抗力）。它是处于基面内并与工件轴线垂直的力。F_p 用来确定与工件加工精度有关的工件挠度，计算机床零件和车刀强度。工件在切削过程中产生的振动往往与 F_p 有关。

由图1.28可以看出：

$$F=\sqrt{F_c^2+F_D^2}=\sqrt{F_c^2+F_f^2+F_p^2} \quad (1.16)$$

将视图投影到基面上，得到图 1.28（a），从图 1.28（a）中基面上的投影可以看到，F_p、F_f 与 K_r 之间的关系：$F_p=F_D\times\cos K_r$，$F_f=F_D\times\sin K_r$。从该式中可以看出，背向力与主偏角之间成反比关系，因此在精加工中，主偏角不宜选得太小。

随车刀材料、车刀几何参数、切削用量、工件材料和车刀磨损情况的不同，F_f、F_p、F_c 之间的比例可在较大范围内变化。

1.5.3 切削力的测量与计算

1.5.3.1 切削力的测量

关于切削力的理论计算，近百年来国内外学者做了大量的工作。但由于实际的金属切削过程非常复杂，影响因素很多，因而现有的一些理论公式都是在一些假设的基础上得出的，还存在着较大的缺点，计算结果与实验结果不能很好地吻合。所以在生产实际中，切削力的大小一般采用由实验结果建立起来的经验公式计算。在需要较为准确地知道某种切削条件下的切削力时，还需进行实际测量。随着测量手段的现代化，切削力的测量方法有了很大的发展，在很多场合下已经能很精确地测量切削力。

目前采用的切削力测量手段主要有：

（1）测定机床功率，计算切削力

用功率表测出机床电动机在切削过程中所消耗的功率 P_e 后，计算出切削功率 P_c。这种方法只能粗略估算切削力的大小，不够精确。当要求精确知道切削力的大小时，通常采用测力仪直接测量。

（2）用测力仪测量切削力

测力仪的测量原理是利用切削力作用在测力仪的弹性元件上所产生的变形，或作用在压电晶体上产生的电荷经过转换处理后，读出 F_c、F_f、F_p 的值。近代先进的测力仪常与计算机（PC）配套使用，直接进行数据处理，自动显示被测力值和建立切削力的经验公式。在自动化生产中，还可利用测力传感器产生的信号优化和监控切削过程。如图 1.29 所示为切削力计算机辅助测量系统框图。

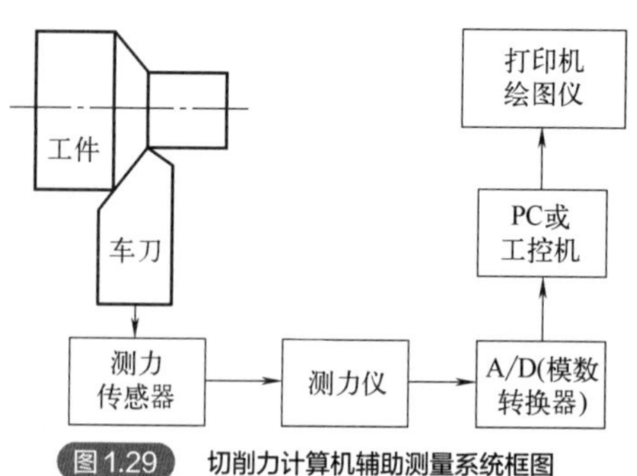

图 1.29 切削力计算机辅助测量系统框图

按测力仪的工作原理可以分为机械、液压和电气测力仪。目前常用的是电阻应变片式测力仪和压力测力仪。

1.5.3.2 切削力的计算

目前，人们已经积累了大量的切削力实验数据，对于一般加工方法，如车削、孔加工和铣削等已建立起了可直接利用的经验公式。常用的经验公式大约可分为两类：一类是指数公式；一类是单位切削力公式。

(1) 指数公式

在金属切削中广泛应用指数公式计算切削力。常用的指数公式的形式如式（1.17）~式（1.19）所示：

$$F_c = C_{F_c} a_p^{x_{F_c}} f^{y_{F_c}} v_c^{n_{F_c}} K_{F_c} \tag{1.17}$$

$$F_p = C_{F_p} a_p^{x_{F_p}} f^{y_{F_p}} v_c^{n_{F_p}} K_{F_p} \tag{1.18}$$

$$F_f = C_{F_f} a_p^{x_{F_f}} f^{y_{F_f}} v_c^{n_{F_f}} K_{F_f} \tag{1.19}$$

式中 C_{F_c}、C_{F_p}、C_{F_f}——影响系数，其大小与实验条件有关；

x_{F_c}、x_{F_p}、x_{F_f}——背吃刀量对切削力的影响指数；

y_{F_c}、y_{F_p}、y_{F_f}——进给量对切削力的影响指数；

n_{F_c}、n_{F_p}、n_{F_f}——切削速度对切削力的影响指数；

K_{F_c}、K_{F_p}、K_{F_f}——计算条件与实验条件不同时对切削力的修正系数。

式（1.17）~式（1.19）中的系数 C_{F_c}、C_{F_p}、C_{F_f} 和指数 x_{F_c}、y_{F_c}、n_{F_c}、x_{F_p}、y_{F_p}、n_{F_p}、x_{F_f}、y_{F_f}、n_{F_f} 可在切削用量手册中查得。手册中的数值是在特定的刀具几何参数（包括几何角度和刀尖圆弧半径等）下针对不同的加工材料、刀具材料和加工形式，由大量的实验结果处理而来的。表 1.3 列出了计算车削切削力的指数公式中的系数和指数，表中数值是针对 K_r=45°，γ_o=10°，λ_s=0°的硬质合金刀具，以及 K_r=45°，γ_o=20°~25°，刀尖圆弧半径 r_ε=1.0mm 的高速钢刀具。当刀具的几何参数及其他条件与上述不符时，各个因素都可用相应的修正系数进行修正。对于 F_c、F_f 和 F_p，所有相应修正系数的乘积就是 K_{F_c}、K_{F_p}、K_{F_f} 各个修正系数的值或者计算公式也可由切削用量手册查得。

由表 1.3 可见，除切螺纹外，切削力 F_c 中切削速度 v_c 的指数 n_{F_c} 几乎全为 0，这说明切削速度对切削力影响不明显（经验公式中反映不出来），这一点在后面还要进行说明。对于最常见的外圆纵车、横车或镗孔，x_{F_c}=1.0，y_{F_c}=0.75，这是一组典型的值，不光计算切削力有用，还可用于分析切削中的一些现象。

(2) 单位切削力公式

单位切削力是切削单位切削层面积所产生的作用力，用 k_c 表示，单位为 N/mm^2，其计算公式为式（1.20）：

$$k_c = \frac{F_c}{A_c} = \frac{F_c}{a_p f} = \frac{F_c}{a_c a_w} \tag{1.20}$$

如单位切削力为已知，则可由式（1.20）求出切削力 F_c。

表 1.3　计算车削切削力的指数公式中的系数和参数

加工材料	刀具材料	加工形式	公式中的系数及指数											
			切削力 F_c				背向力 F_p				进给力 F_f			
			C_{F_c}	x_{F_c}	y_{F_c}	n_{F_c}	C_{F_p}	x_{F_p}	y_{F_p}	n_{F_p}	C_{F_f}	x_{F_f}	y_{F_f}	n_{F_f}
结构钢及铸钢 σ_b=0.637 GPa	硬质合金	外圆纵车、横车及镗孔	1433	1.0	0.75	-0.15	572	0.9	0.6	-0.3	561	1.0	0.5	-0.4
		切槽及切断	3600	0.72	0.8	0	1393	0.73	0.67	0	—	—	—	—
		切螺纹	23879	—	1.7	0.71	—	—	—	—	—	—	—	—
	高速钢	外圆纵车、横车及镗孔	1766	1.0	0.75	0	922	0.9	0.75	0	530	1.2	0.65	0
		切槽及切断	2178	1.0	1.0	0	—	—	—	—	—	—	—	—
		成形车削	1874	1.0	0.75	0	—	—	—	—	—	—	—	—
不锈钢 1Cr18Ni9Ti 141HBS	硬质合金	外圆纵车、横车及镗孔	2001	1.0	0.75	0	—	—	—	—	—	—	—	—
灰铸铁 190 HBS	硬质合金	外圆纵车、横车及镗孔	903	1.0	0.75	0	530	0.9	0.75	0	451	1.0	0.4	0
		切螺纹	29013		1.8	0.82	—	—	—	—	—	—	—	—
	高速钢	外圆纵车、横车及镗孔	1118	1.0	0.75	0	1167	0.9	0.75	0	500	1.2	0.65	0
		切槽及切断	1550	1.0	1.0	0	—	—	—	—	—	—	—	—
可锻铸铁 150 HBS	硬质合金	外圆纵车、横车及镗孔	795	1.0	0.75	0	422	0.9	0.75	0	373	1.0	0.4	0
	高速钢	外圆纵车、横车及镗孔	981	1.0	0.75	0	863	0.9	0.75	0	392	1.2	0.65	0
		切槽及切断	1364	1.0	1.0	0	—	—	—	—	—	—	—	—
中等硬质不均质铜合金 120 HBS	高速钢	外圆纵车、横车及镗孔	540	1.0	0.66	0	—	—	—	—	—	—	—	—
		切槽及切断	736	1.0	1.0	0	—	—	—	—	—	—	—	—
铝及铝硅合金	高速钢	外圆纵车、横车及镗孔	392	1.0	0.75	0	—	—	—	—	—	—	—	—
		切槽及切断	491	1.0	1.0	0	—	—	—	—	—	—	—	—

1.5.4 影响切削力的因素

由切削力的来源可知，只要影响切削过程变形和摩擦的因素都会对切削力产生影响，其中主要包括：工件材料、切削用量、刀具几何参数、刀具磨损情况、切削液的影响等。

（1）工件材料的影响

工件材料的硬度和强度越高，其剪切屈服强度就越高，产生的切削力就越大，如加工35钢的切削力比加工45钢减小13%。

强度、硬度接近的材料，塑性和韧性越高，则切削变形越大，切屑与刀具间摩擦增加，故切削力越大。例如，不锈钢1Cr18Ni9Ti的伸长率是45钢的4倍，所以切削变形大，切屑不易折断，加工硬化严重，产生的切削力比加工45钢增大25%。

切削铸铁时形成崩碎切屑，切削变形小，切屑与前面接触时间短，摩擦力小，故产生的切削力也小。例如，灰铸铁HT200与45钢的硬度较接近，但在切削灰铸铁时的切削力比切削45钢可减小40%。

（2）切削用量的影响

背吃刀量 a_p 和进给量 f 增大，分别使切削宽度 a_w、切削厚度 a_c 增大，从而切削层面积 A_c 增大，因此变形抗力和摩擦力增加，导致切削力增大，但两者影响程度是不同的。由表1.3可知，通常 a_p 的影响指数 $x_{F_c}=1$，f 的影响指数 $y_{F_c}=0.75$，由此可知，当 a_p 增加一倍时，切削力也增加一倍，当 f 增加一倍时，切削力增加70%~80%。

切削速度 v_c 是通过切削温度和积屑瘤影响切削力大小的。在积屑瘤从0~max（最大）的过程中，切削速度增大，因前角增大、切削变形减小，故切削力下降；在积屑瘤从max~0（逐渐消失）的过程中，因前角减小、切削变形增大，故切削力又上升。在中速后进一步提高切削速度，由于摩擦因数变小，摩擦力减小，故切削力逐渐减小；当切削速度超过90m/min时，切削力减小甚微，而后将处于稳定状态。加工脆性金属时，因为变形和摩擦均较小，故切削速度改变时切削力变化不大。

a_p 和 f 对 F_c 的影响规律用于指导生产实践具有重要作用。例如，相同的切削层面积，切削效率相同，但增大进给量与增大背吃刀量比较，前者既减小了切削力又节省了功率的消耗；如果消耗相等的机床功率，则在表面粗糙度允许情况下选用更大的进给量切削，可切除更多的金属层和获得更高的生产效率。

（3）刀具几何参数的影响

① 前角 在刀具几何参数中，前角对切削力的影响最大。前角 γ_o 增大，切削变形减小，故切削力减小。但增大前角 γ_o，使3个分力 F_c、F_f、F_p 减小的程度不同。其中，F_p 与 F_f 减小的幅度是由主偏角 K_r 大小决定，由式 $F_p=F_D\times\cos K_r$、$F_f=F_D\times\sin K_r$ 可知，当 $K_r<45°$ 时，F_p 降低幅度较大；当 $K_r>45°$ 时，F_f 降低幅度较大。

② 主偏角 切削塑性金属时，主偏角 K_r 改变使切削层的形状（切削厚度 a_c、切削宽度 a_w）和切削分力 F_D（该力垂直于主切削刃，而主偏角的大小影响主切削的位置）的作用方向改变，

因而使切削力也随之变化。

使用刀尖圆弧半径 r_ε=0 的刀具切削，且 a_p、f 一定时，主切削力 F_c 随着主偏角 K_r 的增加而减小，由 $a_c=f\times\sin K_r$ 可知，K_r 增大，切削厚度 a_c 增大，切削变形减小，因此主切削力 F_c 减小。

使用刀尖圆弧半径 r_ε>0 的刀具切削时，且 a_p、f 一定时，随着主偏角 K_r 的增大，切削厚度 a_c 增大的同时，刀具上圆弧刃工作长度也增大。切削厚度 a_c 增加使主切削力 F_c 减小，但圆弧刃工作长度增加将使切削变形增加，从而引起切削力增加。实验表明：主偏角 K_r 在 30°~60°范围内增大时，因切削厚度 a_c 增大，故切削变形减小，切削力 F_c 减小；主偏角为 60°~70°时，切削力 F_c 最小；当主偏角继续增大时，因切削层形状变化使刀尖圆弧所占的切削宽度比例增大，故切屑流出时挤压加剧，造成切削力逐渐增大。

切削脆性材料时，切削变形小，且形成崩碎切屑，因此，圆弧刃工作长度的增加对切削力的影响不大，从而主切削力 F_c 始终随主偏角 K_r 的增加而减小。

③ 刃倾角 刃倾角负值的绝对值越大，作用于工件的背向力 F_p 越大，在车削轴类零件时易被顶弯并引起振动。因此，在精加工时，一般选用正的刃倾角。

（4）刀具磨损的影响

刀具的切削刃及后面产生磨损后，会使刀具后面与加工表面的摩擦和挤压加剧，故使切削力 F_c 和 F_p 增大。

（5）切削液的影响

合理选用切削液，可起到良好的冷却与润滑作用，能有效减小刀具与工件间的摩擦和黏结，使切削力减小。但并不是所有切削加工条件都适合浇注切削液，如在加工脆性材料时，为避免切削液将切屑带入机床导轨内部，影响机床精度，一般不使用切削液。

1.5.5 切削功率

消耗在切削过程中的功率称为工作功率，用 P_e 表示。工作功率为力 F_c 和 F_f 所消耗的功率之和，因 F_p 方向没有位移，所以不消耗功率。P_e 的表达见式（1.21）：

$$P_e=P_c+P_f=\left(F_c v_c+\frac{F_f n_w f}{1000}\right)\times 10^{-3} \tag{1.21}$$

式中 P_c——切削功率，kW；

P_f——进给功率，kW；

n_w——工件转速，r/s。

在切削力的计算公式中，右侧的第二项是消耗在进给运动中的功率，它相对于 F_c 所消耗的功率很小，一般为 1%～2%，因此可以略去不计，则：

$$P_e \approx P_c = F_c v_c \times 10^{-3} \tag{1.22}$$

在求得切削功率后，还可以计算出主运动电动机的功率 P_E，但需要考虑机床的传动效率 η，即：

$$P_E \geqslant \frac{P_c}{\eta} \tag{1.23}$$

一般 η 取 0.75～0.9，大值适用于新机床，小值适用于旧机床。

现在，就可以容易地估算某种具体加工条件下的切削力和切削功率了。例如，用 YT15 硬质合金车刀外圆纵车 σ_b=0.637GPa 的结构钢，车刀几何参数为 K_r=45°，γ_o=10°，λ_s=0°，切削用量为 a_p=4mm，f=0.4mm/r，v_c=1.7m/s。把由表 1.3 查出的系数和指数代入式（1.22），由于所给条件与表 1.3 中条件相同，故：

$$K_{F_c} = K_{F_p} = K_{F_f} = 1$$

$$F_c = C_{F_c} a_p^{x_{F_c}} f^{y_{F_c}} v_c^{n_{F_c}} K_{F_c} = \left(1433 \times 4^{1.0} \times 0.4^{0.75} \times 1.7^{-0.15} \times 1\right)\text{N} = 2662.5\text{N}$$

$$F_p = C_{F_p} a_p^{x_{F_p}} f^{y_{F_p}} v_c^{n_{F_p}} K_{F_p} = \left(572 \times 4^{0.9} \times 0.4^{0.6} \times 1.7^{-0.3} \times 1\right)\text{N} = 980.3\text{N}$$

$$F_f = C_{F_f} a_p^{x_{F_f}} f^{y_{F_f}} v_c^{n_{F_f}} K_{F_f} = \left(561 \times 4^{1.0} \times 0.4^{0.5} \times 1.7^{-0.4} \times 1\right)\text{N} = 1147.8\text{N}$$

切削功率 P_c 为：

$$P_c = F_c v_c \times 10^{-3} = \left(2662.5 \times 1.7 \times 10^{-3}\right)\text{kW} \approx 4.5\text{kW}$$

1.6　切削热和切削温度

切削热是切削过程中的重要物理现象之一。切削时所消耗的能量，除了 1%～2%用以形成新表面和以晶格扭曲等形式形成潜藏能外，有 98%～99%转换为热能，因此可以近似地认为切削时所消耗的能量全部转换为热。大量的切削热使得切削温度升高，这将直接影响刀具前刀面上的摩擦因数、积屑瘤的形成和消退、刀具的磨损、工件加工精度和已加工表面质量等，所以研究切削热和切削温度也是分析工件加工质量和刀具寿命的重要内容。

1.6.1　切削热的产生与传导

切削塑性材料时，被切削的金属在刀具的作用下，发生弹性和塑性变形而耗功，这是切削热的一个重要来源。此外，切屑与前刀面、工件与后刀面之间的摩擦也要耗功，也产生出大量的热量。因此，切削时共有 3 个发热区域，即剪切面、切屑与前刀面接触区、后刀面与已加工表面接触区（如图 1.30 所示），3 个发热区与 3 个变形区相对应，所以切削热的来源就是切削变形功和前、后刀面的摩擦功。

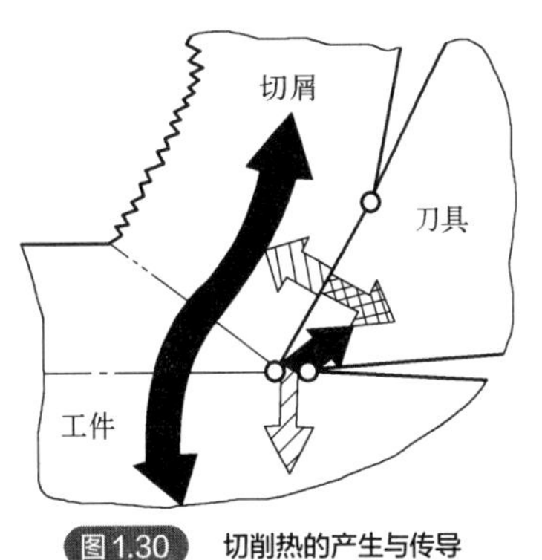

图 1.30　切削热的产生与传导

切削塑性材料时，变形和摩擦都比较大，所以发热较多。切削速度提高时，因切屑的变形减小，所以塑性变形产生的热量比例降低，而摩擦产生热量的比例增高。切削脆性材料时，后刀面上摩擦产生的热量在切削热中所占的比例较大。

切削区域的热量被切屑、工件、刀具和周围介质传出。在不使用切削液时，向周围介质直接传出的热量，所占比例在 1%以下，故在分析和计算时可忽略不计。

工件材料的导热性能是影响热量传导的重要因素。工件材料的热导率越低，通过工件和切屑传导出去的切削热越少，这就必然会使通过刀具传导出去的热量增加。例如，切削航空工业中常用的钛合金时，因为它的热导率只有碳素钢的 1/3~1/4，切削产生的热量不易传出，切削温度因而随之增高，刀具就容易磨损。

刀具材料的热导率较高时，切削热易从刀具传导出，切削区域温度随之降低，这有利于刀具寿命的提高。切屑与刀具接触时间的长短，也影响刀具的切削温度。外圆车削时，切屑形成后迅速脱离车刀而落入机床的容屑盘中，故切屑的热量传给刀具不多。钻削或其他半封闭式容屑的切削加工，切屑形成后仍与刀具及工件相接触，切屑将所带的切削热再次传给工件和刀具，使切削温度升高。

切削热由切屑、刀具、工件及周围介质传出的比例，可举例如下：

① 车削加工（开放式加工环境）时，切屑带走的切削热为 50%~86%，车刀传出 40%~10%，工件传出 9%~3%，周围介质（如空气）传出 1%。切削速度愈高或切削厚度愈大，则切屑带走的热量愈多。

② 钻削加工（封闭式加工环境）时，切屑带走切削热 28%，刀具传出 14.5%，工件传出 52.5%，周围介质传出 5%。

1.6.2 切削温度的测量方法

上面分析讨论了切削热的产生与传导。尽管切削热是切削温度升高的根源，但直接影响切削过程的却是切削温度。**切削温度**一般指前刀面与切屑接触面的平均温度，可近似地认为是剪切面的平均温度和前刀面与切屑接触面摩擦温度之和。

与切削力不同，对于切削温度已经有很多理论推算方法可以较为准确地（与实验结果比较一致）计算，但这些方法都具有一定的局限性，且应用较繁琐。值得指出的是，现在已经可以用有限元方法求出切削区域的近似温度场，但由于工程问题的复杂性，难免有一些假设。

所以，最为可靠的方法是对切削温度进行实际测量。切削温度的测量是切削实验研究中的重要技术，不但可以用该项技术直接研究各因素对切削温度的影响，也可用来校核切削温度理论计算的准确性，以评判理论计算方法的正确性。在现代生产过程中，还可以把测得的切削温度作为控制切削过程的信号源。

切削温度的测量方法很多，大致可分为热电偶法、辐射温度计法以及其他测量方法。目前应用较广的是自然热电偶法和人工热电偶法。自然热电偶法主要是用于测定切削区域的平均温度。人工热电偶法是用于测量刀具、切屑和工件上指定点的温度，用它可求得温度分布场和最高温度的位置。人工热电偶是由两种预先经过标定的金属丝组成的热电偶。

1.6.3 影响切削温度的因素

根据理论分析和大量的实验研究可知，切削温度主要受切削用量、刀具几何参数、工件材料、刀具磨损和切削液的影响。下面对这几个主要因素加以分析。

（1）切削用量的影响

由实验得出的切削温度经验公式如下：

$$\theta = C_\theta v_c^{z_\theta} f^{y_\theta} a_p^{x_\theta} \tag{1.24}$$

式中　θ——实验测出的前刀面接触区平均温度，℃；

C_θ——切削温度系数；

z_θ、y_θ、x_θ——相应的指数。

实验得出，用高速钢和硬质合金刀具切削中碳钢时，切削温度系数 C_θ 及指数 z_θ、y_θ、x_θ 见表 1.4。

分析各因素对切削温度的影响，主要从这些因素对单位时间内产生的热量和传出的热量的影响入手。如果产生的热量大于传出的热量，则这些因素将使切削温度增高；某些因素使传出的热量增大，则这些因素将使切削温度降低。

由表 1.4 可知，在切削用量三要素中，v_c 的指数最大，f 次之，a_p 最小。这说明切削速度对切削温度影响最大，随切削速度的提高，切削温度迅速上升。而背吃刀量 a_p 变化时，散热面积和产生的热量亦作相应变化，故 a_p 对切削温度的影响很小。因此，为了有效地控制切削温度以提高刀具寿命，在机床允许的条件下，选用较大的背吃刀量和进给量，比选用大的切削速度更为有利。

表 1.4　切削温度的系数及指数

<table>
<tr><th>刀具材料</th><th>加工方法</th><th>C_θ</th><th colspan="2">z_θ</th><th>y_θ</th><th>x_θ</th></tr>
<tr><td rowspan="3">高速钢</td><td>车削</td><td>140~170</td><td colspan="2" rowspan="3">0.35~0.45</td><td rowspan="3">0.2~0.3</td><td rowspan="3">0.08~0.10</td></tr>
<tr><td>铣削</td><td>80</td></tr>
<tr><td>钻削</td><td>150</td></tr>
<tr><td rowspan="4">硬质合金</td><td rowspan="4">车削</td><td rowspan="4">320</td><td>f/（mm/r）</td><td>z_θ</td><td rowspan="4">0.15</td><td rowspan="4">0.05</td></tr>
<tr><td>0.1</td><td>0.41</td></tr>
<tr><td>0.2</td><td>0.31</td></tr>
<tr><td>0.3</td><td>0.26</td></tr>
</table>

（2）工件材料的影响

工件材料对切削温度的影响与材料的强度、硬度及导热性有关。材料的强度、硬度愈高，切削时消耗的功愈多，切削温度也就愈高；材料的导热性好，可以使切削温度降低。例如，合金结构钢的强度普遍高于 45 钢，而热导率又多低于 45 钢，故切削温度一般均高于 45 钢的切削温度。

（3）刀具角度的影响

前角和主偏角对切削温度影响较大。前角加大，变形和摩擦减小，因而切削热少。但前角不能过大，否则刀头部分散热体积减小，不利于切削温度的降低。主偏角减小将使切削刃工作长度增加，散热条件改善，从而使切削温度降低。

（4）刀具磨损的影响

在后刀面的磨损值达到一定数值后，对切削温度的影响增大，切削速度愈高，影响就愈显著。合金结构钢的强度大，热导率小，所以切削合金结构钢时刀具磨损对切削温度的影响，就比切削 45 钢时大。

（5）切削液的影响

切削液对切削温度的影响，与切削液的导热性能、比热容、流量、浇注方式以及本身的温度有很大的关系。从导热性能来看，油类切削液不如乳化液，乳化液不如水基切削液。如果用乳化液来代替油类切削液，加工生产率可提高 50%~100%。

流量充沛与否对切削温度的影响很大。切削液本身的温度越低，就能越明显地降低切削温度，如果将室温（20℃）的切削液降温至 5℃，则刀具寿命可提高 50%。

1.6.4 切削温度对切削加工过程的影响

切削温度高是刀具磨损的主要原因，它将限制生产率的提高；切削温度还会使加工精度降低，使已加工表面产生残余应力以及其他缺陷。

（1）切削温度对工件材料强度和切削力的影响

切削时的温度虽然很高，但是切削温度对工件材料硬度及强度的影响并不很大，切削温度对剪切区域的应力影响不是很明显。这一方面是因为在切削速度较高时，变形速度很高，其对材料强度的影响，足以抵消切削温度对材料强度的影响；另一方面，切削温度是在切削变形过程中产生的，因此对剪切区域的应力应变状态来不及产生很大的影响，只对切屑底层的剪切强度产生影响。

工件材料预热至 500~800℃后进行切削时，切削力下降很多。但在高速切削时，切削温度经常达到 800~900℃，切削力下降却不多，这也间接证明，切削温度对剪切区域内工件材料强度影响不大。目前，加热切削是切削难加工材料的一种较好的方法。

（2）切削温度对刀具材料的影响

适当地提高切削温度，对提高硬质合金的韧性是有利的。硬质合金在高温时，冲击强度比较高，因而硬质合金不易崩刃，磨损强度亦将降低。实验证明，各类刀具材料在切削各种工件材料时，都有一个最佳切削温度范围。在最佳切削温度范围内，刀具的寿命最高，工件材料的切削加工性也符合要求。

（3）切削温度对工件尺寸精度的影响

车削外圆时，工件本身受热膨胀，直径发生变化，切削后冷却至室温，就可能不符合加工精度的要求。

刀杆受热膨胀，切削时实际背吃刀量增加使直径减小。

工件受热变长，但因夹固在机床上不能自由伸长而发生弯曲，车削后工件中部直径发生变化。

在精加工和超精加工时，切削温度对加工精度的影响特别突出，所以必须注意降低切削温度。

(4) 利用切削温度自动控制切削速度或进给量

上面已经提到，各种刀具材料切削不同的工件材料都有一个最佳切削温度范围。因此，可利用切削温度来控制机床的转速或进给量，保持切削温度在最佳范围内，以提高生产率及工件表面质量。

(5) 利用切削温度与切削力控制刀具磨损

运用刀具-工件热电偶，能在几分之一秒内指示出一个较显著的刀具磨损的发生。跟踪切削过程中的切削力以及切削分力之间比例的变化，也可反映切屑碎断、积屑瘤变化或刀具前、后刀面及钝圆处的磨损情况。切削力和切削温度这两个参数可以互相补充，以用于分析切削过程的状态变化。

1.7 刀具磨损和刀具寿命

切削金属时，刀具一方面切下切屑，另一方面刀具本身也会发生损坏。刀具损坏到一定程度，就要换刀或更换新的切削刃，才能进行正常切削。刀具磨损后，使工件加工精度降低，表面粗糙度增大，并导致切削力加大、切削温度升高，甚至产生振动，不能继续正常切削。因此，刀具磨损直接影响加工效率、质量和成本。

1.7.1 刀具的磨损形式

刀具磨损包括正常磨损和非正常磨损两类。前者是连续的逐渐磨损；后者包括脆性破损（如崩刃、碎断、剥落、裂纹破损等）和塑性破损两种。

(1) 刀具正常磨损

形式有以下几种，如图 1.31 所示。

① **前刀面磨损** 切削塑性材料时，如果切削速度和切削厚度较大，由于切屑与前刀面完全是新鲜表面相互接触和摩擦，化学活性很高，反应很强烈；如前所述，接触面又有很高的压力和温度，接触面积中有 80%以上是实际接触，空气或切削液渗入比较困难，因此在前刀面上形成月牙洼磨损（如图 1.31 所示）。开始时前缘离切削刃还有一小段距离，以后逐渐向前、后扩大，但长度变化并不显著（取决于切削宽度），主要是深度不断增大，其最大深度的位置即相当于切削温度最高的地方。如图 1.32 所示是月牙洼磨损的发展过程。当月牙洼发展到其前缘与切削刃之间的棱边变得很窄时，切削刃强度降低，易导致切削刃破损。刀具磨损测量位置如图 1.33 所示，前刀面月牙洼磨损值用其最大深度 KT 表示，如图 1.33（a）所示。

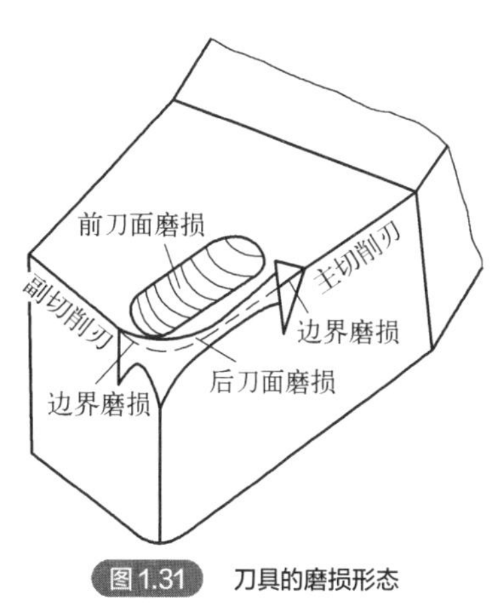

图 1.31 刀具的磨损形态

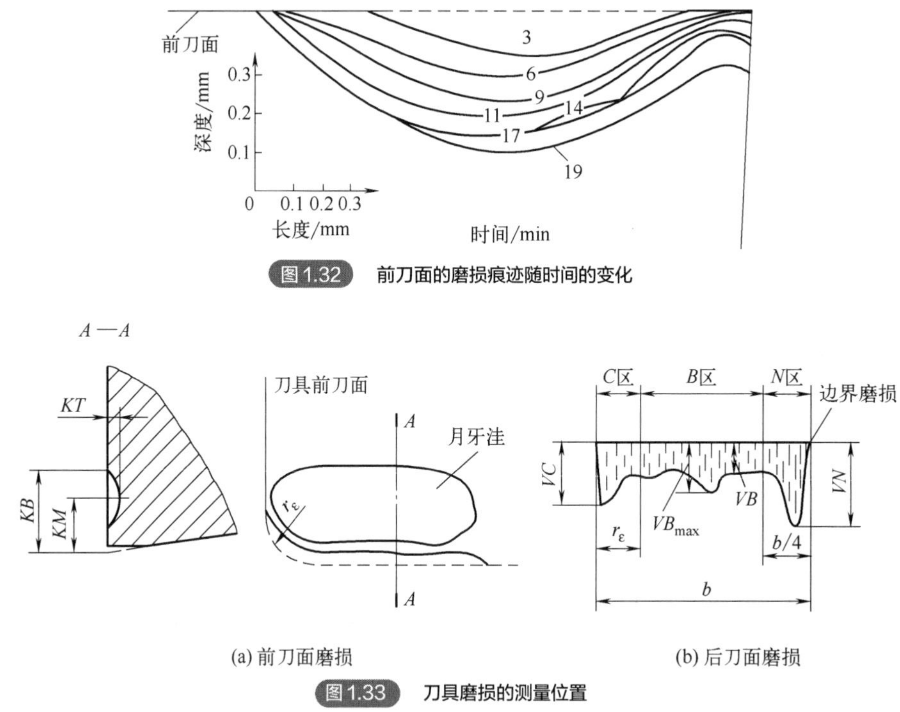

图 1.32　前刀面的磨损痕迹随时间的变化

图 1.33　刀具磨损的测量位置

② **后刀面磨损**　切削时，工件的新鲜加工表面与刀具后刀面接触，相互摩擦，引起后刀面磨损。后刀面虽然有后角，但由于切削刃不是理想的锋利，而有一定的钝圆，后刀面与工件表面的接触压力很大，存在着弹性和塑性变形。因此，后刀面与工件实际上是小面积接触，磨损就发生在这个接触面上。切削铸铁和以较小的切削厚度切削塑性材料时，主要发生这种磨损，后刀面磨损带往往是不均匀的，其磨损值以最大平均磨损宽度 VB_{max} 表示，如图 1.33（b）所示。

③ **边界磨损**　切削钢料时，常在主切削刃靠近工件外表皮处以及副切削刃靠近刀尖处的后刀面上磨出较深的沟纹。此两处分别是在主、副切削刃与工件待加工或已加工表面接触的地方，如图 1.33（b）所示。

（2）刀具非正常磨损

刀具非正常磨损的形式分脆性破损和塑性破损两种。硬质合金和陶瓷刀具在切削时，在机械和热冲击作用下，经常发生脆性破损。脆性破损又分为崩刃、碎断、剥落和裂纹破损等。

① **切削刃微崩**　当工件材料组织、硬度、余量不均匀，前角偏大导致切削刃强度偏低，工艺系统刚性不足产生振动，或进行断续切削，刃磨质量欠佳时，切削刃容易发生微崩，即刃区出现微小的崩落、缺口或剥落。出现这种情况后，刀具将失去一部分切削能力，但还能继续工作。继续切削中，刃区损坏部分可能迅速扩大，导致更大的破损。

② **切削刃或刀尖崩碎**　这种破损方式常在比造成切削刃微崩更为恶劣的切削条件下产生，或者是微崩的进一步的发展。崩碎的尺寸和范围都比微崩大，使刀具完全丧失切削能力，而不得不终止工作。刀尖崩碎的情况常称为掉尖。

③ **刀片或刀具折断**　当切削条件极为恶劣，切削用量过大，有冲击载荷，刀片或刀具材料中有微裂，由于焊接、刃磨在刀片中存在残余应力时，加上操作不慎等因素，可能造成刀片或刀具产生折断。发生这种破损形式后，刀具不能继续使用，以致报废。

④ 刀片表层剥落 对于脆性很大的材料，如 TiC 含量很高的硬质合金、陶瓷、PCBN（聚晶立方氮化硼）等，由于表层组织中有缺陷或潜在裂纹，或由于焊接、刃磨而使表层存在着残余应力，在切削过程中不够稳定或刀具表面承受交变接触应力时极易产生表层剥落。剥落可能发生在前刀面，也可能发生在后刀面，剥落物呈片状，剥落面积较大。涂层刀具剥落可能性较大。刀片轻微剥落后，尚能继续工作，严重剥落后将丧失切削能力。

⑤ 切削部位塑性变形 高速钢由于强度小、硬度低，在其切削部位可能发生塑性变形。硬质合金在高温和三向压应力状态下工作时，也会产生表层塑性流动，甚至使切削刃或刀尖发生塑性变形而造成塌陷。塌陷一般发生在切削用量较大和加工硬材料的情况下。TiC 基硬质合金的弹性模量小于 WC 基硬质合金，故前者抗塑性变形能力差，会迅速失效。PCD（聚晶金刚石）、PCBN 基本不会发生塑性变形现象。

⑥ 刀片的热裂 当刀具承受交变的机械载荷和热负荷时，切削部分表面因反复热胀冷缩，不可避免地产生交变的热应力，从而使刀片发生疲劳而开裂。例如，硬质合金铣刀进行高速铣削时，刀齿不断受到周期性的冲击和交变热应力，而在前刀面产生梳状裂纹。有些刀具虽然并没有明显的交变载荷与交变应力，但因表层、里层温度不一致，也将产生热应力，加上刀具材料内部不可避免地存在缺陷，故刀片也可能产生裂纹。裂纹形成后，刀具有时还能继续工作一段时间，但有时裂纹迅速扩展，导致刀片折断或刀面严重剥落。

常用的防止刀具发生非正常磨损的方法有：

① 针对被加工材料和零件的特点，合理选择刀具的材料和牌号。在具备一定硬度和耐磨性的前提下，必须保证刀具材料具有必要的韧性。

② 合理选择刀具几何参数。通过调整前后角、主副偏角、刃倾角等角度，保证切削刃和刀尖有较好的强度。在切削刃上磨出负倒棱，是防止崩刀的有效措施。

③ 保证焊接和刃磨的质量，避免因焊接、刃磨不善而带来的各种疵病。关键工序所用的刀具，其刀面应经过研磨以提高表面质量，并检查有无裂纹。

④ 合理选择切削用量，避免过大的切削力和过高的切削温度，以防止刀具破损。

⑤ 尽可能保证工艺系统具有较好的刚性，减小振动。

⑥ 采取正确的操作方法，尽量使刀具不承受或少承受突变性的负荷。

1.7.2 刀具正常磨损的原因

切削时刀具的磨损一般是在高温高压条件下产生的，因此，形成刀具磨损的原因就非常复杂，涉及机械、物理、化学等方面，常见以下几种磨损。

① 磨粒磨损 由于工件材料中的杂质、材料基体组织中的碳化物、氮化物和氧化物等硬质点对刀具表面的刻划作用引起的机械磨损。在各种切削速度下，刀具都存在磨粒磨损。在低速切削时，其他各种形式的磨损还不显著，磨粒磨损便成为刀具磨损的主要原因。一般认为，磨粒磨损量与切削路程成正比。

② 黏结磨损 指刀具与工件材料接触达到原子间距离时所产生的黏结现象，又称冷焊。在切削过程中，由于刀具与工件材料的摩擦面上具有高温、高压和新鲜表面的条件，极易发生黏结。在继续相对运动时，黏结点受到较大的剪切或拉伸应力而被破裂，一般发生于硬度较低的工件材料一侧。但刀具材料往往因为存在组织不均匀、内应力、微裂纹以及空隙、局部软点等缺陷，所以刀具表面常发生破裂而被工件材料带走，形成黏结磨损。各种刀具材料都会发生黏

结磨损。例如，硬质合金刀具切削钢件时，在形成不稳定积屑瘤的条件下，切削刃可能很快就因黏结磨损而损坏。

在中、高切削速度下，切削温度为 600~700℃，又形成不稳定积屑瘤时，黏结磨损最为严重。刀具与工件材料的硬度比越小，相互间的亲和力越大，黏结磨损就越严重。刀具的表面刃磨质量差，也会加剧黏结磨损。

③ **相变磨损** 工具钢刀具在较高速度切削时，由于切削温度升高，使刀具材料产生相变，硬度降低，若继续切削，会引起前面塌陷和切削刃卷曲。在高温（>900℃）、高压状态下切削时，硬质合金刀具也会因产生塑性变形而失去切削性能。因此，相变磨损是一种“塑性变形”破损。

④ **扩散磨损** 由于切削温度很高，刀具与工件被切出的新鲜表面相接触，化学活性很大，刀具与工件材料的化学元素有可能互相扩散，使两者的化学成分发生变化，削弱刀具材料的性能，加速磨损过程。例如，用硬质合金刀具切削钢件时，切削温度常达 800~1000℃，扩散磨损成为硬质合金刀具主要磨损原因之一。自 800℃开始，硬质合金中的 Co、C、W 等元素会扩散到切屑中而被带走；同时，切屑中的 Fe 也会扩散到硬质合金中，使 WC 等硬质相发生分解，形成低硬度、高脆性的复合碳化物；由于 Co 的扩散，会使刀具表面上 WC、TiC 等硬质相的黏结强度降低，从而加速刀具磨损。

扩散速度随切削温度的升高而按指数规律增加，即切削温度升高，扩散磨损会急剧增加。不同元素的扩散速度不同，如 Ti 的扩散速度比 C、Co、W 等元素低得多，故 YT 类硬质合金抗扩散能力比 YG 类强。此外，扩散速度与接触表面相对滑动速度有关，相对滑动速度越高，扩散越快。所以，切削速度越高，刀具的扩散磨损越快。

⑤ **氧化磨损** 当硬质合金刀具的切削温度达到 700~800℃时，硬质合金材料中 WC、TiC 和 Co 与空气中的氧发生氧化反应，形成了硬度和强度较低的氧化膜。由于空气不易进入切削区域，所以易在近工件待加工表面的刀具后刀面位置处形成氧化膜。在切削时工件表层中氧化皮、冷硬层和硬杂质点对氧化膜连续摩擦，造成了在待加工表面处的刀面上产生氧化磨损，它亦称边界磨损。

⑥ **热电磨损** 在切削产生的高温的作用下，刀具与工件材料形成热电偶，产生热电势，使刀具与切屑及工件之间有电流通过，可能加快扩散的速度，从而加剧刀具磨损。

1.7.3 刀具的磨损过程及磨钝标准

随着切削时间的延长，刀具磨损增加。根据切削实验，可得如图 1.34 所示的刀具正常磨损过程的典型磨损曲线。该图分别以切削时间和后刀面磨损量（平均磨损宽度）*VB*（或前刀面月牙洼磨损深度 *KT*）为横坐标与纵坐标。从图 1.34 可知，刀具磨损过程可分为 3 个阶段。

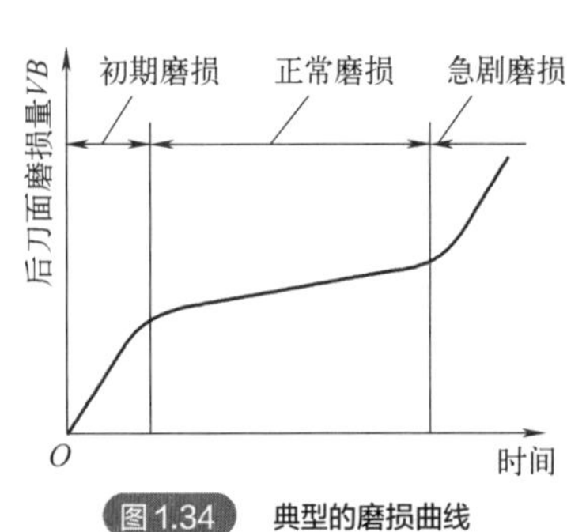

图1.34 典型的磨损曲线

① **初期磨损阶段** 因为新刃磨的刀具后刀面存在粗糙不平之处以及显微裂纹、氧化或脱碳层等缺陷，而且切削刃较锋利，后刀面与加工表面接触面积较小，压应力较大，所以这一阶段的磨损较快，一般初期磨损量为 0.05~0.1mm，其大小与刀具刃磨质量直接相关，研磨过的刀具初期磨损量较小。

② **正常磨损阶段** 经初期磨损后，刀具毛糙表面已经

磨平，刀具进入正常磨损阶段。这个阶段的磨损比较缓慢均匀，后刀面磨损量随切削时间延长而近似地成比例增加，正常切削时，这阶段时间较长。

③ 急剧磨损阶段　当磨损带宽度增加到一定限度后，加工表面粗糙度增大，切削力与切削温度均迅速升高，磨损速度增加很快，以致刀具损坏而失去切削能力。生产中为合理使用刀具，保证加工质量，应当避免达到这个磨损阶段。在这个阶段到来之前，就要及时换刀或更换新切削刃。

刀具磨损到一定限度就不能继续使用，这个磨损限度称为磨钝标准。在评定刀具材料切削性能和试验研究时，都以刀具表面的磨损量作为衡量刀具的磨钝标准。因为一般刀具的后刀面都发生磨损，而且测量也比较方便。因此，国际标准 ISO 统一规定以 1/2 背吃刀量处后刀面上测定的磨损带宽度（平均磨损宽度）VB 作为刀具磨钝标准，如图 1.33（b）所示。

在生产实际中，经常卸下刀具来测量磨损量会影响生产的正常进行，因而不能直接以磨损量的大小来衡量刀具磨损状况，而是根据切削中发生的一些现象来判断刀具是否已经磨钝。例如，粗加工时，通过观察加工表面是否出现亮带、切屑的颜色和形状的变化，以及是否出现振动和不正常的声音等来判断刀具是否已经磨钝；精加工时，可通过观察加工表面粗糙度变化以及测量加工零件的形状与尺寸精度等来判断刀具是否已经磨钝。如发现异常现象，就要及时换刀。

自动化生产中用的精加工刀具，常以沿工件径向的刀具磨损尺寸作为衡量刀具的磨钝标准，称为刀具径向磨损量 NB，如图 1.35 所示。

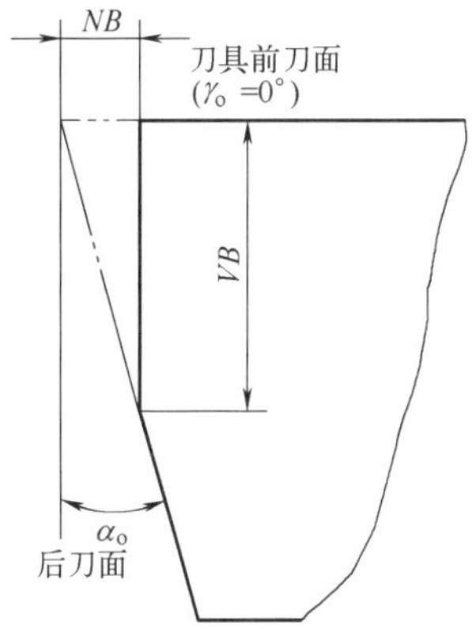

由于加工条件不同，所定的磨钝标准也有变化。例如，精加工的磨钝标准较小，而粗加工则取较大值；当机床-夹具-刀具-工件系统刚度较低时，还应该考虑在磨钝标准内是否会产生振动。此外，工件材料的可加工性、刀具制造刃磨难易程度等都是确定磨钝标准时应考虑的因素。

磨钝标准的具体数值可查阅有关手册。

图 1.35　刀具的磨损量

1.7.4　刀具寿命的定义及影响因素

确定了磨钝标准之后，就可以定义刀具寿命。一把新刀（或重新刃磨过的刀具）从开始使用直至达到磨钝标准所经历的实际切削时间，称为**刀具寿命**。对于可重磨刀具，刀具寿命指的是刀具两次刃磨之间所经历的实际切削时间；而对其从第一次投入使用直至完全报废（经刃磨后亦不可再用）时所经历的实际切削时间，叫作**刀具总寿命**。显然，对于不重磨刀具，刀具总寿命即等于刀具寿命；而对可重磨刀具，刀具总寿命则等于其平均寿命乘以刃磨次数。应当明确的是，刀具寿命和刀具总寿命是两个不同的概念。

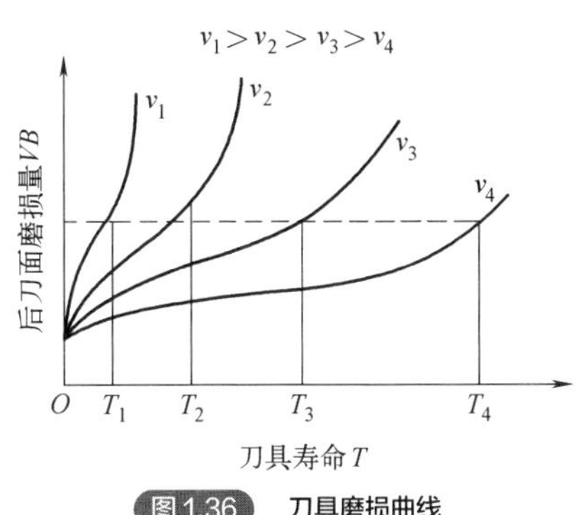

图 1.36　刀具磨损曲线

（1）切削速度与刀具寿命的关系

对于某一切削加工，当工件、刀具材料和刀具几何形状选定之后，切削速度是影响刀具寿命的最主要因素，提高切削速度，刀具寿命就降低，这是由于切削速度对切削温度影响最大，因而对刀具磨损影响最大。固定其他切削条件，在常用的切削速度范围内，取不同的切削速度 v_1、v_2、v_3、v_4，进行刀具磨损试验，得出如图 1.36 所示的一组磨损曲线，经处理后得式（1.25）：

$$v_c T^m = C \tag{1.25}$$

式中 T——刀具寿命，min；

m——指数，表示 v_c-T 间影响的程度；

C——系数，与刀具、工件材料和切削条件有关。

式（1.25）为重要的刀具寿命方程式。如果 v_c-T 画在双对数坐标系中得一直线，m 就是该直线的斜率，如图 1.37 所示。耐热性愈低的刀具材料，斜率应该愈小，切削速度对刀具寿命影响应该愈大。也就是说，切削速度稍稍改变一点，而刀具寿命的变化就很大。如图 1.37 所示为各种刀具材料加工同一种工件材料时的刀具寿命曲线，其中，陶瓷刀具的寿命曲线的斜率比硬质合金和高速钢的都大。这是因为陶瓷刀具的耐热性很高，所以在非常高的切削速度下仍然有较高的刀具寿命；但是在低速时，其刀具寿命比硬质合金的还要低。

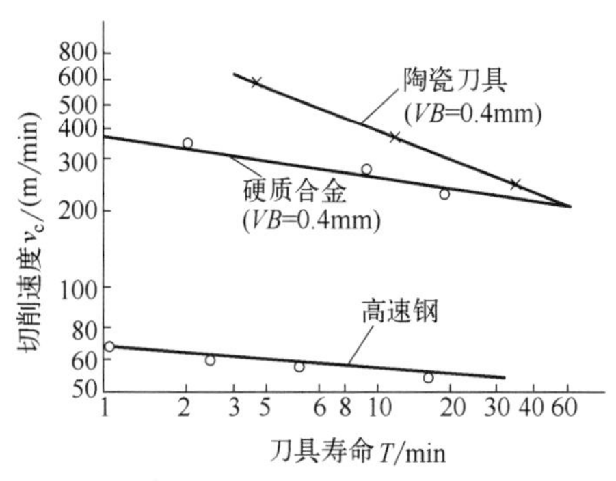

图 1.37 各种刀具材料的寿命曲线比较

图中，VB 表示刀具的磨损量

（2）进给量和背吃刀量与切削速度的关系

其他切削条件不变，进给量 f 或切削深度 a_p 发生变化时，分别得到与 v_c-T 类似的关系，即式（1.26）、式（1.27）：

$$f T^m = C_1 \tag{1.26}$$

$$a_p T^m = C_2 \tag{1.27}$$

综合式（1.25）、式（1.26）和式（1.27），可得到切削用量与刀具耐用度的一般关系式：

$$T = \frac{C_r}{v_c^{\frac{1}{m}} f^{\frac{1}{m_1}} a_p^{\frac{1}{m_2}}} \tag{1.28}$$

式中 m_1——f 对 T 的影响程度指数；

m_2——a_p 对 T 的影响程度指数。

令 $x=1/m$，$y=1/m_1$，$z=1/m_2$，则得到式（1.29）：

$$T = \frac{C_r}{v_c^x f^y a_p^z} \tag{1.29}$$

式中 C_r——耐用度系数，与刀具、工件材料和切削条件有关；

x，y，z——指数，分别表示各切削用量对刀具耐用度的影响程度。

用 YT5 硬质合金车刀切削 σ_b=0.637GPa 的碳钢时，且 f ＞0.7mm/r，切削用量与刀具耐用度的关系为式（1.30）：

$$T = \frac{C_r}{{v_c}^5 f^{2.25} {a_p}^{0.75}} \tag{1.30}$$

切削时，增加进给量 f 和背吃刀量 a_p，刀具寿命也要减小，切削速度 v_c 对刀具寿命影响最大，进给量 f 次之，背吃刀量 a_p 最小。这与三者对切削温度的影响顺序完全一致，这也反映出切削温度对刀具磨损和刀具寿命有着最重要的影响。

刀具寿命与切削用量之间的关系是以刀具的平均寿命为依据建立的。实际上，切削时，由于刀具和工件材料的分散性，所用机床及工艺系统动、静态性能的差别，以及工件毛坯余量不均等条件的变化，刀具寿命是存在不同分散性的随机变量。通过刀具磨损过程的分析和实验表明，刀具寿命的变化规律服从正态分布或对数正态分布。

1.8 材料的切削加工性

1.8.1 材料切削加工性的衡量指标

工件材料被切削加工的难易程度，称为材料的切削加工性。

衡量材料切削加工性的指标很多，一般地说，良好的切削加工性是指：刀具寿命较长或一定寿命下的切削速度较高；在相同的切削条件下切削力较小，切削温度较低；容易获得好的表面质量；切屑形状容易控制或容易断屑。但衡量一种材料切削加工性的好坏，还要看具体的加工要求和切削条件。例如，纯铁切除余量很容易，但获得光洁的表面比较难，所以精加工时认为其切削加工性不好；不锈钢在普通机床上加工并不困难，但在自动机床上加工难以断屑，则认为其切削加工性较差。

在生产和试验中，往往只取某一项指标来反映材料切削加工性的某一侧面。最常用的指标是一定刀具寿命下的切削速度 v_T 和相对加工性 K_v。

v_T 的含义是指当刀具寿命为 T_{min} 时，切削某种材料所允许的最大切削速度。v_T 越高，表示材料的切削加工性越好。通常取 T=60min，则 v_T 写作 v_{60}。

切削加工性的概念具有相对性。所谓某种材料切削加工性的好与坏，是相对于另一种材料而言的。在判别材料的切削加工性时，一般以切削正火状态 45 钢的 v_{60} 作为基准，写作 $(v_{60})_j$，而把其他各种材料的 v_{60} 同它相比，其比值 K_v 称为相对加工性，即式（1.31）：

$$K_v = \frac{v_{60}}{(v_{60})_j} \tag{1.31}$$

常用材料的相对加工性 K_v 分为 8 级，如表 1.5 所示。凡 K_v>1 的材料，其加工性比 45 钢好；K_v<1 者，其加工性比 45 钢差。K_v 实际上也反映了不同材料对刀具磨损和刀具寿命的影响。

表 1.5　材料切削加工性等级

加工性等级	名称及种类		相对加工性 K_v	代表性材料
1	很容易切削材料	一般非铁材料金属	>3.0	铜铅合金、铝铜合金、铝镁合金
2 3	容易切削材料	易切削钢 较易切削钢	>2.5~3.0 >1.6~2.5	15Cr 退火 σ_b=380~450MPa 自动机钢 σ_b=400~500MPa 30 钢正火 σ_b=450~560MPa
4 5	普通材料	一般钢与铸铁 稍难切削材料	>1.0~1.6 >0.65~1.0	45 钢、灰铸铁 2Cr13 调质 σ_b=850MPa 85 钢 σ_b=900MPa
6 7 8	难切削材料	较难切削材料 难切削材料 很难切削材料	>0.5~0.65 0.15~0.5 <0.15	45Cr 调质 σ_b=1050MPa 65Mn 调质 σ_b=950~1000MPa 50CrV 调质、1Cr18Ni9Ti、某些钛合金、铸造镍基高温合金

1.8.2　改善材料的切削加工性

材料的切削加工性对生产率和表面质量有很大影响，因此在满足零件使用要求的前提下，应尽量选用切削加工性较好的材料。

工件材料的物理性能（如热导率）和力学性能（如强度、塑性、韧性、硬度等）对切削加工性有着重大影响，但也不是一成不变的。在实际生产中，可采取一些措施来改善切削加工性。生产中常用的措施主要有以下两方面。

① **调整材料的化学成分**　因为材料的化学成分直接影响其力学性能，如碳钢中，随着含碳量的增加，其强度和硬度一般都提高，其塑性和韧性降低，故：高碳钢强度和硬度较高，切削加工性较差；低碳钢塑性和韧性较高，切削加工性也较差；中碳钢的强度、硬度、塑性和韧性都居于高碳钢和低碳钢之间，故切削加工性较好。

在钢中加入适量的硫、铅等元素，可有效地改善其切削加工性。这样的钢称为“易切削”，但只有在满足零件对材料性能要求的前提下才能这样做。

② **采用热处理改善材料的切削加工性**　化学成分相同的材料，当其金相组织不同时，力学性能就不一样，其切削加工性就不同。因此，可通过对不同材料进行不同的热处理来改善其切削加工性。例如，对高碳钢进行球化退火，可降低硬度；对低碳钢进行正火，可降低塑性；白口铸铁可在 910~950℃经 10~20h 的退火或正火变为可锻铸铁，从而改善切削性能。

1.9　切削条件的合理选择

1.9.1　刀具几何参数的选择

刀具合理几何参数可在保证加工质量的前提下，满足刀具使用寿命（即刀具寿命）长、生产效率高、加工成本低等实践应用。刀具合理几何参数的选择主要取决于工件材料、刀具材料、刀具类型及其他具体工艺条件，如切削用量、工艺系统刚性及机床功率等。

（1）前角的选择

前角是刀具上重要的几何参数之一。增大前角可以减小切屑变形和摩擦，从而降低切削力、切削温度，减少刀具磨损，提高刀具使用寿命，改善加工质量，抑制积屑瘤等。但前角过大，楔角变小，会削弱刀刃强度，易发生崩刃，同时刀头散热体积减小，致使切削温度升高，刀具寿命反而下降。

从以上分析可知，增大前角，有其有利和不利的影响。同理，减小前角，也有其有利和不利的影响。在一定切削条件下，存在一个刀具使用寿命为最大的前角，即合理前角 γ_{opt}。

合理前角的选择应综合考虑刀具材料、工件材料、具体的加工条件等。选择前角的原则是以保证加工质量和足够的刀具使用寿命为前提，应尽量选择大的前角。具体选择时要考虑的因素有：

① **根据工件材料的性质选择前角** 如图 1.38 所示，加工材料的塑性愈大，前角的数值应选得愈大。因为增大前角可以减小切削变形，降低切削温度。加工脆性材料，一般得到崩碎切屑，切削变形很小，切屑与前刀面的接触面积小，前角愈大，刀刃强度愈差，为避免崩刃，应选择较小的前角。工件材料的强度、硬度愈高时，为使刀刃具有足够的强度和散热面积，防止崩刃和刀具磨损过快，前角应小些。

② **根据刀具材料的性质选择前角** 如图 1.39 所示，使用强度和韧性较好的刀具材料（如高速钢），可采用较大的前角；使用强度和韧性差的刀具材料（如硬质合金），应采用较小的前角。

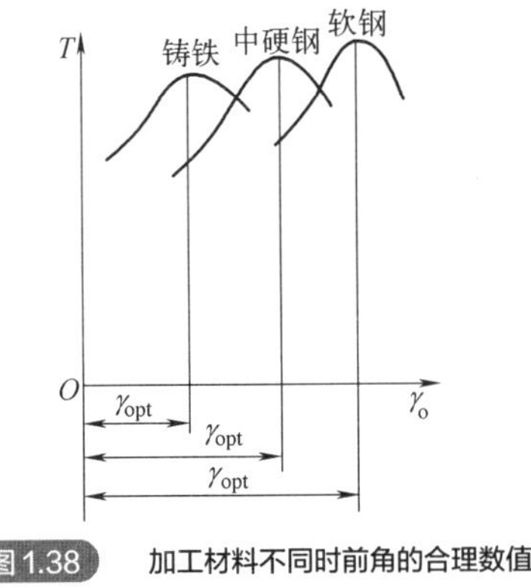

图 1.38 加工材料不同时前角的合理数值

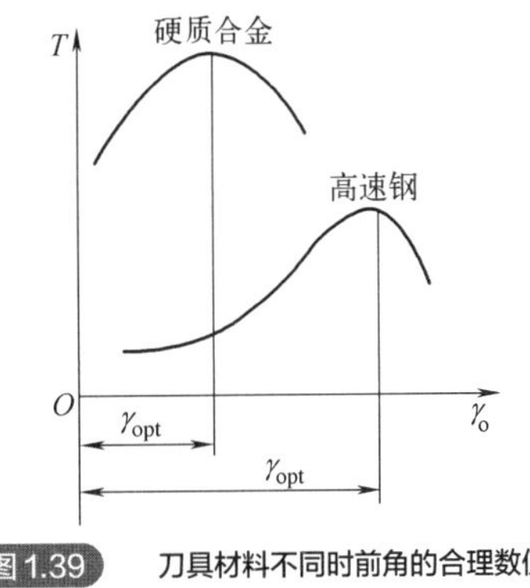

图 1.39 刀具材料不同时前角的合理数值

③ **根据加工性质选择前角** 粗加工时，选择的背吃刀量和进给量较大，为了减小切削变形，提高刀具耐用度，本应选择较大的前角，但由于毛坯不规则和表皮很硬等情况，为增强刀刃的强度，应选择较小的前角；精加工时，选择的背吃刀量和进给量较小，切削力较小，为了使刃口锋利，保证加工质量，可选取较大的前角。

表 1.6 是硬质合金车刀合理前角参考值。

表 1.6 硬质合金车刀合理前角参考值

工件材料	合理前角	
	粗车	精车
低碳钢	20°~25°	25°~30°

续表

工件材料	合理前角	
	粗车	精车
中碳钢	10°~15°	15°~20°
合金钢	10°~15°	15°~20°
淬火钢	−15°~−5°	
不锈钢（奥氏体）	15°~20°	20°~25°
灰铸铁	10°~15°	5°~10°
铜及铜合金	10°~15°	5°~10°
铝及铝合金	30°~35°	35°~40°
钛合金 $\sigma_b \leqslant 1.177$GPa	5°~10°	

（2）后角的选择

后角的主要功用是减小后刀面与加工表面之间的摩擦。增大后角，能减小后刀面与加工表面间的摩擦，减小刀具磨损，提高已加工表面质量和刀具使用寿命；增大后角，还可以减小切削刃钝圆半径，使刀刃锋利，易于切下切屑，可减小表面粗糙度值。但后角过大，由于楔角减小，将使切削刃和刀头强度削弱，导热面积和容热体积减小，从而降低刀具使用寿命。因此，在一定切削条件下，存在一个刀具使用寿命为最大的后角，即合理后角 α_{opt}。

合理后角值选择时应具体考虑如下因素：

① 根据工件材料的性质选择后角 工件材料强度、硬度较高时，为保证切削刃强度，宜取较小的后角；工件材料较软、塑性较大时，后刀面摩擦对已加工表面质量及刀具磨损影响较大，应适当加大后角；加工脆性材料，切削力集中在刃区，宜取较小的后角。

② 根据加工性质选择后角 粗加工、强力切削及承受冲击载荷的刀具，要求切削刃有足够的强度，应取较小的后角；精加工时，应以减小后刀面上的摩擦为主，宜取较大的后角，可延长刀具使用寿命和提高已加工表面质量。

③ 根据工艺系统刚性选择后角 工艺系统刚性差，容易产生振动时，应适当减小后角，有增加阻尼的作用。

④ 根据刀具选择后角 定尺寸刀具（如圆孔拉刀、铰刀等）应选较小的后角，以增加重磨次数，延长刀具使用寿命。

表 1.7 是硬质合金车刀合理后角参考值。

表 1.7 硬质合金车刀合理后角参考值

工件材料	合理后角	
	粗车	精车
低碳钢	8°~10°	10°~12°
中碳钢	5°~7°	6°~8°
合金钢	5°~7°	6°~8°
淬火钢	8°~10°	
不锈钢（奥氏体）	6°~8°	8°~10°
灰铸铁	4°~6°	6°~8°

续表

工件材料	合理后角	
	粗车	精车
铜及铜合金（脆）	6°~8°	6°~8°
铝及铝合金	8°~10°	10°~12°
钛合金 σ_b≤1.177GPa	10°~15°	

（3）副后角的选择

副后角通常等于后角的数值。但一些特殊刀具，如切断刀，为了保证刀具强度，可选 α_o'=1°～2°。

（4）主偏角和副偏角的选择

主偏角和副偏角对刀具使用寿命的影响很大。减小主偏角和副偏角，可使刀尖角增大，刀尖强度提高，散热条件改善，因此刀具使用寿命得以提高；减小主偏角和副偏角，可降低残留面积的高度，故可减小加工表面的粗糙度。在背吃刀量和进给量一定的情况下，减小主偏角会使切削厚度减小，切削宽度增加，切削刃单位长度上的负荷下降。主偏角还会影响各切削分力的大小和比例，例如，主偏角 K_r 影响切削分力的大小，增大 K_r，会使 F_f 力增加，F_p 力减小。主偏角也影响工件表面形状，车削阶梯轴时，选用 K_r=90°；车削细长轴时，选用 K_r=75°~90°；为增加通用性，车外圆、端面和倒角可选用 K_r=45°。

合理主偏角选择时应考虑的因素有：

① 根据工件材料的性质选择主偏角　加工很硬的材料时，如淬硬钢和冷硬铸铁，为减轻单位长度切削刃上的负荷，同时为改善刀头导热和容热条件，延长刀具使用寿命，宜取较小的主偏角。

② 根据加工性质选择主偏角　粗加工和半精加工时，硬质合金车刀一般选用较大的主偏角。因为采用大主偏角时，有以下优点：背向力减小，可减小切削振动、能够延长刀具寿命；切削厚度增大，利于断屑；切削刃工作长度不变形时，切削深度增加，即可采用较大的切削深度。

③ 根据工艺系统刚性选择主偏角　工艺系统刚性较好时，较小主偏角可延长刀具使用寿命；刚性不足（如车细长轴）时，应取较大的主偏角，甚至大于 90°，以减小背向力。在生产实践中，主要按工艺系统刚性选取，见表 1.8。

副偏角的大小主要根据表面粗糙度的要求选择，一般取 K_r'=5°~15°，粗加工时取大值，精加工时取小值。如切断刀，为了保证刀头强度，可选 K_r'=1°~2°。

表 1.8　主偏角的参考值

工作条件	主偏角 K_r
系统刚性大、背吃刀量较小、进给量较大、工件材料硬度高	10°~30°
系统刚性大$\left(\frac{d}{l}<6\right)$、加工盘类零件	30°~45°
系统刚性较小$\left(\frac{d}{l}=6\sim12\right)$、背吃刀量较大或有冲击时	60°~75°
系统刚性小$\left(\frac{d}{l}>12\right)$、车台阶轴、车槽及切断	90°~95°

注：d 为工件直径，l 为工件长度。

(5)刃倾角的选择

① 刃倾角的功用

a. 控制切屑的流向 控制切屑的流向，如图 1.40 所示，当 λ_s=0°时，切屑垂直于切削刃流出；当 λ_s 为负值时，切屑流向已加工表面；当 λ_s 为正值时，切屑流向待加工表面。

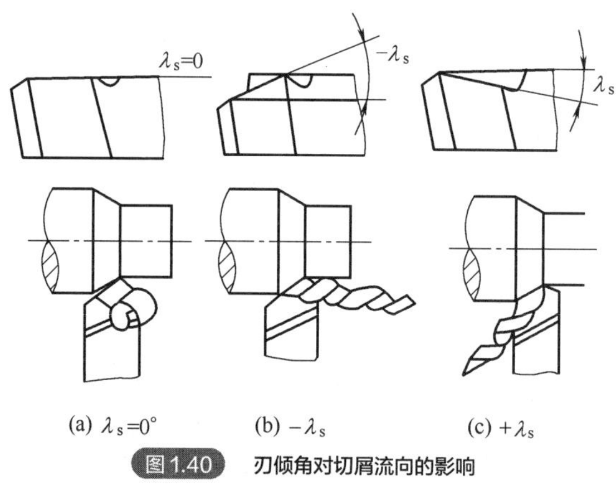

图 1.40 刃倾角对切屑流向的影响

b. 控制切削刃切入时首先与工件接触的位置 如图 1.41 所示，在切削有断续表面的工件时，若刃倾角为负值，刀尖为切削刃上最低点，首先与工件接触的是切削刃上的点，而不是刀尖，这样切削刃承受着冲击负荷，起到保护刀尖的作用；若刃倾角为正值，首先与工件接触的是刀尖，可能引起崩刃或打刀。

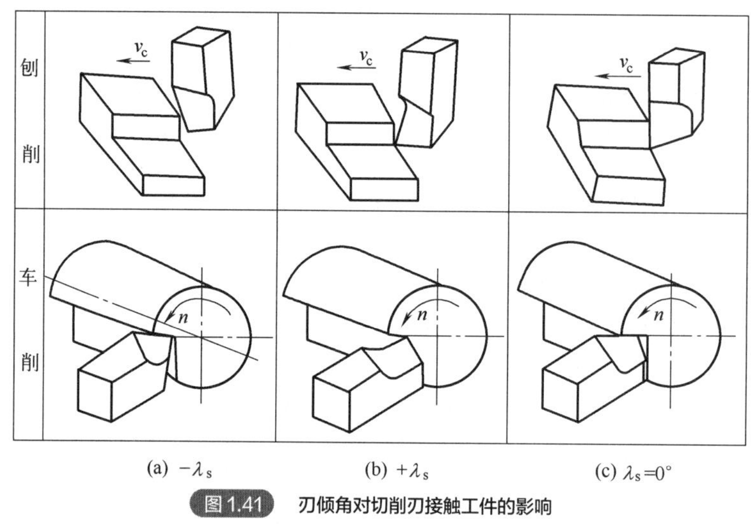

图 1.41 刃倾角对切削刃接触工件的影响

c. 控制切削刃在切入与切出时的平稳性 切削刃切入与切出工件时的情况如图 1.41 所示，当刃倾角不等于零时，则切削刃上各点逐渐切入工件和逐渐切离工件，故切削过程平稳；当刃倾角等于零时，在断续切削情况下，切削刃与工件同时接触，同时切离，会引起振动。

d. 控制背向力与进给力的比值 刃倾角为正值，背向力减小，进给力增大；刃倾角为负值，背向力增大，进给力减小。

② 刃倾角的选择 选择刃倾角时，按照具体加工条件进行具体分析，一般情况可按加工性

质选取。精车时取 λ_s=0°~5°，粗车时取 λ_s=–5°~0°，断续车削时取 λ_s=–45°~–30°，大刃倾角精刨刀时取 λ_s=75°~80°。

1.9.2 切削用量的选择

切削用量的选择，对生产率、加工成本和加工质量均有重要影响。合理的切削用量是指在充分利用刀具的切削性能和机床性能、保证加工质量的前提下，能取得较高的生产率和较低成本的切削速度、进给量和背吃刀量。约束切削用量选择的主要条件有：工件的加工要求，包括加工质量要求和生产效率要求；刀具材料的切削性能；机床性能，包括动力特性（功率、转矩）和运动特性；刀具寿命要求等。为了确定切削用量的选择原则，首先要了解它们对切削加工的影响。

(1) 对加工质量的影响

切削用量三要素中，背吃刀量和进给量增大，都会使切削力增大，工件变形增大，并可能引起振动，从而降低加工精度和增大表面粗糙度 *Ra* 值。进给量增大还会使残留面积的高度显著增大，表面更加粗糙。切削速度增大时，切削力减小，并可减小或避免积屑瘤，有利于加工质量和表面质量的提高。

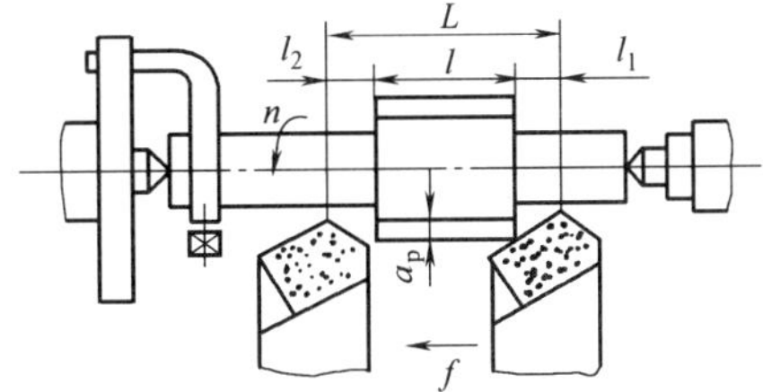

图1.42 车外圆时基本工艺时间的计算

(2) 对基本工艺时间的影响

以图 1.42 所示车工件外圆为例，基本工艺时间为：

$$t_m = \frac{L}{nf}i \tag{1.32}$$

因 $i=h/a_p$，$n=\dfrac{1000v_c}{\pi d_w}$，故基本工艺时间为：

$$t_m = \frac{\pi d_w Lh}{1000v_c f a_p} \tag{1.33}$$

式中 L——车刀行程长度，mm，包括工件加工面长度 l、切入长度 l_1 和切出长度 l_2；

i——走刀次数；

h——毛坯的加工余量，mm。

为了便于分析，可将式（1.33）简化为：

$$t_m = \frac{k}{v_c f a_p}，k = \frac{\pi d_w Lh}{1000} \tag{1.34}$$

由此可知，切削用量三要素对基本工艺时间 t_m 的影响是相同的。

(3) 对刀具寿命和辅助时间的影响

用试验的方法，可以求出寿命与切削用量之间关系的经验公式，例如用硬质合金车刀车削中碳钢时，f>0.75mm/r，寿命与切削用量的关系同式（1.30）。

由式（1.30）可知，在切削用量中，切削速度对刀具寿命的影响最大，进给量的影响次之，背吃刀量的影响最小。也就是说，当提高切削速度时，刀具寿命下降的速度，比增大同样倍数的进给量或背吃刀量时快得多。由于刀具寿命迅速下降，势必增加磨刀或换刀的次数，这样就增加了辅助时间，从而影响生产率的提高。

综合切削用量三要素对刀具寿命、生产率和加工质量的影响，选择切削用量的顺序应为：首先选尽可能大的背吃刀量，其次选尽可能大的进给量，最后选尽可能大的切削速度。

粗加工时，应以提高生产率为主，同时还要保证规定的刀具寿命。因此，一般选取较大的背吃刀量和进给量，切削速度不能很高，即在机床功率足够时，应尽可能选取较大的背吃刀量，最好一次进给将该工序的加工余量切完，只有在余量太大、机床功率不足、刀具强度不够时，才分两次或多次进给将余量切完。切削表层有硬皮的铸、锻件或切削不锈钢等加工硬化较严重的材料时，应尽量使背吃刀量越过硬皮或硬化层深度；其次，根据机床-刀具-夹具-工件工艺系统的刚度，尽可能选择大的进给量；最后，根据工件的材料和刀具的材料确定切削速度。粗加工的切削速度一般选用中等或更低的数值。

精加工时，应以保证零件的加工精度和表面质量为主，同时也要考虑刀具寿命和获得较高的生产率。精加工往往采用逐渐减小背吃刀量的方法来逐步提高加工精度，进给量的大小主要依据表面粗糙度的要求来选取。选择切削速度要避开积屑瘤产生的切削速度区域，硬质合金刀具多采用较高的切削速度，高速钢刀具则采用较低的切削速度。一般情况下，精加工常选用较小的背吃刀量、进给量和较高的切削速度，这样既可保证加工质量，又可提高生产率。

切削用量的选取有计算法和查表法。但在大多数情况下，切削用量的选取是根据给定的条件按有关切削用量手册中推荐的数值选取。

1.9.3 切削液的选择

在切削加工中，合理使用切削液可改善切屑、工件和刀具之间的摩擦状况，降低切削力和切削温度，延长刀具使用寿命，并能减小工件热变形，控制积屑瘤和鳞刺的生长，从而提高加工精度，改善已加工表面质量。

（1）切削液的作用

① 切削液的冷却作用 切削液能降低切削温度，从而可以提高刀具使用寿命和加工质量。在刀具材料的耐磨性较差、工件材料的热胀系数较大以及二者的导热性较差的情况下，切削液的冷却作用尤为重要。切削液冷却性能的好坏，取决于它的热导率、比热容、汽化热、汽化速度、流量、流速等。水溶液的冷却性能最好，油类最差，乳化液介于二者之间。

② 切削液的润滑作用 金属切削时切屑、工件与刀具界面的摩擦可分为干摩擦、流体摩擦和边界摩擦三类。如不用切削液，则形成金属与金属的干摩擦，此时摩擦因数较大。如果加切削液后，切屑、工件与刀具界面之间形成完全的润滑油膜，金属直接接触面积很小或接近于零，则称为流体摩擦，流体摩擦时摩擦因数很小。但在很多情况下，由于切屑、工件与刀具界面承受载荷（压力很高），温度也较高，润滑油膜大部分被破坏，造成部分金属直接接触；由于切削液的渗透和吸附作用，部分接触面仍存在着切削液的吸附膜（润滑油膜），起到降低摩擦因数的

作用，这种状态称之为边界摩擦。边界摩擦时的摩擦因数大于流体摩擦，但小于干摩擦。金属切削加工中，大多属于边界摩擦。一般的切削油在200℃左右即失去流体润滑能力，此时形成低温低压边界摩擦；而在某些切削条件下，切屑、刀具界面间可达到600~1000℃左右高温和1.47~1.96GPa的高压，形成了高温高压边界摩擦，或称极压润滑。在切削液中加入极压添加剂可形成极压化学吸附膜。切削液的润滑性能与其渗透性以及形成吸附膜的牢固程度有关。

③ 切削液的清洗作用 在切削铸铁或磨削时，会产生碎屑或粉屑，极易进入机床导轨面，所以要求切削液能将其冲洗掉。清洗性能的好坏取决于切削液的渗透性、流动性和压力。为了改善切削液的清洗性能，应加入剂量较大的表面活性剂和少量矿物油，制成水溶液或乳化液来提高其清洗效果。

④ 切削液的防锈作用 为了减小工件、机床、刀具受周围介质（水、空气等）的腐蚀，要求切削液具有一定的防锈作用。防锈作用的好坏取决于切削液本身的性能和加入的防锈剂的作用。

除上述作用外，切削液还应满足廉价、配置方便、性能稳定、不污染环境和对人体无害等要求。

(2) 切削液的种类

金属切削加工中常用的切削液分为三大类：水溶液（水基切削液）、乳化液和切削油（油类切削液）。

① 水溶液 水溶液的主要成分是水，其冷却性能好，呈现透明状。但是单纯的水易使金属生锈，且润滑性能欠佳。因此，经常在水溶液中加入一定量的添加剂，使其既能保持冷却性能，又有良好的防锈性能和一定的润滑性能。水溶液冷却性能最好，常在磨削中使用。

② 乳化液 它是将乳化油用水稀释而成，呈乳白色，为使油和水混合均匀，常加入一定量的乳化剂（如油酸钠皂等）。乳化液具有良好的冷却和清洗性能，并具有一定的润滑性能，适用于粗加工及磨削。

③ 切削油 它主要是矿物油，特殊情况下也采用动、植物油或复合油，其润滑性能好，但冷却性能差，常用于精加工工序。

(3) 切削液的选择

切削液的品种很多，性能各异，通常应根据加工性质、工件材料和刀具材料等来选择合适的切削液，才能收到良好的效果。

粗加工时，主要要求冷却，也希望降低一些切削力及切削功率，一般选用冷却作用较好的切削液，如低浓度的乳化液等。**精加工**时，主要希望提高工件的表面质量和减少刀具磨损，一般选用润滑作用较好的切削液，如高浓度的乳化液或切削油等。**低速精加工**（如宽刀精刨、精铰、攻螺纹）时，为了提高工件的表面质量，可用煤油作为切削液。

加工一般钢材时，通常选用乳化液或硫化切削油。**加工铜合金和有色金属**时，一般不宜采用含硫化油的切削液，以免腐蚀工件。**加工铸铁、青铜、黄铜等脆性材料**时，为避免崩碎切屑进入机床运动部件之间，一般不使用切削液。

高速钢刀具的耐热性较差，为了提高刀具的耐用度，一般要根据加工性质和工件材料选用合适的切削液。**硬质合金刀具**由于耐热性和耐磨性都较好，一般不用切削液。

（4）切削液的使用方法

① 浇注法 切削加工时，切削液以浇注法使用最多。这种方法使用方便，设备简单，但流速慢、压力低，难于直接渗透入最高温度区，因此，冷却效果不理想。

② 高压冷却法 高压冷却法是利用高压（1~10MPa）切削液直接作用于切削区周围进行冷却润滑并冲走切屑，效果比浇注法好得多。深孔加工中的切削液常用高压冷却法。

③ 喷雾冷却法 喷雾冷却法是以 0.3~0.6MPa 的压缩空气，通过喷雾装置使切削液雾化，高速喷射到切削区。高速气流带着雾化成微小液滴的切削液，渗透到切削区，在高温下迅速汽化，吸收大量热，从而获得良好的冷却效果。

项目实施

图 1.1 输出轴零件结构和技术要求分析：

① 两个 $\phi60^{+0.024}_{+0.011}$ mm 轴段的同轴度公差为 $\phi0.02$mm；

② $\phi54.4^{+0.05}_{0}$ mm 与 $\phi60^{+0.024}_{+0.011}$ mm 轴段同轴度公差为 $\phi0.02$mm；

③ $\phi80^{+0.021}_{+0.002}$ mm 与 $\phi60^{+0.024}_{+0.011}$ mm 轴段同轴度公差为 $\phi0.02$mm；

④ 保留两端中心孔；

⑤ 调质处理 28~32HRC；

⑥材料 45 钢。

任务 1：加工该轴时，应选择哪种刀具材料？

任务 2：刀具角度应如何选择？

任务 3：加工后检验 $\phi80$ 轴段尺寸偏小，导致不合格的原因是什么？

拓展阅读

新型切削刀具材料

随着数控机床和难加工材料的不断发展，切削刀具的性能已经成为影响金属切削发展诸多因素里的关键因素，而切削刀具材料又对切削刀具的性能起决定性作用。切削刀具材料也从传统的碳素工具钢、高速钢发展到硬质合金及涂层硬质合金、陶瓷及金属陶瓷、立方氮化硼、聚晶金刚石等新型刀具材料。

1. 硬质合金

硬质合金是一种粉末冶金材料，这种复合材料由硬度和熔点都极的高碳化钨（WC）颗粒及富含金属钴（Co）的黏结剂组成。用于金属切削的硬质合金含有超过 80%的硬质相碳化钨，立方碳氮化物也是其重要成分。硬质合金通过粉末压制或注射成型技术形成最初的毛胚，然后进行烧结定型。

（1）无涂层硬质合金

无涂层硬质合金材质在切削刀具中运用的比例非常小，材质或为纯碳化钨/钴的组合，或含有大量的立方碳氮化物，典型应用是 HRSA（高温合金）或钛合金加工以及淬硬材料低速车削。另外，无涂层硬质合金材质的磨损速率较快但却受控，并具有自锐作用。

（2）涂层硬质合金

涂层硬质合金是将硬质合金与涂层结合在一起，共同形成了针对具体应用而量身定制的材质。硬质合金与涂层结合制成切削刀具，依靠涂层的切削特性达到更好的切削效果。目前，涂层硬质合金占所有切削刀片的80%~90%，其耐磨性与韧性都很优秀，并且能够被做成复杂的形状。

涂层硬质合金的涂层依据不同的制造工艺及应用场合分为物理气相沉积（PVD）涂层和化学气相沉积（CVD）涂层两大类。

① 物理气相沉积（PVD）涂层 物理气相沉积涂层在相对较低的温度（400~600℃）下形成。PVD涂层材质推荐用于既需要切削刃强度大又需要刃口锋利的应用场合，以及切削黏性材料的应用场合。这类应用非常广泛，包括所有整体立铣刀和整体钻头，以及用于切槽、螺纹加工和铣削的大多数材质都是PVD涂层材质。PVD涂层材质还广泛地用于精加工以及用作钻削的中心刀片材质。

② 化学气相沉积（CVD）涂层 化学气相沉积涂层由700~1050℃高温下发生的化学反应生成。CVD涂层材质是对耐磨性要求较高的各种不同应用的首选。这类应用常见于钢件普通车削和镗削（通过厚CVD涂层确保抗月牙洼磨损性能）、不锈钢普通车削以及用于ISO P（P类）、ISO M（M类）、ISO K（K类）材料的铣削。对于钻削，CVD涂层材质通常应用于周边刀片。

2. 陶瓷

不同于日用陶瓷（以黏土为主要原料），切削刀具用陶瓷是以氧化物、氮化物、硼化物和碳化物为基质以及各种辅料粉碎混炼、成形和特种煅烧工艺制得的复合材料。

（1）氧化铝陶瓷（Al_2O_3）

氧化铝陶瓷是最为常用的切削刀具用陶瓷材料，其添加了氧化锆（ZrO_2），用于抑制裂纹。这种材料的化学稳定性非常好，但是抗热冲击性能不足。一般依据不同的应用场合添加不同的材料进行来增强，如碳化物或碳氮化物［TiC、Ti（C，N）］、碳化硅晶须（SiCw）。

（2）氮化硅陶瓷（Si_3N_4）

该陶瓷材料的柱状晶体形成具有高强度的自增强材料。氮化硅陶瓷加工灰口铸铁非常地成功，但缺乏化学稳定性，限制了其在其他工件材料中的使用。

（3）赛阿龙陶瓷（SiAlON）

该材料将氮化硅陶瓷的强度与氧化铝陶瓷的化学稳定性结合在一起。赛阿龙陶瓷材质是加工高温合金（HRSA）的理想选择。

所有陶瓷切削刀具在高切削速度下都具有出色的耐磨性，但也有着包括较低的抗热冲击性能和断裂韧性的局限性。

（4）金属陶瓷

金属陶瓷是一种以钛基硬质颗粒为主要成分的硬质合金。传统的金属陶瓷是一种由碳化钛（TiC）和镍组成的复合材料。现代的金属陶瓷不含镍，结构中包含主要组成颗粒碳氮化钛Ti（C，N）和（Ti，Nb，W）（C，N）等其他硬质相以及钴基黏结剂，Ti（C，N）可增加材质的耐磨性，其他硬质相可提高抗塑性变形能力，钴含量则用于控制材质的强度。

与硬质合金相比，金属陶瓷具有更高的耐磨性和更低的黏结趋势。另一方面，它具有较低的抗压强度和较差的抗热冲击性能。金属陶瓷也可涂覆 PVD 涂层以改善耐磨性。

金属陶瓷材质经常用于易出现积屑瘤问题的黏性材料加工，其良好的自锐性使其在长时间切削后也能保持较低的切削力。在精加工工序中，这能够帮助实现长刀具寿命和小公差，并加工出光亮的表面。金属陶瓷的典型应用包括不锈钢、球墨铸铁、低碳钢等材料的精加工，也可用于其他所有黑色金属材料的加工。

3. 立方氮化硼

立方氮化硼（CBN）是硬度仅次于金刚石的超硬材料。常见的立方氮化硼材质是 CBN 含量为 40%~65%，以陶瓷为黏结剂的复合材料。耐化学磨损的陶瓷黏结剂可提高 CBN 的抗月牙洼磨损性能。另外一种立方氮化硼是高含量立方氮化硼材质，CBN 含量为 85%至近 100%，这种材质通常以金属为黏结剂以提高强度。立方氮化硼被钎焊到硬质合金载体上就形成了刀片。

立方氮化硼具有出色红硬性，也表现出良好的强度和抗热冲击性能，可在切削速度非常高时使用。立方氮化硼材质主要用于对硬度高于 45HRC 的淬硬钢进行精车。对于硬度高于 55HRC 的钢，立方氮化硼是能够取代传统磨削方法的唯一切削刀具。硬度低于 45HRC 的较软钢中铁素体含量较高，这会对立方氮化硼的耐磨性产生负面影响。立方氮化硼也可用于在车削和铣削工序中对灰口铸铁进行高速粗加工。

4. 聚晶金刚石

聚晶金刚石（PCD）是一种由金刚石颗粒与金属黏结剂一起烧结而成的复合材料。金刚石是所有材料中最硬的一种，因此最耐磨。作为切削刀具材料，它具有良好的耐磨性，但在高温下缺乏化学稳定性，并且易溶于铁。

聚晶金刚石刀具具有高硬度、高耐磨性和高导热性等性能，在有色金属和非金属加工中得到广泛的应用，尤其在铝和硅铝合金高速切削加工中，采用大流量冷却液时，聚晶金刚石刀具也可用于钛合金超精加工。

以上的陶瓷及金属陶瓷、立方氮化硼、聚晶金刚石被称为超硬刀具材料。

新型刀具材料在硬度、韧性与耐磨性及稳定性方面均可以适应当今高速切削、干切削、硬切削的切削需求，主要表现出如下几项特性：①高硬度，具有抗后刀面磨损和抗变形性能；②高韧性，具有抗整体破裂性能；③具有抗热疲劳性能；④不与工件材料发生反应；⑤化学稳定性，具有抗氧化和抗扩散磨损性能。

课后练习

（1）指出图 1.43 中数字代表的含义。

（2）请结合图 1.44 分析切削层面积 A_D 与切削用量的关系。

（3）车削时切削合力常分解成 3 个相互垂直的分力，请结合图 1.45 分析，切削加工中所产生的振动现象与哪个分力有关？在加工细长轴时应该怎么选择刀具的主偏角？

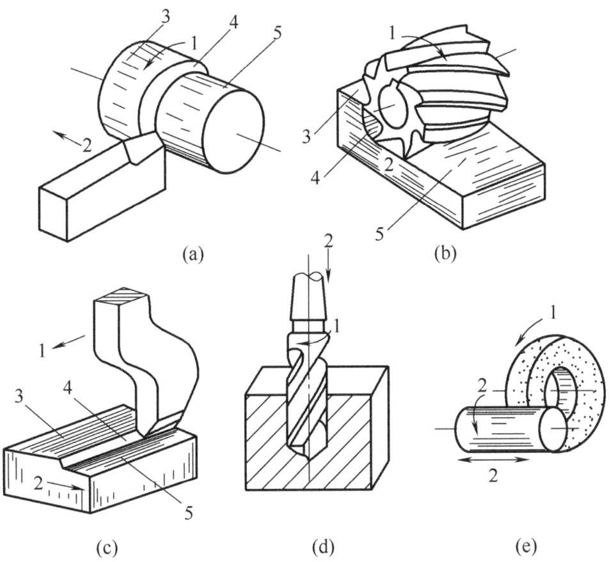

图 1.43　各种切削状态的三个表面

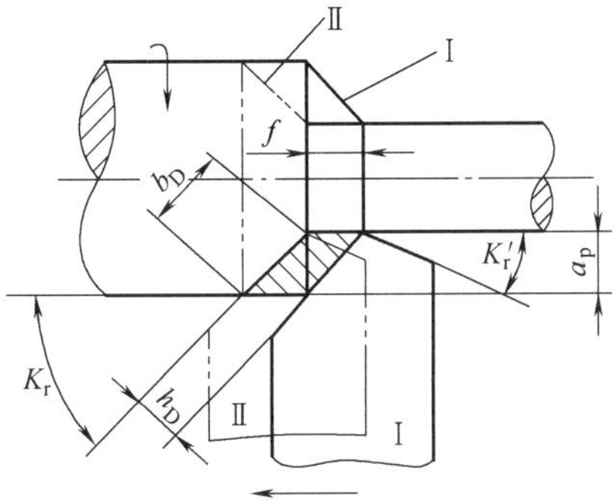

图 1.44　切削层参数

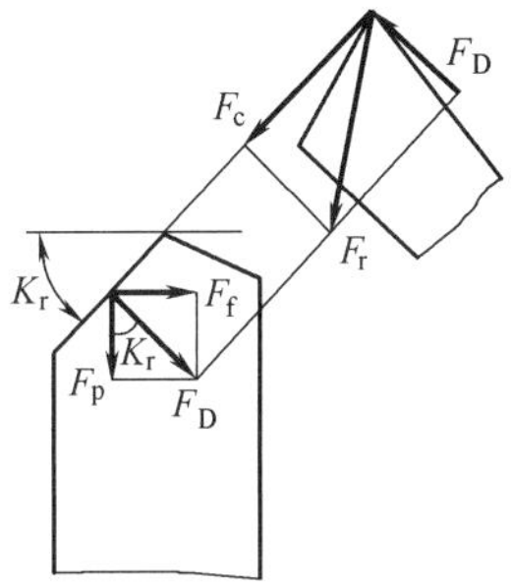

图 1.45　切削力分解图

（4）如图 1.46 所示为夹紧缸中的活塞零件，精车内孔时，采用中等切削速度加工，经测量知加工后内孔尺寸为 $\phi 30.03$，表面粗糙度 Ra 为 6.3，该工件是否满足使用要求？若不满足，试从题干条件及所学知识分析其原因。

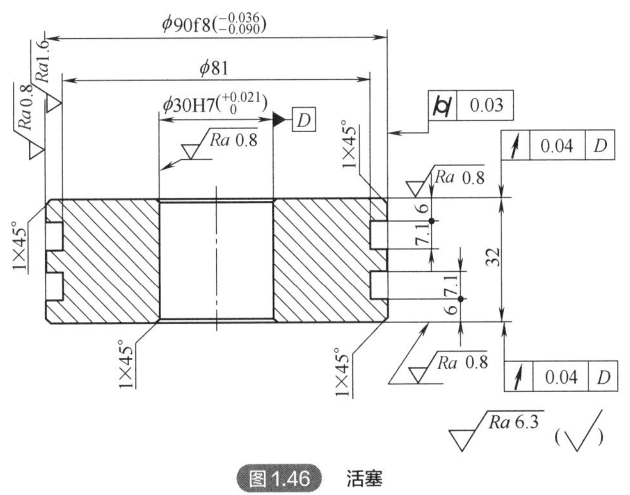

图 1.46　活塞

（5）某法兰盖零件，材料为 HT200，试分析在加工过程中是否使用切削液，请说明理由。

（6）列式并计算图 1.47 中粗车内圆的切削速度 v_c（m/s）、进给量 f（mm/r）、背吃刀量 a_p（mm），并在图中标注刀具的主偏角 K_r、副偏角 K_r'、背吃刀量 a_p 及切削宽度 a_w。已知工件转速 n=800r/min，车刀进给速度为 200mm/min。保留两位有效小数。

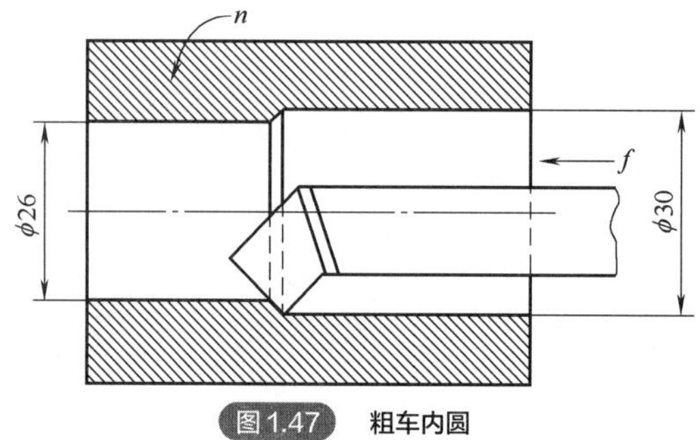

图 1.47 粗车内圆

第2章

金属切削机床与刀具

扫码下载本书电子资源

本章思维导图

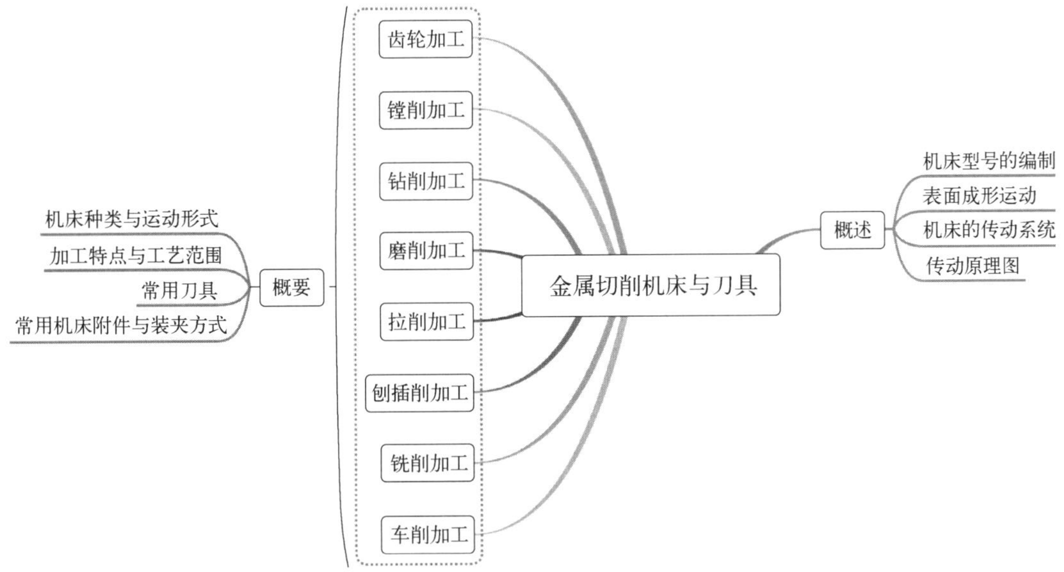

知识目标

（1）熟悉机床型号的编制规则；

（2）熟悉表面成形运动及机床传动系统的构成；

（3）了解传动原理图；

（4）熟悉常用切削加工方法中机床的种类及结构；

（5）熟悉常用切削加工方法中刀具的种类及用途；

（6）熟悉常用切削加工方法的工艺范围；

（7）熟悉常用切削加工方法的装夹方式。

能力目标

能根据零件结构、形状判断使用哪种机床、刀具、装夹方式进行加工。

素质目标

具备正确的分析问题、解决问题的思路方法，具备一丝不苟的工匠精神。

2.1 概述

金属切削加工方法是利用切削刀具切去工件上多余的金属层，从而使工件获得具有一定的尺寸精度、几何精度和表面质量的加工方法。金属切削机床是提供金属切削方法的设备，它是制造机器的机器，故又称为“工作母机”，在我国简称为“机床”。机床是先进制造技术的载体，也是装备制造业的基础设备，主要为工程机械、电力设备、铁路机车、船舶等行业服务。我国已成为世界最大的机床生产国和消费国。

2.1.1 机床分类及型号编制

2.1.1.1 机床的分类

根据国家制定的机床型号编制方法，按加工方法和所用刀具对机床进行分类，机床共分为11大类：车床、钻床、镗床、磨床、齿轮加工机床、螺纹加工机床、铣床、刨插床、拉床、锯床、其他机床。在每一类机床中，又按工艺范围、布局形式和结构性能不同分为若干组，每一组又分为若干个系（系列）。

按照机床工艺范围的通用性程度，机床可分为通用机床、专门化机床和专用机床。

① **通用机床** 可用于加工多种零件的不同工序，其工艺范围较宽，通用性好，但结构复杂，如卧式车床、万能升降台铣床、摇臂钻床等。这类机床主要适用于单件小批量生产。

② **专门化机床** 主要用于加工不同尺寸的一类或几类零件的某一道或几道特定工序，其工艺范围较窄，如曲轴车床、凸轮轴车床、精密丝杠车床等。

③ **专用机床** 工艺范围最窄，通常只能完成某一特定零件的特定工序，如汽车、拖拉机制造企业中大量使用的各种组合机床，这类机床适用于大批大量生产。

按照机床自动化程度的不同，机床可分为手动、机动、半自动和自动机床。

按照机床质量和尺寸的不同，机床可分为仪表机床、中型机床、大型机床、重型机床和超重型机床。

按照机床加工精度的不同，机床可分为普通精度级、精密级和高精度级机床。

按照机床主要工作部件的多少，机床可分为单轴、多轴机床或单刀、多刀机床等。

现代机床正向数控化方向发展，数控机床的功能日趋多样化，工序也更加集中。“工欲善其事，必先利其器”。数控机床将走向高性能、多功能、定制化、智能化和绿色化，并拥抱未来的量子计算新技术，为新的工业革命和人类文明进步提供更强大、更便利和更有效的制造工具。

2.1.1.2　通用机床型号的编制

我国机床型号是按 GB/T 15375—2008《金属切削机床　型号编制方法》编制的。标准中规定，机床型号由汉语拼音字母和阿拉伯数字按一定的规律组合而成，它适用于金属切削机床、回转体加工自动线以及新设计的各类通用及专用金属切削机床、自动线，不包括组合机床、特种加工机床。型号构成如图 2.1 所示，型号由基本部分和辅助部分组成，中间用“/”隔开，读作“之”。前者需统一管理，后者纳入型号与否由企业自定。

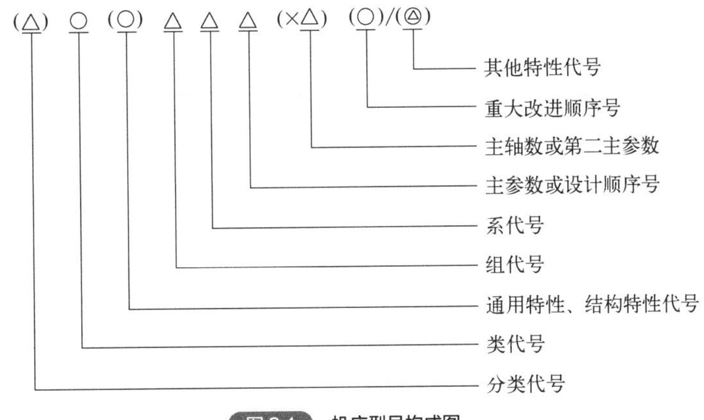

图 2.1　机床型号构成图

1. 有“( )”的代号或数字，当无内容时，则不表示。若有内容则不带括号。
2. 有“○”符号的，为大写的汉语拼音字母。
3. 有“△”符号的，为阿拉伯数字。
4. 有“◎”符号的，为大写的汉语拼音字母，或阿拉伯数字，或两着兼有之。

（1）机床的类别与分类代号

机床的类代号用该类机床名称汉语拼音的第一个大写字母表示。必要时，每类可分为若干分类。分类代号在类代号之前，作为型号的首位，并用阿拉伯数字表示。第一分类代号前的“1”省略，第“2”“3”分类代号则应予以表示。例如，磨床类又分为 M、2M、3M 三个分类。机床的类别和分类代号及其读音见表 2.1。

表 2.1　机床的类别和分类代号

项目	车床	钻床	镗床	磨床			齿轮加工机床	螺纹加工机床	铣床	刨插床	拉床	锯床	其他机床
代号	C	Z	T	M	2M	3M	Y	S	X	B	L	G	Q
读音	车	钻	镗	磨	二磨	三磨	牙	丝	铣	刨	拉	割	其

（2）机床的通用特性代号和结构特性代号

用大写的汉语拼音字母表示，位于类代号之后。

① **通用特性代号**　当某类型机床，除有普通型外，还有表 2.2 中的某种通用特性时，则在类代号之后加通用特性代号予以区分。而无普通型式者，则通用特性不予表示。通用特性代号

有统一的规定含义，在各类机床型号中，意义相同。通用特性代号见表 2.2。

表 2.2 机床的通用特性代号

项目	高精度	精密	自动	半自动	数控	加工中心（自动换刀）	仿形	轻型	加重型	柔性加工单元	数显	高速
代号	G	M	Z	B	K	H	F	Q	C	R	X	S
读音	高	密	自	半	控	换	仿	轻	重	柔	显	速

② **结构特性代号** 对主参数值相同而结构、性能不同的机床，在型号中加结构特性代号予以区分。结构特性代号与通用特性代号不同，它没有统一的含义，只在同类机床中起区分机床结构、性能的作用。

当机床型号中有通用特性代号时，结构特性代号应位于通用特性代号之后。

结构特性代号用汉语拼音字母（通用特性代号已用的字母和“I、O”两个字母不能用）表示，当单个字母不够用时，可将两个字母组合起来使用，如 AD、AE、EA、DA 等。

（3）机床的组、系代号

用两位阿拉伯数字表示，位于类代号或通用特性代号、结构特性代号之后。前一位表示组，后一位表示系。每类机床按照工艺特点、布局形式和结构特性的不同，划分为 10 个组，每个组又划分为多个系（系列）。机床组划分及其代号见表 2.3。

表 2.3 金属切削机床类、组划分及其代号

类别		组别									
		0	1	2	3	4	5	6	7	8	9
车床 C		仪表小型车床	单轴自动车床	多轴自动、半自动车床	回转、转塔车床	曲轴及凸轮轴车床	立式车床	落地及卧式车床	仿形及多刀车床	轮、轴、辊、锭及铲齿车床	其他车床
钻床 Z			坐标镗钻床	深孔钻床	摇臂钻床	台式钻床	立式钻床	卧式钻床	铣钻床	中心孔钻床	其他钻床
镗床 T				深孔镗床		坐标镗床	立式镗床	卧式铣镗床	精镗床	汽车拖拉机修理用镗床	其他镗床
磨床	M	仪表磨床	外圆磨床	内圆磨床	砂轮机	坐标磨床	导轨磨床	刀具刃磨床	平面及端面磨床	曲轴、凸轮轴、花键轴及轧辊磨床	工具磨床
	2M		超精机	内圆珩磨机	外圆及其他珩磨机	抛光机	砂带抛光及磨削机床	刀具刃磨床及研磨机床	可转位刀片磨削机床	研磨机	其他磨床

续表

类别	组别									
	0	1	2	3	4	5	6	7	8	9
磨床 3M		球轴承套圈沟磨床	滚子轴承套圈滚道磨床	轴承套圈超精机		叶片磨削机床	滚子加工机床	钢球加工机床	气门、活塞及活塞环磨削机床	汽车、拖拉机修磨机床
齿轮加工机床 Y	仪表齿轮加工机		锥齿轮加工机	滚齿及铣齿机	剃齿及珩齿机	插齿机	花键轴铣床	齿轮磨齿机	其他齿轮加工机	齿轮倒角及检查机
螺纹加工机床 S				套丝机	攻丝机		螺纹铣床	螺纹磨床	螺纹车床	
铣床 X	仪表铣床	悬臂及滑枕铣床	龙门铣床	平面铣床	仿形铣床	立式升降台铣床	卧式升降台铣床	床身铣床	工具铣床	其他铣床
刨插床 B		悬臂刨床	龙门刨床			插床	牛头刨床		边缘及模具刨床	其他刨床
拉床 L			侧拉床	卧式外拉床	连续拉床	立式内拉床	卧式内拉床	立式外拉床	键槽、轴瓦及螺纹拉床	其他拉床
锯床 G			砂轮片锯床		卧式带锯床	立式带锯床	圆锯床	弓锯床	锉锯床	
其他机床 Q	其他仪表机床	管子加工机床	木螺钉加工机		刻线机	切断机	多功能机床			

凡主参数相同，工件及刀具本身的和相对的运动特点基本相同，而且基本结构及布局形式相同的机床，即为同一系。由于系的分类表格较多，这里只简单介绍几种。落地及卧式车床组的系分类及其代号见表 2.4。立式升降台铣床组的系分类及其代号见表 2.5。

表 2.4 金属切削机床系分类及其代号（1）

组		系	
代号	名称	代号	名称
6	落地及卧式车床	0	落地车床
		1	卧式车床
		2	马鞍车床
		3	轴车床
		4	卡盘车床

续表

组		系	
代号	名称	代号	名称
6	落地及卧式车床	5	球面车床
		6	主轴箱移动型卡盘车床
		7	
		8	

表 2.5　金属切削机床系分类及其代号（2）

组		系	
代号	名称	代号	名称
5	立式升降台铣床	0	立式升降台铣床
		1	立式升降台镗铣床
		2	摇臂铣床
		3	万能摇臂铣床
		4	摇臂镗铣床
		5	转塔升降台铣床
		6	立式滑枕升降台铣床
		7	万能滑枕升降台铣床
		8	圆弧铣床

外圆磨床组的系分类及其代号见表 2.6。摇臂钻床组的系分类及其代号见表 2.7。

表 2.6　金属切削机床系分类及其代号（3）

组		系	
代号	名称	代号	名称
1	外圆磨床	0	无心外圆磨床
		1	宽砂轮无心外圆磨床
		2	
		3	外圆磨床
		4	万能外圆磨床
		5	宽砂轮外圆磨床
		6	端面外圆磨床
		7	多砂轮架外圆磨床
		8	多片砂轮外圆磨床

表 2.7　金属切削机床系分类及其代号（4）

组		系	
代号	名称	代号	名称
3	摇臂钻床	0	摇臂钻床
		1	万向摇臂钻床

续表

组		系	
代号	名称	代号	名称
3	摇臂钻床	2	车式摇臂钻床
		3	滑座摇臂钻床
		4	坐标摇臂钻床
		5	滑座万向摇臂钻床
		6	无底座式万向摇臂钻床
		7	移动万向摇臂钻床
		8	龙门式钻床

（4）机床主参数和设计顺序号

机床主参数代表机床规格的大小，用阿拉伯数字给出主参数的折算值（主参数乘以折算系数）表示，位于系代号之后。常用机床的主参数表示方法见表 2.8。

某些通用机床，当无法用一个主参数表示时，则在型号中用设计顺序号表示。设计顺序号由 1 开始，当设计顺序号小于 10 时，由 01 开始编号。

（5）主轴数和第二主参数的表示方法

对于多轴车床、多轴钻床、排式钻床等机床，其主轴数应以实际数值列入型号，置于主参数之后，用“×”分开，读作“乘”。

第二主参数（多轴机床的主轴数除外）一般不予表示，如有特殊情况，需在型号中表示，在型号中表示的第二主参数，一般以折算成两位数为宜，最多不超过三位数。以长度、深度值等表示的，其折算系数为 1/100；以直径、宽度等表示的，其折算系数为 1/10；以厚度、最大模数值等表示的，其折算系数为 1。

表 2.8 各类主要机床的主参数和折算系数

机床	主参数名称	折算系数
卧式车床	床身上最大回转直径	1/10
立式车床	最大车削直径	1/100
摇臂钻床	最大钻孔直径	1/1
卧式镗床	镗轴直径	1/10
坐标镗床	工作台面宽度	1/10
外圆磨床	最大磨削直径	1/10
内圆磨床	最大磨削孔径	1/10
矩台平面磨床	工作台面宽度	1/10
齿轮加工机床	最大工件直径	1/10
龙门铣床	工作台面宽度	1/100
升降台铣床	工作台面宽度	1/10
龙门刨床	最大刨削宽度	1/100

续表

机床	主参数名称	折算系数
插床及牛头刨床	最大插削及刨削长度	1/10
拉床	额定拉力（t）	1/1

（6）机床的重大改进顺序号

当机床的结构、性能有更高的要求，并需按新产品重新设计、试制和鉴定时，才按改进的先后顺序选用 A、B、C 等汉语拼音字母（但“I、O”两个字母不得选用），加在型号基本部分的尾部，以区别原机床型号。

（7）其他特性代号

其他特性代号主要用以反映各类机床的特性，如：对于数控机床，可用以反映不同的控制系统等；对于加工中心，可用以反映控制系统、联动轴数、自动交换主轴头、自动交换工作台等；对于柔性加工单元，可用以反映自动交换主轴箱；对于一机多能机床，可用以补充表示某些功能；对于一般机床，可以反映同一型号机床的变型等。

其他特性代号，可用汉语拼音字母（“I、O”两个字母除外）表示。当单个字母不够用时，可将两个字母组合起来使用，如 AB、AC、BA 等。其他特性代号也可用阿拉伯数字表示，还可用阿拉伯数字和汉语拼音字母组合表示。

机床型号代表的含义举例：CA6140。其中，C——类代号，车床类；A——结构特性代号；6——组代号，落地及卧式车床组；1——系代号，卧式车床系；40——主参数，床身上最大回转直径 400mm。

2.1.1.3 专用机床型号的编制

专用机床型号的表示方法为：◎-△。其中，◎——设计单位代号；△——设计顺序号，用阿拉伯数字表示。设计单位代号包括机床生产厂和机床研究单位代号。专用机床的设计顺序号，按该单位的设计顺序号（从“001”开始）排列，并用“-”隔开。

例如，北京第一机床厂设计制造的第 15 种专用机床为专用铣床，其型号为 B1-015。

2.1.1.4 机床自动线的型号

机床自动线的型号表示方法为：◎-ZX△。其中，◎——设计单位代号；ZX——机床自动线代号（大写的汉语拼音字母），读作“自线”，位于设计单位代号后面，用“-”隔开；△——设计顺序号，用阿拉伯数字表示。机床自动线设计顺序号的排列与专用机床的设计顺序号相同，位于机床自动线代号之后。

例如，某单位以通用机床或专用机床为某厂设计的第一条机床自动线，其型号为×××-ZX001。

2.1.2 机床运动分析

对机床认识和分析的顺序通常是按照“加工表面的形状—需要机床配合的运动—运动实现

的方式—机床传动的结构”进行的。首先应根据在该机床上所要求加工的表面形状、使用的刀具类型和加工方法去分析机床的运动，即分析机床必须具备哪些运动。然后，在机床运动分析的基础上，再进一步了解机床传动部分的组成以及为实现机床所需运动的机构及结构。

2.1.2.1　工件表面的成形方法

尽管零件的形状千差万别，但其构成表面却不外乎如下几种基本形式：平面、圆柱面、圆锥面、球面及各种成形表面。

为进行切削加工，各种类型的机床必须保证刀具和工件之间有必要的相对运动。其中，用来形成被加工工件表面的，称为机床的成形运动。例如，用车削加工外圆表面时，需要机床主轴带动工件旋转（B）及车刀架带动车刀直线移动（A）。这两个形成零件表面的运动，就是机床上的成形运动。

除上述成形运动外，一般机床还具有下列辅助运动：

① **分度运动**　当加工的表面是由局部表面所组成时，为使表面成形运动得以周期地连续进行的运动。如车双线螺纹时，在车完一条螺纹后，工件相对于刀具要回转 180°，再车另外一条螺纹，这个工件相对于刀具的旋转运动就是分度运动。

② **切入运动**　为保证被加工表面获得所需尺寸的运动。

③ **调位运动**　为切削加工创造条件的运动，如进刀、退刀、回程和转位等。

④ **操纵及控制运动**　用以操纵机床，使它得到所需的运动和运动参数，如操纵离合器接通传动链，改变速度和改变进给量等所进行的运动。

上述各种运动中，以成形运动为最基本的运动，下面仅讨论成形运动。

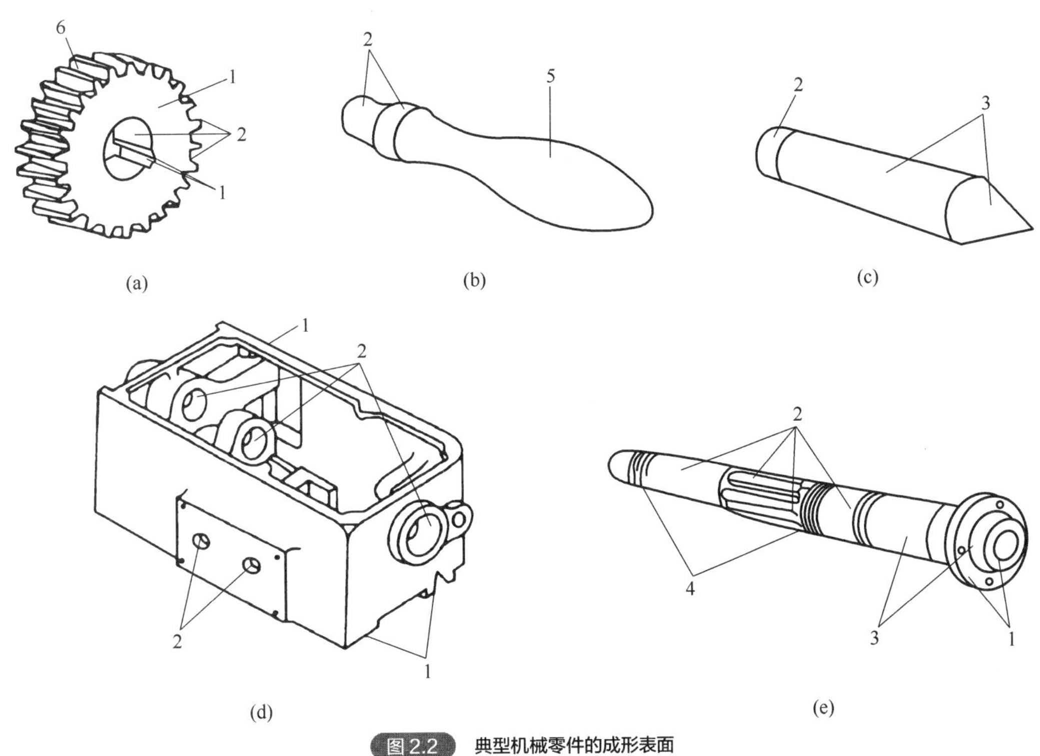

图 2.2　典型机械零件的成形表面

1—平面；2—圆柱面；3—圆锥面；4—螺旋面（成形面）；5—回转体成形面；6—渐开线表面

图 2.2 所示为组成不同形状零件常用的各种表面，这些表面都可以看作由一根母线沿着导线运动而形成的，图 2.3 表示了零件表面的成形过程。一般情况下，母线和导线可以互换，特殊表面（如圆锥表面），母线和导线则不可互换。

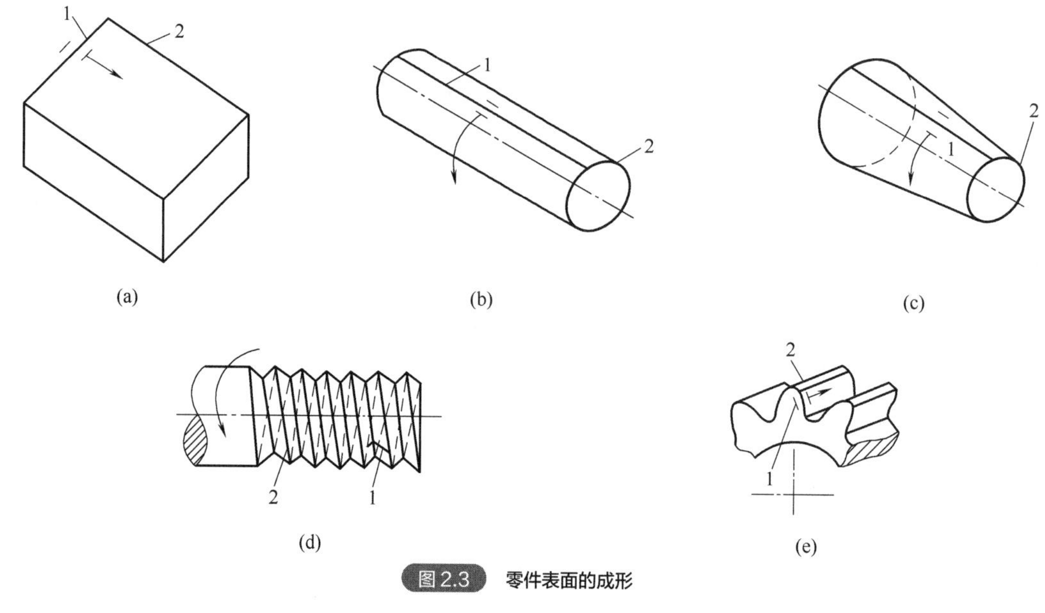

图 2.3 零件表面的成形

1—母线；2—导线

母线和导线统称为形成表面的发生线。在切削加工的过程中，发生线是通过刀具的切削刃与工件的相对运动而实现的。由于使用的刀具切削刃形状和采用的加工方法不同，形成发生线的方法也不同，概括起来有以下 4 种：

① **轨迹法** 它是利用刀具做一定规律的轨迹运动对工件进行加工的方法。切削刃与被加工表面为点接触，发生线为接触点的轨迹线。如图 2.4（a）所示，切削刃按一定规律做轨迹运动 3，形成发生线 2。采用轨迹法形成发生线（母线）时，需要一个独立的成形运动。

② **成形法** 刀具的切削刃与所需要形成的发生线完全吻合，如图 2.4（b）所示，曲线形的母线由切削刃直接形成，直线形的导线则由轨迹法形成。因此，用成形法来形成发生线，不需要专门的成形运动。

③ **相切法** 它是利用刀具边旋转边做轨迹运动对工件进行加工的方法。如图 2.4(c)所示，采用铣刀、砂轮等旋转刀具加工时，在垂直于刀具旋转轴线的截面内，切削刃可看作点，当切削点绕着刀具轴线做旋转运动 1，同时刀具轴线沿着发生线的等距线做轨迹运动 3 时，切削点运动轨迹的包络线，便是所需的发生线 2。采用相切法生成发生线时，需要两个相互独立的成形运动，即刀具的旋转运动和刀具中心按一定规律运动。

④ **展成法** 它是利用工件和刀具做展成切削运动进行加工的方法。切削加工时，刀具与工件按确定的运动关系做相对运动（展成运动），切削刃与被加工表面相切，切削刃各瞬时位置的包络线，便是所需的发生线。如图 2.4（d）所示，用齿条形插齿刀加工圆柱齿轮，刀具按箭头 A 方向做直线运动，形成直线形母线，而工件的旋转运动 B 和直线运动，使刀具不断地对工件进行切削，其切削刃的一系列瞬时位置的包络线便是所需要的渐开线导线。用展成法形成发生线需要一个独立的成形运动。

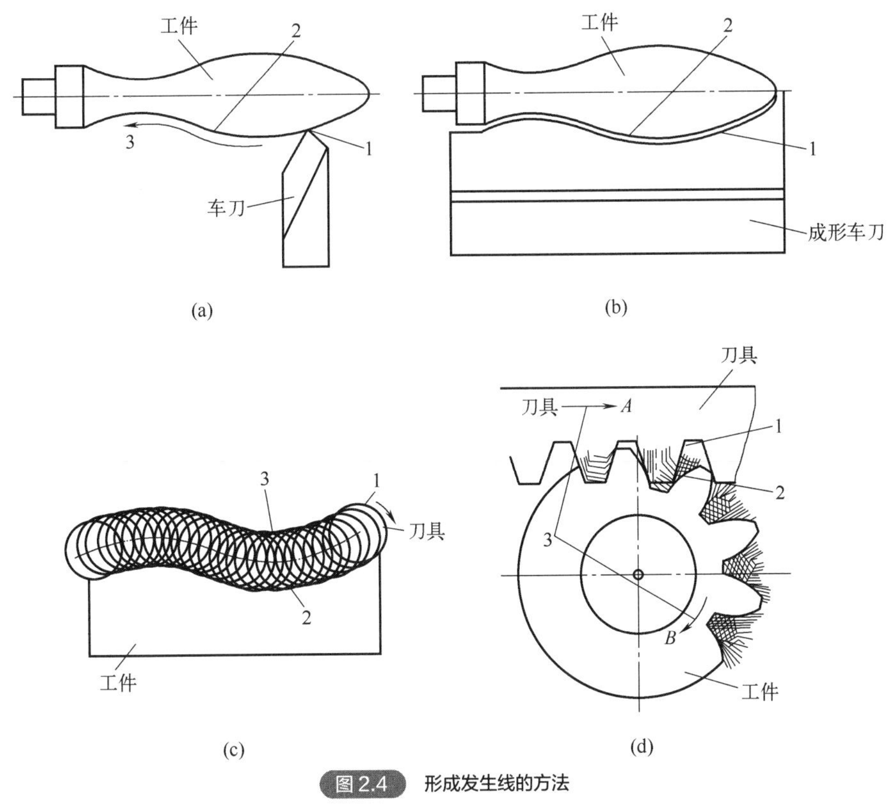

图 2.4　形成发生线的方法

1—旋转运动；2—发生线；3—轨迹运动

在机床上，刀具和工件分别安装在机床主轴、刀架或工作台等机床的执行部件（简称为执行件）上，为了简化结构，执行件的运动形式只有旋转运动和直线移动。因而，形成发生线所需要的成形运动，可以仅仅是这两种运动形式中的一种（旋转运动或直线移动），或者是两者的不同组合：一个直线移动和一个旋转运动，如车削、铣削；两个执行件都是旋转运动，如滚齿；或者两个执行件都是直线移动，如刨削、插削。

如果成形运动仅仅是执行件的旋转运动或直线移动，就称它为**简单的成形运动**；如果一个成形运动是由旋转运动和直线移动以不同的搭配形式按一定的传动比关系组合而成，则称为**复合的成形运动**。虽然复合的成形运动由两个（或两个以上）运动形式组合而成，但在形成表面的过程中，它们之间应保持准确的运动关系（传动比）。如图 2.4（d）所示，当齿条形刀具做直线移动 A 时，为了形成渐开线齿廓，工件必须做旋转运动 B。刀具和工件之间必须保持准确的运动关系，即齿条形刀具每移过一个齿时，工件必须转过一个齿。因此，从机床运动学观点来看，复合的成形运动是 1 个独立的运动，而不是 2 个（或 2 个以上）独立运动。

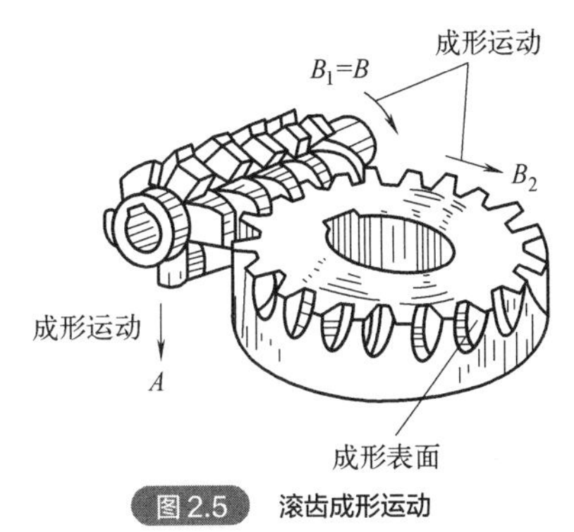

图 2.5　滚齿成形运动

形成表面所需的成形运动数，理应是形成它的两根发生线所需的成形运动数之和，但是必须要注意到那些既在形成母线中起作用，又在形成导线中起作用的运动实际上只是一个运动。例如，图 2.5 中，在滚齿加工中的滚刀旋转 B_1 在形成渐开线时和工件旋转 B_2 复合成为一个复合的成形运动。但是，只要滚刀旋转，它就能满足由相切法形成的导线对运动的要求，即在形成导线中滚刀的旋转与形成母线中的滚刀旋转 B_1 是同一个运动，即 B 就是 B_1。因此，用滚刀加工直齿圆柱齿轮齿面时，成形运动数是 2 个，即展成运动（B_1+B_2）和滚刀沿工件轴向移动 A。

2.1.2.2 机床的传动联系

在机床上为实现加工过程中所需的各种运动，必须具备以下 3 个组成部分：

① **动力源（运动源）** 提供机床上执行件运动的动力来源。机床上的动力源一般采用交流异步电动机、直流伺服电动机、交流伺服电动机和步进电动机。机床上可以有一个或多个动力源。

② **执行件** 机床上最终实现所需运动的组（部）件，如主轴组件、刀架和工作台等。它的任务是带动刀具或工件完成一定形式的运动，并保持准确的运动轨迹。

③ **传动件（传动装置）** 将动力源的运动和动力按要求传递给执行件，或将运动由一个执行件传递给另一个执行件的零件或装置。传动件可以变换运动的方向、速度及类别，如将旋转运动变为直线运动。机床上常见的传动件有齿轮、丝杠、带传动件、摩擦离合器、液压传动和电气传动元件等。

把动力源和执行件或者把执行件之间联系起来的一系列传动件，构成一个传动联系。构成一个传动联系的一系列传动件称为**传动链**。根据传动联系的性质，传动链可以分为内联系传动链和外联系传动链两类。

① **外联系传动链** 外联系传动链是联系动力源和执行件之间的传动链。它的作用是给机床的执行件提供动力和转速，并能改变运动速度的大小和转动方向。但它不要求动力源和执行件之间有严格的传动比关系。例如，用卧式车床车削螺纹，从电动机到主轴之间由一系列零部件构成的传动链就是外联系传动链。它没有严格的传动比要求，可以采用带和带轮等摩擦传动。

② **内联系传动链** 内联系传动链是联系复合运动各个分部分之间的传动链，因此传动链所联系执行件之间的相对关系（相对速度和相对位移量）有严格的要求，即要求执行件之间有严格的传动比。例如，用卧式车床车削螺纹，主轴和刀架的运动就构成了一个复合的成形运动，所以联系主轴和刀架之间由一系列零部件构成的传动链就是内联系传动链。机床内联系传动链中各传动副的传动比必须准确，因此不应有摩擦传动（如带传动）或瞬时传动比变化的传动件（如链传动）。

2.1.2.3 传动原理图

在研究机床的表面成形运动及其传动联系时，为了便于分析，常采用传动原理图。传动原理图是用一些简单的符号把动力源和执行件或不同执行件之间的传动联系表示出来的示意图。

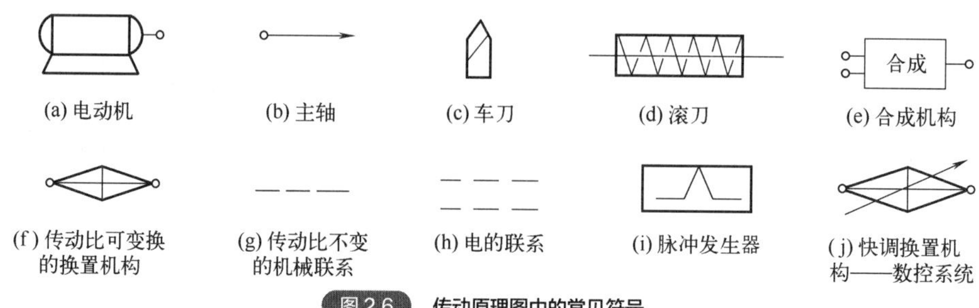

图 2.6 传动原理图中的常见符号

它主要表示了与表面成形运动有直接关系的运动及其传动联系。因此，采用它作为工具来研究机床的传动联系，重点突出，简洁明了，尤其对那些运动较为复杂的机床（如齿轮机床）来说，利用传动原理图则更有必要。图 2.6 所示为传动原理图中常使用的一部分符号。

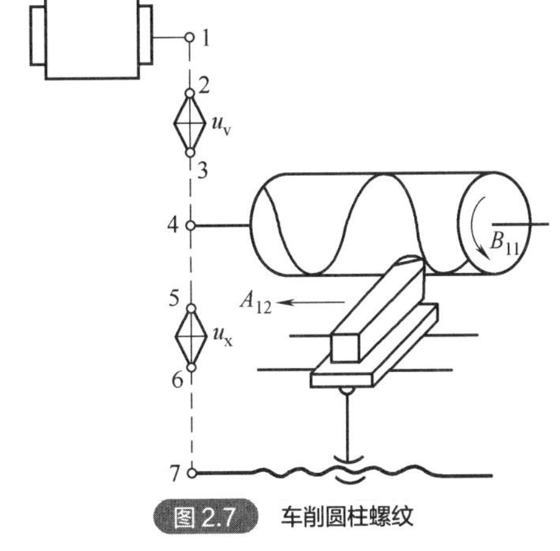

图 2.7 车削圆柱螺纹

图 2.7 所示为车床车削圆柱螺纹的传动原理图，其所需的车削运动如下：

① 电动机经“1—2”定传动比传动、“2—3”可变传动比传动、“3—4”定传动比传动，驱动车床主轴转动，从电机—主轴形成了外联系传动链。

② 车床主轴经“4—5”定传动比传动、“5—6”可变传动比传动、“6—7”定传动比传动，驱动滚珠丝杠转动并使滚珠丝杠形成有级变速，滚珠丝杠带动刀架水平移动，从主轴—刀架形成了内联系传动链。

传动原理图简单明了，是研究机床传动联系，特别是研究一些运动较为复杂的机床传动系统的重要工具。

2.2 车削加工

项目引入 2-1

如图 2.8 所示为一活塞杆零件，材料为 38GrMoAlA，技术要求为：①1∶20 锥度接触面积不少于 80%；② $\phi 50_{-0.025}^{\ 0}$ mm 部分渗氮层深度为 0.2~0.3mm，硬度为 62~65HRC。

加工该活塞杆零件需要用哪些加工方法？用哪种类型的刀具？采用什么样的装夹方案？如何给定切削用量？

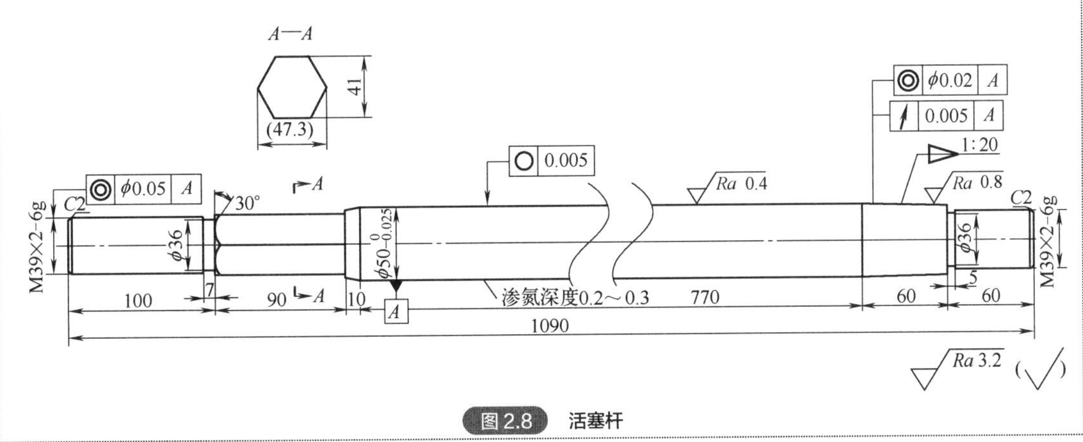

图 2.8 活塞杆

2.2.1 车床的种类

车床是机械制造中使用最广泛的一类机床，主要用于加工各种回转表面和端面，有的车床还能加工螺纹面。车床的主运动通常是由工件的旋转运动实现的，进给运动则由刀具的直线移动来完成。

根据 GB/T 15375—2008《金属切削机床 型号编制方法》中的规定，车床按其用途和结构不同，可分为 10 组，主要分为：仪表小型车床，单轴自动车床，多轴自动和半自动车床，回转及转塔车床，曲轴及凸轮轴车床，立式车床，卧式车床及落地车床，仿形及多刀车床，轮、轴、辊、锭及铲齿车床，其他车床（如活塞车床、轴承车床等）。近年来，各类数控车床及车削中心也在越来越多地投入使用。在各种车床中，卧式车床应用最普遍，工艺范围很广。其中，CA6140 型卧式车床是比较典型的卧式车床。下面主要以 CA6140 型卧式车床为例介绍车床相关内容。

2.2.1.1 CA6140 车床的工艺范围

CA6140 的工艺范围很广，它可以用于加工轴类、套筒类和盘类等零件上的回转表面，如车削内外圆柱面、圆锥面、退刀槽及成形回转表面，车削端面及各种常用螺纹，还可以进行钻孔、扩孔、铰孔和滚花等工艺，如图 2.9 所示。虽然 CA6140 型卧式车床的工艺范围很广，但其结构复杂、自动化程度低，加工过程中需要手动换刀，辅助时间较长，生产率低，因此适用于单件、小批生产及修配车间。

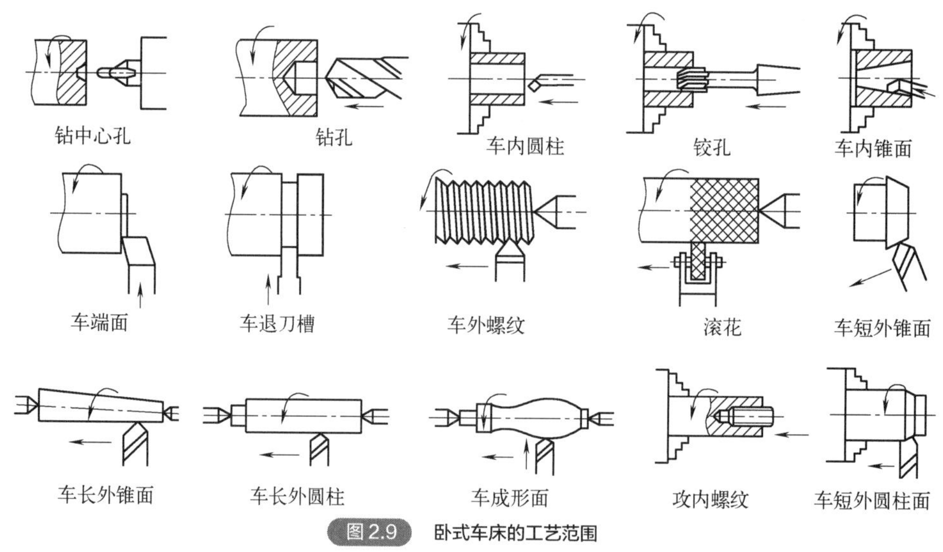

图 2.9 卧式车床的工艺范围

2.2.1.2 卧式车床的主要结构及布局

卧式车床主要加工轴类和直径不大（能加工的最大直径由机床的主参数决定）的盘、套类零件，故采用卧式布局。在卧式布局中，机床主轴呈水平安装，刀具在水平面内做纵向（轴向）、横向（径向）进给运动。图 2.10 是 CA6140 型卧式车床的外形图。

① **主轴箱** 主轴箱固定在床身的左端，其功用是支承并传动主轴，使主轴（主轴通过卡盘、顶尖等装夹工件）带动工件按照规定的转速旋转，以实现主运动。

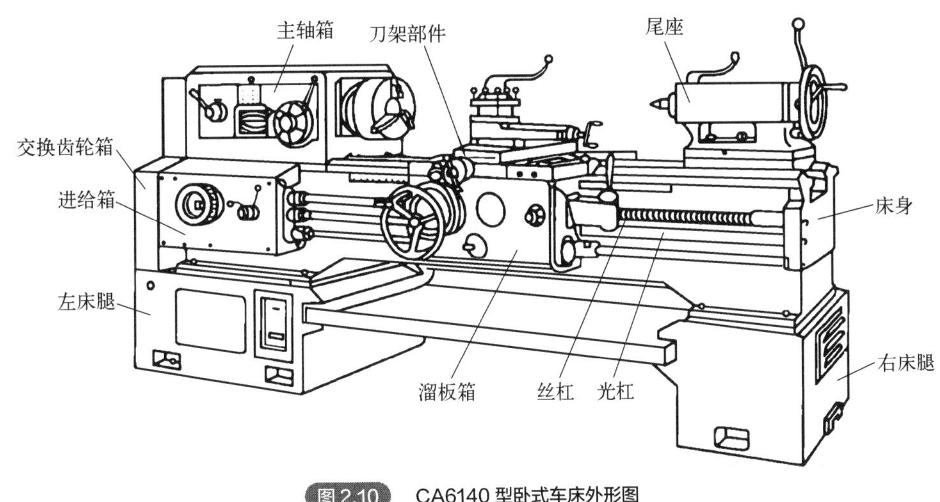

图2.10 CA6140型卧式车床外形图

② **进给箱** 进给箱固定在床身的左前侧面，其功用是改变机床机动进给的进给量、被加工螺纹的螺距。主轴运动经交换齿轮箱传入进给箱，通过转动变速手柄来改变进给箱中滑移齿轮的啮合位置，便可使光杠或丝杠获得不同的转速。

③ **溜板箱** 溜板箱固定在刀架部件的下方，其功用是将进给箱传来的运动传递给刀架，使刀架实现纵向进给运动、横向进给运动、快速移动或车螺纹。在溜板箱上装有各种手柄及按钮，可以方便地操作机床。

④ **刀架部件** 如图2.11所示，刀架部件安装在床身导轨上，刀架部件由几层部件构成，从下至上分别是床鞍7（位于溜板箱上部），床鞍上装有中溜板1、转盘3、小溜板4和方刀架2，可使刀具做纵向、横向、斜向进给运动。

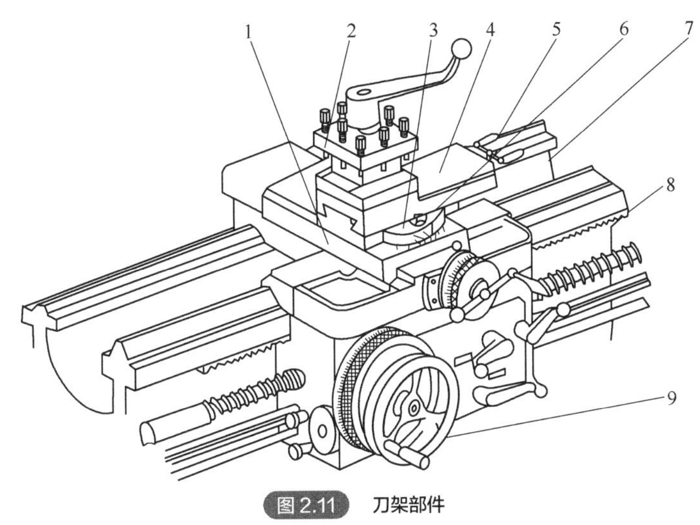

图2.11 刀架部件

1—中溜板；2—方刀架；3—转盘；4—小溜板；5—小溜板手柄；6—固定螺钉；7—床鞍；8—中溜板手柄；9—大溜板手柄

a. 中溜板1 可沿床鞍上的导轨做横向移动，实现手动切深、手动进给（旋转中溜板手柄8）运动或机动进给运动。

b. 转盘3 与中溜板用固定螺钉6紧固，松开固定螺钉6便可在水平面内扳转任意角度。

c. 小溜板4 可沿转盘上面的导轨做短距离纵向移动，实现手动切深、手动进给（旋转小溜板手柄 5）运动；当将转盘 3 偏转若干角度后，可使小溜板做斜向进给运动，以便车锥面。

d. 方刀架 2 固定在小溜板 4 上，可同时装夹 4 把车刀。松开锁紧手柄，可转动方刀架，把所需要的车刀更换到工作位置上。

⑤ 尾座 如图 2.12 所示，尾座安装于床身的尾座导轨上。其上的套筒可安装顶尖，也可安装各种孔加工刀具，用来支承工件或对工件进行孔加工。尾座主要由顶尖 1、套筒锁紧手柄 2、顶尖套筒 3、丝杠 4、螺母 5、尾座锁紧手柄 6、手轮 7、尾座体 8、底座 9 等几部分组成。顺时针摇动手轮 7，可使顶尖套筒 3 向左轴向移动，以顶起工件，用套筒锁紧手柄 2 锁紧顶尖套筒 3，即可对工件进行切削加工，松开套筒锁紧手柄 2，逆时针摇动手轮 7，可退出顶尖；如将顶尖换成孔加工刀具，顺时针摇动手轮 7，可实现刀具的纵向进给，对工件内孔进行加工；尾座还可沿床身导轨推移至所需位置，然后用尾座锁紧手柄 6 将尾座夹紧在所需的位置上，以适应不同长度的工件的需要。

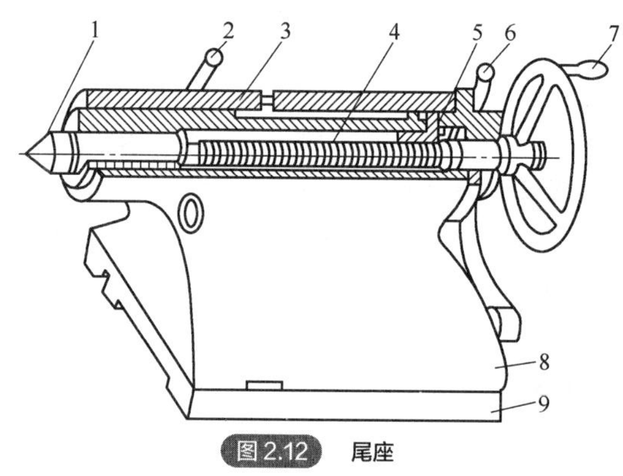

图 2.12 尾座

1—顶尖；2—套筒锁紧手柄；3—顶尖套筒；4—丝杠；5—螺母；6—尾座锁紧手柄；7—手轮；8—尾座体；9—底座

⑥ 床身 床身固定在床腿上，是车床的基本支承件，床身的功用是支承各主要部件并使它们在工作时保持准确的相对位置。

⑦ 丝杠 丝杠能带动大拖板做纵向移动，用来车削螺纹。丝杠是车床中的主要精密件之一，一般不用丝杠自动进给，以便长期保持丝杠的精度。

⑧ 光杠 光杠用于机动进给时传递运动。通过光杠可把进给箱的运动传递给溜板箱，使刀架做纵向或横向进给运动。

2.2.1.3 主轴箱结构

主轴箱内装有主轴和变速、变向等机构，由电动机经变速机构带动主轴旋转，实现主运动，并获得所需转速及转向，主轴前端可安装三爪自定心、四爪单动卡盘、前顶尖等夹具，用以装夹工件。主轴箱内部各传动部件的结构和位置关系可通过展开图 2.13 表达。

展开图是按主轴箱中各传动轴传递运动的先后顺序，沿其轴心线剖开，并将其展开在一个平面上而形成的图，该展开图是沿轴心线的剖切面 *A—A*（图 2.14）展开后绘制而成。图中轴Ⅶ和Ⅷ是单独取剖面展开的，展开后某些原来相互啮合的齿轮副失去了联系。为避免视图重叠，其中有些轴之间的距离未按比例绘制。

① 卸荷式带轮装置 如图 2.15 所示，主轴箱的Ⅰ轴运动由电动机经 V 形带传入。由于带轮悬伸及 V 形带拉力较大，为改善Ⅰ轴的工作条件，提高Ⅰ轴的运动平稳性，Ⅰ轴左边采用的

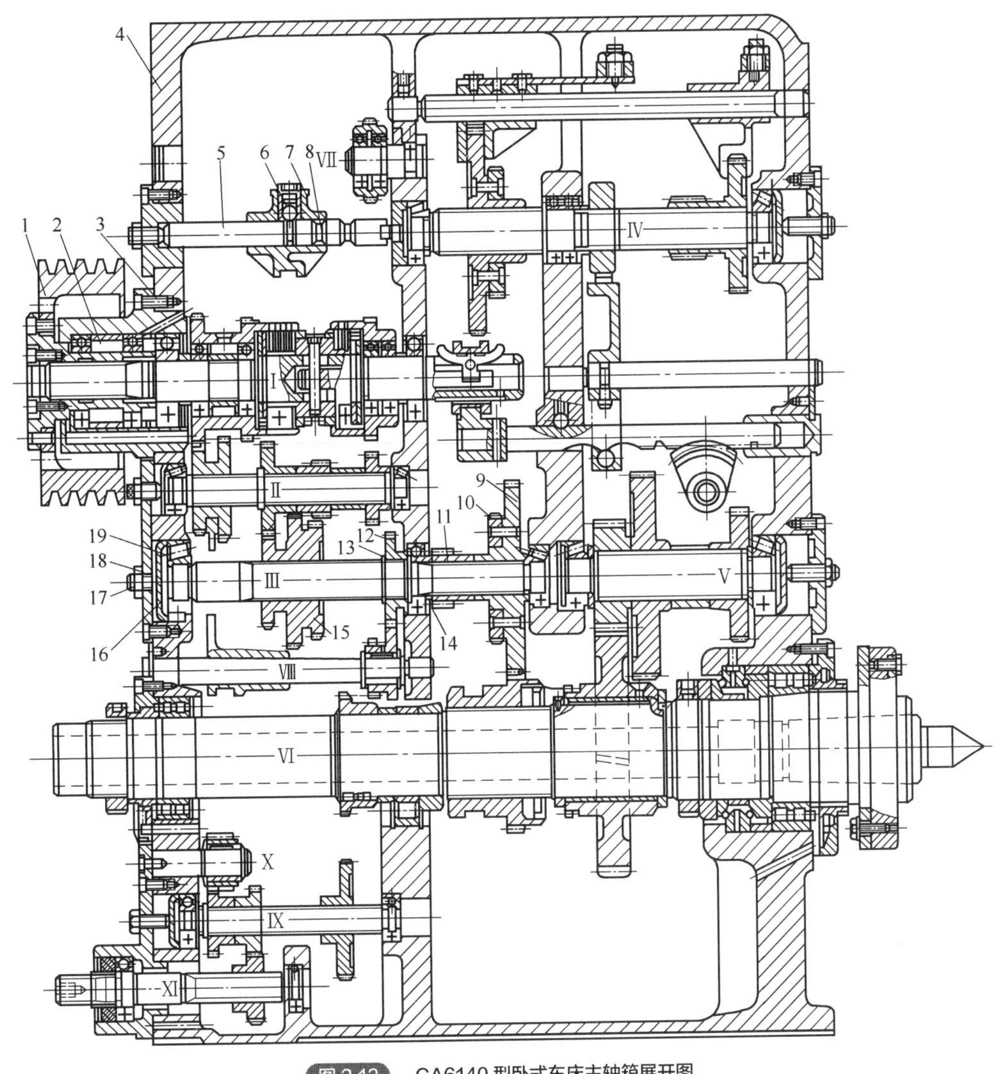

图 2.13 CA6140 型卧式车床主轴箱展开图

1—带轮；2—花键套筒；3—法兰；4—箱体；5—导向轴；6—调节螺钉；7—螺母；8—拨叉；9，10，11，12—齿轮；13—弹簧卡圈；14—垫圈；15—三联齿轮；16—轴承盖；17—螺钉；18—锁紧螺母；19—压盖

是卸荷式带轮结构。带轮 1 与花键套 2 用螺钉连接成一体，支承在法兰 3 内的两个深沟球轴承上，而法兰 3 则固定在主轴箱体 4 上。这样，带轮 1 可通过花键套 2 带动Ⅰ轴旋转，而 V 形带的拉力则经法兰 3 直接传至箱体 4（卸下了径向载荷），从而避免因 V 形带拉力而使轴Ⅰ产生过大的弯曲变形，提高了传动的平稳性。卸荷式带轮特别适用于要求传动平稳性高的精密机床。

② 双向式多片摩擦离合器、制动装置及其操纵机构 如图 2.16 所示，轴Ⅰ上装有双向式多片摩擦离合器，用以控制主轴的启动、停止及换向。轴Ⅰ右半部分为空心轴，在其右端安装有可绕销轴 11 摆动的元宝形摆块 12。元宝形摆块下端弧形尾部卡在拉杆 9 的缺口槽内。当拨叉 13 由操纵机构控制，拨动滑套 10 右移时，摆块 12 绕销轴 11 顺时针摆动，其尾部拨动拉杆 9 向左移动。拉杆通过固定在其左端的长销 6，带动压套 5 和螺母 4 压紧左离合器的内外摩擦片 3、2，内摩擦片 3 是内孔为花键孔的圆形薄片，与轴Ⅰ花键连接；外摩擦片 2 的内孔是光滑圆

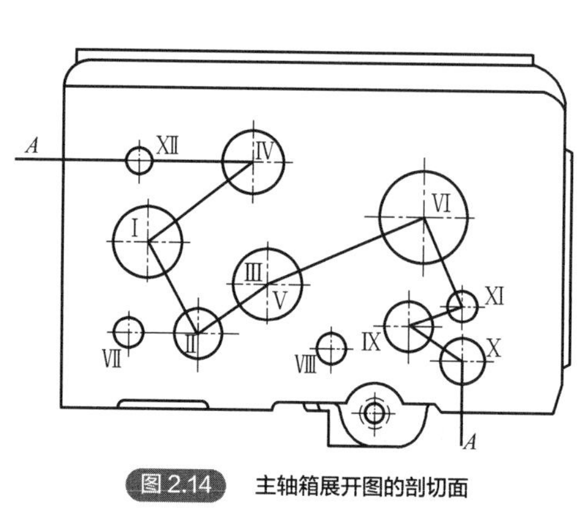

图 2.14 主轴箱展开图的剖切面

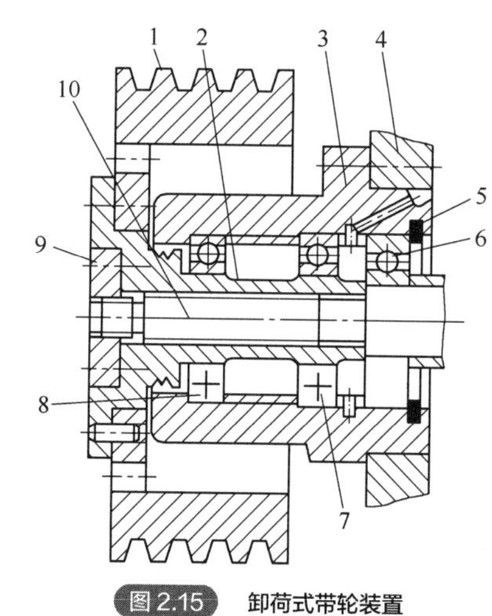

图 2.15 卸荷式带轮装置

1—带轮；2—花键套；3—法兰；4—主轴箱体；5—弹簧卡圈；6，7，8—深沟球轴承；9—螺母；10—轴Ⅰ

孔，空套在轴Ⅰ花键外圆上，其外圆开有四个凸爪，卡在双联齿轮 1 右端套筒的四个缺口内。内外摩擦片相间安装。由于离合器中还装有止推片，当压套 5 向左移动时，才能将内外摩擦片压紧。压紧之后将轴Ⅰ的运动传至空套在其上的双联齿轮 1，使主轴得到正转。当滑套 10 向左移动时，元宝形摆块 12 逆时针摆动，从而使拉杆 9 通过压套 5、螺母 7 使右离合器内外摩擦片压紧，并使轴Ⅰ运动传至齿轮 8，再传出，使主轴得到反向转动。当滑套 10 处于中间位置时，左右离合器的内外摩擦片均松开，主轴停转。

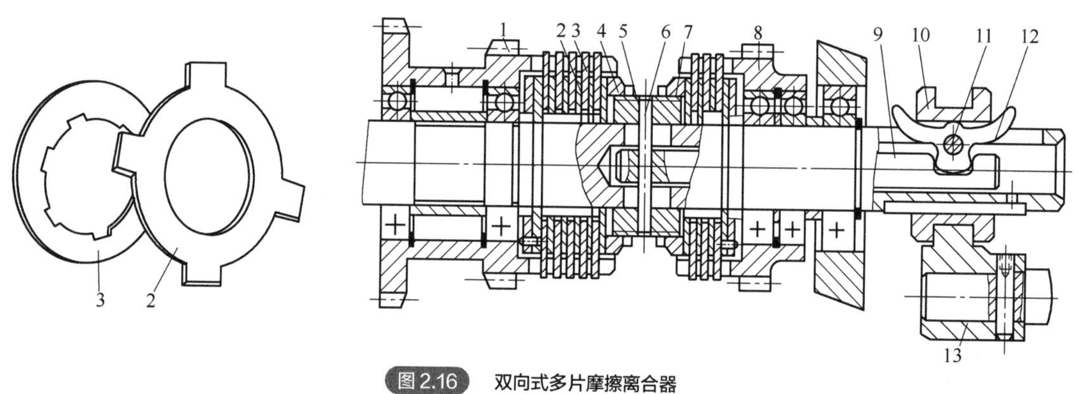

图 2.16 双向式多片摩擦离合器

1—双联齿轮；2—外摩擦片；3—内摩擦片；4，7—螺母；5—压套；6—长销；8—齿轮；9—拉杆；10—滑套；11—销轴；12—元宝形摆块；13—拨叉

为了在摩擦离合器松开后，克服惯性作用，使主轴迅速制动，在主轴箱轴Ⅳ上装有制动装置，如图 2.17 所示。制动装置由通过花键与轴Ⅳ连接的制动轮 7、制动带 6、杠杆 4 以及调整装置等组成。制动带内侧固定一层铜丝石棉以增大制动摩擦力矩。制动带一端通过调节螺钉 5 与箱体 1 连接，另一端固定在杠杆 4 上端。当杠杆 4 绕轴 3 逆时针摆动时，拉动制动带 6，使其包紧在制动轮 7 上，并通过制动带与制动轮之间的摩擦力使主轴得到迅速制动。制动摩擦力矩的大小可用调节装置中调节螺钉 5 进行调整。

摩擦离合器和制动装置必须得到适当的调整，如摩擦离合器中摩擦片间的间隙过大，压紧

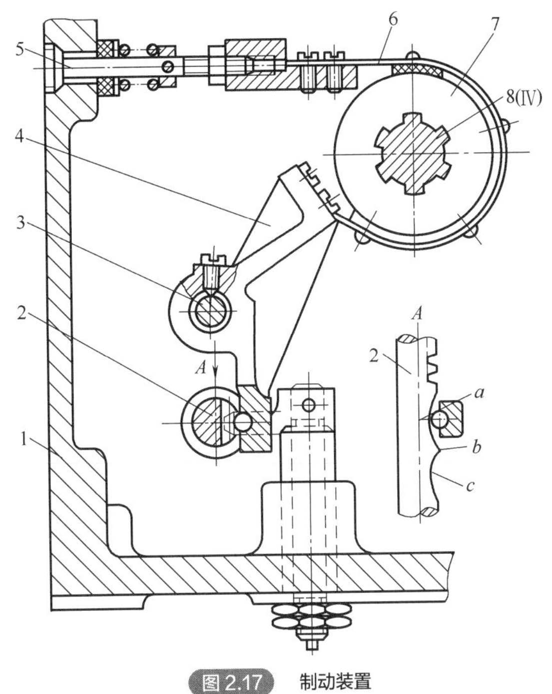

图 2.17 制动装置

1—箱体；2—齿条轴；3—杠杆支承轴；4—杠杆；5—调节螺钉；6—制动带；7—制动轮；8—轴Ⅳ

力不足，不能传递足够的摩擦力矩，车削时会产生“闷车”现象，摩擦片之间打滑；如摩擦离合器中摩擦片间的间隙过小，开车费劲，易损坏操纵机构零件；如果摩擦片因间隙过小而不能完全脱开，也会产生摩擦片之间相对打滑和发热，还会使制动不灵。调整摩擦片间隙的方法就是改变图 2.16 中螺母 4 或 7 的轴向位置。但必须注意，调整时必须先压下定位的弹簧销（图中未画）才能调整。制动装置的制动带松紧程度要适当，要求停车时，主轴迅速制动；开车时，制动带迅速放松。

双向式多片摩擦离合器与制动装置采用同一操纵机构控制，如图 2.18 所示，以协调两机构的工作。当抬起或压下手柄 7 时，通过曲柄 9、拉杆 10、曲柄 11 及扇形齿轮 13，使齿条轴 14 向右或向左移动，再通过元宝形摆块 3、拉杆 16 使左边或右边离合器结合，从而使主轴正转或反转。此时，杠杆 5 的下端位于齿条轴 14 的圆弧形凹槽内，制动带处于松开状态。当手柄 7 处于中间位置时，齿条轴 14 和滑套 4 也处于中间位置，摩擦离合器左、右摩擦片组都松开，主轴与运动源断开。这时，杠杆 5 的下端被齿条轴两凹槽间凸起部分顶起，从而拉紧制动带 6，使主轴迅速制动。

③ 主轴部件的结构及轴承调整 主轴部件是主轴箱内的主要部件，它的功用是：缩小主运动的传动误差并将运动传递给工件或刀具进行切削，形成表面成形运动；承受切削力和传动力等载荷。由于主轴部件直接参与切削，其性能影响加工精度和生产率，因此，主轴部件应具有较高的回转精度、足够的刚性和良好的抗振性。主轴前端可安装卡盘或其他夹具，并带动其旋转。

CA6140 型车床的主轴部件采用了三支承结构（如图 2.19 所示），其前后支承为主要支承，中间支承为辅助支承，以提高其静刚度和抗振性。主轴前后支承处各装有一个双列短圆柱滚子轴承 4（D3182121）和 1（E3182115），中间支承处则装有 E 级精度的 E32216 型圆柱滚子轴承，它作为辅助支承，其配合较松，且间隙不能调整。双列短圆柱滚子轴承的刚度和承载能力大，

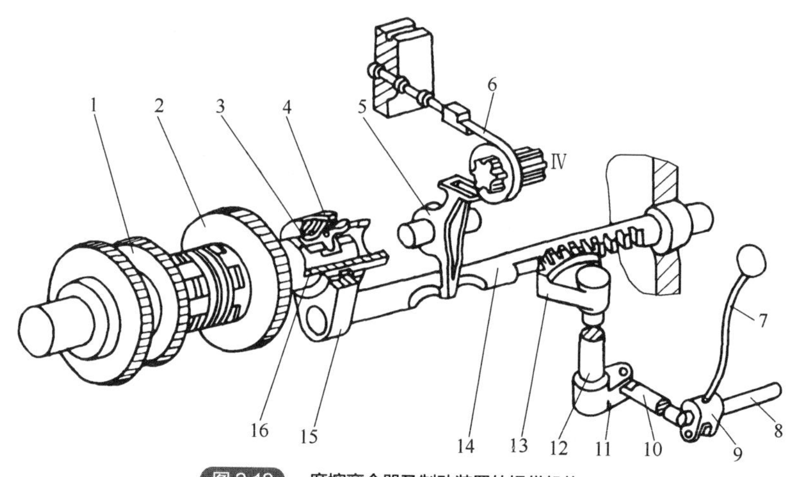

图 2.18 摩擦离合器及制动装置的操纵机构

1—双联齿轮；2—齿轮；3—元宝形摆块；4—滑套；5—杠杆；6—制动带；7—手柄；
8—操纵杆；9，11—曲柄；10，16—拉杆；12—轴；13—扇形齿轮；14—齿条轴；15—拨叉

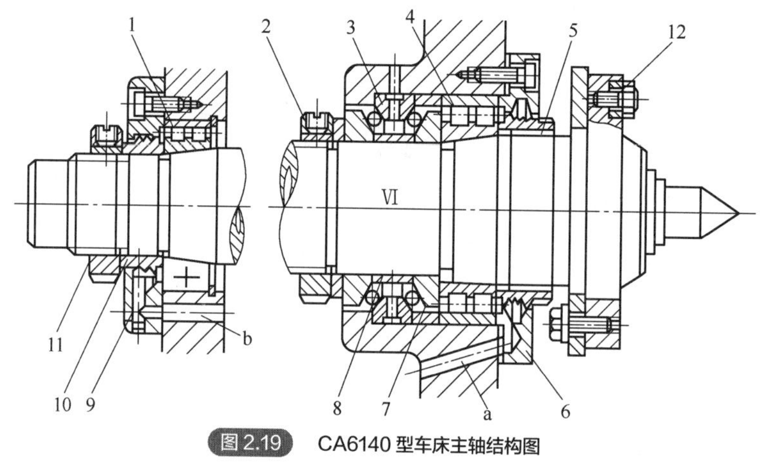

图 2.19 CA6140 型车床主轴结构图

1，4—双列短圆柱滚子轴承；2，5—螺母；3—双向推力角接触球轴承；
6，9—轴承端盖；7—隔套；8—调整垫圈；10—套筒；11—螺母；12—端面键

旋转精度高，且内圈较薄，内孔是锥度 1∶12 的锥孔，可通过相对主轴轴颈轴向移动来调整轴承间隙，因而可保证主轴有较高的旋转精度和刚度。前支承处还装有一个 60°角的双向推力角接触球轴承 3，用于承受左右两个方向的轴向力。

轴承的间隙直接影响主轴的旋转精度和刚度，有了间隙应及时调整。前轴承 4 可用螺母 5 和 2 调整。调整时先旋松螺母 5，然后旋紧带锁紧螺钉的螺母 2，使轴承 4 的内圈相对主轴锥形轴颈向右移动，由于主轴锥面的作用，薄壁的轴承内圈产生弹性变形，将滚子与内、外圈滚道之间的间隙消除。调整好后，再将螺母 5 旋紧。后轴承间隙调整原理与前轴承相同。一般情况下，只调整前轴承间隙即可，只有调整前轴承间隙后仍不能达到旋转精度时，才需要调整后轴承间隙。

主轴的轴承由液压泵供给润滑油进行充分的润滑，为了防止润滑油外漏，前后支承处都有油

沟式密封装置，在螺母5、套筒10的外圆上有锯齿形环槽，主轴旋转时，依靠离心力的作用，把经过轴承向外流出的润滑油甩到轴承端盖6和9的接油槽内，然后经回油口a、b流回主轴箱。

如图2.13所示，主轴上装有3个齿轮，最右边的是空套在主轴上的左旋斜齿轮，当离合器（简称M2）接合时，此齿轮传动所产生的轴向力指向前轴承，以抵消部分轴向切削力，减小前轴承所承受的轴向力。中间滑移齿轮与轴花键连接，此滑移齿轮有3个位置，图示位置为接通高速位置，中位为空挡位置，可用手拨动主轴以便装夹工件，滑移齿轮在右位时，其内齿轮与斜齿轮上左侧的外齿轮相啮合，以传递低速运动。最左边的固定齿轮把主轴运动传给进给系统。

主轴是空心的阶梯轴，内孔直径ϕ48mm，内孔的功用是穿过棒料或通过气动、电动、液动卡盘的驱动装置。主轴前端为莫氏6号锥孔，用来安装顶尖或心轴。主轴前端的短法兰式结构用于安装卡盘或拨盘，端面键用于传递扭矩。

④ 六级变速操纵机构　主轴箱内轴Ⅲ可通过轴Ⅰ~Ⅱ间双联滑移齿轮机构及轴Ⅱ~Ⅲ间三联滑移齿轮机构得到六级转速。控制这两个滑移齿轮机构的是一个单手柄六级变速操纵机构，如图2.20所示。

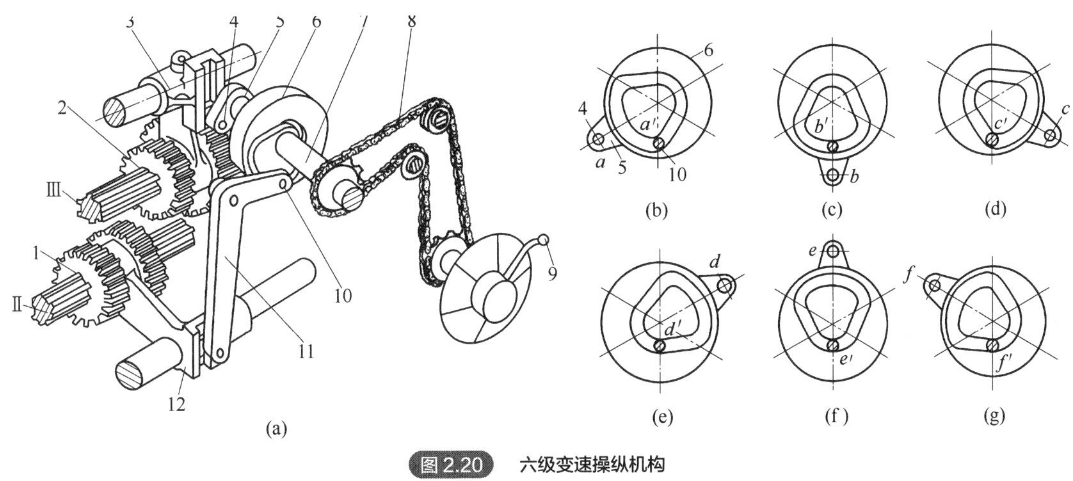

图2.20　六级变速操纵机构

1—双联滑移齿轮块；2—三联滑移齿轮块；3，12—拨叉；4—拨销；5—曲柄；6—盘形凸轮；7—轴；8—链条；9—手柄；10—销；11—杠杆

转动手柄9可通过链轮、链条带动装在轴7上的盘形凸轮6和曲柄5上的拨销4同时转动。手柄轴和轴7的传动比为1:1，因而手柄9旋转1周，盘形凸轮6和曲柄5、拨销4也均转过1周。曲柄5上的拨销4上装有滚子，并嵌入拨叉3的槽内。轴7带动曲柄5转动时，拨销4绕轴7转动并推动拨叉3左右移动，拨叉3使三联滑移齿轮块2被拨至左、中、右3个不同的位置。

盘形凸轮6上的封闭曲线槽由半径不同的两段圆弧和过渡直线组成。杠杆11上端有一销10插入盘形凸轮6的曲线槽内，下端也有一销嵌于拨叉12的槽内。当盘形凸轮6逆时针转动时，销10有4种运动。

当盘形凸轮6逆时针开始转动时，如销10处在盘形凸轮6的大半径圆弧位置a'［图2.20（b）］处、拨销4位于a处（第一种速度），则销10沿盘形凸轮6的大半径圆弧槽运动到位置b'［图2.20（c）］处（实际位置不变），双联滑移齿轮块（简称双联齿轮）位置不变，拨销4运动到最下端位置b处，带动三联滑移齿轮块（简称三联齿轮）滑移变速（第二种速度）；盘形凸轮6继续逆时针转动，销 10 沿盘形凸轮 6 的大半径圆弧槽运动到位置 c'［图 2.20（d）］处（实际位置不变），双联齿轮位置不变，拔销 4 运动到位置 c 处，带动三联齿轮滑移变速（第三种速度）。

当盘形凸轮 6 继续转动，销 10 沿盘形凸轮 6 的直线槽向盘形凸轮 6 的小半径圆弧处运动到位置 d'［图 2.20（e）］处，双联齿轮滑移变速，拔销 4 运动到位置 d 处，三联齿轮滑移变速（第四种速度）；盘形凸轮 6 继续转动，销 10 沿盘形凸轮 6 的小半径圆弧槽运动到位置 e'［图 2.20（f）］处（实际位置不变），拔销 4 运动到最上端位置 e 处，带动三联齿轮滑移变速（第五种速度）；盘形凸轮 6 继续转动，销 10 沿盘形凸轮 6 的小半径圆弧槽运动到位置 f'［图 2.20(g)］处（实际位置不变），双联齿轮位置不变，拔销 4 运动到位置 f 处，带动三联齿轮滑移变速（第六种速度）。

顺次转动手柄 9，每转动 60°就可通过双联滑移齿轮块 1 左右不同位置与三联滑移齿轮块 2 左、中、右 3 个不同位置的组合，使轴Ⅲ得到六级不同转速。

2.2.2 常用车刀

车床使用的刀具主要是各种车刀，有些车床还可以使用各种孔加工刀具，如麻花头、扩孔钻和铰刀、螺纹刀具（如丝锥、板牙等）等。车刀是一种单刃刀具，可用于加工外圆、内孔、端面、螺纹等表面。

车刀按结构可分为整体式车刀、焊接式车刀、焊接装配式车刀、机夹式车刀（机械夹固式车刀）、可转位式车刀等。各类车刀结构如图 2.21 所示。

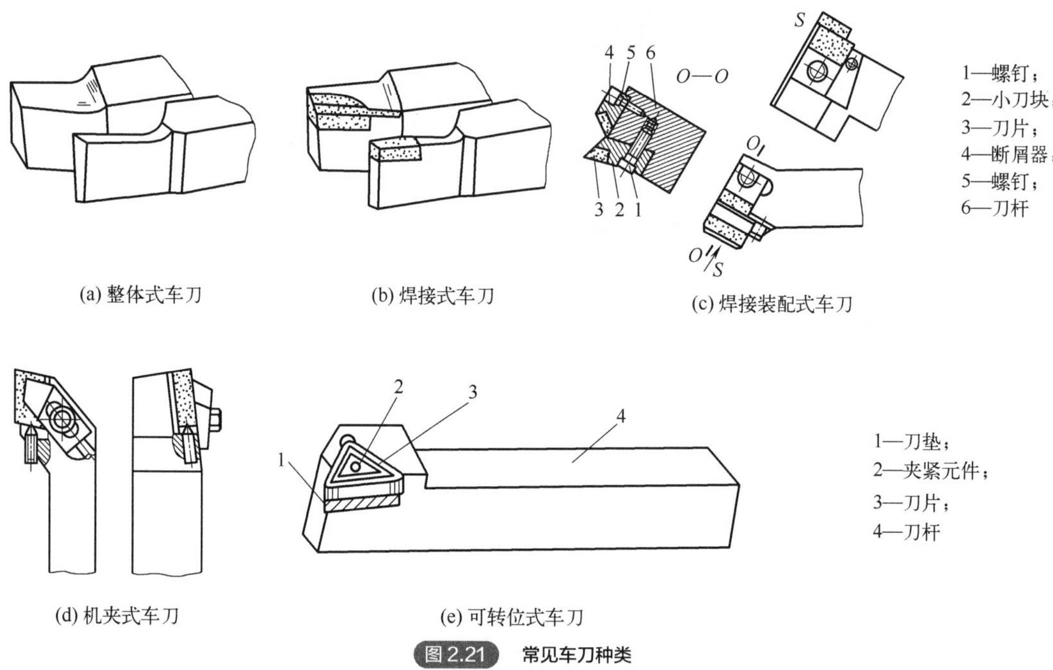

图 2.21 常见车刀种类

① **整体式车刀** 如图 2.21（a）所示，整体式车刀用整体高速钢制造，刃口可磨得较锋利，刀杆截形大都为矩形，使用时其刀刃和切削角度可根据不同用途进行修磨，主要用于成形车刀和螺纹车刀。

② **焊接式车刀** 如图 2.21（b）所示，硬质合金焊接式车刀是将硬质合金刀片用铜或其他

焊料钎焊在普通碳钢（通常为 45 钢、55 钢）刀杆上，再经刃磨而成，结构紧凑，使用灵活，适用于各类车刀，特别是小刀具。

③ 焊接装配式车刀　如图 2.21（c）所示，焊接装配式车刀是将硬质合金刀片 3 焊在小刀块 2 上，再将小刀块装配在刀杆 6 上组成的车刀，小刀块与刀杆用螺钉 1 连接，用螺钉 5 将断屑器 4 与刀体连接。主要用于重型车刀，刃磨时只需刃磨小刀块，刀杆则能重复使用。

④ 机夹式车刀　如图 2.21（d）所示，机夹式车刀是将标准硬质合金刀片用机械夹固的方法安装在刀杆上。刀片的夹紧要求结构简单、夹固可靠、刀片便于调整。机夹式车刀避免了焊接产生的应力、裂纹等缺陷，刀杆利用率高。刀片可集中刃磨获得所需参数，使用灵活方便。

⑤ 可转位式车刀　如图 2.21（e）所示，可转位式车刀是利用可转位刀片以实现不重磨快换刀刃的机械夹固式车刀。

可转位式车刀的结构通常由刀杆 4、刀片 3、刀垫 1 和夹紧元件 2 组成。可转位式车刀的各个主要角度是由刀片角度和刀片夹装在具有一定角度刀槽的刀杆上综合形成的。刀杆上刀槽的角度根据所选刀片参数来设计和制造。刀杆材料选用 45 钢，硬度为 35~40HRC。

采用刀垫是为了保护刀杆，延长刀杆的使用寿命（防止打刀时损坏刀杆，正常切削时，可防止切屑擦伤刀杆）。刀垫的主要尺寸按相应的刀片尺寸设计，材料选择 GCr15、YG8 或 W18Cr4V 等。

可转位式车刀的特点在于：硬质合金刀片是标准化、系列化生产的，其几何形状均事先磨出。而车刀的前后角是靠刀片在刀杆槽中安装后得到的，刀片可以转动，当一条刀刃用钝后可以迅速转位将相邻的新刀刃换成主切削刃继续工作，直到全部刀刃用钝后才取下刀片报废回收，再换上新的刀片继续工作。因此，可转位式车刀完全避免了焊接式和机械夹固式车刀因焊接和重磨带来的缺陷，无须磨刀换刀，切削性能稳定，生产效率和质量均大大提高，是当前我国重点推广应用的刀具之一。

2.2.3　车削的装夹方式

车削加工中根据工件的尺寸、加工精度的不同，会采用不同的装夹方法安装工件，以下介绍几种常见的装夹方法。

① 一夹　如图 2.22（a）所示，长径比小于 4，截面为圆形、六方体的中小型工件，可采用三爪卡盘进行装夹，3 个卡爪可同时移动，自动定心，装夹迅速方便。长径比小于 4，截面为方形、椭圆形的较大、较重的工件，可采用四爪卡盘进行装夹，4 个卡爪都可单独移动，装夹工件需要找正，如图 2.22（b）所示。

② 一夹一顶　如图 2.23 所示，车削较长轴类工件时，常采用一端用卡盘夹持，另一端用顶尖顶住的安装方法，增加工件的加工刚度。为了防止工件由于切削力的作用而产生轴向位移，在主轴内孔安装一个限位支承或利用工件台阶做限位。

③ 两顶尖　如图 2.24 所示，一般长径比为 4～15 的实心轴类零件的加工常采用两顶尖装夹的方式进行车削。两顶尖装夹工件车外圆是将左顶尖 2 放到车床主轴内孔中，工件依靠中心孔顶在左顶尖 2 与右顶尖 4 之间，用鸡心夹头 3 夹持工件，由拨盘 1 带动工件旋转。此加工方法主要用于车床的精加工，能够保证两个相同（或不同）大小的圆柱面的同轴度要求。

④ 两顶尖或一夹一顶与中心架　车削较长轴、套类工件时，当工件可以分段切削时，可以将中心架架在某一个支承面上，这样，使 l/d 的比值按支承处的位置成比例降低，而工件的刚性

则增加数倍。如图 2.25 所示，长轴双顶（或一夹一顶）装夹，将中心架固定在床身上，在工件慢速旋转的状态下，先使下部两支承爪均匀触及支承面后锁紧，再扣紧上盖，调节上支承爪位置，合适后锁紧。支承爪调节要求施力均匀，松紧适度，自然顺畅。

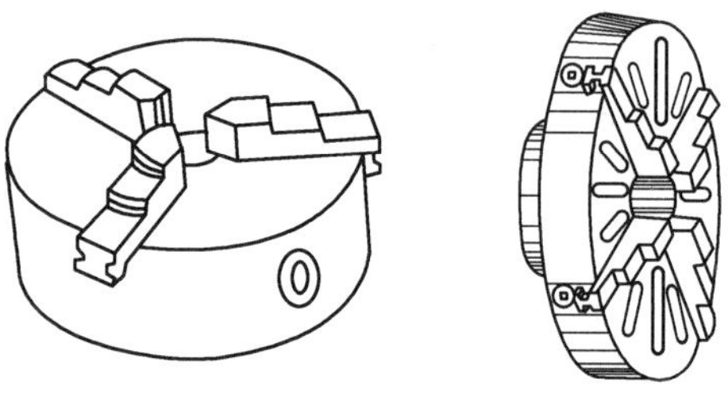

(a) 三爪卡盘　(b) 四爪卡盘

图 2.22　一夹

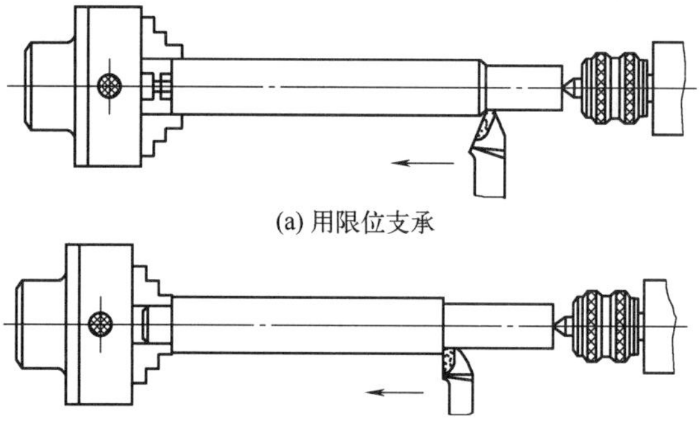

(a) 用限位支承

(b) 用工件台阶限位

图 2.23　一夹一顶

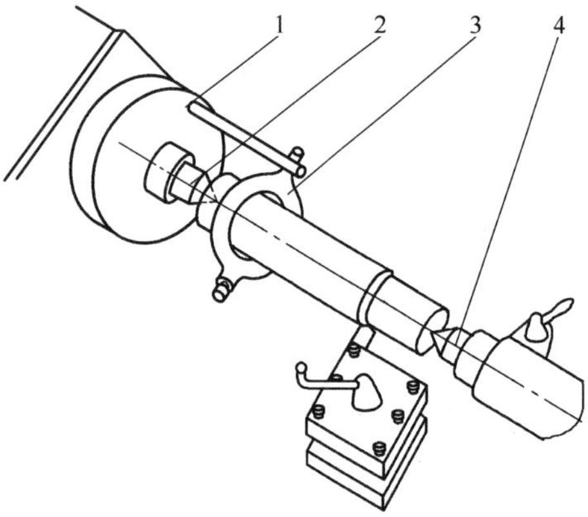

图 2.24　两顶尖加工方法

1—拨盘；2—左顶尖；3—鸡心夹头；4—右顶尖

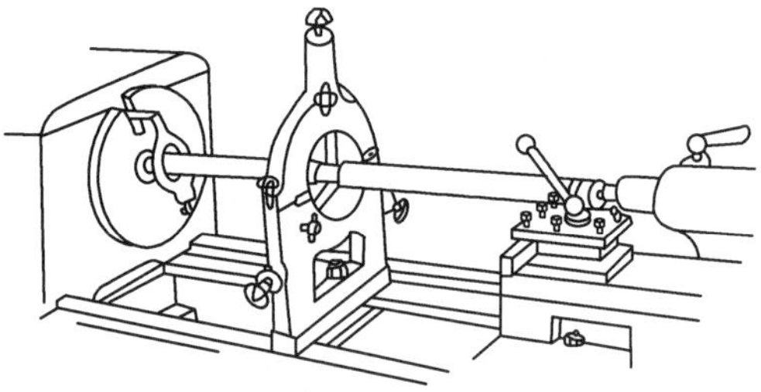

图 2.25　中心架加工方法

⑤ **两顶尖或一夹一顶与跟刀架**　如图 2.26 所示，在车床上加工细长轴［长度与直径之比大于 25（即 $l/d>25$）的轴叫细长轴，如丝杠、光杠等］时，由于细长轴刚性很差、车削加工时受切削力、切削热和振动等的作用和影响，极易产生变形，出现直线度、圆柱度等加工误差，不易达到图纸上的形位精度和表面质量等技术要求，使切削加工很困难，采用跟刀架可以解决这一问题。跟刀架 2 固定在床鞍上，它在刀具切削点附近支承工件并与刀架溜板一起做纵向移动。跟刀架与工件接触处的支承一般用耐磨的球墨铸铁或青铜。支承爪的圆弧，应在粗车后与外圆研配，以免擦伤工件。采用跟刀架能抵消加工时径向切削分力和工件自重的影响，从而减少切削振动和工件变形，但必须仔细调整，使跟刀架的中心与机床顶尖中心保持一致。

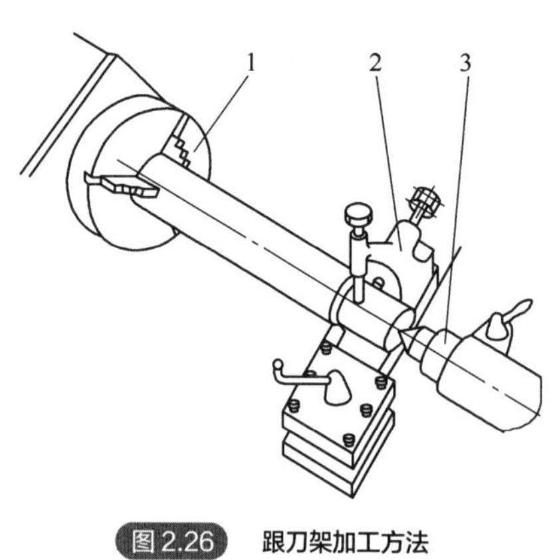

图 2.26　跟刀架加工方法

1—三爪卡盘；2—跟刀架；3—右顶尖

⑥ **心轴**　在加工齿轮、衬套等盘套类零件时，其外圆、孔和两个端面无法在一次装夹中全

部加工完毕，如果把工件调头装夹再加工，往往不能保证位置精度。因此，可在孔精加工之后，把工件装在心轴上，再把心轴安装在前后两顶尖之间或直接装在车床主轴锥孔内精加工其他表面，来获得较高的位置精度。常用心轴有圆柱心轴、锥度心轴和胀套心轴，如图 2.27 所示。

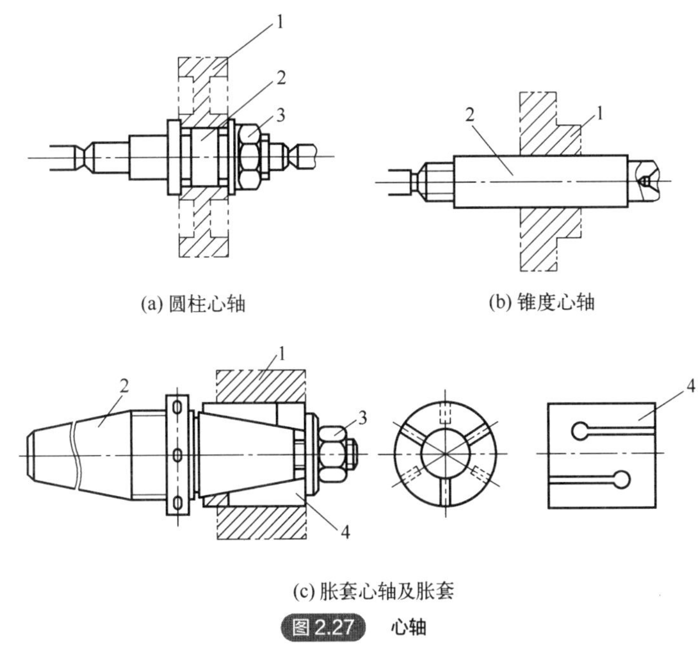

图 2.27　心轴

1—工件；2—心轴；3—螺母；4—胀套

如图 2.27（a）所示为圆柱心轴装夹工件，其对中精度稍差，但夹紧力较大。这种心轴的端面需要与圆柱面垂直，工件的端面也需要与孔垂直。如图 2.27（b）所示为锥度心轴，其锥度为 1∶2000~1∶5000，对中性好，装卸方便，但不能承受较大的切削力，多用于精加工。如图 2.27（c）所示为胀套心轴，它可以直接装在车床主轴锥孔内，转动螺母可使胀套沿轴向移动，靠心轴锥度使胀套径向胀开，撑紧工件。采用这种装夹方式时，装卸工件方便。

⑦ **花盘**　不对称或具有复杂外形的工件，通常用花盘装夹加工。花盘的表面开有径向的通槽和 T 形槽，以便安装装夹工件用的螺栓。如图 2.28 所示为在花盘上装夹工件的情况。用花盘装夹不规则形状的工件时，常会产生重心偏移，所以需加平衡铁予以平衡。花盘 2 固定在车床主轴上，弯板 4 固定在花盘上，形成一个与车床主轴轴线平行的平面，配重 1 是为了加工工件 3 时车床主轴旋转动平衡。车工序前，首先加工底平面，钻侧向螺钉过孔，在平台上对工件 3 划圆孔位置线。车工序时，可将工件 3 固定在弯板 4 上，按所划圆孔位置线找正，钻、车内孔，车端面，使端面与内孔轴线垂直。此方法适合于加工大小不同的内孔，加工精度高，效率高，适合批量生产。

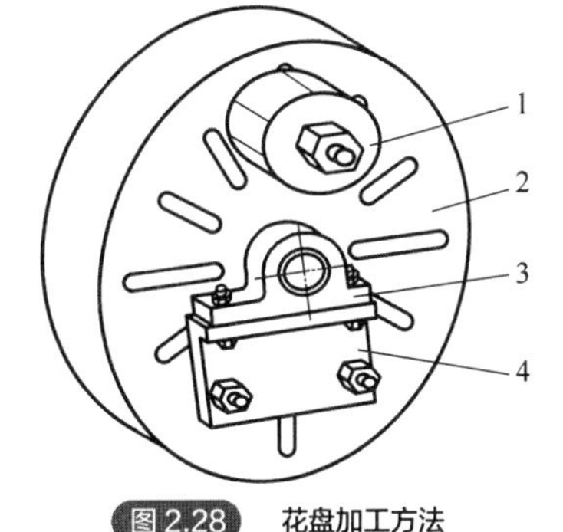

图 2.28　花盘加工方法

1—配重；2—花盘；3—工件；4—弯板

2.2.4　车削的切削用量

本书中所述车床，主要以 CA6140 型卧式车床为例进行切削参数的给定，其主要技术参数见表 2.9，主轴转速见表 2.10，刀架进给量见表 2.11。

表 2.9　CA6140 型卧式车床主要技术参数

技术参数		型号 CA6140	技术参数		型号 CA6140
最大加工直径/mm	床身最大回转直径	400	刀架行程/mm	最大纵向行程	750、1000、1500、2000
	刀架最大回转直径	210		最大横向行程	260
最大加工长度/mm		750、1000、1500、2000	主电动机功率/kW		7.5
加工螺纹	米制/mm	1~192	主轴转速	级数	24
	英制/（牙/in①）	24~2		范围/（r/min）	10~1400

① 1in=0.0254m。

表 2.10　CA6140 型卧式车床主轴转速

型号		转速/（r/min）
CA6140	正转	10、12.5、16、20、25、32、40、50、63、80、100、125、160、200、250、320、400、450、500、560、710、900、1120、1400
	反转	14、22、36、56、90、141、226、362、565、633、1018、1580

表 2.11　CA6140 型卧式车床刀架进给量

型号		进给量/（mm/r）
CA6140	纵向	0.028、0.032、0.036、0.039、0.043、0.046、0.050、0.08、0.09、0.10、0.11、0.12、0.13、0.14、0.15、0.16、0.18、0.20、0.23、0.24、0.26、0.28、0.30、0.33、0.36、0.41、0.46、0.48、0.51、0.56、0.61、0.66、0.71、0.81、0.91、0.94、0.94、0.96、1.02、1.03、1.09、1.12、1.15、1.22、1.29、1.47、1.59、1.71、1.87、2.05、2.16、2.28、2.56、2.92、3.16
	横向	0.014、0.016、0.018、0.019、0.021、0.023、0.025、0.027、0.040、0.045、0.050、0.055、0.060、0.065、0.070、0.08、0.09、0.10、0.11、0.12、0.13、0.14、0.15、0.16、0.17、0.20、0.22、0.24、0.25、0.28、0.30、0.33、0.35、0.40、0.43、0.45、0.47、0.48、0.50、0.51、0.54、0.56、0.57、0.61、0.64、0.73、0.79、0.86、0.94、1.02、1.08、1.14、1.28、1.46、1.58、1.72、1.88、2.04、2.16、2.28、2.56、2.92、3.16

车削用量和切削速度等可参考表 2.12～表 2.15 选取。

表 2.12　高速钢车刀常用车削用量

工件材料及其抗拉强度/GPa		进给量 f/(mm/r)	切削速度 v/(m/min)
碳钢	$\sigma_b \leqslant 0.50$	0.2	30~50
		0.4	20~40
		0.8	15~25
	$\sigma_b \leqslant 0.70$	0.2	20~30
		0.4	15~25
		0.8	10~15

续表

工件材料及其抗拉强度/GPa		进给量 f/(mm/r)	切削速度 v/(m/min)
灰铸铁	σ_b=0.18~0.28	0.2	15~30
		0.4	10~15
		0.8	18~10

注：1. 刀具寿命 $T \geqslant$60min；粗加工时最大背吃刀量 $a_p \leqslant$5mm；精加工时，f 取小值，v 取大值。

2. 成形车刀和切断车刀的切削速度约取表中平均值的 60%，进给量 f 取 0.02~0.08mm/r。成形车刀的切削宽度宽时取小值，而切断车刀的切削宽度窄时取小值。

表 2.13　硬质合金车刀常用切削速度

单位：m/min

工件材料	硬度 HBW	刀具材料	精车（a_p=0.3~2mm f=0.1~0.3mm/r）	工件材料	硬度 HBW	刀具材料	半精车（a_p=2.5~6mm f=0.35~0.65mm/r）	粗车（a_p=6.5~10mm f=0.7~1mm/r）
碳素钢合金结构钢	150~200	YT15	120~150	碳素钢合金结构钢	150~200	YT5	90~110	
	200~250		110~130		200~250		80~100	60~75
	250~325		75~90		250~325		60~80	50~65
	325~400		60~80		325~400		40~60	
易切钢	200~250	YT15	140~180	易切钢	200~250	YT15	100~120	70~90
灰铸铁	150~200	YG6	90~110	灰铸铁	150~200	YG8	70~90	45~65
	200~250		70~90		200~250		50~70	35~55
可锻铸铁	120~150	YG6	130~150	可锻铸铁	120~150	YG8	100~120	70~90

注：1. 刀具寿命 T=60min；a_p、f 选大值时，v 选小值；反之，v 选大值。

2. 成形车刀和切断车刀的切削速度可取表中粗车栏中的数值，进给量 f 取 0.04~0.15mm/r。

表 2.14　切断及车槽的进给量

切断刀				车槽刀				
切断刀宽度/mm	刀头长度/mm	工件材料		车槽刀宽度/mm	刀头长度/mm	刀杆截面/mm²	工件材料	
		钢	灰铸铁				钢	灰铸铁
		进给量 f/（mm/r）					进给量 f/（mm/r）	
2	15	0.07~0.09	0.10~0.13	6	16	10×16	0.17~0.22	0.24~0.32
3	20	0.10~0.14	0.15~0.20	10	20		0.10~0.14	0.15~0.21
5	35	0.19~0.25	0.27~0.37	6	20	12×20	0.19~0.25	0.27~0.36
	65	0.10~0.13	0.12~0.16	8	25		0.16~0.21	0.22~0.30
6	45	0.20~0.26	0.28~0.37	12	30		0.14~0.18	0.20~0.26

注：加工 $\sigma_b \leqslant$0.588GPa 钢及硬度 $\leqslant$180HBW 铸铁，用大进给量；反之，用小进给量。

表 2.15 切断及车槽的切削速度 单位：m/min

进给量 f/（mm/r）	高速钢车刀 W18Cr4V		YT5（P 类）	YG6（K 类）
	工件材料			
	碳钢 σ_b=0.735GPa	可锻铸铁 150HBW	钢 σ_b=0.735GPa	灰铸铁 190HBW
	可加切削液		不加切削液	
0.08	35	59	179	83
0.10	30	53	150	76
0.15	23	44	107	65
0.20	19	38	87	58
0.25	17	34	73	53
0.30	15	30	62	49
0.40	12	26	50	44
0.50	11	24	41	40

2.3 铣削加工

2.3.1 铣床的种类

铣床是用铣刀进行切削加工的机床，主要用于加工面及面上沟槽。由于铣刀是多刃刀具，且连续切削，因此生产率较高。但是，由于在切削过程中每个刀刃的工作过程是断续的，每个刀齿所承受的切削力周期性变化，容易引起机床振动，因此，铣床的刚度和抗振性要求较高。铣床的主运动通常是由刀具的旋转运动实现的，进给运动则由工作台带动工件的直线移动来完成。

根据 GB/T 15375—2008《金属切削机床 型号编制方法》中的规定，铣床按其用途和结构不同，可分为 10 组，主要分为仪表铣床、悬臂及滑枕铣床、龙门铣床、平面铣床、仿形铣床、立式升降台铣床、卧式升降台铣床、床身铣床、工具铣床（如钻头铣床）、其他铣床（如曲轴铣床、键槽铣床等）。近年来，各类数控铣床及加工中心也在越来越多地投入使用。在各种铣床中，龙门铣床、升降台铣床等应用较为普遍，下面主要介绍这两类铣床。

（1）卧式升降台铣床

一般以主轴的布置方式区分立式和卧式铣床，卧式升降台铣床的主轴位置是水平的，所以习惯上称为卧铣，其构成如图 2.29 所示。加工时，工件安装在工作台 5 上，铣刀装在铣刀轴（刀杆）3 上。工件可随工作台 5 做纵向运动（工作台长度方向）；滑座 6 沿升降台 7 上部的导轨移动，可使工件做横向运动；升降台 7 可沿床身导轨升降，使工件做竖直方向的运动。悬梁 2 的右端可安装托架 4，用以支承铣刀轴 3 的右端，以提高其刚度。

（2）万能卧式升降台铣床

如图 2.30 所示为 XW6132 型万能卧式升降台铣床，万能卧式升降台铣床的结构与卧式升降台铣床基本相同，但在工作台 7 和滑座 9 之间增加了一层回转台 8。回转台可相对于滑座在水平面内调整至一定的角度（通常允许回转的范围是±45°），工作台可沿回转台上部的导轨移动。因此，当回转台偏转至一定的角度位置后，就可使工作台的运动轨迹与主轴成一定的夹角，以便加工螺旋槽等表面。此外，万能卧式升降台铣床还可以选配立式铣头，以扩大机床的加工范围。

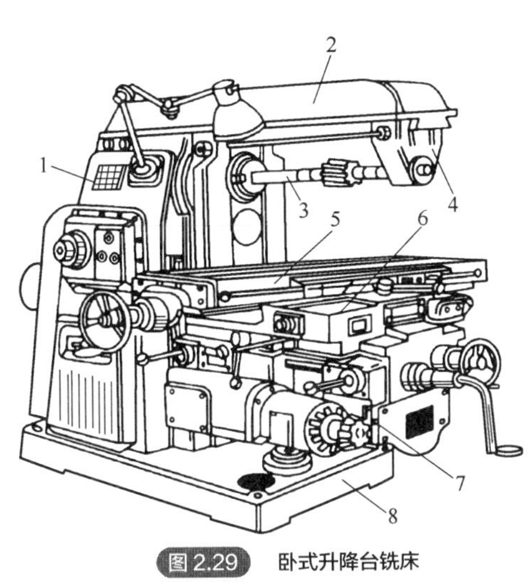

图 2.29　卧式升降台铣床

1—床身；2—悬梁；3—铣刀轴（刀杆）；4—托架；5—工作台；6—滑座；7—升降台；8—底座

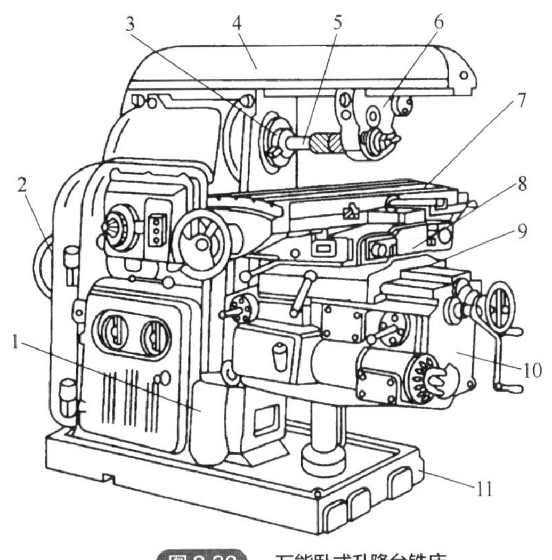

图 2.30　万能卧式升降台铣床

1—床身；2—电动机；3—主轴；4—悬梁；5—铣刀轴；6—托架；7—工作台；8—回转台；9—滑座；10—升降台；11—底座

（3）立式升降台铣床

立式升降台铣床的主轴位置是竖直的，所以习惯上称为立铣，其构成如图 2.31 所示。它与卧式升降台铣床的主要区别是主轴布置方式不同，即用立铣头代替卧式升降台铣床的水平主轴、悬梁、刀杆及其支承部分。其他部分与卧式升降台铣床相似。立式升降台铣床主要适用于单件及成批生产，可用面铣刀或立铣刀（带刀柄的刀具）铣削平面、斜面沟槽和台阶，若采用分度头或圆形工作台等附件，还可以铣削齿轮、凸轮及螺旋面等。

（4）龙门铣床

在进行大型工件上平面及沟槽的加工时，常使用龙门铣床，该类机床具有龙门式框架，因此得名，如图 2.32 所示。横梁 3 可以在立柱 5、7 上升降，以适应加工不同高度的工件；两个立铣头 4、8，可在横梁 3 上做水平横向运动；两个卧铣头 2、9，可沿立柱导轨升降。每个铣头都是一个独立部件，内装有主运动变速机构、主轴部件及操纵机构等。与升降台铣床不同的是，龙门铣床的工作台 10 只能带动工件做纵向进给运动，各铣刀的背吃刀量均由主轴套筒带动铣刀主轴沿轴向移动实现。

龙门铣床可用多把铣刀同时加工几个表面，生产率较高，在成批和大量生产中广泛应用。

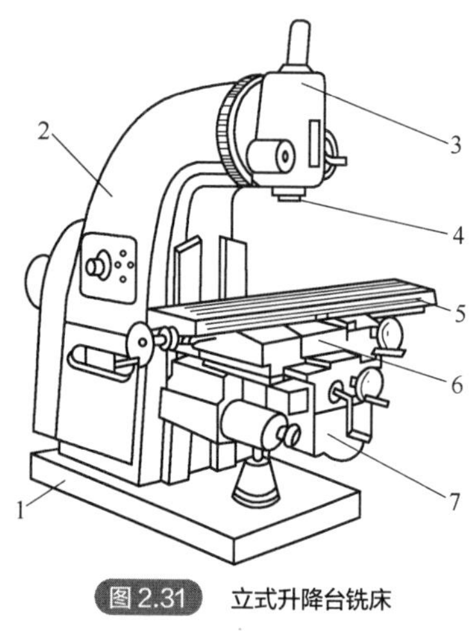

图 2.31 立式升降台铣床

1—底座；2—床身；3—立铣头；4—主轴；5—工作台；6—滑座；7—升降台

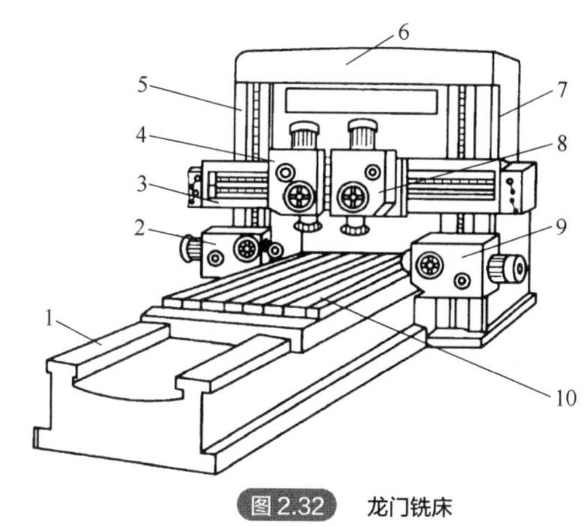

图 2.32 龙门铣床

1—床身；2，9—卧铣头；3—横梁；4，8—立铣头；5，7—立柱；6—顶梁；10—工作台

2.3.2 铣削的工艺范围

铣削加工范围很广，如图 2.33 所示。用不同类型的铣刀，可进行平面、台阶面、沟槽和成形表面等加工。此外，在铣床上还可以安装孔加工刀具，如钻头、铰刀、镗刀来加工工件上的孔。铣削在单件小批量和大批量生产中应用都比较广泛。

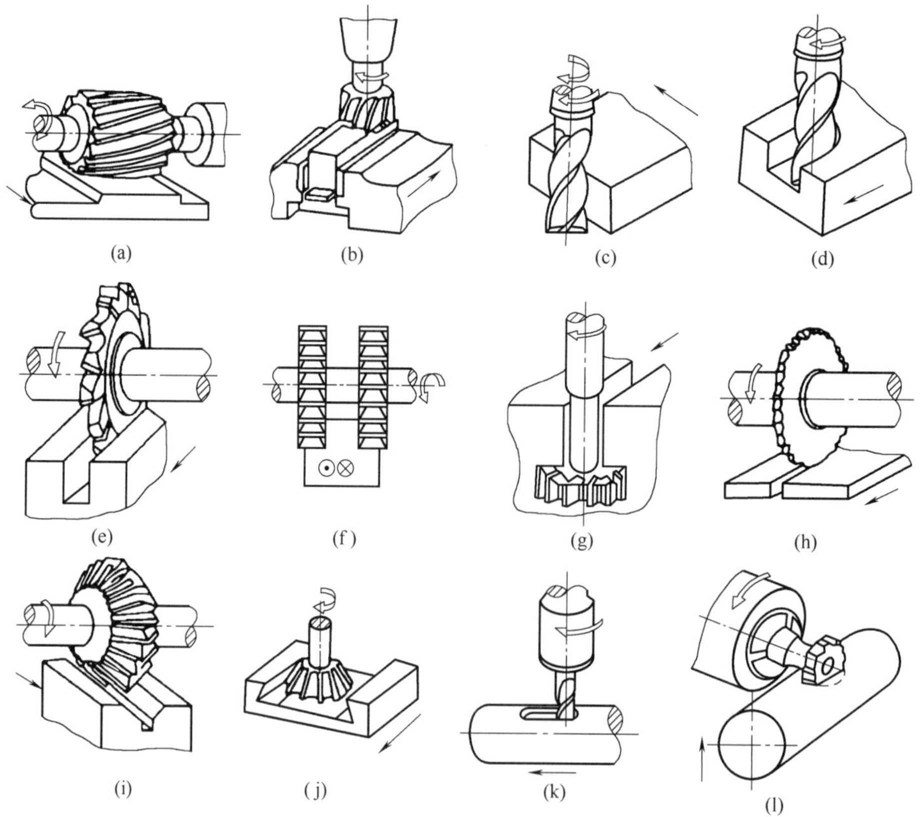

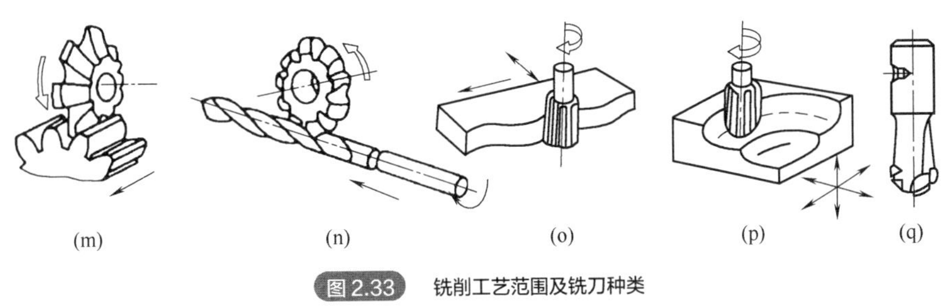

图 2.33　铣削工艺范围及铣刀种类

2.3.3　常用铣刀

铣刀是刀齿分布在旋转表面上或端面上的多刃刀具，由于参加切削的齿数多、刀刃长，并能采用较高的切削速度，故生产率较高，加工范围也很广泛。缺点是：铣削是断续切削，刀齿切入和切出都会产生振动冲击；刀齿多，容屑和排屑条件差；在切入阶段，刀刃的刃口圆弧面推挤金属，在已加工表面上滑动，使刀具磨损加剧，加工表面变粗糙。常用铣刀（如图 2.33 所示）及其应用介绍如下：

① **圆柱形铣刀**　螺旋形切削刃分布在圆柱表面，无副切削刃，主要用于卧式铣床上铣平面。

螺旋形的刀齿切削时是逐渐切入和脱离工件的，其切削过程比较平稳，一般适用于加工宽度小于铣刀长度的狭长平面。一般圆柱形铣刀都用高速钢制成整体式，根据加工要求不同有粗齿、细齿之分。粗齿的容屑槽大，用于粗加工；细齿的容屑槽小，用于半精加工。当圆柱形铣刀外径较大时，常制成镶齿式。

② **面铣刀**　切削刃位于圆柱的端头，圆柱或圆锥面上的刃口为主切削刃，端面刀刃为副切削刃。铣削时，铣刀的轴线垂直于被加工表面，适用于在立式铣床上加工平面。

用面铣刀加工平面，同时参加切削的刀齿较多，又有副切削刃的修光作用，故加工表面的粗糙度值较小，因此，可以用较大的切削用量。为了提高生产效率，大平面铣削时多采用面铣刀。小直径面铣刀用高速钢做成整体式，大直径的面铣刀是在刀体上装焊接式硬质合金刀头，或采用机械夹固式（机夹式）可转位硬质合金刀片刀头，即用定位座夹板将可转位硬质合金刀片夹固在定位座上。目前生产加工中，多采用机夹式的面铣刀。

③ **立铣刀**　主切削刃分布在圆周上，副切削刃分布在端部，相当于带柄的、在轴端有副切削刃的小直径圆柱形铣刀，因此，立铣刀既可作圆柱形铣刀用，又可以利用端部的副切削刃起面铣刀的作用。立铣刀柄部装夹在立铣头主轴中，可以铣削窄平面、直角台阶、平底槽等，应用十分广泛。另外，还有粗齿大螺旋角立铣刀、硬质合金波形刃立铣刀等，它们的直径较大，可以采用大的进给量，生产效率很高。

④ **键槽铣刀**　外形与立铣刀相似，不同的是它在圆周上只有两个螺旋刀齿，其端面刀齿的刀刃延伸至中心，因此在铣两端不通的键槽时，可以做适量的轴向进给。其端部切削刃为主切削刃，圆周上的切削刃为副切削刃，主要用来铣轴上的键槽。还有一种半圆键槽铣刀，专用于铣轴上的半圆键槽。

⑤ **三面刃铣刀**　主切削刃分布在圆周上，两侧为副切削刃。由于在刀体的圆周上及两侧环形端面上均有刀刃，所以称为三面刃铣刀。它主要用在卧式铣床上加工台阶面和一端或两端贯通的浅沟槽。三面刃铣刀有直齿和交错齿两种，交错齿三面刃铣刀能改善两侧的切削性能，有利于沟槽的切削加工。直径较大的三面刃铣刀常采用镶齿结构，直径较小的往往用高速钢制成整体式，除此外，生产中较多采用的是机夹式的结构。

⑥ **T 形槽铣刀**　如不考虑柄部和尺寸的大小，它类似于三面刃铣刀，主切削刃分布在圆周

上，副切削刃分布在两端面上。它主要用于加工 T 形槽。

⑦ **锯片铣刀** 结构与直槽的三面刃铣刀结构相同，但其本身很薄，主要用于切断工件和在工件上铣狭槽。为避免夹刀，其厚度由边缘向中心减薄，使两侧形成副偏角。

⑧ **角度铣刀** 用于铣削带角度槽和斜面，圆锥切削刃为主切削刃，端面切削刃为副切削刃。

⑨ **盘形齿轮铣刀** 用于铣削直齿和斜齿圆柱齿轮的齿廓面。

⑩ **成形铣刀** 用于铣削直齿和斜齿圆柱齿轮的齿廓。

⑪ **鼓状铣刀** 用于数控铣床和加工中心上加工立体曲面。

⑫ **球头铣刀** 主要用于铣削各种曲面、圆弧沟槽，球头铣刀也叫 R 刀。

2.3.4 铣削的装夹方式

① **用压板、螺栓和垫铁安装工件** 对于大型工件或机用平口钳难以安装的工件，可用压板、螺栓和垫铁将工件直接固定在工作台上，如图 2.34 所示。装夹时压板的位置要安排得当，压点要靠近切削面，压力大小要适合。粗加工时，压紧力要大，以防止切削中工件移动；精加工时，压紧力要合适，注意防止工件发生变形。工件如果放在垫铁上，要检查工件与垫铁是否贴紧了，若没有贴紧，必须垫上铜皮或纸，直到贴紧为止。压板必须压在垫铁处，以免工件因受压紧力而变形。安装薄壁工件，在其空心位置处，可用活动支承（千斤顶等）增加刚度。工件压紧后，要用划针盘复查加工线是否仍然与工作台平行，避免工件在压紧过程中变形或走动。

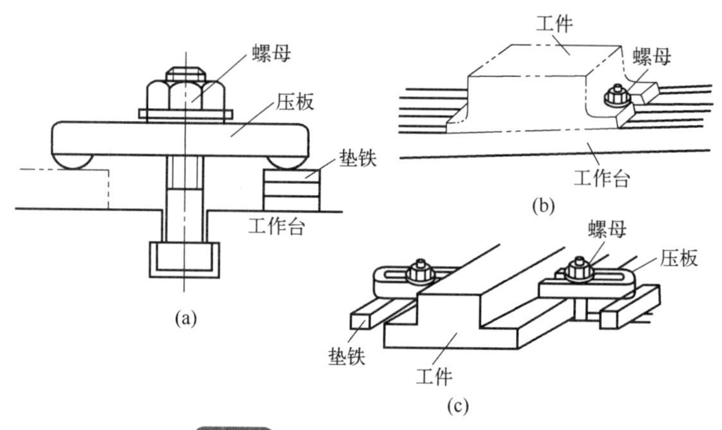

图 2.34 压板、螺栓和垫铁安装工件

② **用平口钳安装工件** 在铣削加工时，常使用机用平口钳夹紧工件，它具有结构简单、夹紧牢靠等特点，所以使用广泛，如图 2.35 所示。机用平口钳尺寸规格，是以其钳口宽度来区分的。机用平口钳分为固定式和回转式两种。回转式机用平口钳可以绕底座旋转 360°，固定在水平面的任意位置上，因而扩大了其工作范围，是目前机用平口钳应用的主要类型。机用平口钳用两个 T 形螺栓固定在铣床上，底座上还有一个定位键，它与工作台上中间的 T 形槽相配合，以提高机用平口钳安装时的定位精度。

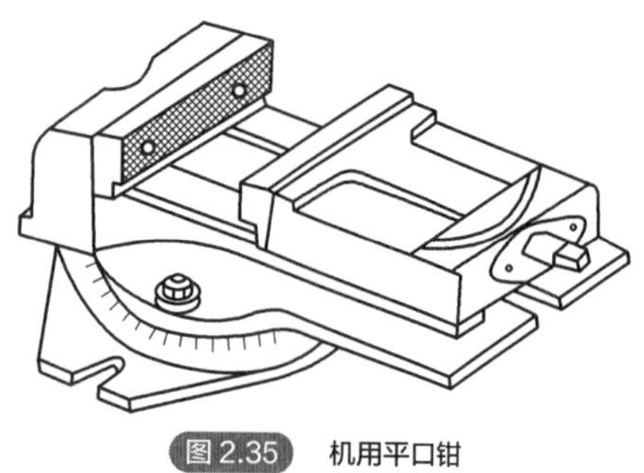

图 2.35 机用平口钳

③ **用万能分度头安装工件** 在铣削加工中，常

会遇到铣六方、齿轮、花键等加工过程。这时，就需要利用分度头分度，因此，分度头是铣床上的重要附件。如图 2.36 所示，图（a）为利用分度头，采用一夹一顶的方式加工；图（b）和（c）为利用分度头，采用一夹的方式加工。

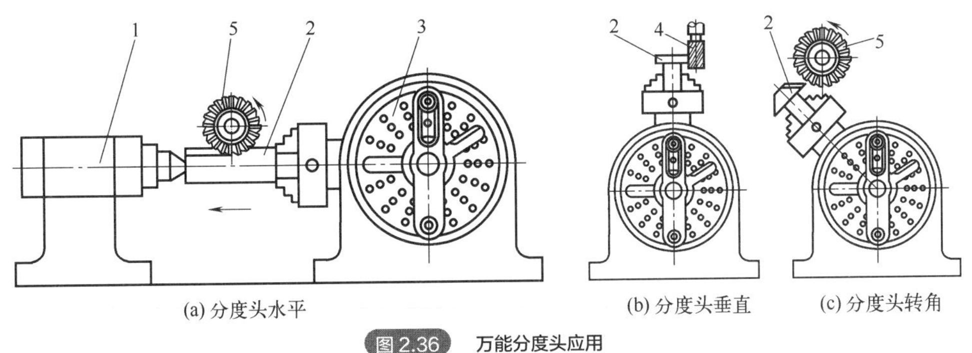

图 2.36 万能分度头应用

1—尾座；2—工件；3—万能分度头；4—立铣刀；5—成形铣刀

分度头安装工件一般用在等分工件中。既可以用分度头卡盘（或顶尖）与尾座顶尖一起使用安装轴类零件，也可以只使用分度头卡盘安装工件，又由于分度头的主轴可以在垂直平面内转动，因此可以利用分度头在水平、垂直及倾斜位置安装工件。

当零件的生产批量较大时，可采用专用夹具或组合夹具装夹工件，这样既能提高生产率，又能保证产品质量。

④ 用回转工作台（转盘）安装工件 转盘内部有一套蜗轮蜗杆，摇动手轮，通过蜗杆轴，就能直接带动与回转工作台相连接的蜗杆转动，如图 2.37 所示。回转工作台周围有刻度，可以用来观察和确定其位置。拧紧固定螺钉，回转工作台就固定不动。回转工作台中央有一孔，利用它可以方便地确定工件的回转中心。当底座上的槽和铣床工作台的 T 形槽对齐后，即可用螺栓把回转工作台固定在铣床工作台上。铣圆弧槽时，工件安装在回转工作台上，铣刀旋转，用手均匀缓慢地摇动回转工作台而使工件铣出圆弧槽。

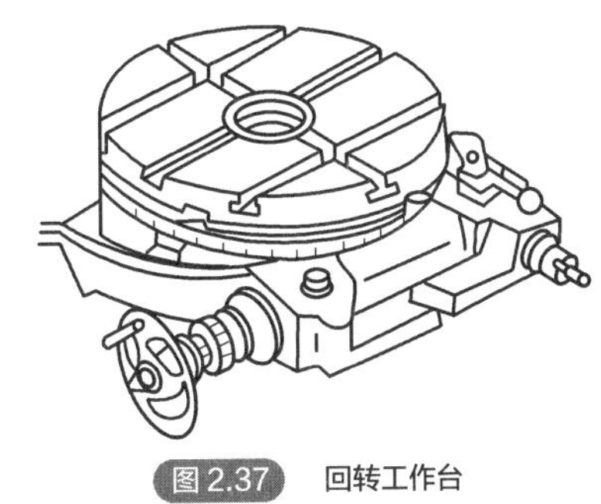

图 2.37 回转工作台

2.3.5 铣削用量及铣削方式

2.3.5.1 铣削用量

铣削用量由背吃刀量 a_p、侧吃刀量 a_e、进给量 f（进给速度 v_f、每齿进给量 f_z）、铣削速度 v_c 构成，如图 2.38 所示，下面分别介绍。

① 背吃刀量 a_p 在通过切削刃选定点并垂直于假定工作平面的方向上测量的吃刀量。端面铣削（端铣）时，a_p 为切削层深度；圆周铣削时，a_p 为被加工表面的宽度。a_p 所在的方向与刀具轴线平行。

② 侧吃刀量 a_e 在平行于假定工作平面并垂直于切削刃选定点的进给运动方向上测量的吃刀量。端铣时，a_e 为被加工表面宽度；圆周铣削时，a_e 为切削层深度。a_e 所在的方向与刀具轴线垂直。

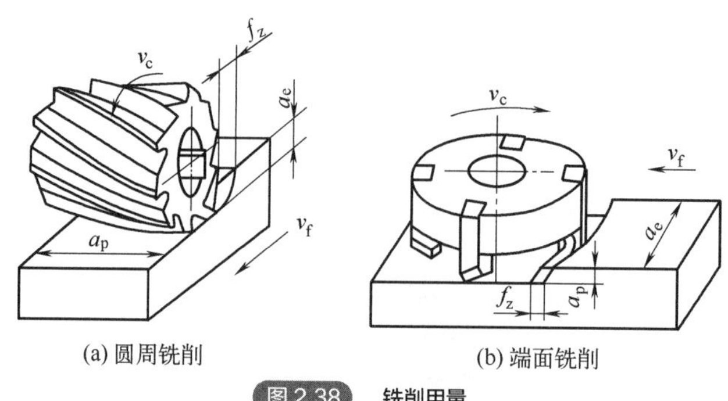

(a) 圆周铣削　　(b) 端面铣削

图 2.38　铣削用量

③ **进给运动参数**　铣削时进给量有三种表示方法：

a. 每齿进给量 f_z　铣刀每转过一齿，相对工件在进给运动方向上的位移量，单位为 mm/z。

b. 进给量 f　指铣刀每转一转，相对工件在进给运动方向上的位移量，单位为 mm/r。

c. 进给速度 v_f　指铣刀切削刃选定点相对工件的进给运动的瞬时速度，单位为 mm/min。

通常在铣床铭牌上列出进给速度，因此应根据具体加工条件选择 f_z，然后计算出 v_f，按 v_f 调整机床。

④ **铣削速度 v_c**　指铣刀切削刃选定点相对工件主运动的瞬时速度，可按式（1.2）计算，此时式中 d_w 代表铣刀直径，单位为 mm；n 代表铣刀转速，单位为 r/min。

立式铣床的主轴转速见表 2.16，工作台进给速度见表 2.17。

表 2.16　立式铣床的主轴转速

型号	转速/（r/min）
X5012	130、188、263、355、510、575、855、1180、1585、2720
X51	65、80、100、125、160、210、255、300、380、490、590、725、1225、1500、1800
X52K X53K	30、37.5、47.5、60、75、95、118、150、190、235、375、475、600、750、950、1180、1500
X53T	18、22、28、35、45、56、71、90、112、140、180、224、280、355、450、560、710、900、1120、1400

表 2.17　立式铣床工作台进给速度

型号	进给速度/（mm/min）
X51	纵向：35、40、50、65、85、105、125、165、205、250、300、390、510、620、755、980
	横向：25、30、40、50、65、80、100、130、150、190、230、320、400、480、585、765
	升降：12、15、20、25、33、40、50、65、80、95、115、160、200、290、380
X52K X53K	纵向：23.5、30、37.5、47.5、60、75、95、118、150、190、235、300、375、475、600、750、950、1180
	横向：15、20、25、31、40、50、63、78、100、126、156、200、250、316、400、500、634、786
	升降：8、10、12.5、15.5、20、25、31.5、39、50、63、78、100、125、158、200、250、317、394
X53T	纵向及横向：10、14、20、28、40、56、80、110、160、220、315、450、630、900、1250
	升降：2.5、3.5、5.5、7、10、14、20、28.5、40、55、78.5、112.5、157.5、225、315

卧式铣床的主轴转速见表 2.18，工作台进给速度见表 2.19。

表 2.18　卧式铣床主轴转速

型号	转速/（r/min）
X60 X60W	50、71、100、140、200、400、560、800、1120、1600、2240
X61 X61W	65、80、100、125、160、210、255、300、380、490、590、725、945、1225、1500、1800
X62 X62W	30、37.5、47.5、60、75、95、118、150、190、235、300、375、475、600、750、950、1180、1500

表 2.19　卧式铣床工作台进给速度

型号	进给速度/（mm/min）
X60 X60W	纵向：22.4、31.5、45、63、90、125、180、250、355、500、710、1000
	横向：16、22.4、31.5、45、63、90、125、180、250、355、500、710
	升降：8、11.2、16、22.4、31.5、45、63、90、125、180、250、355
X61 X61W	纵向：35、40、50、65、85、105、125、165、205、250、300、390、510、620、755、980
	横向：25、30、40、50、65、80、100、130、150、190、230、320、400、480、585、765
	升降：12、15、20、25、33、40、50、65、80、98、115、160、200、240、290、380
X62 X62W	纵向及横向：23.5、30、37.5、47.5、60、75、95、118、150、190、235、300、375、475、600、750、950、1180

不同刀具加工不同表面时的铣削进给量参见表 2.20~表 2.23。

表 2.20　高速钢面铣刀、圆柱形铣刀和圆盘铣刀铣削时的进给量

（1）粗铣时每齿进给量 f_z/（mm/z）									
铣床（铣头）功率/kW	工艺系统刚度	粗齿和镶齿铣刀				细齿铣刀			
		面铣刀与圆盘铣刀		圆柱形铣刀		面铣刀与圆盘铣刀		圆柱形铣刀	
		钢	铸铁及铜合金	钢	铸铁及铜合金	钢	铸铁及铜合金	钢	铸铁及铜合金
>10	大	0.2~0.3	0.3~0.45	0.25~0.35	0.35~050				
	中	0.15~0.25	0.25~0.40	0.20~0.30	0.30~0.40	—	—	—	—
	小	0.10~0.15	0.20~0.25	0.15~0.20	0.25~0.30				
5~10	大	0.12~0.20	0.25~0.35	0.15~0.25	0.25~0.35	0.08~0.12	0.20~0.35	0.10~0.15	0.12~0.20
	中	0.08~0.15	0.20~0.30	0.12~0.20	0.20~0.30	0.06~0.10	0.15~0.30	0.06~0.10	0.10~0.15
	小	0.06~0.10	0.15~0.25	0.10~0.15	0.12~0.20	0.04~0.08	0.10~0.20	0.06~0.08	0.08~0.12
<5	中	0.04~0.06	0.15~0.30	0.10~0.15	0.12~0.20	0.04~0.06	0.12~0.20	0.05~0.08	0.06~0.12
	小	0.04~0.06	0.10~0.20	0.06~0.10	0.10~0.15	0.04~0.06	0.08~0.15	0.03~0.06	0.05~0.10

续表

（2）半精铣时进给量 f /（mm/r）							
要求表面粗糙度 Ra/μm	镶齿面铣刀和圆盘铣刀	圆柱形铣刀					
		铣刀直径 d/mm					
		40~80	100~125	160~250	40~80	100~125	160~250
		钢及铸钢			铸铁、铜及铝合金		
6.3	1.2~2.7	—					
3.2	0.5~1.2	1.0~2.7	1.7~3.8	2.3~5.0	1.0~2.3	1.4~3.0	1.9~3.7
1.6	0.23~0.5	0.6~1.5	1.0~2.1	1.3~2.8	0.6~1.3	0.8~1.7	1.1~2.1

注：1. 表中大进给量用于小的背吃刀量和铣削宽度，小进给量用于大的背吃刀量和铣削宽度。

2. 铣削耐热钢时，进给量与铣削钢时相同，但不大于 0.3mm/z。

表 2.21　高速钢立铣刀、切槽铣刀和切断铣刀铣削钢的进给量

铣刀直径 d/mm	铣刀类型	铣削宽度[①] a_e/mm							
		5	6	8	10	12	15	20	30
		每齿进给量 f_z /（mm/z）							
16	立铣刀	0.06~0.05	—	—	—	—	—	—	—
20		0.07~0.04	—						
25		0.09~0.05	0.08~0.04						
32		0.12~0.07	0.10~0.05						
40	立铣刀	0.14~0.08	0.12~0.07	0.08~0.05	—	—	—	—	—
	切槽铣刀	0.007~0.003	0.01~0.007	—					
50	立铣刀	0.15~0.10	0.13~0.08	0.10~0.07	—	—	—	—	—
	切槽铣刀	0.008~0.004	0.012~0.008	0.012~0.008					
63	切槽铣刀	0.01~0.005	0.015~0.01	0.015~0.01	0.015~0.01	—	—	—	—
	切断铣刀	—	0.025~0.015	0.022~0.012	0.02~0.01				
80	切槽铣刀	0.015~0.005	0.025~0.01	0.022~0.01	0.02~0.01	0.017~0.008	0.015~0.007	—	—
	切断铣刀	—	0.03~0.15	0.027~0.012	0.025~0.01	0.022~0.01	0.02~0.01	—	—
100	切断铣刀	—	0.03~0.02	0.028~0.016	0.027~0.015	0.023~0.015	0.022~0.012	0.023~0.013	—
125	切断铣刀	—	0.03~0.025	0.03~0.02	0.03~0.02	0.025~0.02	0.025~0.02	0.025~0.015	0.02~0.01
160			—	—	—	—	0.03~0.02	0.025~0.015	0.02~0.01

注：1. 铣削铸铁、铜及铝合金时，进给量可增加 30%~40%。

2. 铣削宽度小于 5mm 时，切槽铣刀和切断铣刀采用细齿；铣削宽度大于 5mm 时，采用粗齿。

① 铣削宽度即侧吃刀量。

表 2.22 硬质合金面铣刀、圆柱形铣刀和圆盘铣刀铣削平面和凸台的进给量

机床功率/kW	钢		铸铁及铜合金	
	每齿进给量 f_z/（mm/z）			
	YT15	YT5	YG6	YG8
5~10	0.09~0.18	0.12~0.18	0.14~0.24	0.20~0.29
>10	0.12~0.18	0.16~0.24	0.18~0.28	0.25~0.38

注：1. 表列数值用于圆柱形铣刀时，背吃刀量 a_p≤30mm；当 a_p>30mm 时，进给量应减少 30%。

2. 用圆盘铣刀铣槽时，表列进给量应减少一半。

3. 用面铣刀铣削时，对称铣时进给量取小值，不对称铣时进给量取大值。主偏角大时取小值，主偏角小时取大值。

4. 铣削材料的强度或硬度大时，进给量取小值；反之取大值。

5. 上述进给量用于粗铣。精铣时铣刀进给量按下表选择：

要求达到的粗糙度 *Ra*/μm	3.2	1.6	0.8	0.4
进给量/（mm/r）	0.5~1.0	0.4~0.6	0.2~0.3	0.15

表 2.23 硬质合金立铣刀铣削平面和凸台的进给量

铣刀类型	铣刀直径 *d*/mm	铣削宽度 a_e/mm			
		1~3	5	8	12
		每齿进给量 f_z/（mm/z）			
带整体刀头的立铣刀	10~12	0.03~0.025	—	—	—
	14~16	0.06~0.04	0.04~0.03	—	—
	18~22	0.08~0.05	0.06~0.04	0.04~0.03	—
镶螺旋形刀片的立铣刀	20~25	0.12~0.07	0.10~0.05	0.10~0.03	0.08~0.05
	30~40	0.18~0.10	0.12~0.08	0.10~0.06	0.10~0.05
	50~60	0.20~0.10	0.16~0.10	0.12~0.08	0.12~0.06

注：1. 大进给量用于在大功率机床上铣削深度较小的粗铣，小进给量用于在中等功率的机床上铣削深度较大的铣削。

2. 表列进给量可得到 *Ra*=3.2~6.3μm 的表面粗糙度。

铣刀的磨钝标准和铣刀寿命参见表 2.24 和表 2.25。

表 2.24 铣刀磨钝标准

（1）高速钢铣刀							
铣刀类型		后刀面最大磨损限度/mm					
		钢和铸铁		耐热钢		铸铁	
		粗铣	精铣	粗铣	精铣	粗铣	精铣
圆柱形铣刀和圆盘铣刀		0.40~0.60	0.15~0.25	0.50	0.20	0.50~0.80	0.20~0.30
面铣刀		1.20~1.80	0.30~0.50	0.70	0.50	1.50~2.00	0.30~0.50
立铣刀	*d*≤15mm	0.15~0.20	0.10~0.15	0.50	0.40	0.15~0.20	0.10~0.15
	d>15mm	0.30~0.50	0.20~0.25			0.30~0.50	0.20~0.25
切槽铣刀和切断铣刀		0.15~0.20	—	—	—	0.15~0.20	—
成形铣刀	尖齿	0.60~0.70	0.20~0.30	—	—	0.60~0.70	0.20~0.30
	铲齿	0.30~0.40	0.20	—	—	0.30~0.40	0.20
锯片铣刀		0.50~0.70		—		0.60~0.80	

续表

<table>
<tr><th colspan="6">（2）硬质合金铣刀</th></tr>
<tr><th colspan="2" rowspan="3">铣刀类型</th><th colspan="4">后刀面最大磨损限度/mm</th></tr>
<tr><th colspan="2">钢和铸铁</th><th colspan="2">铸铁</th></tr>
<tr><th>粗铣</th><th>精铣</th><th>粗铣</th><th>精铣</th></tr>
<tr><td colspan="2">圆柱形铣刀</td><td colspan="2">0.5~0.6</td><td colspan="2">0.7~0.8</td></tr>
<tr><td colspan="2">圆盘铣刀</td><td colspan="2">1.0~1.2</td><td colspan="2">1.0~1.5</td></tr>
<tr><td colspan="2">面铣刀</td><td colspan="2">1.0~1.2</td><td colspan="2">1.5~2.0</td></tr>
<tr><td rowspan="2">立铣刀</td><td>带整体刀头</td><td colspan="2">0.2~0.3</td><td colspan="2">0.2~0.4</td></tr>
<tr><td>镶螺旋形刀片</td><td colspan="2">0.3~0.5</td><td colspan="2">0.3~0.5</td></tr>
</table>

注：1. 适于铣削钢的 YT5、YT14、YT15 和铣削铸铁的 YG8、YG6 与 YG3 硬质合金铣刀。

2. 铣削奥氏体不锈钢时，许用的后刀面最大磨损量为 0.2~0.4mm。

表 2.25　铣刀寿命 T

单位：min

<table>
<tr><th colspan="2" rowspan="2">铣刀类型</th><th colspan="11">铣刀直径 d/mm≤</th></tr>
<tr><th>25</th><th>40</th><th>63</th><th>80</th><th>100</th><th>125</th><th>160</th><th>200</th><th>250</th><th>315</th><th>400</th></tr>
<tr><td rowspan="7">高速钢铣刀</td><td>细齿圆柱形铣刀</td><td colspan="2">—</td><td>120</td><td colspan="2">180</td><td colspan="6">—</td></tr>
<tr><td>镶齿圆柱形铣刀</td><td colspan="3">—</td><td colspan="4">180</td><td colspan="4">—</td></tr>
<tr><td>圆盘铣刀</td><td colspan="3">—</td><td colspan="2">120</td><td colspan="2">150</td><td>180</td><td>240</td><td colspan="2">—</td></tr>
<tr><td>面铣刀</td><td>—</td><td>120</td><td colspan="5">180</td><td colspan="2">240</td><td colspan="2">—</td></tr>
<tr><td>立铣刀</td><td>60</td><td>90</td><td>120</td><td colspan="8">—</td></tr>
<tr><td>切槽铣刀，切断铣刀</td><td colspan="3">—</td><td>60</td><td>75</td><td>120</td><td>150</td><td>180</td><td colspan="3">—</td></tr>
<tr><td>成形铣刀，角度铣刀</td><td>—</td><td colspan="3">120</td><td>180</td><td colspan="6">—</td></tr>
<tr><td rowspan="4">硬质合金铣刀</td><td>面铣刀</td><td colspan="3">—</td><td colspan="4">180</td><td colspan="2">240</td><td>300</td><td>420</td></tr>
<tr><td>圆柱形铣刀</td><td colspan="3">—</td><td colspan="4">180</td><td colspan="4">—</td></tr>
<tr><td>立铣刀</td><td>90</td><td>120</td><td>180</td><td colspan="8">—</td></tr>
<tr><td>圆盘铣刀</td><td colspan="3">—</td><td colspan="2">120</td><td>150</td><td>180</td><td>240</td><td colspan="3">—</td></tr>
</table>

不同铣刀铣削不同表面时铣削速度的选择见表 2.26~表 2.36。

表 2.26　高速钢（W18Cr4V）面铣刀铣削速度

单位：m/min

<table>
<tr><th colspan="7">结构碳钢 σ_b=735MPa（加切削液）</th><th colspan="4">灰铸铁 195HBW</th></tr>
<tr><th rowspan="2">T/min</th><th rowspan="2">$\frac{d}{z}$</th><th rowspan="2">铣削宽度 a_e/mm</th><th rowspan="2">f_z /（mm/z）</th><th colspan="3">背吃刀量 a_p/mm</th><th rowspan="2">f_z /（mm/z）</th><th colspan="3">背吃刀量 a_p/mm</th></tr>
<tr><th>3</th><th>5</th><th>8</th><th>3</th><th>5</th><th>8</th></tr>
<tr><td colspan="11">（1）镶齿铣刀</td></tr>
<tr><td rowspan="3">180</td><td rowspan="3">$\frac{80}{10}$</td><td rowspan="3">48</td><td>0.03</td><td>54.6</td><td>51.9</td><td>49.3</td><td>0.05</td><td>70.2</td><td>66.6</td><td rowspan="3"></td></tr>
<tr><td>0.05</td><td>48.4</td><td>45.8</td><td>44</td><td>0.08</td><td>57.6</td><td>54.9</td></tr>
<tr><td>0.12</td><td>40.5</td><td>38.3</td><td>36.5</td><td>0.2</td><td>40</td><td>38.3</td></tr>
<tr><td rowspan="4">180</td><td rowspan="4">$\frac{125}{14}$</td><td rowspan="4">75</td><td>0.03</td><td>55.4</td><td>52.8</td><td>51</td><td>0.05</td><td>71.1</td><td>67.5</td><td>64.8</td></tr>
<tr><td>0.05</td><td>50.0</td><td>47.5</td><td>45.3</td><td>0.08</td><td>58.5</td><td>55.8</td><td>54</td></tr>
<tr><td>0.12</td><td>40.5</td><td>38.7</td><td>37</td><td>0.2</td><td>41</td><td>38.7</td><td>36.9</td></tr>
<tr><td>0.2</td><td>33.4</td><td>31.2</td><td>30.4</td><td>0.3</td><td>34.6</td><td>32.9</td><td></td></tr>
</table>

续表

T/min	d/z	铣削宽度 a_c/mm	f_z /(mm/z)	结构碳钢 σ_b=735MPa（加切削液） 背吃刀量 a_p/mm 3	5	8	灰铸铁 195HBW f_z /(mm/z)	背吃刀量 a_p/mm 3	5	8
180	$\frac{160}{16}$	96	0.05	49	46.6	44.9	0.05	72	68.4	65.3
			0.12	40.9	39.6	37.4	0.12	50.4	48.2	45.9
			0.2	33.4	31.7	30.4	0.2	41.4	39.2	37.4
			0.3	28.6	26.8		0.3	35.1	33.3	31.5
240	$\frac{200}{20}$	120	0.05	47.5	45.8	43.6	0.08	56.7	54	51.8
			0.12	39.2	37.8	36	0.2	39.6	37.4	35.6
			0.2	32.1	30.4	29	0.3	33.8	32	30.6
			0.3	27.3	26		0.4	29.7	28.4	27
（2）整体铣刀										
120	$\frac{40}{12}$	24	0.03	54.6	51.9		0.03	83.7	80	
			0.05	49	46.6		0.05	68.4	65.3	
			0.08	44.9	42.7		0.08	56.7	53.6	
180	$\frac{68}{10}$	38	0.03	52.8	50.2	48.4	0.05	68.4	65.3	62.1
			0.05	47.5	44.9	44	0.08	56.7	54	51.3
			0.12	38.7	37	35.6	0.2	39.2	37.3	35.6
180	$\frac{80}{18}$	48	0.03	51.5	48.84		0.05	65.7	63	
			0.05	46.2	44.4		0.08	54.9	52.2	
			0.12	36	34		0.15	42.8	40.5	

注：d—铣刀直径；z—铣刀齿数；T—铣刀寿命；f_z—每齿进给量。

表 2.27 YT15 硬质合金面铣刀铣削结构碳钢、铬钢、镍铬钢（σ_b=650MPa）的铣削速度

T/min	d/z	a_e/mm	f_z/(mm/z)	背吃刀量 a_p/mm 3	5	9	12
				v/(m/min)			
180	$\frac{100}{5}$	60	0.07	173	166	157	—
			0.10	150	144	135	—
			0.13	135	130	121	—
			0.18	119	114	108	—
180	$\frac{125}{6}$	75	0.07	173	166	157	—
			0.10	150	144	135	—
			0.13	135	130	121	—
			0.18	119	114	108	—
180	$\frac{160}{8}$	96	0.07	173	166	157	—
			0.10	150	144	135	—
			0.13	135	130	121	—
			0.18	119	114	108	—

续表

T/min	$\frac{d}{z}$	a_e/mm	f_z/（mm/z）	背吃刀量 a_p/mm			
				3	5	9	12
				v/（m/min）			
240	$\frac{200}{10}$	120	0.10	141	135	128	128
			0.13	128	121	114	114
			0.18	112	108	101	101
			0.24	101	96	90	90
240	$\frac{250}{12}$	150	0.10	141	135	128	128
			0.13	128	121	114	114
			0.18	112	108	101	101
			0.24	101	96	90	90
300	$\frac{315}{16}$	190	0.10	137	130	123	121
			0.13	121	117	110	110
			0.18	108	103	96	96
			0.24	96	92	86	—
420	$\frac{400}{20}$	240	0.10	126	121	114	114
			0.13	114	108	103	103
			0.18	101	96	92	—
			0.24	90	85	80	—
			0.30	82	78	—	—

表 2.28　YG8 硬质合金面铣刀铣削灰铸铁（190HBW）的铣削速度

T/min	$\frac{d}{z}$	a_e/mm	f_z/（mm/z）	背吃刀量 a_p/mm				
				3	5	9	12	18
				v/（m/min）				
180	$\frac{100}{5}$	60	0.10	81	75	70	—	—
			0.14	72	67	62	—	—
			0.20	64	59	55	—	—
180	$\frac{125}{6}$	75	0.10	81	75	70	—	—
			0.14	72	67	62	—	—
			0.20	64	59	55	—	—
			0.28	57	52	49	—	—
180	$\frac{160}{8}$	96	0.10	81	75	70	66	—
			0.14	72	67	62	59	—
			0.20	64	59	55	52	—
			0.28	57	52	49	46	—
			0.40	50	46	43	41	—

续表

T/min	$\frac{d}{z}$	a_e/mm	f_z /（mm/z）	背吃刀量 a_p/mm 3	5	9	12	18
				v/（m/min）				
180	$\frac{200}{10}$	120	0.14	72	67	62	59	55
			0.20	64	59	55	52	49
			0.28	57	52	49	46	44
			0.40	50	46	43	41	39
			0.60	43	40	38	35	—
240	$\frac{250}{12}$	150	0.14	66	61	57	53	50
			0.20	58	54	50	47	44
			0.28	52	48	45	42	40
			0.40	46	42	40	37	—
			0.60	40	36	34	32	—
300	$\frac{315}{16}$	190	0.14	62	57	53	50	47
			0.20	54	50	47	44	42
			0.28	48	45	42	39	37
			0.40	43	40	36	34	—
			0.60	37	34	32	30	—
420	$\frac{400}{20}$	240	0.20	48	45	42	40	37
			0.28	43	40	38	35	33
			0.40	38	35	33	31	29
			0.60	33	31	29	—	—
			0.80	30	28	26	—	—

表 2.29 高速钢立铣刀铣削平面及凸台的铣削速度　单位：m/min

T/min	$\frac{d}{z}$	a_p/mm	碳素结构钢 σ_b=650MPa（加切削液） f_z /（mm/z）	a_e/mm 3	5	8	灰铸铁 190HBW f_z /（mm/z）	a_e/mm 3	5	8
粗齿铣刀										
60	$\frac{16}{3}$	40	0.04	47	—	—	0.08	22	—	—
			0.06	38	—	—	0.12	21	—	—
			0.08	34	—	—	0.18	19	—	—
60	$\frac{20}{3}$	40	0.04	52	40	—	0.08	26	20	—
			0.06	43	33	—	0.12	24	18	—
			0.10	33	—	—	0.25	21	—	—
60	$\frac{25}{3}$	40	0.06	47	36	—	0.08	31	24	—
			0.10	36	28	—	0.18	26	20	—
			0.12	33	—	—	0.25	24	—	—

续表

T/min	d/z	a_p/mm	碳素结构钢 σ_b=650MPa（加切削液） f_z/（mm/z）	a_e/mm 3	5	8	灰铸铁 190HBW f_z/（mm/z）	a_e/mm 3	5	8
90	40/4	40	0.06	—	38	30	0.08	—	27	21
			0.10	38	30	23	0.18	30	23	18
			0.15	31	24	—	0.40	26	20	—
120	50/4	40	0.12	35	27	21	0.18	32	25	20
			0.15	31	24	19	0.25	30	24	19
			0.20	27	21	—	0.40	28	21	—
细齿铣刀										
60	16/6	40	0.02	63	—	—	0.05	21	—	—
			0.04	44	—	—	0.12	18	—	—
			0.06	36	—	—	—	—	—	—
60	20/6	40	0.03	57	44	—	0.05	25	19	—
			0.06	40	31	—	0.12	21	16	—
			0.08	35	—	—	0.18	19	—	—
60	25/6	40	0.04	55	42	—	0.08	26	20	—
			0.08	38	29	—	0.18	22	17	—
			0.10	34	—	—	0.25	20	—	—
90	40/8	40	0.04	—	—	35	0.05	—	—	21
			0.08	41	32	25	0.12	29	22	18
			0.12	33	25	—	0.25	25	19	—
120	50/8	40	0.06	—	36	29	0.08	—	26	21
			0.10	36	28	22	0.18	29	22	18
			0.15	30	—	—	0.40	25	—	—

注：表内铣削用量能达到表面粗糙度 Ra3.2μm。

表 2.30　高速钢立铣刀铣槽的铣削速度

单位：m/min

T/min	d/z	槽宽 a_e/mm	结构碳钢 σ_b=650MPa（加切削液） f_z/（mm/z）	槽深 a_p/mm 5	10	15	20	30	灰铸铁 190HBW f_z/（mm/z）	槽深 a_p/mm 5	10	15	20	30
45	8/4	8	0.006	—	69	—	—	—	0.01	22	18	—	—	—
			0.01	54	51	—	—	—	0.02	19	15	—	—	—
			0.02	39	36	—	—	—	0.03	18	14	—	—	—
45	10/5	10	0.008	—	56	53	—	—	0.01	—	19	16	—	—
			0.01	54	50	48	—	—	0.02	20	16	14	—	—
			0.03	31	—	—	—	—	0.05	17	—	—	—	—
60	16/3	16	0.01	—	—	45	—	—	0.03	—	18	16	—	—
			0.02	—	33	32	—	—	0.05	—	16	14	—	—
			0.04	25	23	—	—	—	0.08	20	15	13	—	—

续表

T/min	$\frac{d}{z}$	槽宽 a_e/mm	结构碳钢 σ_b=650MPa（加切削液）						灰铸铁 190HBW					
			f_z /（mm/z）	槽深 a_p/mm					f_z /（mm/z）	槽深 a_p/mm				
				5	10	15	20	30		5	10	15	20	30
60	$\frac{16}{6}$	16	0.01	48	45	43	—	—	0.02	—	16	15	—	—
			0.02	34	31	30	—	—	0.05	17	14	12	—	—
			0.04	24	—	—	—	—	0.08	15	13	11	—	—
60	$\frac{20}{3}$	20	0.02	—	—	—	—	30	0.05	21	17	15	14	—
			0.04	—	—	23	22	22	0.08	19	15	14	13	—
			0.06	—	—	19	18	18	0.12	17	14	13	—	—
	$\frac{20}{6}$		0.02	—	—	30	29	—	0.03	19	16	14	13	—
			0.04	—	22	21	20	—	0.05	18	14	13	11	—
			0.06	—	18	17	—	—	0.12	15	12	10	—	—
60	$\frac{25}{3}$	25	0.03	—	—	25	25	24	0.05	—	18	16	14	13
			0.04	—	23	22	21	21	0.08	—	16	14	13	11
			0.06	—	19	18	18	17	0.12	—	15	13	12	—
	$\frac{25}{6}$		0.03	—	—	24	23	23	0.05	—	15	13	12	11
			0.06	—	18	17	17	16	0.08	—	14	12	11	10
			0.08	—	15	15	—	—	0.12	—	13	11	—	—

注：1. 表内铣削用量能达到表面粗糙度 Ra3.2μm。

2. 槽宽指侧吃刀量，槽深指背吃刀量。

表 2.31　高速钢圆柱形铣刀铣削钢及灰铸铁的铣削速度　　单位：m/min

T/min	$\frac{d}{z}$	a_p/mm	结构碳钢 σ_b=650MPa（加切削液）					灰铸铁 190HBW				
			f_z /（mm/z）	铣削宽度 a_e/mm				f_z /（mm/z）	铣削宽度 a_e/mm			
				3	5	8	12		3	5	8	12
镶齿和粗齿铣刀												
180	$\frac{80}{8}$	60	0.05	30	26	—	—	0.08	26	20	16	13
			0.08	28	24	—	—	0.12	25	19	15	12
			0.12	25	22	—	—	0.30	15	12	9	8
180	$\frac{100}{10}$	70	0.05	32	28	24	21	0.08	29	22	18	14
			0.12	27	23	20	18	0.12	27	20	16	13
			0.20	22	19	17	15	0.30	17	13	10	8
细齿铣刀												
120	$\frac{50}{8}$	40	0.03	29	—	—	—	0.03	23	—	—	—
			0.05	26	—	—	—	0.05	21	—	—	—
			0.08	24	—	—	—	0.12	18	—	—	
120	$\frac{63}{10}$	50	0.03	34	30	25	—	0.03	28	22	17	—
			0.05	30	26	23	—	0.05	25	20	16	—
			0.08	28	24	21	—	0.12	22	17	13	

续表

T/min	$\frac{d}{z}$	a_p/mm	结构碳钢 σ_b=650MPa（加切削液）					灰铸铁 190HBW				
			f_z /（mm/z）	铣削宽度 a_e/mm				f_z /（mm/z）	铣削宽度 a_e/mm			
				3	5	8	12		3	5	8	12
180	$\frac{80}{12}$	60	0.03	32	28	24	—	0.05	25	19	15	—
			0.05	29	25	22	—	0.08	22	17	14	—
			0.08	26	23	20	—	0.20	17	13	10	

注：加工 150HBW 的可锻铸铁按 σ_b=650MPa 的结构碳钢修正，v×1.23。

表 2.32 高速钢三面刃圆盘铣刀铣削平面及凸台的铣削速度

单位：m/min

T/min	$\frac{d}{z}$	a_p/mm	σ_b=650MPa 的结构碳钢（加切削液）					190HBW 的灰铸铁				
			f_z /（mm/z）	铣削宽度 a_e/mm				f_z /（mm/z）	铣削宽度 a_e/mm			
				10	20	40	60		10	20	40	60
镶齿铣刀												
120	$\frac{100}{12}$	6	0.05	33	27	—	—	0.08	31	22	—	—
			0.12	28	23	—	—	0.2	22	16	—	—
			0.2	23	18	—	—	0.3	19	13	—	—
150	$\frac{160}{16}$	8	0.05	34	28	23	—	0.08	31	22	16	—
			0.08	32	26	21	—	0.12	26	19	13	—
			0.12	29	24	19	—	0.2	21	15	11	—
			0.2	23	19	15	—	0.4	16	12	—	—
150	$\frac{200}{20}$	12	0.05	—	28	23	20	0.08	—	22	16	13
			0.08	—	26	21	18	0.12	—	19	13	11
			0.12	—	23	19	17	0.2	—	15	11	9
			0.2	—	19	15	14	0.4	—	12	—	—
整体直齿铣刀												
				5	10	20	30		5	10	20	30
120	$\frac{80}{18}$	5	0.03	39	31	—	—	0.05	43	30	—	—
			0.05	35	29	—	—	0.08	36	25	—	—
			0.08	32	26	—	—	—	—	—	—	—
120	$\frac{100}{20}$	6	0.03	40	33	26	—	0.05	44	31	23	—
			0.05	36	30	24	—	0.08	37	26	19	—
			0.08	33	27	22	—	0.12	31	22	16	—

注：加工 150HBW 的可锻铸铁按铣削 σ_b=650MPa 的结构碳钢修正，v×1.23。

表 2.33　高速钢三面刃圆盘铣刀铣槽的铣削速度　　单位：m/min

T/min	$\frac{d}{z}$	a_p/mm	结构碳钢 σ_b=650MPa					灰铸铁 190HBW				
			f_z /（mm/z）	铣削宽度 a_e/mm				f_z /（mm/z）	铣削宽度 a_e/mm			
				5	10	15	20		5	10	15	20
镶齿铣刀												
150	$\frac{160}{16}$	24	0.03	—	34	30	27	0.05	—	33	27	24
			0.05	—	30	27	24	0.08	—	27	22	20
			0.08	—	28	25	23	0.12	—	23	19	17
			0.12	—	25	22	20	0.20	—	19	15	14
150	$\frac{200}{20}$	32	0.03	—	34	30	28	0.05	—	32	27	24
			0.05	—	31	27	25	0.08	—	28	23	20
			0.08	—	29	25	23	0.12	—	24	19	17
			0.12	—	25	23	21	0.20	—	19	17	14
180	$\frac{250}{22}$	40	0.03	—	32	29	27	0.05	—	32	27	23
			0.05	—	29	26	24	0.08	—	27	22	19
			0.08	—	27	24	22	0.12	—	23	19	16
			0.12	—	24	22	20	0.20	—	19	15	13

注：加工 150HBW 的可锻铸铁按 σ_b=650MPa 的结构碳钢修正，v×1.23。

表 2.34　高速钢切断铣刀切断速度　　单位：m/min

结构碳钢 σ_b=735MPa（加切削液）								灰铸铁 195HBW				
T/min	$\frac{d}{z}$	切宽 /mm	f_z /（mm/z）	背吃刀量 a_p/mm				f_z /（mm/z）	背吃刀量 a_p/mm			
				6	10	15	20		6	10	15	20
120	$\frac{110}{50}$	2	0.015	40	35	31	28	0.015	44	34	29	24
			0.02	39	33	29	27	0.02	40	31	25	22
			0.03	35	31	27	25	0.04	30	23	19	17
	$\frac{110}{40}$	3	0.015	49	43	38	35	0.02	37	29	23	20
			0.02	47	41	36	33	0.03	32	24	20	18
			0.03	44	37	33	30	0.04	29	22	18	16
180	$\frac{150}{50}$	4	0.015	—	—	34	31	0.015	—	—	25	21
			0.02	—	—	33	30	0.02	—	—	22	19
			0.03	—	—	30	27	0.04	—	—	17	14

注：加工可锻铸铁 150HBW 按结构碳钢 σ_b=735MPa 乘以系数 1.39；加工铜合金 150~200HBW 按结构碳钢 σ_b=735MPa 乘以系数 1.47。

表 2.35　硬质合金圆柱形铣刀铣削钢及灰铸铁的铣削速度　　单位：m/min

T/min	$\frac{d}{z}$	a_p/mm	YT15 铣刀加工 σ_b=650MPa 的结构碳钢、铬钢、镍铬钢					YG8 铣刀加工 190HBW 的灰铸铁				
			f_z /（mm/z）	铣削宽度 a_e/mm				f_z /（mm/z）	铣削宽度 a_e/mm			
				1.5	3	5	8		2	3	5	8
180	$\frac{63}{8}$	40	0.15	110	90	73	—	0.10	93	88	72	—
			0.20	101	82	68	—	0.20	82	77	62	—

续表

T/min	$\frac{d}{z}$	a_p/mm	YT15 铣刀加工 σ_b=650MPa 的结构碳钢、铬钢、镍铬钢					YG8 铣刀加工 190HBW 的灰铸铁				
			f_z /（mm/z）	铣削宽度 a_e/mm				f_z /（mm/z）	铣削宽度 a_e/mm			
				1.5	3	5	8		2	3	5	8
180	$\frac{80}{8}$	40	0.15	115	92	77	—	0.10	103	96	78	—
			0.20	106	86	71	—	0.20	90	85	69	—
			—	—	—	—	—	0.30	77	69	56	—

表 2.36　YT15 硬质合金三面刃圆盘铣刀铣削结构碳钢、铬钢、镍铬钢（σ_b=650MPa）的铣削速度

T/min	$\frac{d}{z}$	a_p/mm	f_z/（mm/z）	铣削宽度 a_w/mm			
				12	20	30	50
				v/（m/min）			
铣平面及凸台							
120	$\frac{100}{8}$	6	0.06	146	120	100	—
			0.12	134	110	94	—
			0.15	126	100	86	—
			0.19	115	92	78	—
			0.24	104	84	72	—
180	$\frac{160}{10}$	6	0.06	134	110	92	—
			0.12	124	100	86	—
			0.15	116	94	80	—
			0.19	108	86	72	—
			0.24	96	78	66	—
240	$\frac{200}{12}$	6	0.06	128	104	90	72
			0.12	118	96	82	67
			0.15	108	90	77	62
			0.19	100	82	70	57
			0.24	92	74	63	52
铣槽							
120	$\frac{100}{8}$	20	0.03	190	162	144	—
			0.06	158	136	120	—
			0.09	134	116	102	—
			0.12	120	100	90	—
			0.15	112	96	84	—
180	$\frac{160}{10}$	20	0.03	156	150	132	—
			0.06	144	124	110	—
			0.09	124	106	94	—
			0.12	110	92	84	—
			0.15	102	88	78	—

续表

T/min	$\frac{d}{z}$	a_p/mm	f_z/（mm/z）	铣削宽度 a_w/mm			
				12	20	30	50
				v/（m/min）			
240	$\frac{200}{12}$	20	0.03	168	144	239	110
			0.06	140	120	106	90
			0.09	118	102	90	77
			0.12	106	88	80	69
			0.15	98	84	75	64

2.3.5.2 铣削方式

(1) 周铣

用铣刀的圆周刀齿加工平行于铣刀轴线的表面称为周铣（圆周铣削）。如图 2.39 所示用圆柱铣刀铣工件侧面。周铣对被加工表面的适应性较强，如铣狭长的平面、铣台阶面、铣沟槽和铣成形表面等。周铣时，由于同时参加切削的刀齿数较少，切削过程中切削力的变化较大，铣削的平稳性较差；周铣时，只有圆周刀刃进行铣削，已加工表面实际上是由无数浅的圆沟组成，表面粗糙度较大。

铣床在进行切削加工时，按照工件的进给方向与铣刀刀尖圆和已加工平面的切点处的切削速度的方向是否相同，将圆周铣削分为顺铣和逆铣两种方式，如图 2.39 所示。

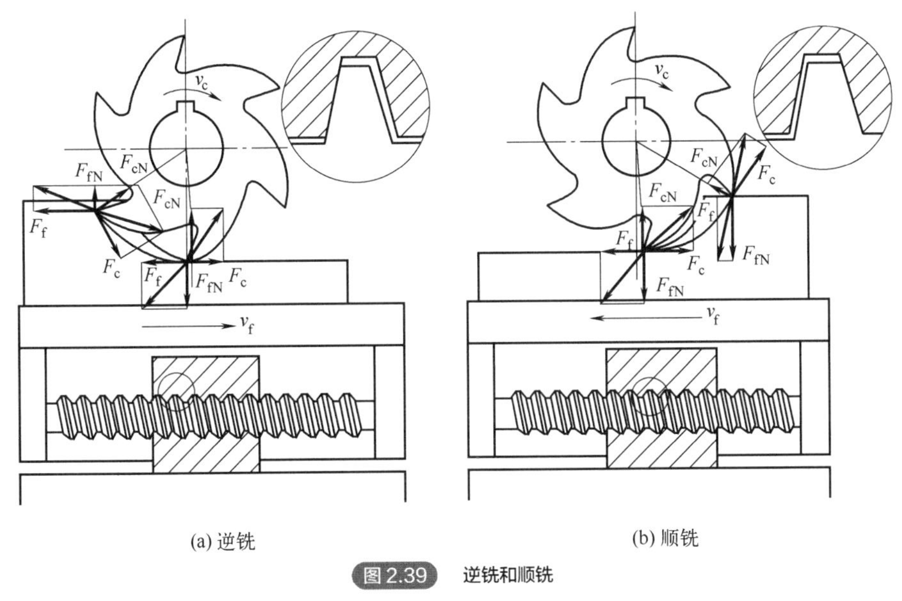

(a) 逆铣　　(b) 顺铣

图 2.39 逆铣和顺铣

① **逆铣** 铣床在进行切削加工时，当工件的进给方向与铣刀刀尖圆和已加工平面切点处的切削速度方向相反时，称为逆铣，如图 2.39（a）所示。

逆铣时，铣刀后刀面与工件挤压、摩擦现象严重，会加速刀齿的磨损，降低加工表面质量，同时，由于逆铣时铣削力的垂直分力向上，工件需较大的夹紧力。逆铣多用于粗加工，加工有硬皮的铸件、锻件毛坯时，应采用逆铣。

② **顺铣** 铣床在进行切削加工时，当工件的进给方向与铣刀刀尖圆和已加工平面的切点处的切削速度的方向相同时，称为顺铣，如图 2.39（b）所示。

顺铣时，铣刀刀齿以最大铣削厚度切入工件而逐渐减小至零，后刀面与工件无挤压、摩擦现象，铣刀耐用度比逆铣提高 2~3 倍，加工表面精度较高。顺铣不宜铣削带硬皮的工件，同时，由于顺铣时铣削力的水平分力与工件进给方向相同，可能会使工作台轴向窜动，使铣削进给量不均匀，甚至打刀。因此，在精加工时，多采用顺铣。

（2）端铣

用铣刀的端面齿加工垂直于铣刀轴线的表面称为端铣，如图 2.40 所示用面铣刀铣工件底面，大多数情况下，端铣采用面铣刀。端铣时，同时参加切削的刀齿数较多，铣削过程中切削力变化比较小，铣削比较平稳；端铣的刀齿刚刚切削时，切削厚度虽小，但不等于零，这就可以减轻刀尖与工件表面强烈摩擦，可以提高刀具的耐用度。端铣有副刀刃参加切削，当副偏角较小时，对加工表面有修光作用，加工质量好，生产效率高。在大平面的铣削中，大多采用端铣。

端铣时，根据面铣刀相对于工件安装位置不同，有对称铣削、不对称逆铣、不对称顺铣三种方式，如图 2.40 所示。

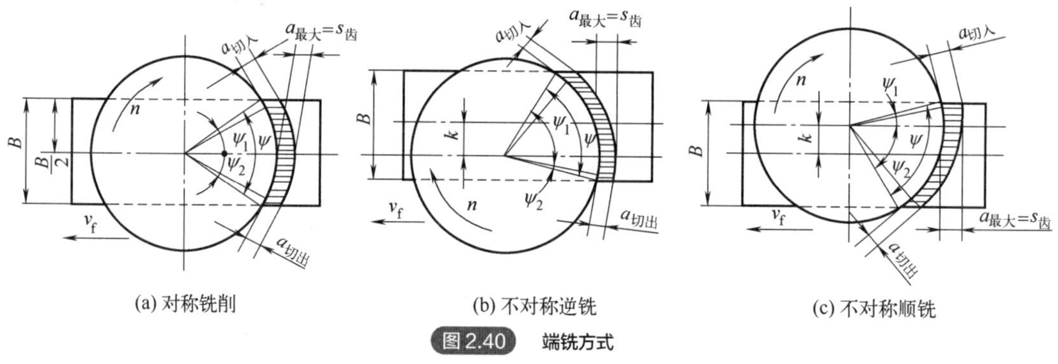

图 2.40 端铣方式

① **对称铣削** 面铣刀轴线位于铣削弧长的中心位置，上面的逆铣部分等于下面的顺铣部分，称为对称端铣，如图 2.40（a）所示。采用对称铣削时，铣刀直径大于被加工表面的宽度，故刀齿切入和切出工件时切削厚度都大于零，可以避免下一个刀齿在前一刀齿切过的冷硬层上工作。端铣时，对称铣削应用较多，尤其适用于铣削淬硬钢。

② **不对称逆铣** 逆铣部分大于顺铣部分，称为不对称逆铣，如图 2.40（b）所示。刀齿切入时，切削厚度较小，切出时，切削厚度较大。因此，切入时冲击较小，适用于铣削普通碳钢和高强度低合金钢，刀具寿命比对称铣削提高一倍以上。此外，由于刀齿接触角较大，同时参加切削的齿数较多，切削力变化小，切削过程较平稳，加工表面粗糙度值较小。

③ **不对称顺铣** 顺铣部分大于逆铣部分，称为不对称顺铣，如图 2.40（c）所示。刀齿切入时，切削厚度较大，切出时，切削厚度较小。不对称顺铣适合于加工不锈钢等中等强度和高塑性的材料，这样可减小逆铣时刀齿的滑行、挤压现象和加工表面的冷硬程度，有利于提高刀具的寿命。

项目实施 2-1

任务 1：加工该活塞杆零件需要用哪些加工方法？

任务 2：用哪种类型的刀具？

任务 3：采用什么样的装夹方案？

任务 4：如何给定切削用量？

项目引入 2-2

如图 2.41 所示为双联齿轮，编制该零件的工艺过程。技术要求：①齿部热处理 45~52HRC；②未注明倒角 $C1$；③齿圈径向圆跳动公差为 0.08mm；④材料为 45 钢。

加工该双联齿轮零件需要用哪些加工方法？用哪种类型的刀具？采用什么样的装夹方案？如何给定切削用量？

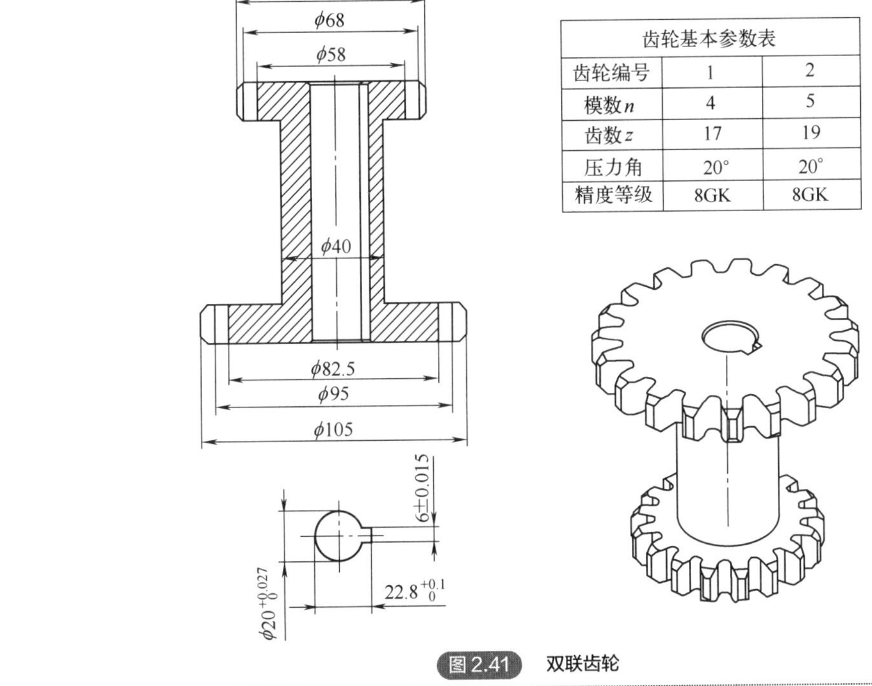

齿轮基本参数表		
齿轮编号	1	2
模数 n	4	5
齿数 z	17	19
压力角	20°	20°
精度等级	8GK	8GK

图 2.41　双联齿轮

2.4　刨插削加工

2.4.1　刨插床的种类

刨插床是用刨刀或插刀进行切削加工的机床，刨插床类机床主要用于刨插削各种平面和沟槽，其主要类型有牛头刨床、插床和龙门刨床。

根据 GB/T 15375—2008《金属切削机床　型号编制方法》中的规定，刨插床按其用途和结构不同，可分为 6 组，主要分为悬臂刨床、龙门刨床、插床、牛头刨床、边缘及模具刨床、其他刨床（如钢轨道岔刨床、电梯导轨刨床）。

① **牛头刨床** 因形似牛头而得名（如图 2.42），是用来刨削中、小型工件的刨床，工作长度一般不超过 lm。根据所能加工工件的长度，牛头刨床可分为大、中、小型三种：小型牛头刨床可以加工长度为 400mm 以内的工件，如 B635-1 型牛头刨床；中型牛头刨床可以加工长度为 400~600mm 的工件，如 B650 型牛头刨床；大型牛头刨床可以加工长度为 400~1000mm 的工件，如 B665 型牛头刨床。

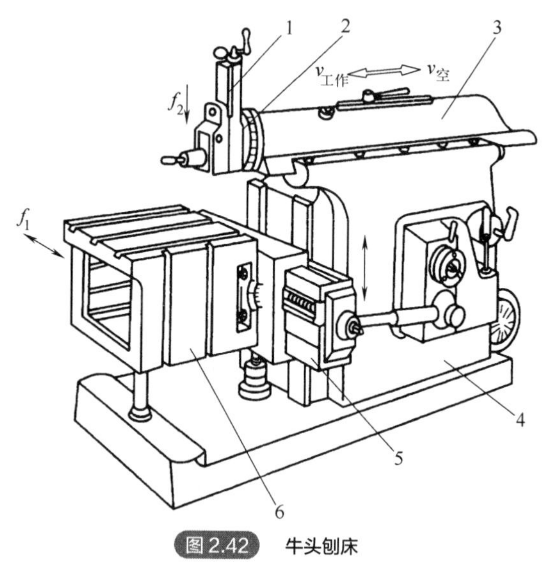

图 2.42 牛头刨床

1—刀架；2—转盘；3—滑枕；4—床身；5—横梁；6—工作台

刀架 1 装在滑枕 3 上，滑枕 3 装在床身 4 顶部的水平导轨中，由床身内部的曲柄摇杆机构传动做水平方向的往复直线运动，使刀具实现主运动。工件可直接安装在工作台 6 上，也可安装在工作台上的夹具（如虎钳等）中。加工水平面时，工作台 6 带动工件沿横梁 5 做间歇的横向进给运动，横梁 5 能沿床身 4 的竖直导轨上、下移动，以适应不同高度工件的加工需要。刀架 1 可沿刀架座上的导轨上、下移动，以调整刨削深度。加工斜面时，可以调整转盘 2 的角度（可左右回转 60°），使刀架沿倾斜方向进给。当加工垂直平面时，手动使刀架 1 做垂直方向的进给运动。床身 4 内装有实现主运动的传动机构。

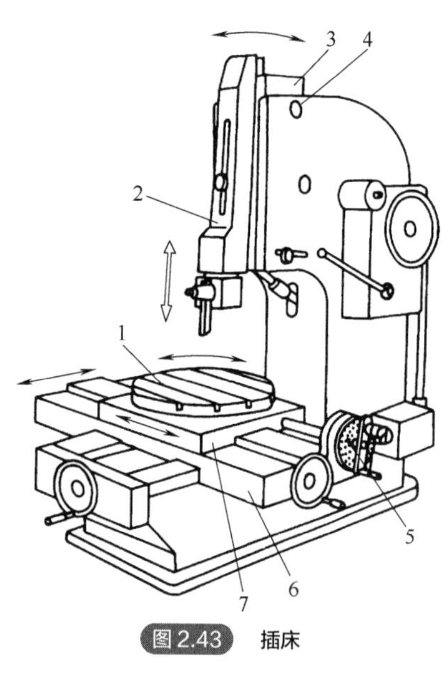

图 2.43 插床

1—圆工作台；2—滑枕；3—滑枕导轨座；4—销轴；5—分度装置；6—床鞍；7—溜板

刨削加工在刀具反向运动时不加工；滑枕在换向的瞬间，有较大的惯性力，因此主运动速度不能太高；刨削加工通常为单刀加工，其生产率较低，所以刨削加工主要适用于单件小批生产或修配车间中。

② **插床** 又叫立式刨床，主要是用来加工工件的内表面，如多边形孔、孔内键槽、方孔和花键孔等，也可以加工某些不便于铣削或刨削的外表面（平面或成形

面)。它的结构与牛头刨床几乎完全一样，不同点主要是插床的插刀在垂直方向上做上下往复的直线运动（主运动），工作台除了能做纵、横方向的间歇进给运动外，还可以在圆周方向上做间歇的回转进给运动。其结构如图 2.43 所示。

滑枕 2 向下移动为工作行程，向上为空行程。滑枕导轨座 3 可以绕销轴 4 在小范围内调整角度，以便加工倾斜的内外表面。床鞍 6 和溜板 7 可以分别带动工件实现横向和纵向的进给运动，圆工作台 1 可绕垂直轴线旋转，实现圆周进给运动或分度运动。圆工作台 1 在各个方向上的间歇进给运动是在滑枕空行程结束后的短时间内进行的。圆工作台的分度运动由分度装置 5 实现。

插床加工范围较广，加工费用也比较低，但其生产率不高，对工人的技术要求较高。因此，插床一般适用于在工具、模具、修理或试制车间等进行单件小批量生产。

③ 龙门刨床 如图 2.44 所示，龙门刨床是用来刨削大型工件的刨床，有些龙门刨床能够加工长度为几十米的工件，如 B2063 型龙门刨床，工作台面积为 6.3m×20m，对于中、小型工件，它可以在工作台上一次装夹好几个，还可以用几把刨刀同时刨削，生产率比较高。龙门刨床是利用工作台的直接往复运动（主运动）和刨刀的间歇移动（进给运动）来进行刨削加工的。

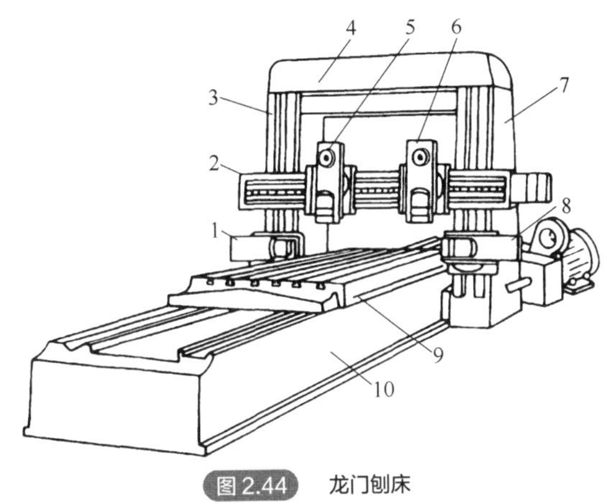

图 2.44 龙门刨床

1，8—左右侧刀架；2—横梁；3，7—立柱；4—顶梁；5，6—垂直刀架；9—工作台；10—床身

龙门刨床由直流电机带动，并可进行无级调速，运动平稳。龙门刨床的所有刀架在水平和垂直方向都可平动。龙门刨床主要用来加工大平面，尤其是长而窄的平面，一般可刨削的工件宽度达 1m，长度在 3m 以上。龙门刨床的主参数是最大刨削宽度。龙门刨床横梁 2 上的刀架 5、6，可在横梁导轨上做横向进给运动，以刨削工件的水平面；立柱 3、7 上的侧刀架 1、8，可沿立柱导轨做垂直进给运动，以刨削垂直面。刀架可以偏转一定角度以刨削斜面。横梁可沿立柱导轨上下升降，以调整刀具和工件的相对位置。

龙门刨床上的工件一般用压板螺栓压紧。

2.4.2 刨削的工艺范围

刨削加工是在刨床上利用刨刀（或工件）的直线往复运动进行切削加工的一种方法。刨削的主运动是刨刀或工件所做的直线往复运动，进给运动是工件或刀具沿垂直于主运动方向所做的间歇运动。刨削加工是单程切削加工，返程时不进行切削，为避免损伤工件已加工表面和减缓刀具的磨损，返程时刨刀需抬起让刀。刨床切削工件的行程一般称为工作行程，返程称为空行程。由于主运动在换向时必须克服运动件的惯性，这就限制了切削速度和空行程速度的提高，而且由于机床在空行程时不切削，因此在大多数情况下刨削加工的生产率较低。但是由于刨削加工的机床、刀具结构简单，制造、安装方便，调整容易，因此应用于单件小批生产中比较经济。

刨削加工主要用于加工平面、平行面、垂直面、台阶、沟槽、斜面、曲面和成形表面等，如图 2.45 所示。由于刨削加工可以保证一定的相对位置精度，所以刨削加工非常适合于加工箱体、导轨等平面。尤其在精度高、刚性好的龙门刨床上，利用宽刃刨刀精刨代替刮研，大大提高了加工精度和生产率。此外，在刨床上加工窄长平面或多件工件同时加工，其生产率并不低于铣削加工。

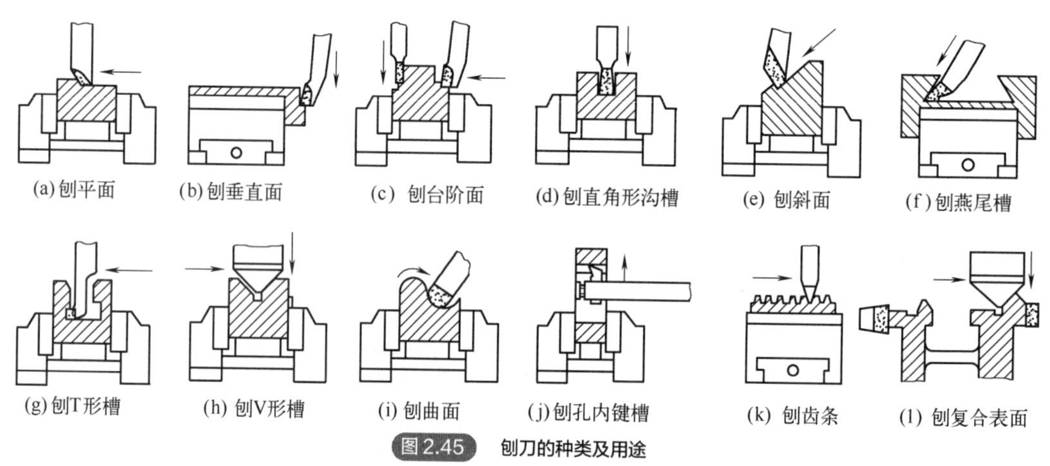

图 2.45 刨刀的种类及用途

2.4.3 常用刨刀

(1)刨刀的种类及用途

刨刀的外形与车刀相似，但由于刨削加工的不连续性，刨刀切入工件时受到较大的冲击力，所以一般刨刀刀杆的横截面积比车刀大。

① **按加工形状和用途分** 一般有平面刨刀、偏刀、切刀、弯切刀、角度刨刀和成形刨刀等，如图 2.45 所示。

a. 平面刨刀 用于刨削水平面，如图 2.45（a）所示。

b. 偏刀 用于刨削垂直面、台阶面和外斜面等，如图 2.45（b）、(c)、(e) 所示。

c. 切刀 用于刨削直角形沟槽和切断工件，如图 2.45（d)、(j) 所示。

d. 弯切刀 用于刨削 T 形槽等，如图 2.45（g）所示。

e. 角度刨刀 用于刨削角度形工件，如燕尾槽和内斜面等，如图 2.45（f)、(h)、(k)、(l) 所示。

f. 成形刨刀 用于刨削特殊形状的表面，如图 2.45（i）所示。

② **按形状和结构分** 有左刨刀和右刨刀、直头刨刀和弯头刨刀、整体刨刀和组合刨刀等。

a. 左刨刀和右刨刀 按主切削刃在工作时所处的左右位置不同来区分。

b. 直头刨刀和弯头刨刀 如图 2.46 所示，刨刀柄纵向是直的，称为直头刨刀；刨刀刀头向后弯的刨刀称为弯头刨刀。弯头刨刀在受到较大的切削阻力时，刀柄所产生的弯曲变形，是向后上方弹起的，因此刀尖不会啃入工件，可以避免损坏刨刀或啃伤加工表面，所以这种刨刀应用较广泛。

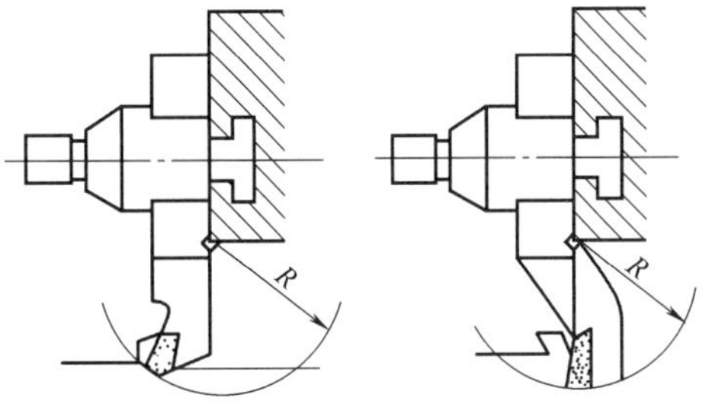

c. 整体刨刀和组合刨刀　整体刨刀是由一种刀具材料制成的；组合刨刀是由不同材料的刀柄和刀头两部分焊接或机械夹固而成的（如图 2.47 所示）。

(a) 直头刨刀　(b) 弯头刨刀

图 2.46　直头刨刀和弯头刨刀

d. 可转位刀具　将多刃的刀片机械夹固在刀体的头部。使用时，不需要刃磨。当一个切削刃用钝后，只要将刀片转过一定的角度，用另一个切削刃切削，直至所有切削刃全部用钝后才更换刀片。

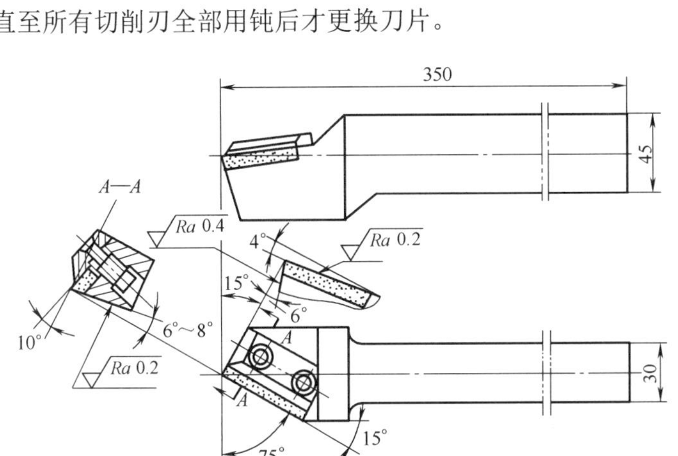

图 2.47　机夹强力刨刀（组合刨刀）

（2）插刀的种类及用途

① **按加工用途不同分**　一般有尖刃插刀和平刃插刀两种，如图 2.48 所示。

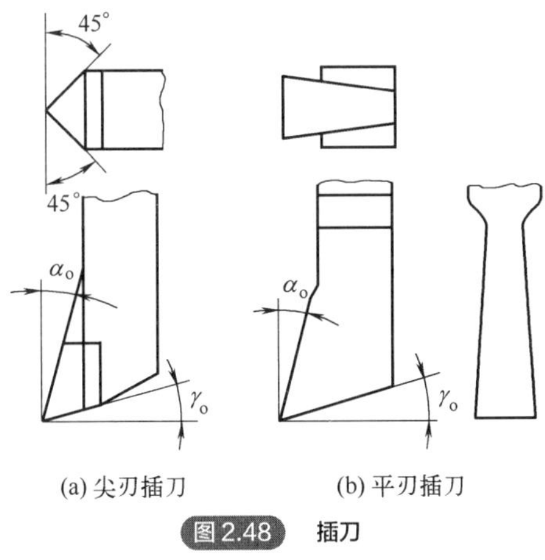

(a) 尖刃插刀　(b) 平刃插刀

图 2.48　插刀

a. 尖刃插刀　用于粗插或插削多边形孔。

b. 平刃插刀　用于精插或插削直角形沟槽。

② **按结构形式分** 可分为整体式插刀和组合式插刀。

a. 整体式插刀 其刀头与刀柄为一整体，刀柄截面积较小，因而刚度较差，插削时容易变形和损坏，加工质量不高。

b. 组合式插刀 刀柄与刀头分开，刀头安装在刀柄上。一种是刀头横向装在刀柄内，另一种是垂向装在刀柄内。前一种刀柄较粗，刚度好，适用于粗插；后一种适用于插削孔径较小的内键槽、方孔等。组合式插刀使用简便，应用比较广泛。

2.4.4 刨削的装夹方式

小型工件可直接夹在机用平口钳（虎钳）内，机用平口钳用螺栓紧固在刨床工作台上，如图 2.49 所示。这种方法使用方便，应用广泛。较大的工件可用螺栓压板直接装夹在工作台上，如图 2.50 所示。

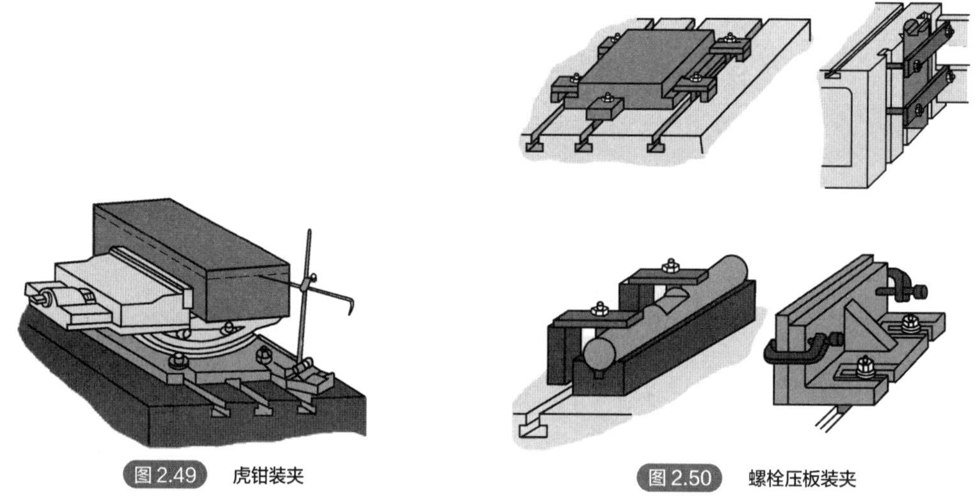

图 2.49 虎钳装夹

图 2.50 螺栓压板装夹

2.4.5 刨削的切削用量

① **切削速度 v_c** 切削时，工件和刨刀的平均相对速度 v_c 一般取 0.28~0.83m/s。

② **进给量 f** 刨刀每往复一次，工件移动的距离。其取值范围为 0.33~3.3mm。

③ **背吃刀量 a_p** 刨削中的背吃刀量是工件已加工表面和待加工表面之间的垂直距离。一般取 0.5~2mm。

2.5 齿轮加工

齿轮是机械传动中的重要传动元件之一。由于它具有传动比准确、传递动力大、效率高、结构紧凑、可靠性好和耐用等优点，应用极为广泛。齿轮加工的关键是齿轮齿形的加工。由于切削加工能得到较高的齿形精度和较小的齿面粗糙度值，是目前齿轮加工的主要方法。

2.5.1 齿轮加工机床的种类

根据 GB/T 15375—2008《金属切削机床　型号编制方法》中的规定，齿轮加工机床按其用途和结构不同，可分为 9 组，主要分为仪表齿轮加工机、锥齿轮加工机、滚齿及铣齿机、剃齿及珩齿机、插齿机（齿条插齿机主参数为最大工件长度）、花键轴铣床（主参数为最大铣削直径）、齿轮磨齿机、其他齿轮加工机、齿轮倒角及检查机，大部分齿轮加工机床的主参数为最大工件直径。

（1）滚齿机

滚齿机用于加工外啮合直齿圆柱齿轮、斜齿圆柱齿轮和蜗轮。

Y3150E 型滚齿机主要用于滚切直齿和斜齿圆柱齿轮，使用蜗轮滚刀时，还可以手动径向进给滚切蜗轮。

Y3150E 型滚齿机外形如图 2.51 所示。滚刀安装在刀杆 4 上，由刀架 5 的主轴带动，以旋转为主运动。工件刀架在刀架溜板 3 的带动下，可以沿前立柱 2 上的导轨上下做直线运动，以实现竖直进给，还可以绕自己的水平轴线转位，以实现对滚刀安装角的调整。工件装在工作台 9 的心轴 7 上，随工作台旋转。后立柱 8 和工作台装在床鞍 10 上，可沿床身 1 的导轨做水平方向的移动，用以调整不同直径的工件轴线的安装位置，使其与滚刀轴线的距离符合滚切要求，当用径向进给切削蜗轮时，这个水平移动是径向进给。后立柱上的支架 6 可通过顶尖或轴套支承工件心轴的上端，以提高滚切工作的平稳性。

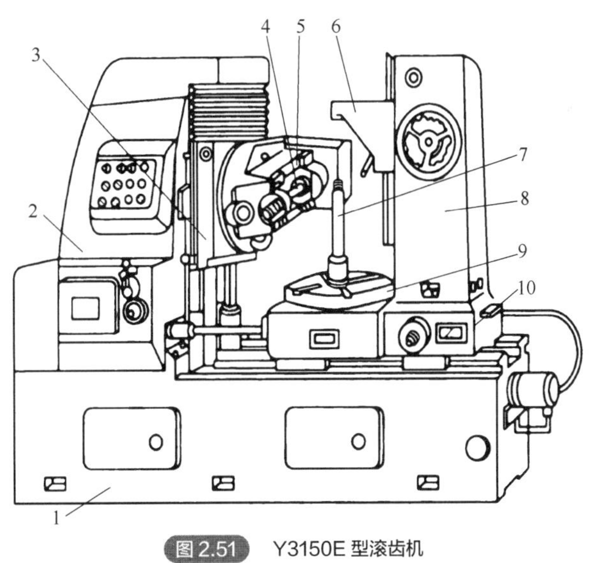

图 2.51　Y3150E 型滚齿机

1—床身；2—前立柱；3—刀架溜板；4—刀杆；5—刀架；6—支架；7—心轴；8—后立柱；9—工作台；10—床鞍

（2）插齿机

插齿机用于加工内、外啮合的单个及多联直齿圆柱齿轮，但插齿机不能加工蜗轮。

Y5132 型插齿机外形如图 2.52 所示。立柱 2 固定在床身 1 上，插齿刀安装在刀具主轴 4 上，主轴安装在刀架 3 上，工件装夹在工作台 5 上，床鞍 7 可沿床身导轨带工件做径向切入进给运动及快速接近或快速退出运动。

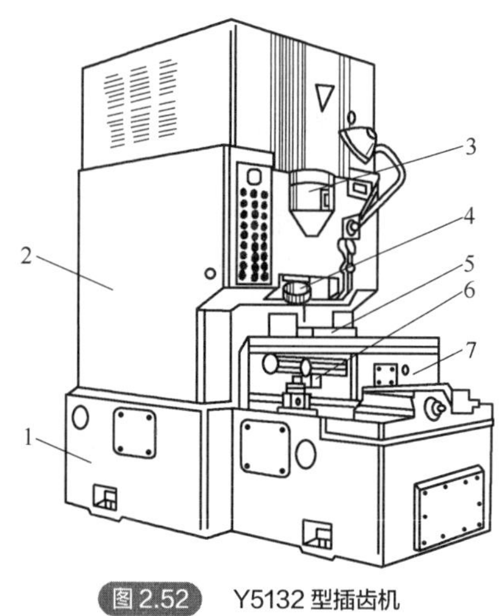

图 2.52　Y5132 型插齿机

1—床身；2—立柱；3—刀架；4—主轴；5—工作台；6—挡块支架；7—床鞍

插齿机的工作原理类似一对圆柱齿轮啮合，其中一个齿轮作为工件，另一个齿轮变为齿轮形的插齿刀具，它的模数和压力角与被加工齿轮相同，且在端面磨有前角，齿顶及齿侧均磨有后角。如图 2.53 所示为插齿原理及插齿时所需要的成形运动。

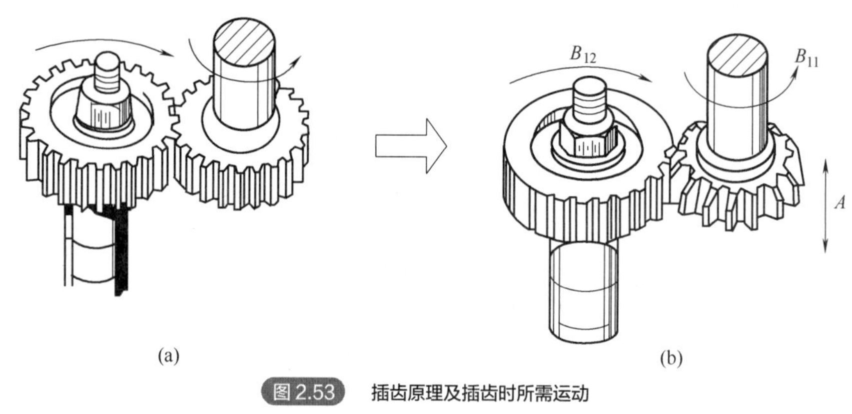

图 2.53　插齿原理及插齿时所需运动

（3）剃齿机

剃齿机用于淬火前的外啮合直齿圆柱齿轮和斜齿轮圆柱齿轮的精加工。

剃齿机的结构及工作原理如图 2.54 所示。剃齿刀 1 带动工件 2 旋转，工件装在两顶尖间的心轴上。工作台 3 和 4 做慢速往复运动，工作台每往返一次，升降台 5 做一次垂直进给运动。利用操纵箱，工作台到行程终点并开始返回行程时，剃齿刀带动工件反转。机床具有两个工作台 3 和 4，这样的结构可以修整工件的齿形。工作台 3 用摆轴与工作台 4 连接在一起，工作台 3 左端有支臂 6，它的上部伸在圆盘 7 的槽内。由于槽静止不动，并处于倾斜位置，因此工作台 3 每做一次往复运动，同时摆动一次，工件上的齿形可以修整成鼓形。如果齿形不需要修整时，可以拆下工作台 3，直接将支承工件的顶尖装在工作台 4 上。

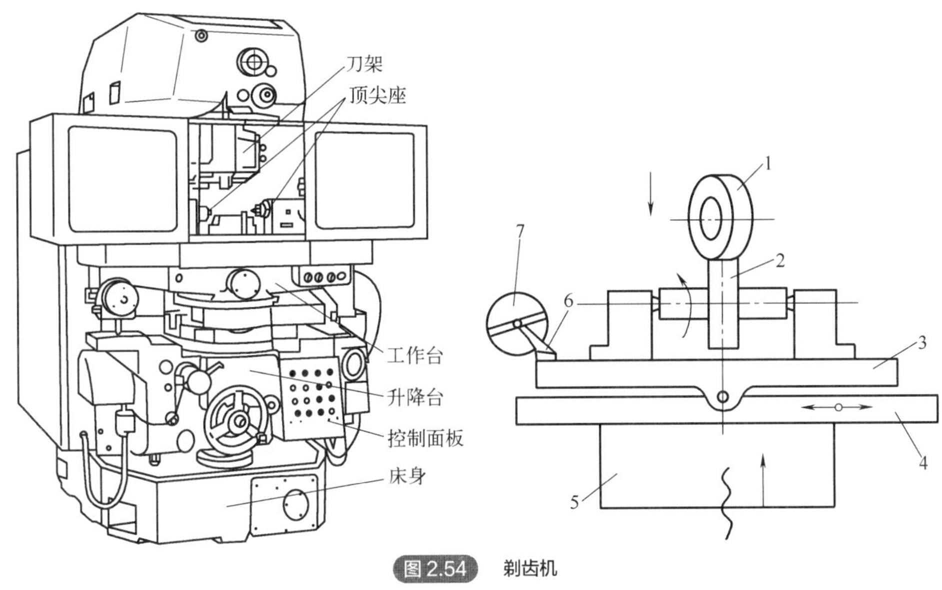

图 2.54　剃齿机

1—剃齿刀；2—工件；3，4—工作台；5—升降台；6—支臂；7—圆台

（4）珩齿机

淬火后的齿轮轮齿表面有氧化皮，影响齿面粗糙度，热处理的变形也影响齿轮的精度。由于工件已淬硬，除可用磨削加工外，但也可以采用珩齿进行精加工，从而降低齿轮传动的噪声。珩齿是齿轮热处理后的一种精加工方法。

珩齿原理与剃齿相似，珩轮与工件类似于一对螺旋齿轮呈无侧隙啮合，利用啮合处的相对滑动，并在齿面间施加一定的压力来进行珩齿。

（5）磨齿机

磨齿是目前齿形加工中精度最高的一种方法。它既可磨削未淬硬齿轮，也可磨削淬硬的齿轮。磨齿精度为 4~6 级，齿面粗糙度为 Ra0.8~0.2μm。对齿轮误差及热处理变形有较强的修正能力，多用于硬齿面高精度齿轮及插齿刀、剃齿刀等齿轮刀具的精加工。其缺点是生产率低，加工成本高，故适用于单件小批生产。按齿形的形成方法，磨齿加工方法也有成形法和展成法两种原理。由于成形法原理磨削齿轮的精度较低，因此，大多数磨齿均以展成法原理来加工齿轮。根据砂轮形状不同，有以下几种磨齿机：

① **蜗杆砂轮磨齿机**　这种磨齿机用直径很大的修整成蜗杆形的砂轮磨削齿轮，其工作原理与滚齿机相似。如图 2.55（a）所示，蜗杆形砂轮相对于滚刀与工件一起转动，做展成运动 B_{11}、B_{12}，磨出渐开线。工件同时做轴向直线往复运动 A_2，以磨削直齿圆柱齿轮的轮齿。如果做倾斜运动，就可磨削斜齿圆柱齿轮。这类机床在加工过程中因是连续磨削，其生产率很高。但缺点是砂轮修整困难，不易达到高精度，磨削不同模数的齿轮时需要更换砂轮；砂轮的转速很高，联系砂轮与工件的展成传动链如果用机械传动易产生噪声，磨损较快。为克服这些缺点，目前常用的方法有两种：一种用同步电动机驱动，另一种是用数控的方式保证砂轮和工件之间严格的速比关系。蜗杆砂轮磨齿机适用于中小模数齿轮的成批生产。

② **锥形砂轮磨齿机**　锥形砂轮磨齿机是利用齿条和齿轮啮合原理来磨削齿轮的，它所用的

砂轮截面形状是按照齿条的齿廓修整的。当砂轮按切削速度旋转，并沿工件导线方向做直线往复运动时，砂轮两侧锥面的母线就形成了假想齿条的一个齿廓，如图 2.55（b）所示。加工时，被磨削齿轮在假想齿条上滚动，在被磨削齿轮转动一个齿的同时，其轴心线移动一个齿距的距离，便可磨出工件上一个轮齿一侧的齿面。经多次分度，才能磨出工件上全部轮齿齿面。

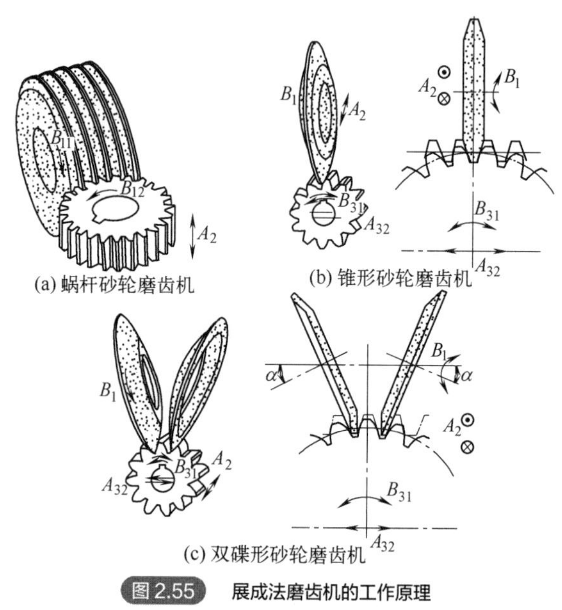

图 2.55 展成法磨齿机的工作原理

③ **双碟形砂轮磨齿机** 双碟形砂轮磨齿机用两个碟形砂轮的端平面（实际是宽度约为 0.5mm 的工作棱边所构成的环形平面）来形成假想齿条的不同轮齿两侧面，同时磨削齿槽的左右齿面。如图 2.55（c）所示，磨削过程中的成形运动和分度运动与锥形砂轮磨齿机基本相同，但轴向进给运动通常是由工件来完成的。由于砂轮的工作棱边很窄，所构成的平面为垂直于砂轮轴线的平面，易获得高的修整精度。磨削接触面积小，磨削力和磨削热很小。机床具有砂轮自动修整与补偿装置，使砂轮能始终保持锐利和良好的工作精度，因而磨齿精度较高，最高可达 4 级，是各类磨齿机中磨齿精度最高的一种。其缺点是砂轮刚性较差，磨削用量受到限制，所以生产率较低。

2.5.2 齿轮加工方法

按照齿轮加工原理，可以把齿轮加工的方法分为两种：成形法和展成法。

① **成形法** 成形法加工齿轮是利用与被加工齿轮齿槽横截面相一致的刃形的刀具，在齿坯上加工出齿轮齿形的方法。这种成形刀具一般有单齿廓成形铣刀和多齿廓齿轮推刀、齿轮拉刀等几种。

常用的单齿廓齿轮铣刀有盘形齿轮铣刀和指形齿轮铣刀，如图 2.56 所示。盘形齿轮铣刀适于加工模数小于 8mm 的直齿圆柱齿轮和斜齿圆柱齿轮。指形齿轮铣刀适于加工模数为 8~40mm 的直齿圆柱齿轮、斜齿圆柱齿轮，特别是人字齿轮。这种方法的优点是所用刀具和夹具都比较简单，用普通万能铣床加工，生产成本低。但是，由于齿轮的齿廓为渐开线，对同一模数的齿轮，只要齿数不同，其渐开线齿廓形状就不相同，需采用不同的成形刀具。在实际生产中，每种模数通常只配有 8 把一套或 15 把一套的成形铣刀，每把刀具适于加工一定的齿数范围。这样加工出来的齿廓是近似的，因此加工精度低，且铣齿的辅助时间长，生产率较低。所以，使用单齿廓成形铣刀只适于加工 9 级精度以下的单件、小批量齿轮或修配工作中精度不高的齿轮。

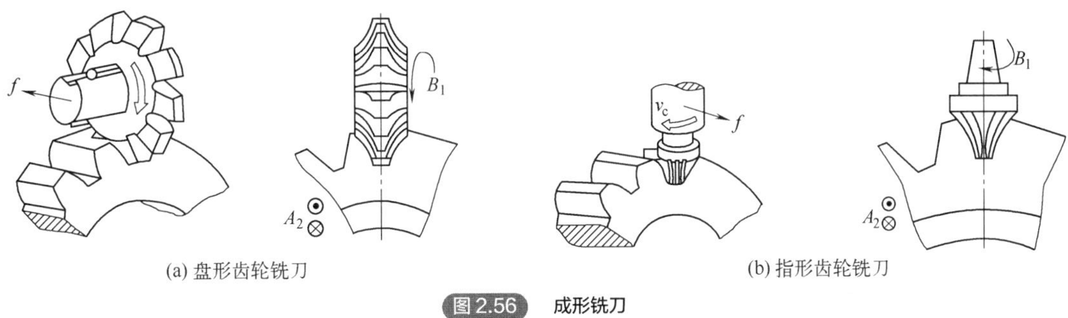

(a) 盘形齿轮铣刀　(b) 指形齿轮铣刀

图 2.56 成形铣刀

多齿廓成形刀具，如齿轮推刀或齿轮拉刀，其刀具的渐开线齿形可按工件齿廓的精度制造。加工时，在机床的一个工作循环中就可完成一个或几个齿轮齿形的加工，精度和生产率均较高。但齿轮推刀和齿轮拉刀为专用刀具，结构复杂、制造困难、成本较高，每套刀具只能加工一种模数和一种齿数的齿轮，所用设备也必须是专用的，因而，这种方法仅适用于大量生产。

② 展成法　按展成法原理加工齿轮是把齿轮啮合副中的一个齿轮转化成刀具，把另一个作为工件，并强制刀具与工件做严格的啮合运动，从而在工件上切削出齿轮齿形，这种运动称为展成运动。例如，滚齿加工过程相当于交错轴斜齿轮副啮合运动的过程，如图 2.57 所示。只是相互啮合的齿轮副中，一个斜齿轮的齿数很少，其分度圆上的螺旋角也很小，所以它便成为蜗杆形状。将蜗杆经开槽、铲背、淬火、刃磨等，便成为齿轮滚刀。当齿轮滚刀按给定的切削速度与被切齿轮做展成运动时，便在工件上逐渐切出渐开线的齿形，显然这种齿形是由滚刀齿形在展成运动中一系列连续位置的包络线包络而成的。

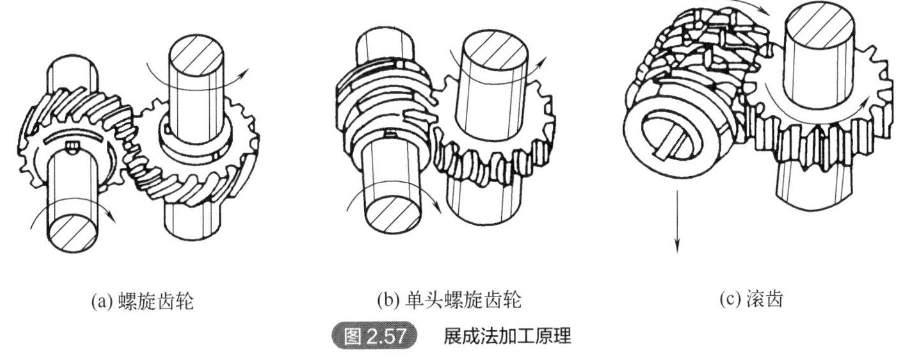
(a) 螺旋齿轮　(b) 单头螺旋齿轮　(c) 滚齿

图 2.57 展成法加工原理

按展成法原理加工齿轮时，刀具切削刃渐开线廓形仅与刀具本身的齿数有关，与被加工齿轮的齿数无关。因此，若模数相同，压力角相同，只需用一把刀具就可以加工不同齿数的齿轮。此外，还可以通过改变刀具与工件的中心距来加工变位齿轮。展成法加工齿轮的精度和生产率都较高，但需要有专用机床设备和专用齿轮刀具。一般加工齿轮的专用机床结构较复杂，传动机构较多，设备费用高。

各种齿轮加工机床，如滚齿机、插齿机、剃齿机、珩齿机、磨齿机等，都是利用展成法原理加工齿轮的。虽然刀具和机床不同，但都可加工精度要求较高的齿轮。

2.5.3 齿轮加工刀具

① **齿轮滚刀** 齿轮滚刀是一个蜗杆状刀具，在其圆周上等分地开有若干垂直于蜗杆螺旋线方向或平行于滚刀轴线方向的沟槽，经过齿形铲背，使刀齿具有正确的齿形和后角，再加以淬火和刃磨前面，就形成了一把齿轮滚刀。滚刀结构分为整体式和镶齿式两大类。对于中小模数（m=1~10mm）滚刀，通常做成整体结构，如图 2.58 所示。对于模数较大的滚刀，为了节省刀具材料，一般多采用镶齿结构。

齿轮滚刀由若干圈刀齿组成，每个刀齿都有一个顶刃和左右两个侧刃，顶刃和侧刃都具有一定的后角。刀齿的两个侧刃分布在螺旋面上，这个螺旋面所构成的蜗杆称为滚刀的基本蜗杆，如图 2.59 所示。

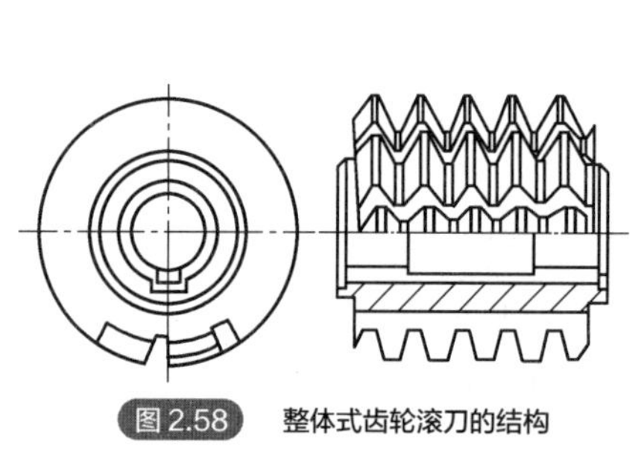

图 2.58 整体式齿轮滚刀的结构

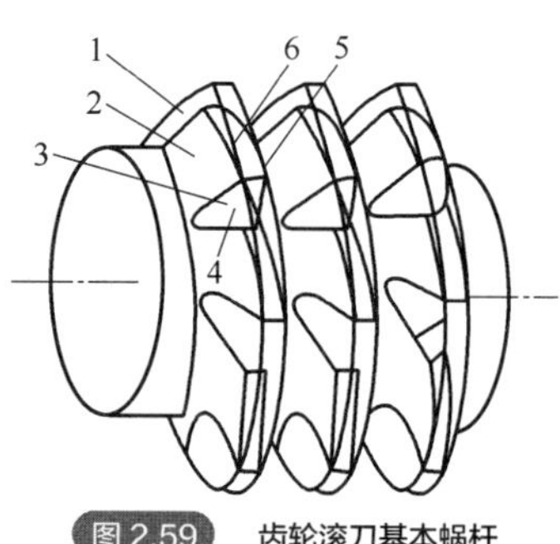

图 2.59 齿轮滚刀基本蜗杆

1—蜗杆表面；2—侧刃后面；3—侧刃；4—滚刀前面；5—顶刃；6—顶刃后面

齿轮滚刀按精度分为 AA（齿轮精度等级 6~7 级）、A（齿轮精度等级 7~8 级）、B（齿轮精度等级 8~9 级）、C（齿轮精度等级 9~10 级）级。选择齿轮滚刀时，滚刀的模数与齿形角应和被加工齿轮的法向模数与法向齿形角相同，其精度等级也要和被加工齿轮的精度等级适应。

② **插齿刀** 插齿刀实质上是一个端面磨有前角、齿顶及齿侧均磨有后角的齿轮。插齿加工时，插齿刀和工件做无间隙啮合运动过程中，在工件上逐渐切出齿轮的齿形。齿形曲线是在插齿刀刀刃多次切削中，由刀刃各瞬时位置的包络线所形成的，如图 2.60 所示。

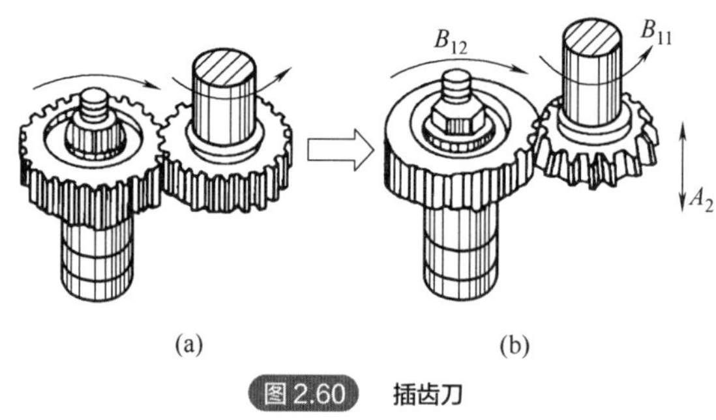

图 2.60 插齿刀

插齿所用的直齿插齿刀主要有 3 种类型，分别是盘形直齿插齿刀、碗形直齿插齿刀和锥柄直齿插齿刀，如图 2.61 所示。

a. 盘形直齿插齿刀 以内孔和支承端面定位，用螺母紧固在机床主轴上，主要用于加工直齿外齿轮及大直径直齿内齿轮。其常用分度圆直径有 4 种：75mm、100mm、160mm、200mm，适用于加工模数为 1~12mm 的齿轮。

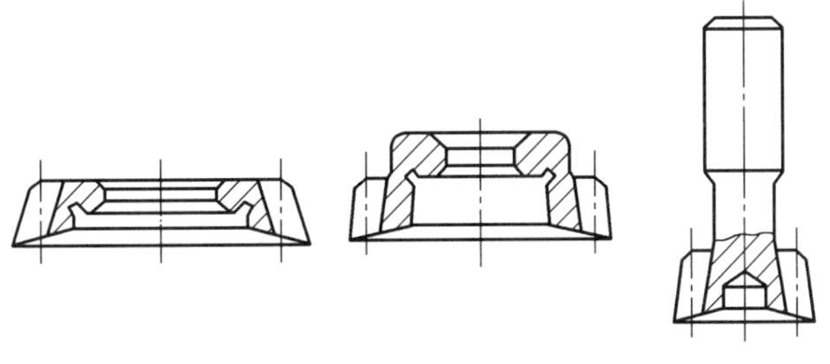

(a) 盘形直齿插齿刀　(b) 碗形直齿插齿刀　(c) 锥柄直齿插齿刀

图 2.61　直齿插齿刀种类

b. 碗形直齿插齿刀　主要用于加工多联齿轮和带有凸肩的齿轮。这种形式的插齿刀以其内孔定位，夹紧用螺母可容纳在刀体内。常用分度圆直径也有 4 种：50mm、75mm、100mm、125mm，适用于加工模数为 1~8mm 的齿轮。

c. 锥柄直齿插齿刀　为带锥柄（莫氏短圆锥柄）的整体结构，用带有内锥孔的专用接头与机床主轴连接，它主要用于加工直齿内齿轮。标称分度圆直径有 2 种：25mm 和 38mm，适用于加工模数为 1~3.75mm 的齿轮。

插齿刀一般有 3 种精度等级：AA、A 和 B，在正常的工艺条件下，分别用于加工 6、7 和 8 级精度的齿轮。

③ 剃齿刀　剃齿过程类似于交错轴传动的螺旋齿轮啮合，剃齿刀实质上是一个高精度的螺旋齿轮，并且在齿侧面上开了许多小容屑槽以形成切削刃，如图 2.62 所示。由于螺旋齿轮啮合时，两齿轮在接触点的速度方向不一致，使齿轮的齿侧面沿剃齿刀的齿侧面滑移，剃齿刀齿面上的切削刃在进刀压力的作用下，就能从工件齿面上切下极薄的切屑。

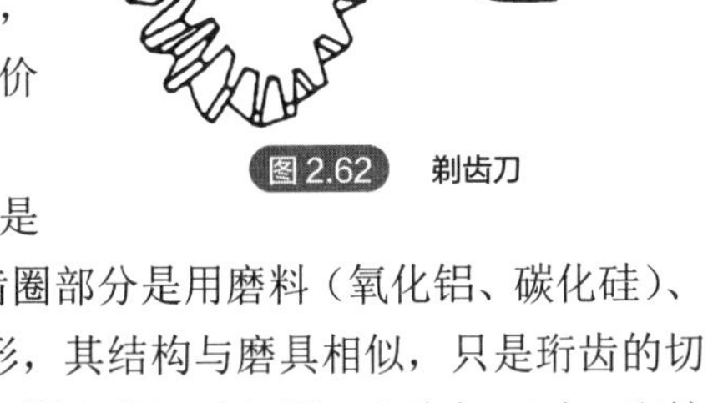

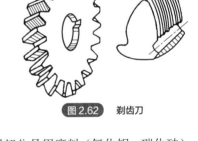

图 2.62　剃齿刀

常用的高速钢剃齿刀可剃削硬度低于 35HRC 的齿轮，精度达 6~8 级，表面粗糙度值 *Ra* 达 0.4~0.8μm。剃齿刀价格较高，适用于大批量生产的场合。

④ 珩磨轮　珩齿所用刀具为珩磨轮，也称珩轮，它是由轮坯及齿圈构成，如图 2.63 所示。轮坯由钢材制成，齿圈部分是用磨料（氧化铝、碳化硅）、结合剂（环氧树脂）和固化剂（乙二胺）浇注或热压成形，其结构与磨具相似，只是珩齿的切削速度远低于磨削速度，但大于剃齿速度。珩齿的运动与剃齿的运动相同，珩齿加工时，珩轮与工件在自由啮合中，靠齿面间的压力和相对滑动，由磨料进行切削。

在大批量生产中，广泛应用蜗杆形珩轮珩齿。珩轮为一大直径蜗杆，其直径可达 200~500mm，其齿形可在螺纹磨床上精磨到 5 级精度以上。由于其齿形精度高，珩削速度高，所以对工件误差的修正能力增强，特别是对工件的齿形误差、基节偏差及齿圈的径向圆跳动误差都能有一定的修正。珩齿加工可将 9~8 级精度的齿轮直接珩到 6 级精度，并有可能取消珩前剃齿工序。

2.5.4　齿轮加工的装夹方式

当加工直径较小的齿轮时，工件以内孔定位装夹在心轴上，心轴上端的圆柱体用后立柱支架上的顶尖或套筒支承，以加强工件的装夹刚度。加工直径较大的齿轮时，通常用带有较大端面的底座和心轴装夹，或者将齿轮直接装夹在滚齿机工作台上。

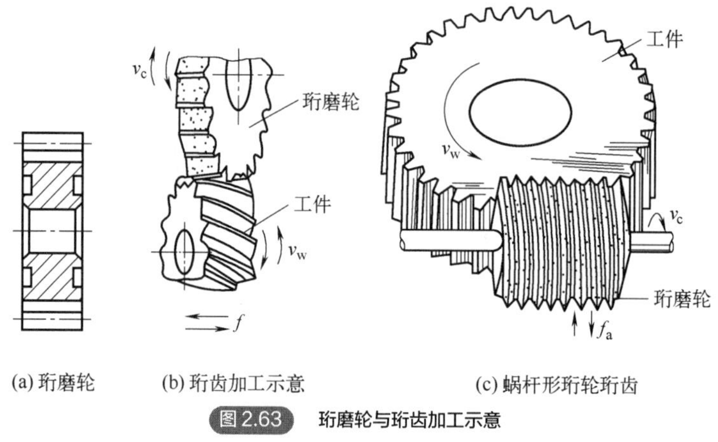

(a) 珩磨轮　(b) 珩齿加工示意　(c) 蜗杆形珩轮珩齿

图 2.63　珩磨轮与珩齿加工示意

2.5.5　齿轮加工的运动及特点

(1) 滚齿运动及特点

滚齿机在加工直齿圆柱齿轮时的工作运动有：

① **主运动**　滚刀的旋转运动。滚刀转速 n（r/min）取决于合理的切削速度 v（m/min）和滚刀的直径 D（mm）。

② **展成运动**　滚刀的旋转运动和工件的旋转运动的复合运动，即滚刀与工件间的啮合运动，两者之间应准确地保持一对啮合齿轮副的传动关系。设滚刀头数为 k，工件齿数为 z，则滚刀转一转，工件应转 k/z 转。

③ **轴向进给运动**　滚刀沿工件轴线方向做连续进给运动，在工件的整个齿宽上切出齿形。其传动关系是工件转一转，滚刀沿工件轴向进给 f（mm/r）。

除上述 3 种运动外，还需沿工件径向手动调整切齿深度，以便切出齿形全齿高。

滚齿机加工斜齿圆柱齿轮时除了与加工直齿圆柱齿轮一样，需要主运动、展成运动和轴向进给运动外，为形成螺旋齿形线，在滚刀做轴向进给运动的同时，工件还应做附加运动，而且两者必须保持确定的关系，即滚刀轴向移动工件螺旋线一个导程 L，工件应准确地附加转一转。

在 Y3150E 型滚齿机上用径向切入法可加工蜗轮。加工蜗轮时共需 3 个运动：主运动、展成运动和径向进给运动。主运动传动链和展成运动与加工直齿圆柱齿轮完全相同，径向进给运动只能用手动。蜗轮滚刀的模数、头数、分度圆直径等都应该与蜗杆相同。安装滚刀时，应使滚刀轴线与被加工蜗轮轴线垂直，并且位于被加工蜗轮的中心平面内。当蜗轮滚刀从齿顶逐渐切入至工件全齿深后，停止径向进给，工件继续保持与滚刀的啮合运动并切削若干转，以修正齿形。

(2) 插齿运动及特点

加工直齿圆柱齿轮时所需运动：

① **主运动** 插齿刀沿工件轴向所做的往复直线运动为插齿加工的主运动。插齿刀垂直向下运动为工作行程，向上为空行程。主运动以插齿刀每分钟的往复行程次数表示，即往复行程次数/min。

② **展成运动** 插齿加工过程中，插齿刀与工件必须保持一对圆柱齿轮做无间隙的啮合运动关系，插齿刀转过一个齿时，工件也必转过一个齿。插齿刀与工件所做的啮合旋转运动即为展成运动。

③ **圆周进给运动** 圆周进给运动是插齿刀绕自身轴线的旋转运动，其旋转速度的快慢决定了工件转动的快慢，也关系到插齿刀的切削负荷、工件的表面质量、加工生产率和插齿刀的寿命等。圆周进给量用插齿刀每往复行程一次，插齿刀在分度圆上转过的弧长表示，单位为 mm/双行程。

④ **径向切入运动** 为了避免插齿刀因切削负荷过大而损坏刀具和工件，工件应逐渐地向插齿刀做径向切入。当工件被插齿刀切入全齿深时，径向切入运动停止，工件再旋转一转，便能加工出全部完整的齿形。径向进给量是以插齿刀每往复行程一次，工件径向切入的距离来表示，单位为 mm/双行程。

Y5132 型插齿机的径向切入运动是由工作台带动工件向插齿刀移动实现的。加工时，工作台先快速移动一个较大的距离，使工件接近刀具，然后才开始径向切入。当工件加工完毕，工作台又快速退回原位。

⑤ **让刀运动** 插齿刀空程向上运动时，为了避免擦伤工件表面和减少刀具磨损，刀具与工件间应让开约 0.5mm 的距离，而在插齿刀向下开始工作行程之前，又迅速恢复到原位，以便刀具进行下一次切削，这种让开和恢复原位的运动称为让刀运动。Y5132 型插齿机采用刀具主轴摆动实现让刀运动。

插齿和滚齿相比，在加工质量、生产率和应用范围等方面都有其特点。

① **加工质量**

a. 插齿的齿形精度比滚齿高 滚齿时，形成齿形包络线的切线数量只与滚刀容屑槽的数目和基本蜗杆的头数有关，它不能通过改变加工条件而增减；但插齿时，形成齿形包络线的切线数量由圆周进给量的大小决定，并可以选择。此外，制造齿轮滚刀时是近似造型的蜗杆来替代渐开线基本蜗杆，这就有造形误差。而插齿刀的齿形比较简单，可通过高精度磨齿获得精确的渐开线齿形，所以插齿可以得到较高的齿形精度。

b. 插齿后齿面的粗糙度比滚齿小 这是因为滚齿时，滚刀在齿向方向上做间断切削，形成如图 2.64（a）所示的鱼鳞状波纹;而插齿时插齿刀沿齿向方向的切削是连续的，如图 2.64（b）所示，所以插齿时齿面粗糙度较小。

c. 插齿的运动精度比滚齿差 这是因为插齿机的传动链比滚齿机多了一个刀具蜗轮副，即多了一部分传动误差。另外，插齿刀的一个刀齿对应切削工件的一个齿槽，因此，插齿刀本身的周节累积误差必然会反映到工件上。而滚齿时，因为工件的每一个齿槽都是由滚刀相同的 2~3 圈刀齿加工出来，故滚刀的齿距累积误差不影响被加工齿轮的齿距精度，所以滚齿的运动精度比插齿高。

d. 插齿的齿向误差比滚齿大 插齿时的齿向误差主要取决于插齿机主轴回转轴线与工作台回转轴线的平行度误差。由于插齿刀工作时往复运动的频率高，使得主轴与套筒之间的磨损大，因此插齿的齿向误差比滚齿大。

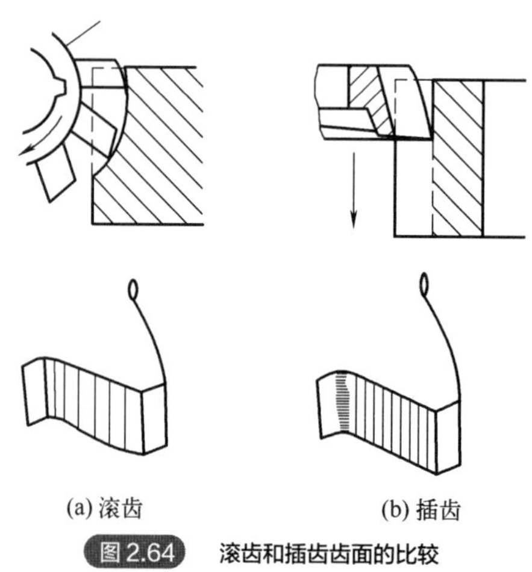

(a) 滚齿　　(b) 插齿

图 2.64　滚齿和插齿齿面的比较

所以就加工精度来说，对运动精度要求不高的齿轮，可直接用插齿来进行齿形精加工，而对于运动精度要求较高的齿轮和剃前齿轮（剃齿不能提高运动精度），则用滚齿较为有利。

② 生产率　切制模数较大的齿轮时，插齿速度要受到插齿刀主轴往复运动惯性和机床刚性的制约，切削过程又有空程的时间损失，故插齿的生产率不如滚齿高。只有在加工小模数、多齿数并且齿宽较窄的齿轮时，插齿的生产率才比滚齿高。

③ 应用范围

a. 加工带有台肩的齿轮以及空刀槽很窄的双联或多联齿轮，只能用插齿。这是因为插齿刀"切出"时只需要很小的空间，而滚齿则滚刀会与大直径部位发生干涉。

b. 加工无空刀槽的人字齿轮，只能用插齿。

c. 加工内齿轮，只能用插齿。

d. 加工蜗轮，只能用滚齿。

e. 加工斜齿圆柱齿轮，两者都可用，但滚齿比较方便。插制斜齿轮时，插齿机的刀具主轴上须设有螺旋导轨，来提供插齿刀的螺旋运动，并且要使用专门的斜齿插齿刀，所以很不方便。

（3）剃齿运动及特点

剃齿刀的轴线与工件轴线夹 β 角，以便使剃齿刀与工件能够正确啮合。剃齿刀与工件的接触点 A 的速度可分解为切向速度和剃削速度。切向速度带动工件旋转，剃削速度使齿轮的齿侧面沿剃齿刀的齿侧面滑移，从工件齿面上切下极薄的切屑。在剃齿过程中，剃齿刀时而正转，时而反转，可剃削工件的双面。

剃齿加工需要有以下几种运动：

a. 剃齿刀带动工件的高速正、反转运动，即基本运动。

b. 工件沿轴向往复运动，使齿轮全齿宽均能剃出。

c. 工件往复做径向进给运动，以切除全部余量。

综上所述，剃齿加工的过程是剃齿刀与被切齿轮在轮齿双面紧密啮合的自由展成运动中实现的微细切削过程，而实现剃齿的基本条件是轴线存在一个交叉角，当交叉角为零时，切削速度为零，剃齿刀对工件没有切削作用。

剃齿的特点主要有：

a. 剃齿加工精度一般为 6~7 级，表面粗糙度 *Ra* 为 0.8~0.4μm，用于未淬火齿轮的精加工。

b. 剃齿加工的生产率高，加工一个中等尺寸的齿轮一般只需 2~4min，与磨齿相比较，生产率可提高 10 倍以上。

c. 剃齿刀带动工件旋转，二者形成无侧隙的螺旋齿轮自由啮合运动，因此机床无展成运动传动链，故机床结构简单，机床调整容易。

（4）珩齿运动及特点

珩齿时的运动和剃齿相同，即珩轮带动工件高速正、反向转动，工件沿轴向做往复运动，沿径向做进给运动。与剃齿不同的是，开车后一次径向进给到预定位置，故开始时齿面压力较大，随后逐渐减小，直到压力消失时珩齿便结束。

与剃齿相比较，珩齿具有以下工艺特点：

a. 珩轮结构和砂轮相似，但珩齿速度甚低（通常为 1~3m/s），加之磨粒粒度较细，珩轮弹性较大，故珩齿过程实际上是一种低速磨削、研磨和抛光的综合过程。

b. 珩齿时，齿面间隙沿齿向有相对滑动外，沿齿形方向也存在滑动，因而齿面形成复杂的网纹，提高了齿面质量，其粗糙度 *Ra* 可从 1.6μm 降到 0.8~0.4μm。

c. 珩轮弹性较大，对珩前齿轮的各项误差修正作用不强。因此，对珩轮本身的精度要求不高，珩轮误差一般不会反映到被珩齿轮上。

d. 珩轮主要用于去除热处理后齿面上的氧化皮和毛刺。珩齿余量一般不超过 0.025mm，珩轮转速达到 1000r/min 以上，纵向进给量为 0.05~0.065mm/r。

e. 珩轮生产率甚高，一般一分钟珩一个，通过 3~5 次往复即可完成。

（5）磨齿运动及特点

磨齿加工的主要特点是能加工出高精度的齿轮。一般条件下，加工齿轮精度可达 6~4 级，表面粗糙度 *Ra* 可达 0.8~0.2μm。由于磨齿加工采用砂轮与工件强制啮合的运动方式，不仅修正齿轮误差的能力强，而且特别适于加工齿面硬度很高的齿轮。但是除蜗杆砂轮磨齿外，一般磨齿加工效率均较低，设备结构较复杂，调整设备困难,加工成本较高。目前，磨齿主要用于加工精度要求很高的齿轮，特别是硬齿面的齿轮。

2.5.6　齿轮加工方案选择

齿轮加工方案的选择，主要取决于齿轮的精度等级、生产批量和热处理方法等。下面提出齿轮加工方案选择时的几条原则以供参考：

① 对于 8 级及 8 级以下精度的不淬硬齿轮，可用铣齿、滚齿或插齿直接达到加工精度要求。

② 对于 8 级及 8 级以下精度的淬硬齿轮，需在淬火前将精度提高一级，其加工方案可采用：滚（插）齿—齿端加工—齿面淬硬—修正内孔。

③ 对于 6~7 级精度的不淬硬齿轮，其齿轮加工方案：滚齿—剃齿。

④ 对于 6~7 级精度的淬硬齿轮，其齿形加工一般有两种方案：

a. 剃—珩方案：滚（插）齿—齿端加工—剃齿—齿面淬硬—修正内孔—珩齿。

b. 磨齿方案：滚（插）齿—齿端加工—齿面淬硬—修正内孔—磨齿。

剃—珩方案生产率高，广泛用于 7 级精度齿轮的成批生产中。磨齿方案生产率低，一般用于6级精度以上的齿轮。

⑤ 对于5级及5级精度以上的齿轮，一般采用磨齿方案。

⑥ 对于大批量生产，用滚（插）齿—冷挤齿的加工方案，可稳定地获得7级精度齿轮。

项目实施 2-2

零件图样分析：

① 两齿圈径向圆跳动公差为0.08mm；

② 齿部高频感应加热淬火45~52HRC；

③ 两个齿轮的精度等级均为8GK。

任务1：加工该双联齿轮零件需要用哪些加工方法？

任务2：用哪种类型的刀具？

任务3：采用什么样的装夹方案？

任务4：如何给定切削用量？

项目引入 2-3

如图2.65所示为一矩形齿花键套，技术要求：①热处理28~32HRC；②未注倒角$C1$；③材料为45钢。

加工该花键套需要用哪些加工方法？用哪种类型的刀具？采用什么样的装夹方案？如何给定切削用量？

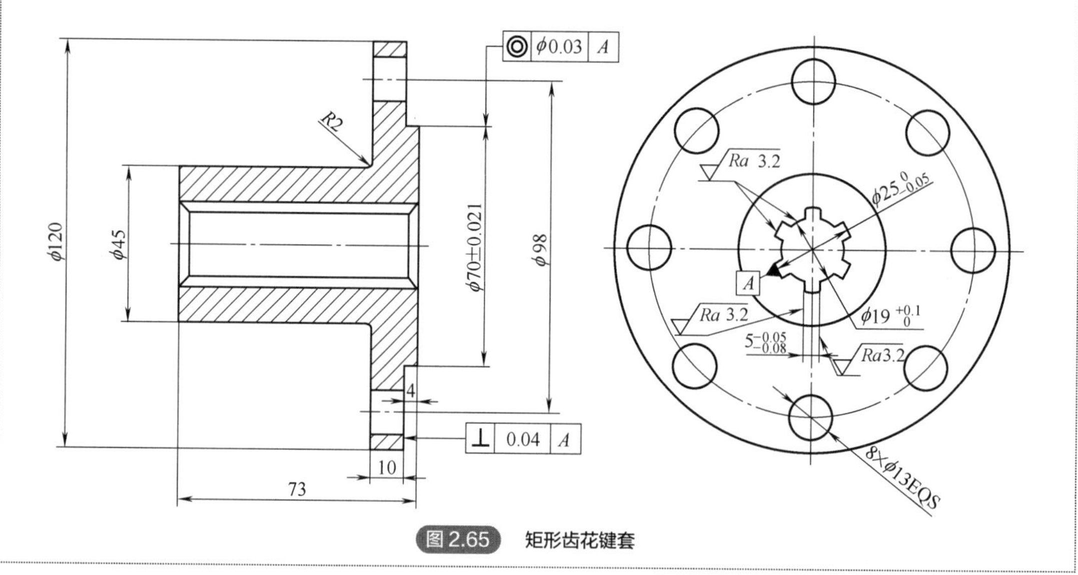

图2.65 矩形齿花键套

2.6 拉削加工

2.6.1 拉床的种类

拉削是指利用拉刀逐齿依次从工件上切下很薄的金属层，使表面达到较高的尺寸精度和较低的粗糙度，是一种高效率的加工方法。拉削可以加工各种形状的通孔，还可以加工各种平面及成形面等，如图 2.66 所示。由于受拉刀制造工艺以及拉床动力的限制，过小或过大的孔均不适宜拉削加工（拉削孔径一般为 10～100mm，孔的深径比一般不超过 5），盲孔、台阶孔和薄壁孔也不适宜拉削加工。拉削主要应用于成批、大量生产的场合。拉削时，拉刀使被加工表面一次切削成形，所以拉床只有主运动，没有进给运动。拉削加工的切屑薄、切削运动平稳，因而有较高的加工精度和较小的表面粗糙度值。

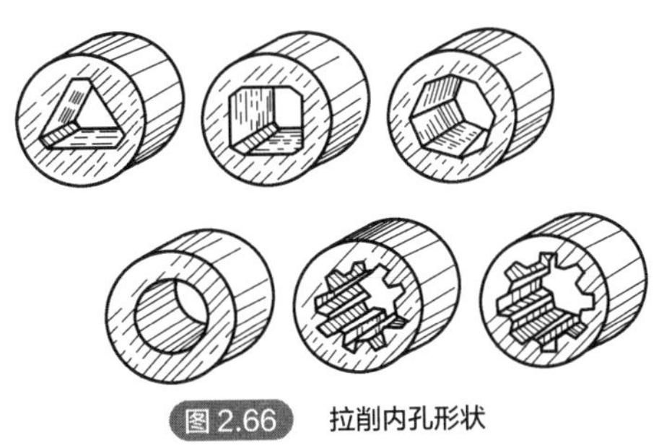

图 2.66　拉削内孔形状

根据 GB/T 15375—2008《金属切削机床　型号编制方法》中的规定，拉床按其用途和结构不同，主要分为侧拉床，卧式外拉床，连续拉床，立式内拉床，卧式内拉床，立式外拉床，键槽、轴瓦及螺纹拉床，其他拉床（如气缸体平面拉床）。

（1）卧式内拉床

卧式内拉床结构如图 2.67 所示。在床身 1 的内部有水平安装的液压缸 2，通过活塞杆带动拉刀做水平移动，实现拉削的主运动。拉床拉削时，工件可直接以其端面紧靠在支承座 3 的端面上定位（或用夹具装夹）。护送夹头 5 及滚柱 4 用以支承拉刀。开始拉削前，护送夹头 5 和滚柱 4 向左移动，使拉刀通过工件预制孔，并将拉刀左端柄部插入活塞杆前端的拉刀夹头内，加工时滚柱 4 下降不起作用。

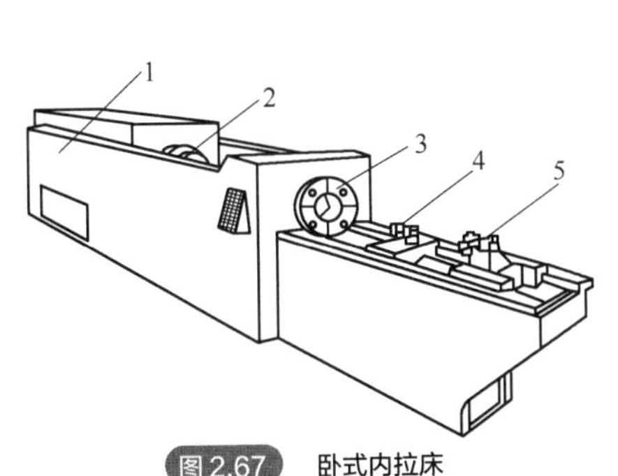

图 2.67　卧式内拉床

1—床身；2—液压缸；3—支承座；4—滚柱；5—护送夹头

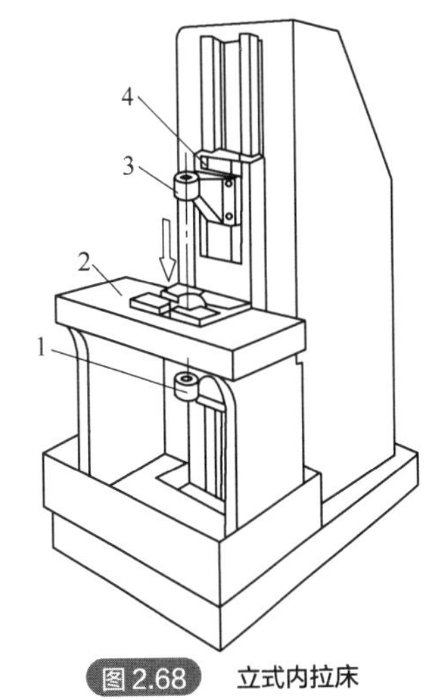

图 2.68　立式内拉床

1—下支架；2—工作台；3—上支架；4—滑座

（2）立式内拉床

立式内拉床结构如图 2.68 所示。用拉刀加工时，工件端面紧靠在工作台 2 上的平面上，拉刀由滑座 4 上的上支架 3 支承，自上向下插入工件的预制孔及工作台的孔中，将其下端刀柄夹持在滑座 4 的下支架 1 上，滑座 4 由液压缸驱动向下移动进行拉削加工。用推刀加工时，工件也是装在工作台的上表面上，推刀支承在上支架 3 上，自上向下进行加工。

2.6.2 常用拉刀

拉刀是用于拉削的成形刀具。刀具表面上有多排刀齿，各排刀齿的尺寸和形状从切入端至切出端依次增加和变化。当拉刀做拉削运动时，每个刀齿就从工件上切下一定厚度的金属，最终得到所要求的尺寸和形状。拉刀常用于成批和大量生产中加工圆孔、花键孔、键槽、平面和成形表面等，生产率很高。

拉刀按加工表面部位的不同，分为内拉刀（如图 2.69 所示）和外拉刀（如图 2.70 所示）；按工作时受力方式的不同，分为拉刀和推刀。推刀常用于校准热处理后的型孔。拉刀的种类虽多，但结构组成都类似。如普通圆孔拉刀的结构组成（如图 2.71 所示）为：柄部，用以夹持拉刀和传递动力；颈部，起连接作用；过渡锥，将拉刀前导部引入工件；前导部，起引导作用，防止拉刀歪斜；切削部，完成切削工作，由粗切齿和精切齿组成；校准部，起修光和校准作用，并作为精切齿的后备齿；后导部，用于支承工件，防止刀齿切离前因工件下垂而损坏加工表面和刀齿；支托部，承托拉刀。

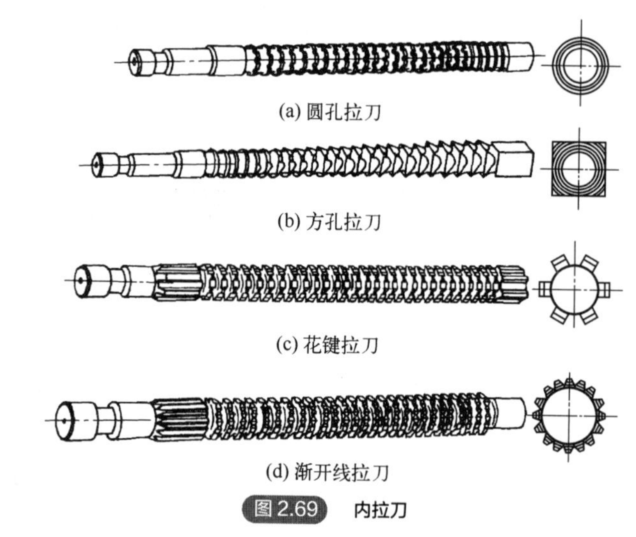
(a) 圆孔拉刀

(b) 方孔拉刀

(c) 花键拉刀

(d) 渐开线拉刀

图 2.69 内拉刀

2.6.3 拉削的装夹方式

拉床拉削时，工件在拉床上的定位情况如图 2.72 所示，工件可直接以其端面紧靠在支承座上定位，如图 2.72（a）所示，也可采用球面垫圈定位，如图 2.72（b）所示。

2.6.4 拉削特点及拉削用量

2.6.4.1 拉削特点

拉削时，拉刀与工件的相对运动为主运动，一般为直线运动。拉刀是多齿刀具，后一刀齿

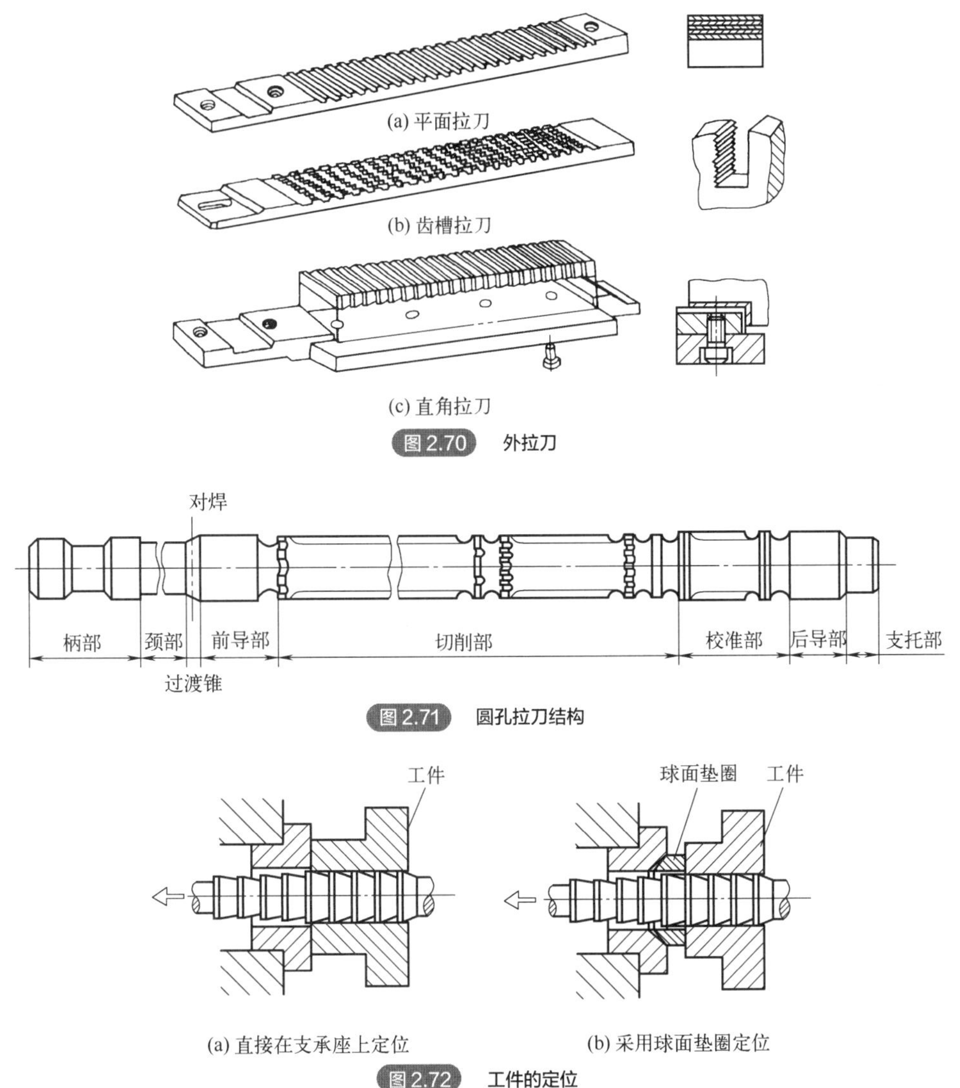

(a) 平面拉刀

(b) 齿槽拉刀

(c) 直角拉刀

图2.70 外拉刀

图2.71 圆孔拉刀结构

(a) 直接在支承座上定位 (b) 采用球面垫圈定位

图2.72 工件的定位

比前一刀齿高，其齿形与工件的加工表面形状吻合，进给运动靠后一刀齿的齿升量（前后刀齿高度差）来实现。在拉床上经过一次行程，即可切除加工表面的全部余量，获得要求的加工表面。考虑到拉刀承受的切削力很大，同时为了获得平稳的切削运动，并能实现无级调速，拉床的主运动通常采用液压驱动。

拉削加工中被加工表面在一次走刀中成形，由于拉刀的工作部分有粗切齿、精切齿和校准齿，工件加工表面在一次加工中经过了粗切、精切和校准加工；由于拉削速度较低，每一刀齿切除的金属层很薄，切削负荷小，因此加工质量好，可获得较高的加工精度。拉削的加工精度可达IT8~IT7级，表面粗糙度值可达*Ra*3.2~0.4μm。所以，拉削是一种高效率高精度的加工方法。

拉刀的使用寿命较长，但是拉刀的结构复杂、制造困难、成本高，而且每拉削一种表面需要一种拉刀，所以拉削主要应用于成批、大量生产的场合。

2.6.4.2 拉削用量

拉削进给量及拉削速度见表 2.37、表 2.38。

表 2.37 拉削进给量（齿升量） 单位：mm/z

拉刀类型	工作材料		
	碳钢	合金钢	铸铁
（1）同廓式、渐成式拉刀粗切齿齿升量			
圆拉刀	0.015~0.03	0.01~0.025	0.03~0.10
矩形花键拉刀	0.03~0.08	0.025~0.06	0.04~0.10
锯齿和渐开线花键拉刀	0.03~0.05	0.03~0.05	0.04~0.08
精拉刀和键槽拉刀	0.05~0.20	0.05~0.12	0.06~0.20
平面拉刀	0.03~0.15	0.03~0.10	0.03~0.15
成形拉刀	0.02~0.06	0.02~0.05	0.03~0.10
方拉刀和六边拉刀	0.015~0.12	0.015~0.08	0.03~0.15
（2）轮切式拉刀粗切齿齿升量			
圆拉刀直径/mm	<10	10~25	25~50
刀齿每组齿升量	0.03~0.08	0.05~0.12	0.08~0.16

（3）拉刀过渡齿、精切齿的齿升量

粗切齿	过渡齿		精切齿						
				圆拉刀		各种花键拉刀		键槽拉刀、平面拉刀、成形拉刀	
齿升量 f_z	齿升量 f_z	齿数或齿组数	每齿或每组齿的齿升量	齿组数	不成齿组的刀齿数	齿组数	不成齿组的刀齿数	齿组数	不成齿组的刀齿数
≤0.05	取为粗切齿齿升量的 40%~60%	1~2	0.02~0.03	1	1~2	1	1~2	1	1~2
>0.05~0.1			0.035~0.07	1~2	3	1~2	2~3	1~2	2~3
>0.1~0.2			0.07~0.1	2	3~5	2~3	2~3	2~3	2~3
>0.2~0.3			0.1~0.16	2~3	3~5	2~3	2~3	2~3	2~3

表 2.38 拉削速度 单位：m/min

切削速度组	拉刀类别与表面粗糙度 Ra/μm							
	圆柱孔		花键孔		外表面与键槽		硬质合金齿	
	1.25~2.5	2.5~10	1.25~2.5	2.5~10	1.25~2.5	2.5~10	1.25~2.5	2.5~10
Ⅰ	6~4	8~5	5~4	8~5	7~4	10~8	12~10	10~8
Ⅱ	5~3.5	7~5	4.5~3.5	7~5	6~4	8~6	10~8	8~6
Ⅲ	4~3	6~4	3.5~3	6~4	5~3.5	7~5	6~4	6~4
Ⅳ	3~2.5	4~3	2.5~2	4~3	2.5~1.5	4~3	5~3	4~3

项目实施 2-3

零件图样分析：① ϕ70mm±0.021mm 与花键套内孔的同轴度公差为 ϕ0.03mm；② ϕ120mm 右端面与花键套内孔中心线的垂直度公差为 0.04mm。

任务1：加工该花键套需要用哪些加工方法？

任务2：用哪种类型的刀具？

任务3：采用什么样的装夹方案？

任务4：如何给定切削用量？

项目引入 2-4

如图2.73所示为一单拐曲轴零件，材料为QT600-3，技术要求为：①1∶10圆锥面用标准量规涂色检查，接触面不少于80%；②清除油孔中的切屑；③其余倒角C1。

加工该单拐曲轴需要用哪些加工方法？用哪种类型的刀具？采用什么样的装夹方案？如何给定切削用量？

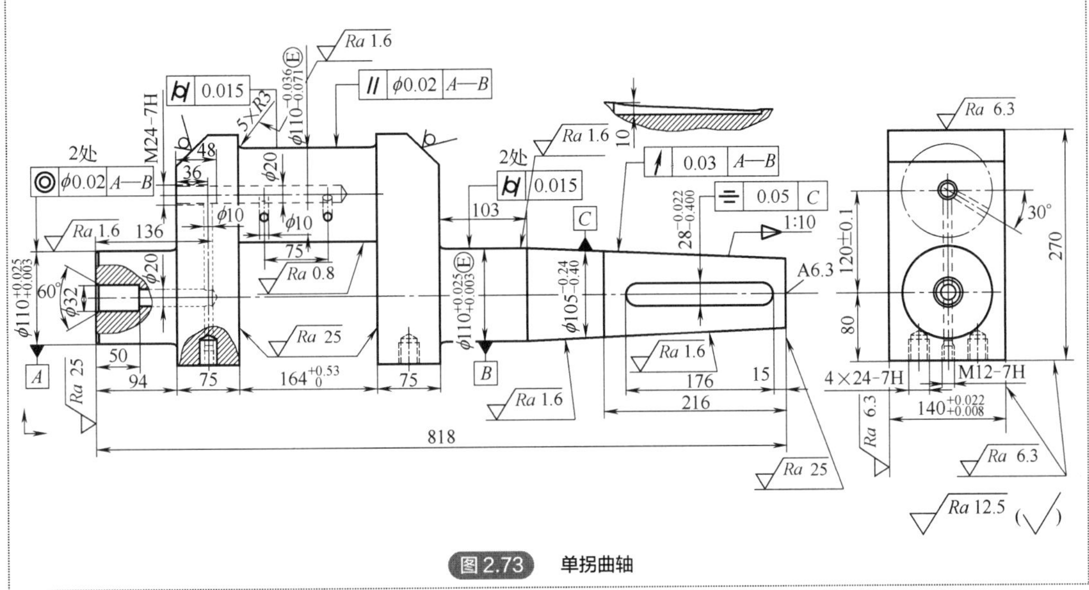

图2.73 单拐曲轴

2.7 磨削加工

2.7.1 磨床的种类

磨床是用砂轮进行切削加工的机床。在机械加工中，磨削加工属于精加工，一般加工余量少、精度高，在机械制造行业中应用比较广泛。主要应用于加工各种工件的内外圆柱面、圆锥面和平面，以及螺纹、齿轮和花键等特殊、复杂的成形表面。

根据GB/T 15375—2008《金属切削机床　型号编制方法》中的规定，磨床按其用途和结构不同，可分为10组，主要分为仪表磨床，外圆磨床，内圆磨床，砂轮机，坐标磨床，导轨磨床，刀具刃磨床，平面及端面磨床，曲轴、凸轮轴、花键轴及轧辊磨床，工具磨床等。

（1）外圆磨床

外圆磨床包括无心外圆磨床、宽砂轮无心外圆磨床、普通外圆磨床、万能外圆磨床、宽砂轮外圆磨床、端面外圆磨床、多砂轮架外圆磨床、多片砂轮外圆磨床等。

① 万能外圆磨床 万能外圆磨床主要用于磨削圆柱形、圆锥形的外圆和内孔，还可磨削阶梯轴的轴肩、端平面等，磨削示意如图 2.74 所示。

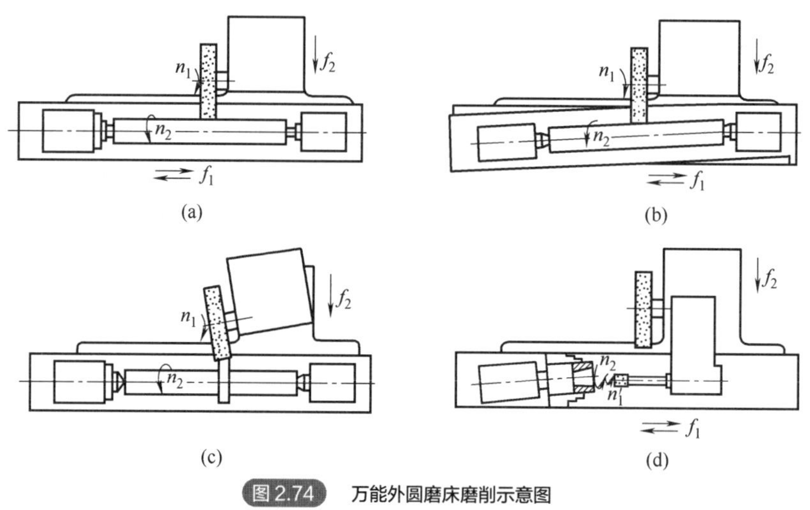

图 2.74 万能外圆磨床磨削示意图

M1432A 型万能外圆磨床的通用性较好，但生产率较低，适用于单件小批生产，其布局如图 2.75 所示。床身 1 是磨床的基础支承件，在它上面装有工作台、砂轮架、头架、尾架等部件，使它们在工作时保持准确的相对位置。床身的内部用作液压油的油池。头架 2 用于安装和夹持工件，并带动工件旋转完成圆周进给运动。当头架回转一个角度时，可磨削短圆锥面；当头架逆时针回转 90°时，可磨削小平面。工作台 9 装在床身顶面前部的纵向导轨上，台面上装有头架 2 和尾架 5，被加工工件支承在头架和尾架顶尖上，或用头架上的卡盘夹持。工作台由液压传动沿床身导轨往复移动，使工件实现纵向进给运动。工作台 9 由上下两层组成。上工作台可绕下工作台在水平面内旋转一个角度（±10°），用以磨削锥度较小的圆锥面。内磨装置装在砂轮架 4 上，主要由支架和内圆磨具两部分组成。内圆磨具是磨内孔用的砂轮主轴部件，它做成独立部件，安装在支架的孔中，可以很方便地进行更换，通常每台万能外圆磨床都备有几套尺寸与极限工作转速不同的内圆磨具，供磨削不同直径的内孔时选用。砂轮架 4 安装在床身顶面后部的

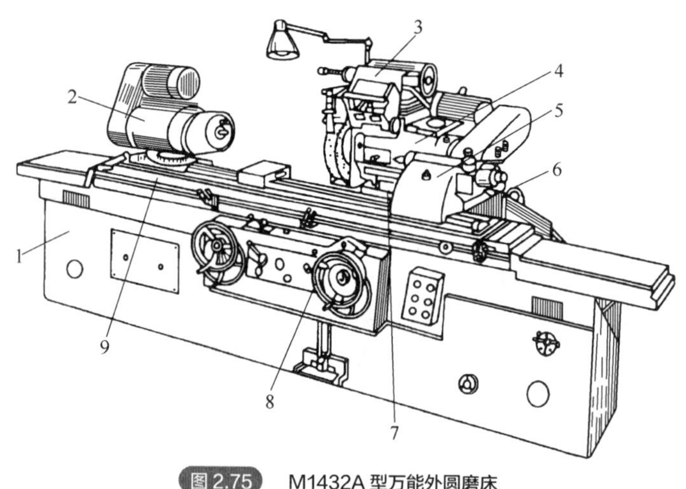

图 2.75 M1432A 型万能外圆磨床

1—床身；2—头架；3—内圆磨具；4—砂轮架；5—尾架；6—床身垫板；7—滑鞍；8—横向进给手轮；9—工作台

横向导轨上，用于支承并传动砂轮主轴高速旋转。当需磨削短圆锥面时，砂轮架可以在水平面内调整至一定角度（±30°）。尾架 5 上的后顶尖和头架 2 的前顶尖一起支承工件。尾架在工作台上可左右移动调整位置，以适应装夹不同长度工件的需要。

② 普通外圆磨床 普通外圆磨床与万能外圆磨床在构造上的不同点主要是头架和砂轮架都不能绕垂直轴调整角度，头架主轴直接固定在箱体上不能转动，没有内圆磨具。因此，普通外圆磨床主要用于磨削工件的外圆表面及锥度不大的圆锥表面。

普通外圆磨床的万能性不如万能外圆磨床，但是，部件的层次减少后，使机床结构简单，刚度较好。尤其是头架主轴是固定不动的，工件支承在固定顶尖上，提高了头架主轴部件的刚度和工件的旋转精度。

③ 无心外圆磨床 无心外圆磨床的主参数是最大磨削工件直径，适用于大批量生产中磨削细长轴以及不带中心孔的轴、套、销等零件。如图 2.76 所示为无心外圆磨床的外形图。它由床身 1、砂轮修整器 2、砂轮架 3、导轮修整器 4、导轮转动体 5、工件座架 11 等组成。磨削砂轮是由装在床身内的电动机经带传动带动旋转，通常不变速，导向轮（导轮）可做有级或无级变速，以获得所需的工件进给速度，它的传动装置在座架 6 内。导向轮可通过导轮转动体 5 在垂直平面内相对座架 6 转动，以便使导向轮主轴能根据加工需要相对磨削砂轮主轴偏转一定角度，在砂轮架 3 的左上方装有砂轮修整器 2，在导轮转动体 5 上面装有导轮修整器 4，它们可根据需要修整磨削砂轮和导向轮的几何形状。另外，座架 6 能沿滑板 9 上的导轨移动，实现横向进给运动，回转底座 8 可在水平面内转动一定角度，以便磨出锥度不大的圆锥面。

（2）内圆磨床

内圆磨床主要用于磨削圆柱孔和圆锥孔，有些内圆磨床还附有专门磨头，可以在工件的一次装夹中，用碟形砂轮同时磨出端面。内圆磨床的主参数是最大磨削内孔直径。

图 2.77 所示为普通内圆磨床的外形图。床身 1 上方为工作台 2，头架 3 安装在工作台上，由工作台带动沿床身的导轨做纵向往复运动。头架主轴由电动机经带传动，做圆周进给运动。砂轮架 4 上磨削内圆的砂轮主轴，由电动机经带传动，可通过液动或手动沿滑鞍 5 的导轨做周期的横向进给运动。

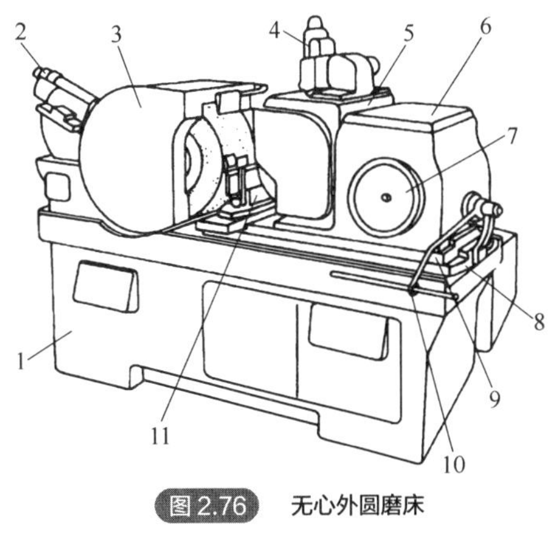

图 2.76 无心外圆磨床

1—床身；2—砂轮修整器；3—砂轮架；4—导轮修整器；5—导轮转动体；6—座架；7—微量进给手轮；8—回转底座；9—滑板；10—快速进给手柄；11—工件座架

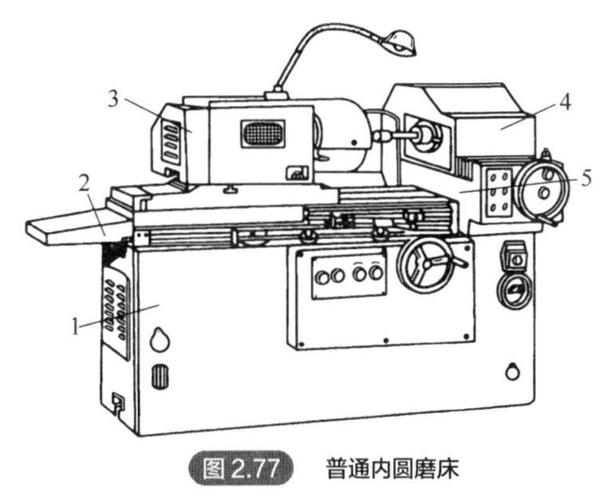

图 2.77 普通内圆磨床

1—床身；2—工作台；3—头架；4—砂轮架；5—滑鞍

在普通内圆磨床上磨削加工时，砂轮高速旋转做主运动，工件旋转做圆周进给运动，砂轮还做径向进给运动。采用纵磨法磨长孔时，砂轮或工件还要沿轴向往复移动做纵向进给运动。

(3) 平面磨床

平面磨床用于磨削各种零件的平面，其结构如图 2.78 所示。长方形的工作台 3 装在床身 1 的水平纵向导轨上，由液压传动系统实现直线往复运动（由行程开关挡块 4 自动控制换向），也可用纵向手轮 11 带动以进行调整。工作台上装有电磁吸盘或其他夹具以装夹工件，必要时也可以把工件直接装夹在工作台上。装有砂轮主轴的磨头 10 上部有燕尾形导轨与溜板 9 上的水平燕尾形导轨配合，由液压传动系统实现横向间歇进给（磨削时用）或连续移动（修整砂轮或调整位置时用）。上述运动也可用横向手轮 8 来实现。溜板可沿立柱 6 的导轨垂直移动，以调整磨头的高低位置或实现垂直进给运动，这一运动靠转动升降手轮 2 来实现。

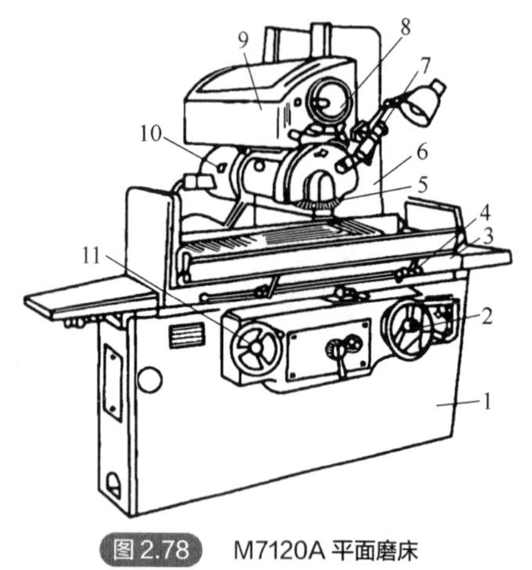

图 2.78 M7120A 平面磨床

1—床身；2—升降手轮；3—工作台；4—挡块；5—砂轮；6—立柱；7—砂轮修整器；8—横向手轮；9—溜板；10—磨头；11—纵向手轮

M7120A 型平面磨床的切削运动如下：

① **主运动** 磨头主轴上砂轮 5 的旋转运动是主运动，由与砂轮同一主轴的电动机（功率为 2.1/2.8kW）直接带动。

② 进给运动

a. 纵向进给运动 工作台沿床身纵向导轨的直线往复运动，这一运动通过液压传动实现。工作台运动速度为 1~18m/min。

b. 横向进给运动 磨头沿溜板的水平导轨所做的横向间歇进给（工作台每一往复结束时进给）。

c. 垂直进给运动 溜板沿立柱的垂直导轨所做的移动，这一运动由手动完成。

根据工作台的形状不同，平面磨床又可分为矩形工作台和圆形工作台磨床两类。所以，根据砂轮工作面及工作台形状的不同，普通平面磨床主要类型为 4 类（如图 2.79 所示）：卧轴矩台式平面磨床、卧轴圆台式平面磨床、立轴矩台式平面磨床、立轴圆台式平面磨床。其中，卧轴矩台式平面磨床和立轴圆台式平面磨床最为常见。

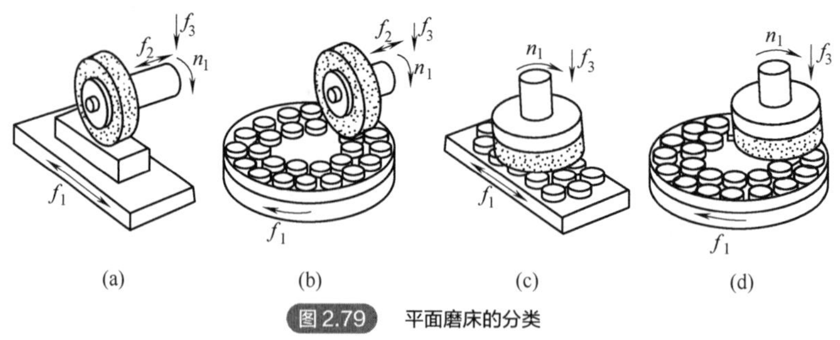

图 2.79 平面磨床的分类

2.7.2 砂轮

砂轮是由结合剂将磨料颗粒黏结而成的多孔体，如图 2.80 所示。磨粒依靠结合剂构成的“桥”支持着，承受磨削力作用，砂轮内的网状空隙（气孔）起到容纳磨屑和散热作用。磨粒、结合剂、网状空隙构成砂轮结构的三要素。

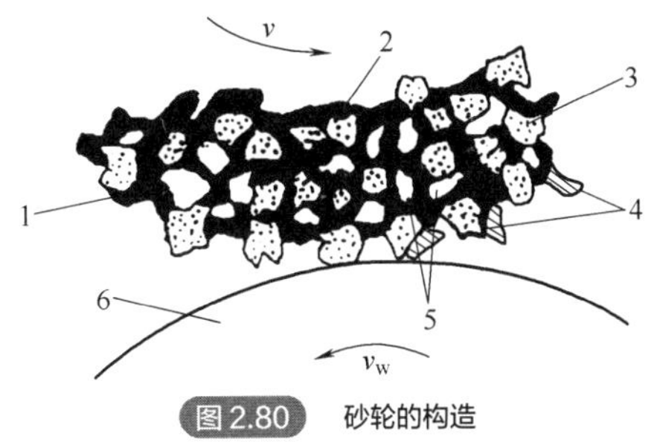

图 2.80 砂轮的构造

1—砂轮；2—结合剂；3—磨粒；4—磨屑；5—气孔；6—工件

砂轮的种类很多，不仅有各种形状和尺寸，而且由于磨粒和结合剂的材料及砂轮制造工艺不同，而具有不同的性能，每一种砂轮，都只有一定的适用范围。在进行任何一项磨削加工时都要根据具体条件，选用合适的砂轮。

（1）磨料

砂轮中磨粒的材料称为磨料。在磨削过程中，磨粒担负着切削工作，它要经受剧烈的挤压、摩擦以及高温的作用，磨料必须具备很高的硬度、耐热性和一定的韧性，同时还要具有比较锋利的几何形状，以便切入金属。

磨料分天然磨料和人造磨料两大类，天然磨料有刚玉类、金刚石等。天然刚玉含杂质多且不稳定，天然金刚石价格昂贵，很少采用，目前制造砂轮用的磨料主要是人造磨料。常用磨料性能及适用范围如表 2.39 所示。

表 2.39 常用磨料性能及适用范围

系别	磨料	代号	性能	适用磨削范围
刚玉	棕刚玉	A	棕褐色，硬度较低，韧性较好	碳钢、合金钢、铸铁
	白刚玉	WA	白色，较 A 硬度高，磨粒锋利，韧性差	淬火钢、高速钢、合金钢
	铬钢玉	PA	玫瑰红色，韧性较 WA 好	高速钢、不锈钢、刀具刃磨
碳化硅	黑碳化硅	C	黑色带光泽，比刚玉类硬度高，导热性好，韧性差	铸铁、黄铜、非金属材料
	绿碳化硅	GC	绿色带光泽	硬质合金、宝石、光学玻璃
超硬磨料	人造金刚石	MBD、RVD 等	白色、淡绿、黑色，硬度最高，耐热性较差	硬质合金、宝石、陶瓷
	立方氮化硼	CBN	棕黑色，硬度仅次于 MBD，韧性较 MBD 好	高速钢、不锈钢、耐热钢

① **刚玉类** 刚玉类磨料主要成分是氧化铝（Al_2O_3），适合磨削抗拉强度较高的材料，按氧化铝质量、数量、结晶构造、渗入物不同，刚玉类磨料可分为以下几种：

a. 棕刚玉 A 棕刚玉的颜色呈棕褐色。用它制造的陶瓷结合剂砂轮通常为蓝色或浅蓝色。棕刚玉的韧性较好，能承受较大磨削压力，适于磨削碳钢、合金钢、硬青铜等金属材料，且价格便宜。

b. 白刚玉 WA 白刚玉含氧化铝的纯度极高，呈白色，因此又称白色氧化铝。白刚玉较棕刚玉硬而脆，磨粒相当锋利，磨粒也容易破裂而形成新的锋利刃口，因此白刚玉具有良好的磨削性能，磨削过程产生的磨削热比棕刚玉低。适用于精磨各种淬火钢、高速钢以及容易变形的工件等。

c. 铬刚玉 PA 铬刚玉除了含氧化铝以外，还有少量的氧化铬（Cr_2O_3），颜色呈玫瑰红色。其硬度与白刚玉相近，而韧性比白刚玉好，适用于磨削韧性好的钢件，如磨高钒高速钢时砂轮的耐用度和磨削效率均比白刚玉高。在相同磨削条件下，用铬刚玉磨出的工件表面粗糙度比白刚玉砂轮稍小。适用于精磨各种淬硬钢件。

② 碳化硅类 碳化硅类磨料的硬度和脆性比刚玉类磨料高，磨粒也更锋利，不宜磨削钢类等韧性金属，适用于磨削脆性材料，如铸铁、硬质合金等，碳化硅类不宜磨削钢类的另一个原因是：在高温下碳化硅中的碳原子要向钢的铁素体中扩散。碳化硅由硅石和焦炭为原料在高温电炉中熔炼而成，按含 SiC 的纯度不同，可以分为以下两种：

a. 黑碳化硅 C 磨料的颜色呈黑色，且有金属光泽，其硬度高于刚玉类的任何一种。磨粒棱角锋利，但很脆，经不住大的磨削压力，较适用于磨削抗拉强度低的材料，如铸铁、黄铜、青铜等。

b. 绿碳化硅 GC 含碳化硅的纯度极高，呈绿色，有美丽的金属光泽，绿色碳化硅的硬度比黑色碳化硅高，刃口锋利，但脆性更大，适于磨削硬而脆的材料，如硬质合金等。

③ 超硬类 超硬磨料是近年来发展起来的新型磨料。

a. 人造金刚石 SD 金刚石是目前已知物质最硬的一种材料，其刃口非常锋利，切削性能优良，但价格昂贵。主要用于高硬度材料如硬质合金、光学玻璃等加工。工业中用的大多是人造金刚石，人造金刚石的价格比天然金刚石低得多。

b. 立方氮化硼 CBN 主要用于磨削高硬度、高韧性的难加工钢材。它呈棕黑色，硬度稍低于金刚石，是与金刚石互为补充的优质磨料。金刚石砂轮在磨削硬质合金和非金属材料时，具有独特的效果，但在磨削钢料时，尤其是磨削特种钢时，效果不显著，因为金刚石中的碳元素要向钢中扩散。立方氮化硼砂轮磨削钢料的效率比刚玉砂轮要高近百倍，比金刚石高 5 倍，但磨削脆性材料不及金刚石。目前，立方氮化硼砂轮正在航空、机床、工具、轴承等行业中推广使用。

（2）粒度

粒度是表示磨粒尺寸大小的参数，对磨削表面的粗糙度和磨削效率有很大影响。粒度粗，即磨粒大，磨削深度可以增加，效率高，但磨削的表面质量差；反之，粒度细，磨粒小，在砂轮工作表面上的单位面积上的磨粒多，磨粒切削刃的等高性好，可以获得粗糙度小的表面，但磨削效率比较低。另外，粒度细，砂轮与工件表面之间的摩擦大，发热量大，易引起工件烧伤。常用砂轮粒度号及其使用范围如表 2.40 所示。

表 2.40 常用砂轮粒度号及其使用范围

类别		粒度号	适用范围
磨粒	粗粒	8# 10# 12# 14# 16# 20# 22# 24#	荒磨
	中粒	30# 36# 40# 46#	一般磨削，加工表面粗糙度 *Ra* 可达 0.8μm
	细粒	54# 60# 70# 80# 90# 100#	半精磨、精磨和成形磨削，加工表面粗糙度 *Ra* 可达 0.8~0.1μm

续表

类别	粒度号		适用范围
磨粒	微粒	$120^{\#}$　$150^{\#}$　$180^{\#}$　$220^{\#}$　$240^{\#}$	精磨、精密磨、超精磨、成形磨、刀具刃磨、珩磨
微粉	W60 W50 W40 W28		精磨、精密磨、超精磨、珩磨、螺纹磨、超精密磨、镜面磨、精研，加工表面粗糙度 *Ra* 可达 0.1~0.05μm
	W20 W14 W10 W7 W5 W3.5 W2.5 W1.5 W1.0 W0.5		

粒度有两种表示方法。

① 颗粒尺寸大于 50μm 的磨粒（W63 除外），用筛网筛分的方法测定，粒度号代表的是磨粒所通过的筛网在每英寸长度上所含的孔目数。例如，$60^{\#}$粒度是指它可以通过每英寸长度上有 60 个孔目的筛网，用这种方法表示的粒度号越大，磨粒就越细。

② 磨粒尺寸很小时就成为微粉。微粉用显微镜测量的方法确定粒度，粒度号 W 表示微粉，阿拉伯数字表示磨粒的实际大小尺寸。例如，W40 表示颗粒大小为 40~28μm。

（3）结合剂

结合剂是将磨粒黏结成各种砂轮的材料。结合剂的种类及其性质，决定了砂轮的硬度、强度、耐冲击性、耐腐蚀性和耐热性。此外，它对磨削温度、磨削表面质量也有一定的影响。常用结合剂的种类、代号、性能与适用范围见表 2.41。

表 2.41　常用结合剂的性能及适用范围

结合剂	代号	性能	适用范围
陶瓷	V	耐热，耐蚀，气孔率大，易保持廓形，弹性差	最常用，适用于各类磨削加工
树脂	B	强度较 V 高，弹性好，耐热性差	适用于高速磨削、切断、开槽等
橡胶	R	强度较 B 高，更富有弹性，气孔率小，耐热性差	适用于切断、开槽及做无心磨的导轮
青铜	Q	强度最高，导电性好，磨耗少，自锐性差	适用于金刚石砂轮

（4）硬度

砂轮的硬度是指结合剂黏结磨粒的牢固程度，也是指磨粒在磨削力作用下，从砂轮表面脱落的难易程度。砂轮硬，就是磨粒黏得牢，不易脱落；砂轮软，就是磨粒黏得不牢，容易脱落。

砂轮的硬度对磨削生产率和磨削表面质量都有很大的影响。如果砂轮太硬，磨粒磨钝后仍不能脱落，磨削效率降低，工件表面粗糙并可能被烧伤。如果砂轮太软，磨粒还未磨钝已从砂轮上脱落，砂轮损耗大，形状不易保持，影响工件质量。砂轮的硬度合适，磨粒磨钝后因磨削力增大而自行脱落，使新的锋利的磨粒露出，砂轮具有自锐性，则磨削效率高，工件表面质量好，砂轮的损耗也小。砂轮的硬度分级见表 2.42。

表 2.42　砂轮的硬度分级

项目	等级															
	超软			软			中软		中		中硬			硬		超硬
代号	D	E	F	G	H	J	K	L	M	N	P	Q	R	S	T	Y
选择	磨未淬硬钢选用 L—N，磨淬火合金钢选用 H—K，高表面质量磨削时选用 K—L，刃磨硬质合金刀具选用 H—L															

（5）组织

组织表示砂轮中磨料、结合剂和气孔间的体积比例。根据磨粒在砂轮中占有的体积比例（即磨粒率），砂轮可分为 0—14 组织号，见表 2.43。组织号从小到大，磨料率由大到小，气孔率由小到大。砂轮组织号大，组织松，砂轮不易被磨屑堵塞，切削液和空气能带入磨削区域，可降低磨削区域的温度，减少工件因发热而引起的变形和烧伤，也可以提高磨削效率。但组织号大，不易保持砂轮的轮廓形状，会降低成形磨削的精度，磨出的表面也较粗糙。

表 2.43　砂轮的组织号

项目	组织号														
	0	1	2	3	4	5	6	7	8	9	10	11	12	13	14
磨粒率/%	62	60	58	56	54	52	50	48	46	44	42	40	38	36	34

（6）砂轮的形状、尺寸和标志

为了适应在不同类型的磨床上磨削各种形状和尺寸工件的需要，砂轮有许多种形状和尺寸。常用砂轮的形状、代号、用途见表 2.44。

表 2.44　常用砂轮的形状、代号及主要用途

代号	名称	断面形状	形状尺寸标记	主要用途
1	平面砂轮		1–D×T×H	磨外圆、内孔、平面及刃磨刀具
2	筒形砂轮		2–D×T–W	端磨平面
4	双斜边砂轮		4–D×T/U×H	磨齿轮及螺纹
6	杯形砂轮		6–D×T×H–W，E	端磨平面，刃磨刀具后刀面

续表

代号	名称	断面形状	形状尺寸标记	主要用途
11	碗形砂轮		$11\text{-}D/J\times T\times H\text{-}W$，$E$，$K$	端磨平面，刃磨刀具后刀面
12a	碟形一号砂轮		$12a\text{-}D/J\times T/U\times H\text{-}W$，$E$，$K$	刃磨刀具前刀面
41	薄片砂轮		$41\text{-}D\times T\times H$	切断及磨槽

注：↓所指表示基本工作面。

砂轮的标志印在砂轮端面上。其顺序是：形状代号、尺寸、磨料、粒度号、硬度、组织号、结合剂、最高工作速度。例如：

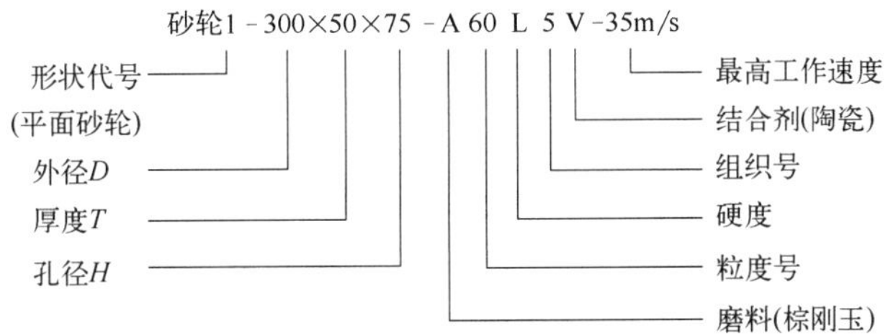

2.7.3　磨削的装夹方式

（1）外圆磨床上的装夹

在外圆磨床上，工件可以用两顶尖装夹、卡盘装夹、心轴装夹、一夹一顶装夹等。

① 用两顶尖装夹　工件支承在前、后顶尖上，由与带轮连接的拨盘上的拨杆拨动鸡心夹头带动工件旋转，实现圆周进给运动。这时需拧动螺杆顶紧摩擦环，使头架主轴和顶尖固定不动。这种装夹方式有助于提高工件的回转精度和主轴的刚度，被称为“死顶尖”工作方式。

这是外圆磨床上最常用的装夹方法，其特点是装夹方便，定位精度高。两顶尖固定在头架主轴和尾架套筒的锥孔中，磨削时顶尖不旋转，这样头架主轴的径向圆跳动误差和顶尖本身的同轴度误差就不再对工件的旋转运动产生影响。只要中心孔和顶尖的形状正确，装夹得当，就可以使工件的旋转轴线始终不变，获得较高的圆度和同轴度精度。

② 用卡盘装夹　在外圆磨床上可用自定心卡盘装夹圆柱形工件，其他一些自动定心夹具也适于装夹圆柱形工件。单动卡盘一般用来装夹截面形状不规则工件。在万能外圆磨床上，利用卡盘在一次装夹中磨削工件的内孔和外圆，可以保证内孔和外圆之间较高的同轴度精度。用卡盘装夹工件时应拧松螺杆并取出，使主轴可自动转动。卡盘装在法兰盘上，而法兰盘以其锥柄

安装在主轴锥孔内，并通过主轴内孔的拉杆拉紧。旋转运动由拨盘上的螺钉传给法兰盘，同时主轴也随着一起转动。

③ **用心轴装夹** 磨削套类工件时，以内孔为定位基准在心轴上装夹。

④ **用卡盘和顶尖装夹** 若工件较长，一端能钻中心孔，另一端不能钻中心孔，可一端用卡盘，另一端用顶尖装夹工件。

（2）平面磨床上的装夹

电磁吸盘是平面磨床最常用的夹具之一，凡是由钢、铸铁等材料制成的有平面的工件，都可用它装夹。

电磁吸盘是根据电磁效应原理制成的。在由硅钢片叠成的铁芯上绕有线圈，当电流通过线圈，铁芯即被磁化，成为带磁性的电磁铁，这时若把铁块引向铁芯，立即会被铁芯吸住。当切断电流时，铁芯磁性消失，铁块就不再被吸住。

2.7.4 磨削方式和磨削用量

2.7.4.1 磨削方式

（1）外圆磨削方式

① **纵磨法** 又称贯穿磨法。磨削时，工件一方面做圆周进给运动，同时随工作台做纵向进给运动，横向进给运动为周期性间歇进给，当每次纵向进给或往复行程结束后，砂轮做一次横向进给，磨削余量经多次进给后被磨去。纵磨法磨削效率低，但能获得较高的精度和较小的表面粗糙度值。

② **横磨法** 又称切入磨法。磨削时，工件做圆周进给运动，工作台不做纵向进给运动，横向进给运动为连续进给。砂轮的宽度大于磨削表面，并做慢速横向进给，直至磨到要求的尺寸。横磨法磨削效率高，但磨削力大，磨削温度高，必须供给充足的切削液。

③ **复合磨削法** 是纵磨法和横磨法的综合运用，即先用横磨法将工件分段粗磨，各段留精磨余量，相邻两段有一定量的重叠，最后再用纵磨法进行精磨。复合磨削法兼有横磨法效率高、纵磨法质量好的优点。

④ **深磨法** 其特点是在一次纵向进给中磨去全部磨削余量。磨削时，砂轮修整成一端有锥面或阶梯面，工件的圆周进给速度与纵向进给速度都很慢。此方法生产率较高，但砂轮修整复杂，并且要求工件的结构必须保证砂轮有足够的切入和切出长度。

（2）内圆磨削方式

内圆磨削的磨削方式有纵磨和横磨两种，如图 2.81 所示。

（3）平面磨削方式

根据砂轮的工作面不同，平面磨削的磨削方式分为周磨和端磨。用砂轮轮缘（即圆周）磨削称为周磨；用砂轮端面磨削称为端磨。用砂轮轮缘磨削的平面磨床，砂轮主轴通常是水平的；

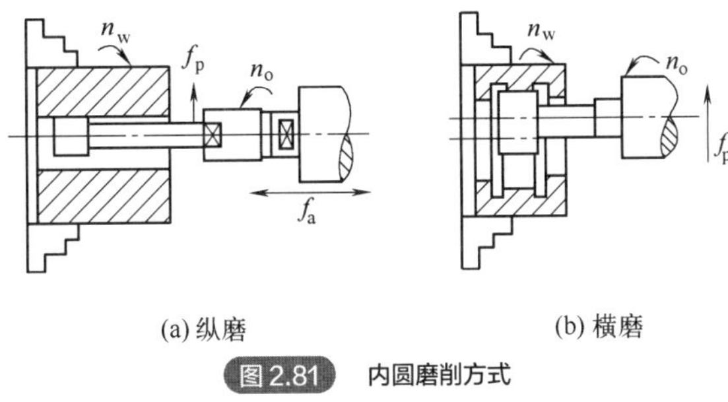

(a) 纵磨　　(b) 横磨

图 2.81 内圆磨削方式

而用砂轮端面磨削的平面磨床，砂轮主轴通常是立式的（主轴成竖直位置）。

周磨时，砂轮与工件同时接触面积小，散热好，但加工效率低；端磨时，砂轮与工件同时接触面积大，散热差，但加工效率高。

2.7.4.2 磨削用量

外圆磨削的常用磨削用量为：切削速度 v_c、圆周进给速度 v_w、轴向进给量 f_a、径向进给量 f_r，如图 2.82 所示。

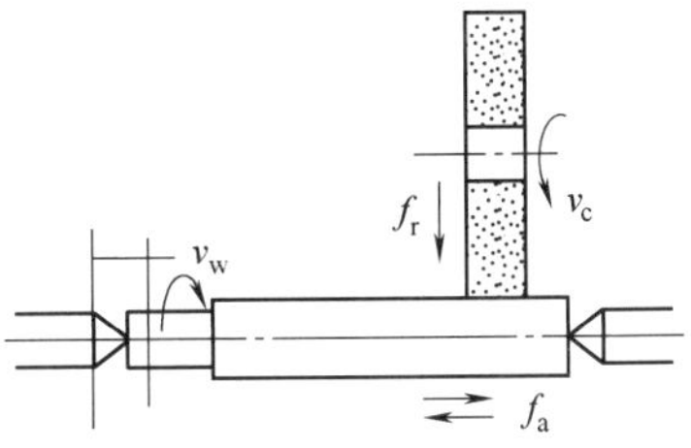

图 2.82 磨削用量

① **砂轮旋转主运动速度（切削速度）v_c** 砂轮为氧化铝或碳化硅时，v_c=25~50m/s；砂轮为 CBN 或人造金刚石时，v_c=80~150m/s。

② **工件旋转圆周进给运动速度 v_w** 粗磨时 v_w=20~30mm/min；精磨时 v_w=20~60mm/min。

③ **轴向进给量** 用工件每转相对于砂轮的轴向移动量 f_a（单位为 mm/r）表示，进给速度为 v_f（单位为 mm/ min），$v_f=n\times f_a$。其中，n 为工件的转速，单位为 r/min。粗磨时，f_a=（0.3~0.7）Bmm/r；精磨时，f_a=（0.3~0.4）Bmm/r。其中，B 为砂轮宽度，单位为 mm。

④ **径向进给量** 径向进给为砂轮切入工件的运动。进给量用工作台每单行程或双行程砂轮切入工件的深度（磨削深度）f_r（单位为 mm/单行程或 mm/双行程）表示。粗磨时，f_r=0.015~0.05mm/单行程或 0.015~0.05mm/双行程；精磨时，f_r=0.005~0.01mm/单行程或 0.005~0.01mm/双行程。

项目实施 2-4

零件图样分析：①曲轴的拐径与轴径偏心距为120mm±0.1mm，加工时应注意回转平衡；②键槽 $28_{-0.400}^{-0.022}$ mm×176mm 对 1:10 锥度轴线的对称度公差为 0.05mm；③轴径 $\phi110_{+0.003}^{+0.025}$ mm 与拐径 $\phi110_{-0.071}^{-0.035}$ mm 的圆柱度公差为 0.015mm；④两个轴径 $\phi110_{+0.003}^{+0.025}$ mm 的同轴度公差为 ϕ0.02mm；⑤1:10 锥度对 A—B 轴线的圆跳动公差为 0.03mm；⑥曲轴拐径 $\phi110_{-0.071}^{-0.035}$ mm 的轴线对 A—B 轴线的平行度公差为 ϕ0.02mm；⑦轴径与拐径连接各处为光滑圆角，其目的是减少应力集中；⑧1:10 锥度面涂色检查，其接触面不少于 80%；⑨加工后应清除油孔中的一切杂物。

任务 1：加工该单拐曲轴需要用哪些加工方法？

任务 2：用哪种类型的刀具？

任务 3：采用什么样的装夹方案？

任务 4：如何给定切削用量？

项目引入 2-5

如图 2.83 所示为一小型蜗轮减速器箱体零件，编制该零件的工艺过程。技术要求为：①箱体内部做煤油渗漏检验；②铸件人工时效处理；③非加工面涂防锈油；④铸件不能有砂眼、疏松等缺陷；⑤材料 HT200。

加工该减速器箱体需要用哪些加工方法？用哪种类型的刀具？采用什么样的装夹方案？如何给定切削用量？

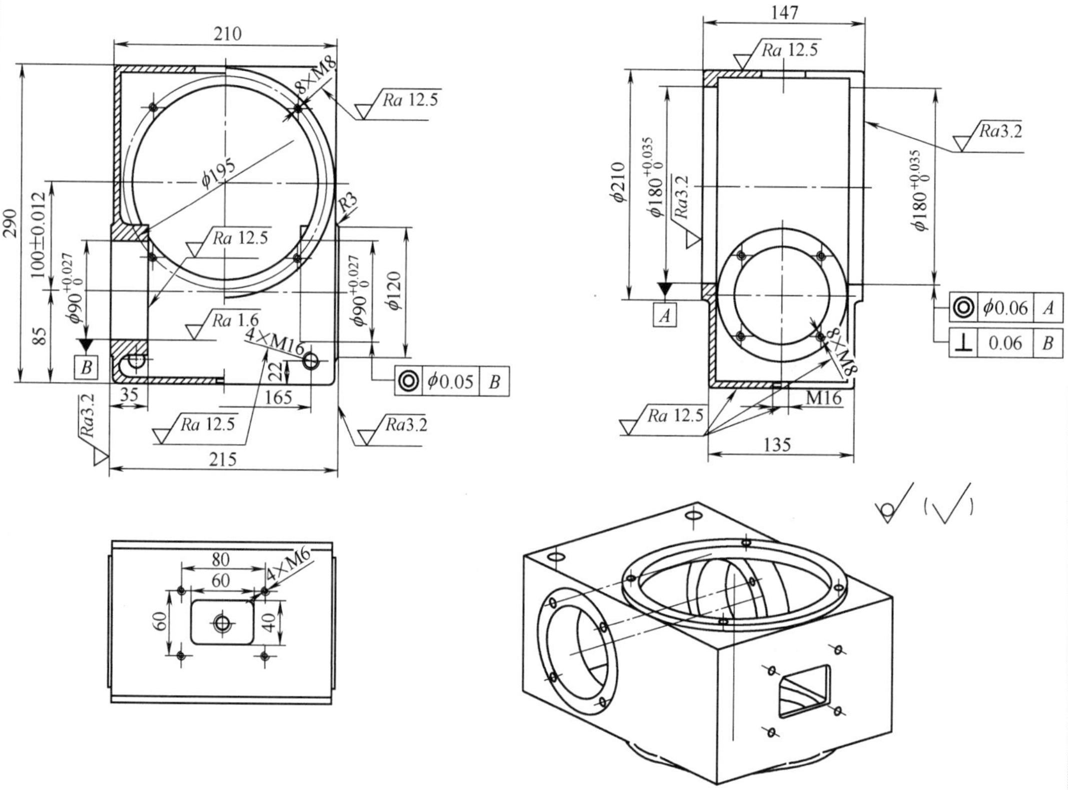

图 2.83 小型蜗轮减速器箱体

2.8 钻削加工

2.8.1 钻床的种类

钻床是用钻削刀具进行切削加工的机床，是孔加工机床。通常用于加工尺寸较小、精度要求不太高的孔。在钻床上可完成钻孔、扩孔、铰孔、锪孔、锪端面以及攻螺纹等加工。钻床的工艺范围如图 2.84 所示。

根据 GB/T 15375—2008《金属切削机床　型号编制方法》中的规定，钻床按其用途和结构不同，可分为 9 组，主要分为坐标镗钻床（主参数为工作台面宽度）、深孔钻床、摇臂钻床、台式钻床、立式钻床、卧式钻床、铣钻床、中心孔钻床（主参数为最大工件直径）、其他钻床（如双面卧式玻璃钻床、数控印制板钻床、数控印制板铣钻床）等。除坐标镗钻床、中心孔钻床外，其余钻床的主参数为最大钻孔直径。

(a) 钻孔　(b) 扩孔　(c) 铰孔　(d) 攻螺纹　(e) 锪孔　(f) 锪端面

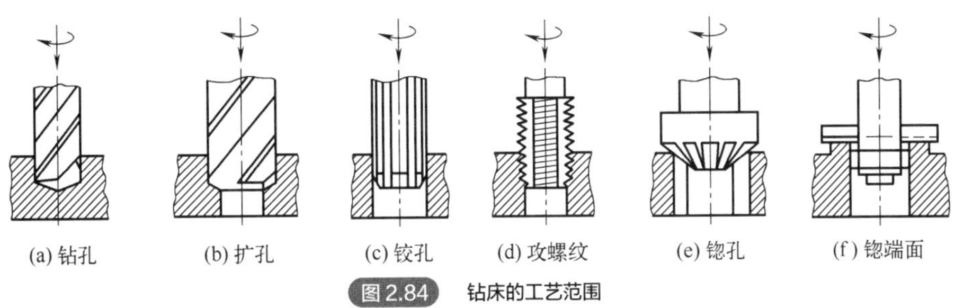

图 2.84　钻床的工艺范围

① 摇臂钻床　在大型工件上钻孔时，尤其是多个孔时，为避免重复装夹，应使工件不动，通过调整主轴的位置进行不同位置孔的加工，使用摇臂钻床能够满足要求。摇臂钻床如图 2.85 所示。加工时，工件固定在底座 1 上的工作台 10 上，主轴 9 的旋转和轴向进给运动由电动机 6 通过主轴箱 8 来实现。主轴箱 8 可沿摇臂 7 的导轨横向调整位置。摇臂 7 借助电动机 5 及丝杠 4 的传动，可沿外立柱 3 的圆柱面上下调整位置。此外，摇臂 7 及外立柱 3 又可绕内立柱 2 在 ±180°范围内回转。由于摇臂钻床结构上的这些特点，工作时，可以很方便地调整主轴 9 到所需的加工位置上，而无须移动工件。

当工件较大时，也可卸去工作台，直接将工件装在底座上。摇臂钻床广泛地用于大、中型工件的加工。

② 立式钻床　主轴是垂直布置的，在水平方向上的位置固定不动，必须通过工件的移动，找正被加工孔的位置。

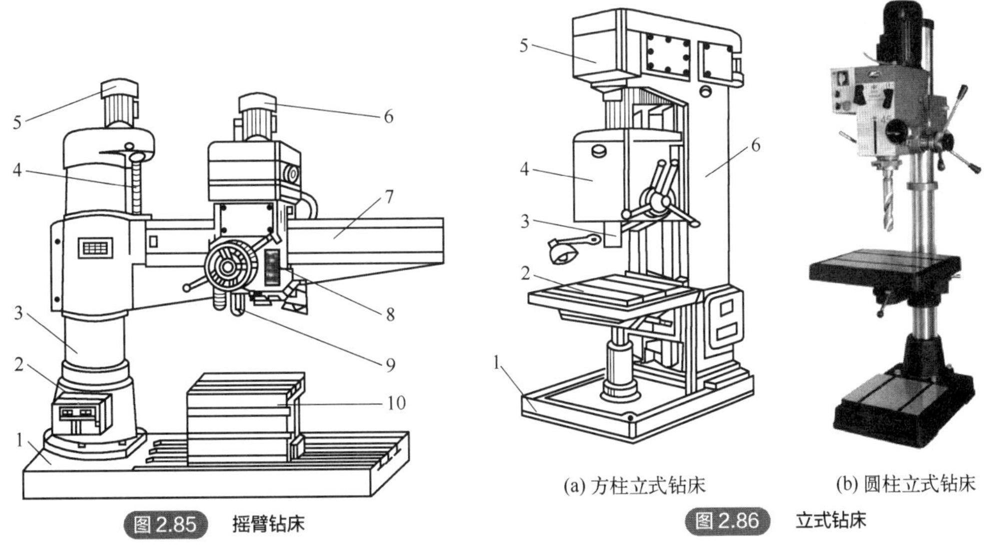

图 2.85　摇臂钻床

1—底座；2—内立柱；3—外立柱；4—丝杠；5—电动机；6—电动机；7—摇臂；8—主轴箱；9—主轴；10—工作台

(a) 方柱立式钻床　(b) 圆柱立式钻床

图 2.86　立式钻床

1—底座；2—工作台；3—主轴；4—进给箱；5—变速箱；6—立柱

立式钻床由底座 1、工作台 2、主轴 3、进给箱 4、(主轴)变速箱 5 和立柱 6 等部件组成，如图 2.86 所示。加工时，工件直接或通过夹具安装在工作台上。主轴 3 的旋转运动是由电动机经变速箱 5 传动的。加工时，主轴既旋转又做轴向进给运动。同时，由进给箱 4 传来的运动，使主轴随着主轴套筒做直线进给运动。进给箱 4 和工作台 2 可沿立柱 6 的导轨调整上下位置，以适应加工不同高度的工件。在立式钻床上，加工完一个孔后再加工另一个孔时，需要移动工件，使刀具与另一个孔对准。这对于大而重的工件，操作很不方便，此种类型的钻床生产率不高。因此，立式钻床仅适用于在单件、小批生产中加工中、小型零件。

③ **台式钻床** 简称台钻，它是一种小型钻床，主要用于电器、仪表工业及机器制造业的钳工、装配工作中。适用于加工小型工件，加工的孔径一般小于 15mm。

如图 2.87 所示为台式钻床的布局形式。电动机 1 通过五挡 V 形带传动，使主轴获得 5 种转速。本体 10 可沿立柱 5 上下移动，并可绕其转动到适当位置，手柄 2 用于锁紧本体 10。保险环 4 位于本体下端，用螺钉 3 锁紧在立柱 5 上，以防止本体锁紧失灵而突然下滑。工作台 9 也可沿立柱上下移动或转动一定角度，由手柄 6 锁紧在适当位置。松开螺钉 8，工作台在水平面内可左右倾斜，最大倾斜角度为45°，底座 7 用于固定台钻。台钻的自动化程度较低，通常是手动进给。但它的结构简单，使用灵活方便。

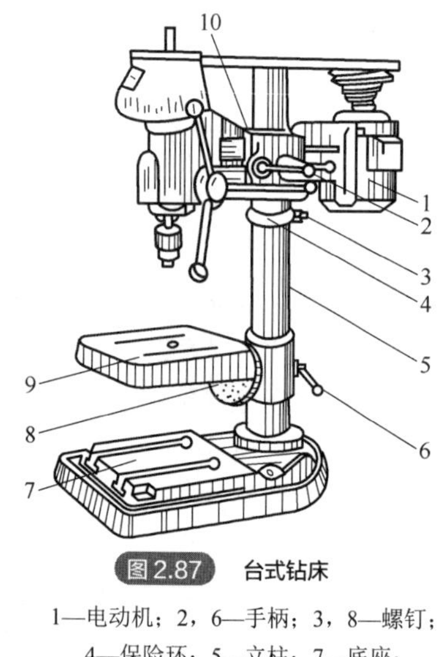

图 2.87 台式钻床

1—电动机；2，6—手柄；3，8—螺钉；4—保险环；5—立柱；7—底座；9—工作台；10—本体

2.8.2 钻削刀具

钻削加工使用的刀具是定尺寸刀具。孔加工刀具一般可分为两大类：一类是用于在实体材料上加工孔的刀具，如扁钻、麻花钻、中心钻及深孔钻等；另一类是对工件上已有孔进行再加工用的刀具，如扩孔钻、锪钻、铰刀及镗刀等。钻孔直径为 0.1 ~100mm。钻削加工广泛应用于孔的粗加工，也可以作为不重要孔的最终加工。

(1) 麻花钻

麻花钻是最常用的钻孔刀具，它适用于加工低精度的孔，也可用于扩孔。麻花钻结构如图 2.88 所示。标准高速工具钢麻花钻由工作部分、装夹部分组成。

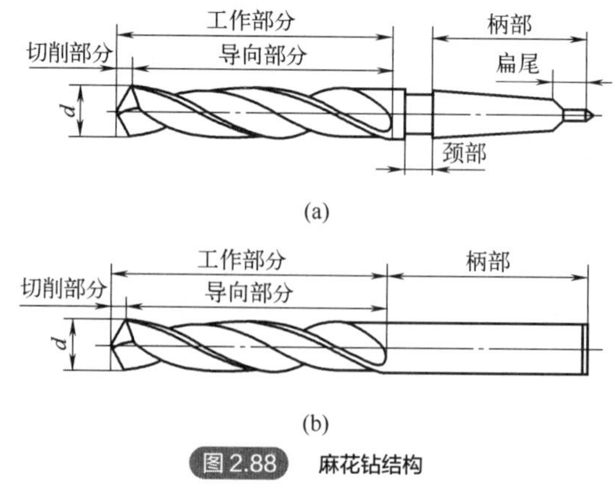

图 2.88 麻花钻结构

① 装夹部分　装夹部分用于麻花钻与机床的连接并传递动力，包括柄部与颈部。直径在 12mm 以上的均做成莫氏锥柄［如图 2.88（a）所示］，小直径钻头用圆柱柄［如图 2.88（b）所示］。锥柄端部制出扁尾，插到钻套（如图 2.89 所示）的腰形孔中，可用斜楔将钻头从钻套中击出。颈部直径略小，上面印有厂标、规格等标记。

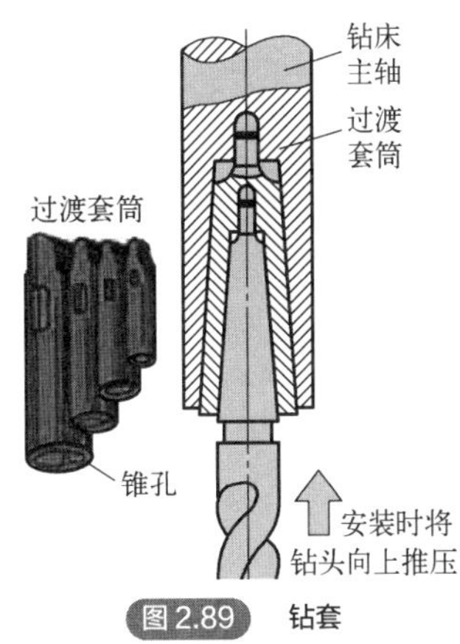

图 2.89　钻套

② 工作部分　工作部分由导向部分和切削部分构成。导向部分起导向、排屑作用，同时也是切削部分的备磨部分；切削工作由切削部分完成。外圆柱上两条螺旋形棱边为刃带，可用于保持孔形尺寸和钻头进给时的导向。两条螺旋刃沟起排屑作用。钻体中心为钻芯，连接两条刃带。

切削部分指钻头前端有切削刃的区域，由两个前面、两个主后面、两个副后面组成。前面是两条螺旋刃沟中以切削刃为母线形成的螺旋面。主后面是钻孔时与工件过渡表面相对的表面。副后面就是刃带棱面。主切削刃位于前、后面交汇的区域，横刃位于两主后面交汇的区域，副切削刃是两条刃沟与刃带棱面交汇的两条螺旋线。普通麻花钻共有三条主切削刃、两条副切削刃，即左右切削刃、横刃和两条棱边。切削部分如图 2.90 所示。

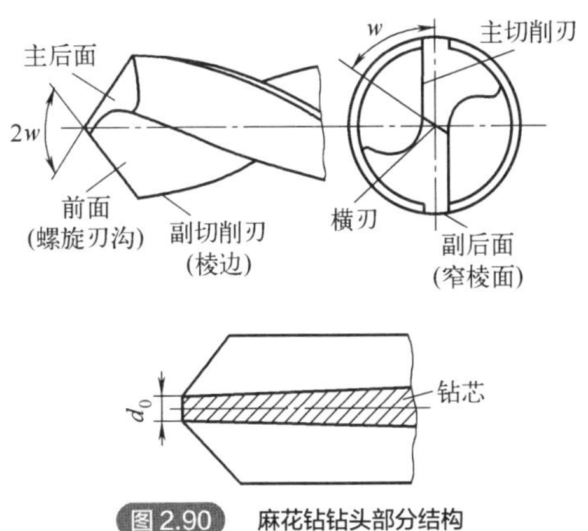

图 2.90　麻花钻钻头部分结构

麻花钻的结构参数是确定钻头几何形状的独立参数。包括：

① 直径 d　直径 d 指切削部分测量的两刃带间距离，选用标准系列尺寸。

② 直径倒锥　倒锥指远离切削部分的直径逐渐缩小，以减少刃带与孔壁的摩擦，相当于副偏角。钻头倒锥量约为 0.03~0.12mm/100mm，直径大的倒锥量也大。

③ 钻芯直径 d_0　钻芯直径是两刃沟底相切圆的直径。它影响钻头的刚性与容屑截面。直径大于 13mm 的钻头，d_0=（0.125~0.15）d。钻芯做成 1.4~2mm/100mm 的正锥度，以提高钻头的刚度。

④ 螺旋角 w　螺旋角是钻头刃带棱边螺旋线展开成直线与钻头轴线的夹角。增大螺旋角使前角增大，有利于排屑，使切削轻快，但钻头刚性变差。小直径钻头为提高钻头刚性，将螺旋角做得略小一些。

（2）扩孔钻

扩孔钻通常用作铰孔或磨孔前的加工或毛坯孔的扩大，与麻花钻相比，其特点是：没有横刃，改善了加工条件；齿数较多，一般为 3~4 个齿，导向性好；加工余量小，齿槽浅，钻芯直径大，刀具强度和刚性较麻花钻好，切削过程平稳。因此，生产率及加工质量均比麻花钻扩孔时高。

扩孔钻的结构形式有高速工具钢整体式、镶齿套式及硬质合金可转位式等，如图 2.91 所示。扩孔钻由柄部、颈部、工作部分（包括切削部分和导向部分）构成。

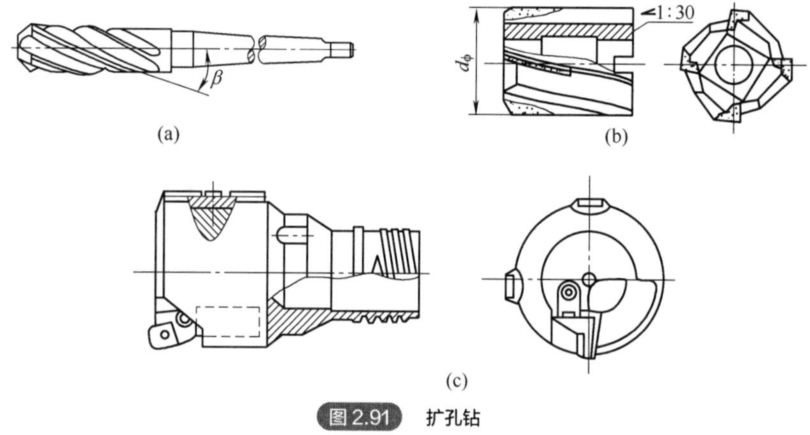

图 2.91 扩孔钻

(3) 铰刀

铰刀用于中小直径孔的半精加工和精加工。铰刀的加工余量小，齿数多，刚性和导向性好。铰刀由柄部、颈部、工作部分构成，工作部分由引导锥、切削部分、校准部分构成，校准部分由圆柱部分和倒锥部分构成，如图 2.92 所示。

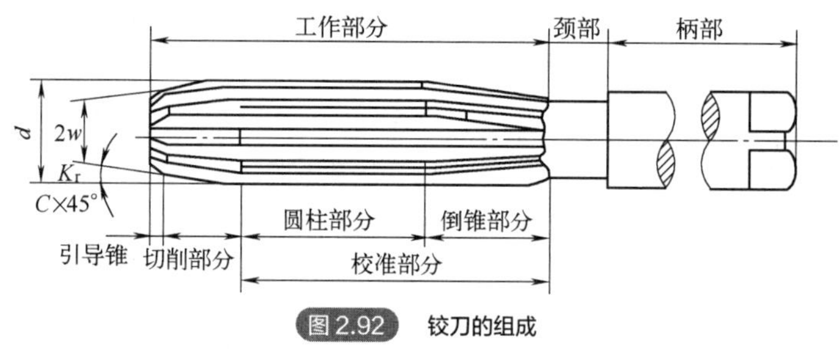

图 2.92 铰刀的组成

(4) 锪钻

锪钻用于在孔的端面上加工圆柱形沉头孔、锥形沉头孔或凸台表面，如图 2.93 所示。锪钻可采用高速工具钢整体结构或硬质合金镶齿结构。

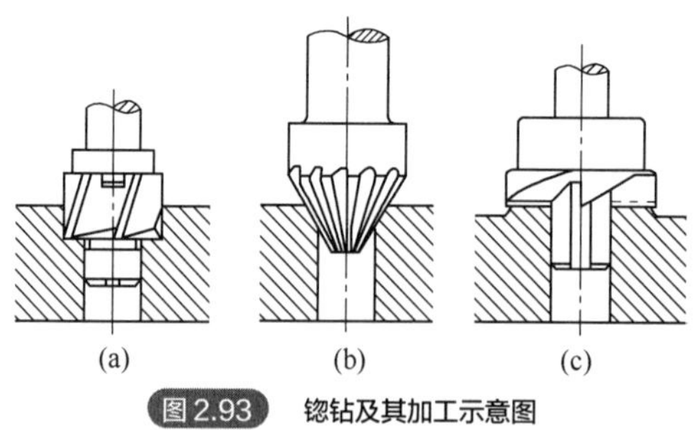

图 2.93 锪钻及其加工示意图

2.8.3 钻削的装夹方式

钻床上常用的夹具有机用虎钳、V 形块、压板、垫板和螺栓、弯板、手用虎钳、平行夹板等。机用虎钳一般用来装夹平整、方形的工件，是最常用的夹具，如图 2.94（a）所示。

手用虎钳用来夹持小型工件和薄板形工件，如图 2.94（b）所示。

V 形块主要是用来夹持圆柱形工件，如图 2.94（c）所示。

压板、垫板和螺栓是配合 V 形块或在钻床工作台上直接夹持工件用，如图 2.94（d）所示。

弯板是需将工件竖立装夹使用的夹具，如图 2.94（e）所示。

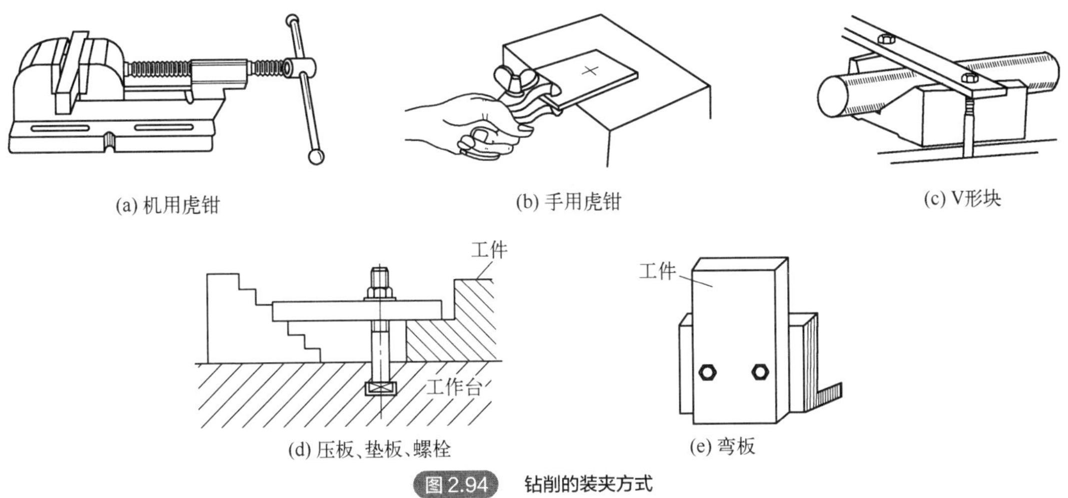

图 2.94　钻削的装夹方式

对于 ϕ8mm 以下的小孔，工件可以用手握时，可以直接用手拿着钻孔，但必须将工件上锋利的边角倒钝。快钻穿时要减少切削量以确保安全。不用夹具的原则：一是零件适合用手握而不会发生事故；二是对加工孔的精确度要求不高的情况。

2.8.4　钻削特点及钻削用量

2.8.4.1　钻削特点

钻头是在半封闭的状态下进行切削加工的，切削加工情况不易观察；金属切除量较大，排屑困难，且切屑流出时容易刮伤已加工表面，使表面粗糙。

刀具与工件加工表面之间摩擦、挤压严重，切削力大，产生热量多，散热困难，切削温度高，且容易产生孔壁的冷作硬化。

钻头不易磨成对称的切削刃，加工的孔径常会扩大。

钻头细而悬伸长，刚性差，加工时容易发生引偏。

综合以上特点，可以得出钻孔精度低，表面粗糙，公差等级为 IT13~IT12，表面粗糙度 Ra 值为 12.5~6.3μm。

2.8.4.2　钻削用量

钻削用量包括背吃刀量（钻削深度）a_p、进给量 f、切削速度 v_c 三要素，如图 2.95 所示。

钻削深度 $a_p=d/2$（mm）；由于钻头有两条切削刃，所以每齿进给量 $f_z=f/2$（mm/z）；钻削速度 $v_c=\pi dn/1000$（m/min）。

摇臂钻床主轴转速和进给量见表 2.45、表 2.46。

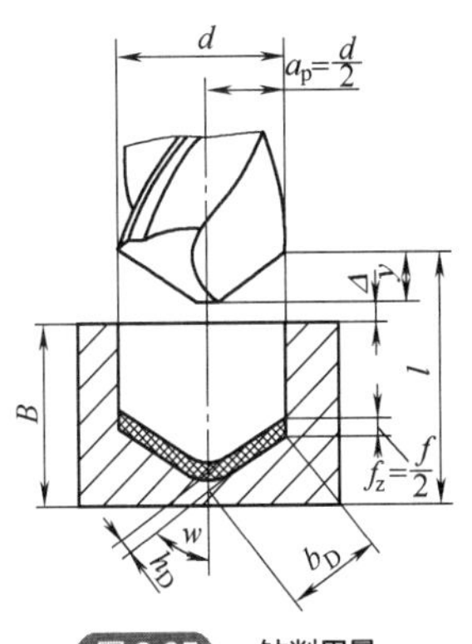

图 2.95　钻削用量

表 2.45　摇臂钻床主轴转速

型号	转速/（r/min）
Z3025	50、80、125、200、250、315、400、500、630、1000、1600、2500
Z3040	25、40、63、80、100、125、160、200、250、320、400、500、630、800、1250、2000
Z35	34、42、53、67、85、105、132、170、265、335、420、530、670、850、1051、1320、1700
Z37	11.2、14、18、22.4、28、35.5、45、56、71、90、112、140、180、224、280、355、450、560、710、900、1120、1400
Z32K	175、432、693、980
Z35K	20、28、40、56、80、112、160、224、315、450、630、900

表 2.46　摇臂钻床主轴进给量

型号	进给量/（mm/r）
Z3025	0.05、0.08、0.12、0.16、0.2、0.25、0.3、0.4、0.5、0.63、1.00、1.60
Z3040	0.03、0.06、0.10、0.13、0.16、0.20、0.25、0.32、0.40、0.50、0.63、0.80、1.00、1.25、2.00、3.20
Z35	0.03、0.04、0.05、0.07、0.09、0.12、0.14、0.15、0.19、0.20、0.25、0.26、0.32、0.40、0.56、0.67、0.90、1.2
Z37	0.037、0.045、0.060、0.071、0.090、0.118、0.150、0.180、0.236、0.315、0.375、0.50、0.60、0.75、1.00、1.25、1.50、2.00
Z35K	0.1、0.2、0.3、0.4、0.6、0.8

立式钻床的主轴转速和进给量见表 2.47、表 2.48。

表 2.47　立式钻床的主轴转速

型号	转速/（r/min）
Z525	97、140、195、272、392、545、680、960、1360
Z535	68、100、140、195、275、400、530、750、1100
Z550	32、47、63、89、125、185、250、351、500、735、996、1400

表 2.48　立式钻床的主轴进给量

型号	进给量/（mm/r）
Z525	0.10、0.13、0.17、0.22、0.28、0.36、0.48、0.62、0.81
Z535	0.11、0.15、0.20、0.25、0.32、0.43、0.57、0.72、0.96、1.22、1.60
Z550	0.12、0.19、0.28、0.40、0.62、0.90、1.17、1.80、2.64

台式钻床的主轴转速见表 2.49，进给方式为手动进给。

表 2.49　台式钻床的主轴转速

型号	转速/（r/min）
Z4002	3000、4950、8700
Z4006A	1450、2900、5800
Z512	460、620、850、1220、1610、2280、3150、4250
Z515	320、430、600、835、1100、1540、2150、2900

续表

型号	转速/（r/min）
Z512-1 Z512-2	480、800、1400、2440、4100

2.9 镗削加工

2.9.1 镗床的种类

镗床适合加工大、中型工件上已有的孔，特别适宜于加工分布在同一或不同表面上、孔距和位置精度要求较严格的孔系。加工时刀具旋转为主运动，进给运动则根据机床类型和加工条件不同，可由刀具或工件完成。镗床的工艺范围如图 2.96 所示。

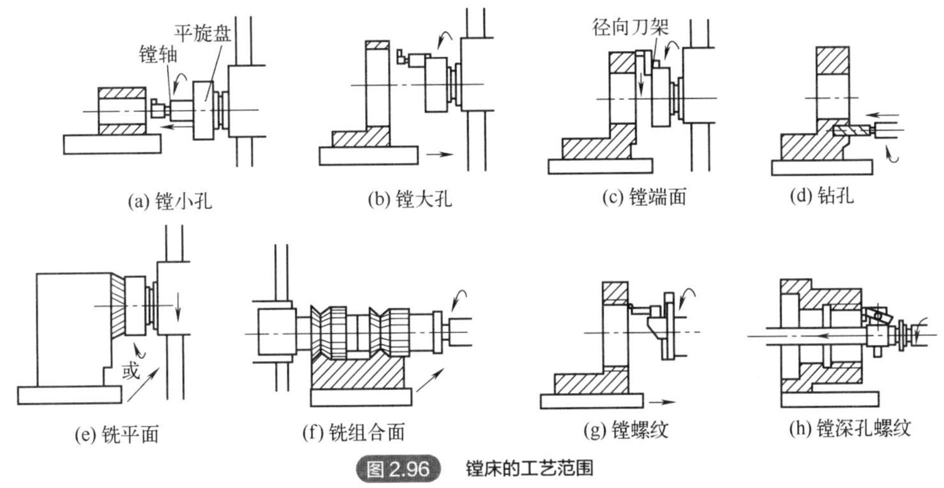

图 2.96 镗床的工艺范围

根据 GB/T 15375—2008《金属切削机床 型号编制方法》中的规定，镗床按其用途和结构不同，可分为 7 组，主要分为深孔镗床（主参数为最大镗孔直径）、坐标镗床（主参数为工作台面宽度）、立式镗床（立式镗床和转塔式铣镗床主参数为最大镗孔直径，立式铣镗床主参数为镗轴直径）、卧式铣镗床（主参数为镗轴直径）、精镗床（卧式主参数为工作台面宽度、立式主参数为最大镗孔直径）、汽车拖拉机修理用镗床（主参数为最大镗孔直径）、其他镗床（如卧式电机座镗床，主参数为最大镗孔直径）等。

（1）卧式镗床

卧式镗床结构如图 2.97 所示。加工时，刀具装在主轴箱 1 的镗轴 3 或平旋盘 4 上，由主轴箱 1 可获得各种转速和进给量。主轴箱 1 可沿前立柱 2 的导轨上下移动。工件安装在工作台 5 上，可与工作台一起随下滑座 7 或上滑座 6 做纵向或横向移动。此外，工作台 5 还可绕上滑座 6 的圆导轨在水平面内调整至一定的角度位置，以便加工互相成一定角度的孔或平面。装在镗轴上的镗刀还可随镗轴做轴向运动，以实现轴向进给或调整刀具的轴向位置。当镗轴及刀杆伸出较长时，可用后立柱 10 上的后支承 9 来支承它的左端，以增加刀杆及镗轴的刚性。当刀具装

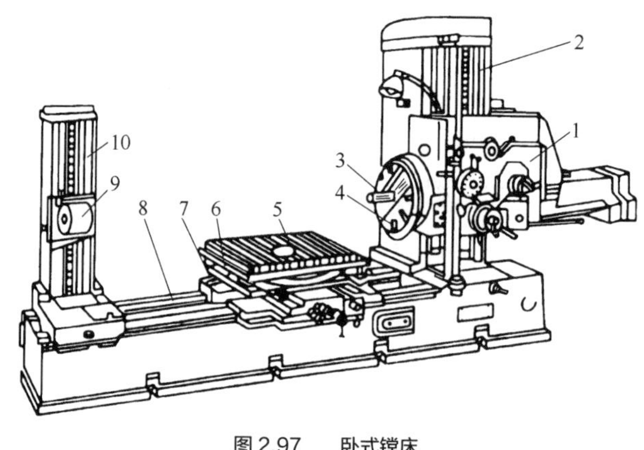

图 2.97　卧式镗床

1—主轴箱；2—前立柱；3—镗轴；4—平旋盘；5—工作台；6—上滑座；7—下滑座；8—床身；9—后支承；10—后立柱

在平旋盘 4 的径向刀架上时，径向刀架带着刀具径向进给，可以镗削端面。

（2）坐标镗床

坐标镗床有立式和卧式之分。立式坐标镗床适用于加工轴线与安装基面（底面）垂直的孔系和铣削顶面，卧式坐标镗床适用于加工轴线与安装基面平行的孔系和铣削侧面。

如图 2.98 所示为卧式坐标镗床的外形结构，其具有精密坐标定位装置。卧式坐标镗床的主轴 4 水平布置，镗孔坐标位置由下滑座 1 沿床身 7 导轨纵向移动和主轴箱 6 沿立柱 5 的导轨上下移动来确定。机床进行孔加工时的进给运动，可由主轴 4 轴向移动完成，也可由上滑座 2 横向移动完成。回转工作台 3 可在水平面内回转一定角度，以进行精密分度。

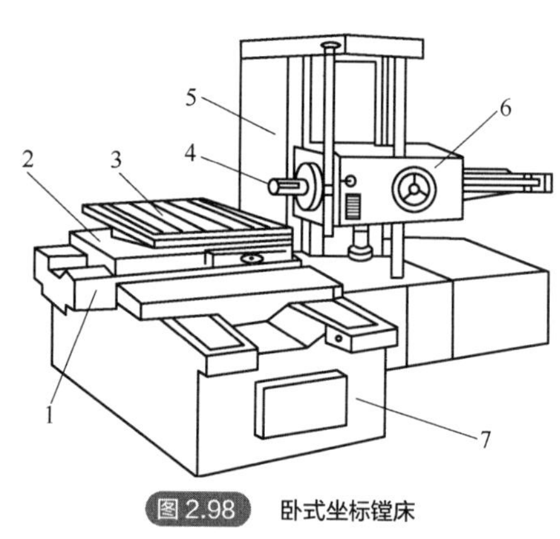

图 2.98　卧式坐标镗床

1—下滑座；2—上滑座；3—回转工作台；4—主轴；5—立柱；6—主轴箱；7—床身

如图 2.99 所示为立式坐标镗床（单柱）的外形结构，主轴箱 3 装在立柱 4 的垂向导轨上，可上下调整位置，以适应加工不同高度的工件。镗孔坐标位置由工作台 1 沿床鞍 5 导轨的纵向移动和床鞍 5 沿床身 6 导轨的横向移动来确定。进行铣削时，则由工作台纵向或横向移动来完成进给运动。

这种机床的工作台三面敞开，操作方便，但主轴箱悬臂安装在立柱上，工作台尺寸越大，主轴中心线离立柱也就越远，影响机床刚度和加工精度。所以，这种机床一般为中、小型机床（工作台面宽度小于 630mm）。

如图 2.100 所示为双柱坐标镗床的外形结构，这类坐标镗床由 3 和 6 两个立柱、顶梁 4 和床身 8 构成龙门框架，刚性很好。主轴箱 5 装在可沿立柱导轨上下调整位置的横梁 2 上，镗孔坐标位置由主轴箱 5 沿横梁导轨移动和工作台 1 沿床身导轨移动来确定。双柱式坐标镗床一般为大、中型机床。

坐标镗床主要用于镗削尺寸、形状及位置精度要求比较高的孔系，如加工飞机、汽车、拖拉机和内燃机等行业中某些箱体零件的轴承孔。还能进行钻孔、扩孔、铰孔、锪端面、切槽和铣削等加工。此外，在坐标镗床上还能进行精密刻度、样板的精密划线、孔间距及直线尺寸的精密测量等。

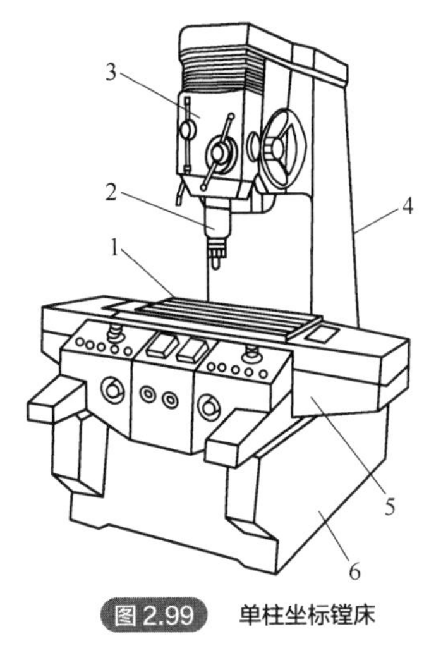

图2.99　单柱坐标镗床

1—工作台；2—主轴；3—主轴箱；4—立柱；5—床鞍；6—床身

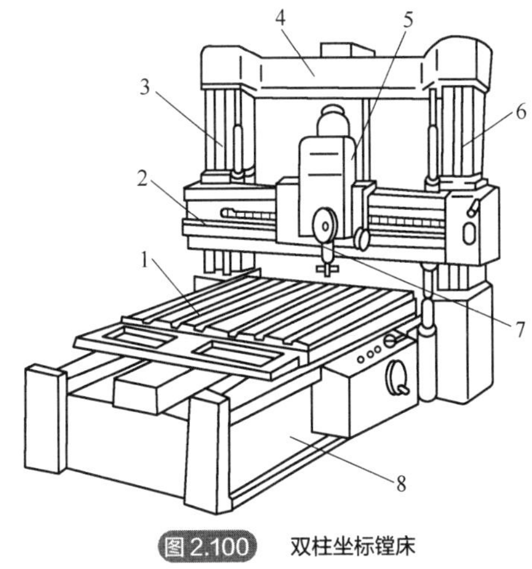

图2.100　双柱坐标镗床

1—工作台；2—横梁；3，6—立柱；4—顶梁；5—主轴箱；7—主轴；8—床身

（3）精镗床

精镗床是一种高速镗床，过去因采用金刚石作为刀具材料而得名金刚镗床，如图2.101所示。现在则采用硬质合金作为刀具材料，一般采用较高的速度、较小的背吃刀量和进给量进行切削加工，加工精度较高，因此称为精镗床。它主要用于在成批或大量生产中加工中小型精密孔。

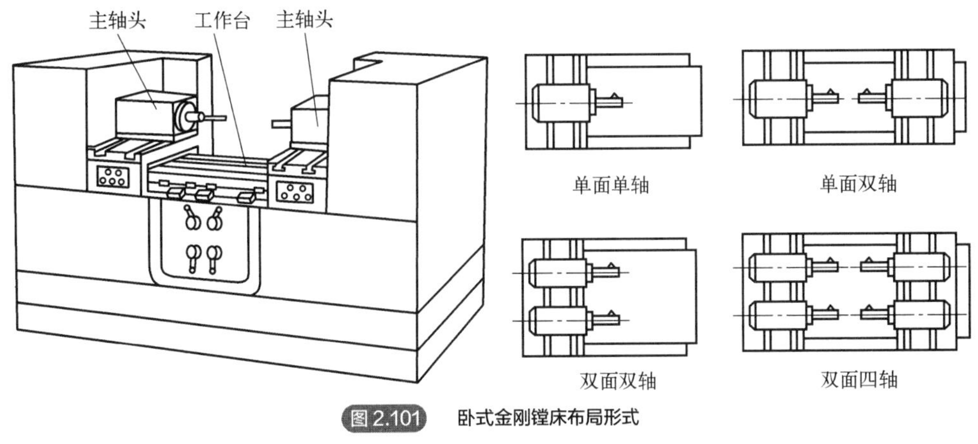

图2.101　卧式金刚镗床布局形式

2.9.2　镗刀

镗刀多用于加工箱体孔，当孔径大于80mm时多采用镗刀。

镗刀一般可分为单刃镗刀（如图2.102所示）和多刃镗刀两大类。单刃镗刀的结构简单，制造容易，通用性强，一般均有调整装置，其结构如图2.103所示。镗杆2上装有刀块6，刀片1

则装在刀块上，刀块的外螺纹上装有锥形精调螺母 5，紧固螺钉 4 可将带有精调螺母的刀块拉紧在镗杆的锥窝中，螺纹尾部的两个导向键 3 用来防止刀块转动。转动精调螺母可将刀片调整到所需尺寸。

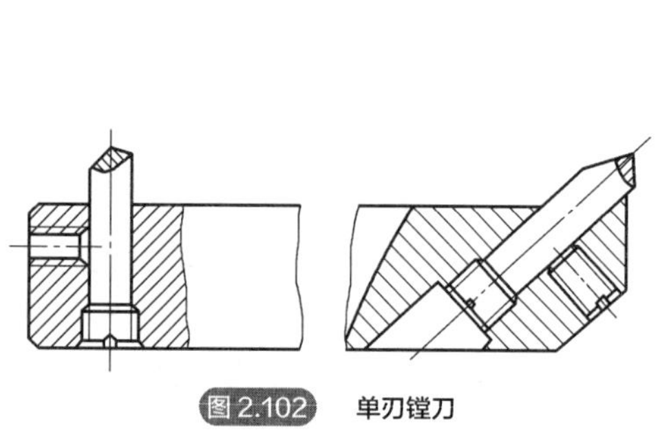

图 2.102 单刃镗刀

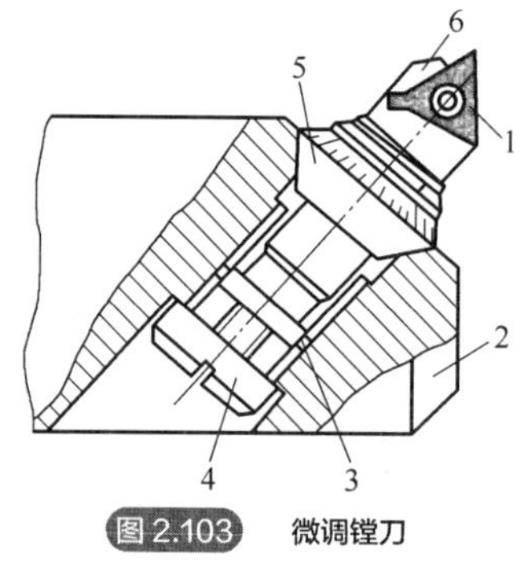

图 2.103 微调镗刀

1—刀片；2—镗杆；3—导向键；4—紧固螺钉；5—精调螺母；6—刀块

为了消除镗孔时径向力对镗杆的影响，可采用双刃镗刀，工件孔尺寸与精度由镗刀径向尺寸保证。图 2.104 所示为常用的装配式浮动镗刀，其特点是刀块 2 以间隙配合状态浮动地安装在镗杆的径向孔中，刀片 1 用紧固螺钉 5 固定在刀块上。工作时，刀块在切削力的作用下保持平衡位置，可以减小刀块安装误差及镗杆径向跳动所引起的加工误差。刀片由高速工具钢制成，也可用硬质合金。采用浮动镗刀加工孔，其精度可达 TT6~IT7，表面粗糙度值不超过 0.8μm。

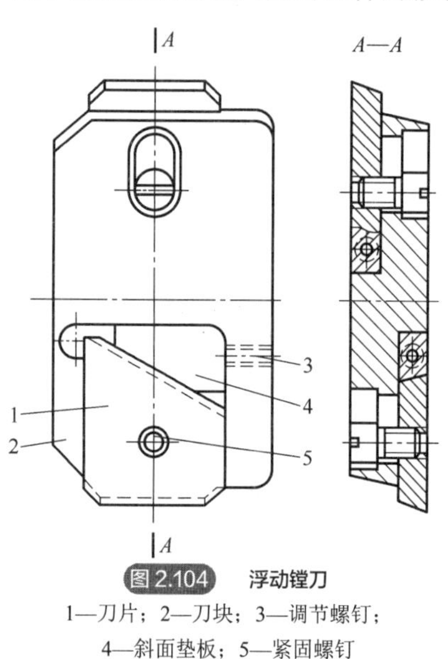

图 2.104 浮动镗刀

1—刀片；2—刀块；3—调节螺钉；4—斜面垫板；5—紧固螺钉

2.9.3 镗削的装夹方式

镗削加工主要用于箱体类零件上平面、孔及孔系的加工。装夹方法主要是镗模装夹（专用夹具）、螺栓压板组合装夹等。下面简单介绍孔加工时的装夹方法。

① **钻排孔** 在较大的工件上钻排孔，可将工件直接装夹在工作台面上，采用压板螺栓夹紧工件。夹紧位置应合理对称，为了防止钻坏工作台面，可将钻孔位置落在工作台的 T 形槽位置，若孔的直径大于槽的宽度，应在工件和工件台面之间垫入平行垫块。注意，机床垫入垫块后，压板的夹紧位置应落在垫块上。一般采用预先划线和打样冲眼的方法找正孔的中心位置，比较精确的孔可用划规划出试钻锥坑参照圆。

② **钻轴上的径向孔** 在轴类零件的圆柱面上钻孔，可将工件装夹在 V 形块的 V 形槽内。较长的工件采用等高 V 形块，压板和螺栓安装应合理，压板夹紧点位置落在 V 形槽内，工件装夹时注意两个 V 形块的 V 形槽面应都与工件的圆周面接触定位，夹紧操作应使两块压板轮番逐步夹紧。孔的轴向位置通过划线确定，孔的径向位置一般通过端面划出十字线进行找正，钻孔时应采用中心钻对准样冲眼钻出锥坑，然后使用麻花钻钻孔。

③ **钻等分孔**　在工件上钻等分孔，可将机床工件装夹在分度头或回转工作台上，矩形工件可采用四爪单动卡盘装夹。四爪单动卡盘装夹在回转工作台上，然后将回转工作台装夹在镗床上进行加工。加工一个孔后，可以转过一个等分角度，再钻下一个孔。孔的分布圆的直径尺寸可以通过预先划线确定。

④ **钻通孔**　在较小的矩形工件上钻通孔，可采用机床机用平口虎钳装夹工件，在工件与机用平口虎钳导轨定位面之间垫入平行垫块，注意平行垫块应等高，并在钻孔位置的两侧。孔与基准面的位置尺寸按预先划线并打样冲眼确定。

2.9.4　镗削特点及切削用量

2.9.4.1　镗削特点

镗削加工灵活性大，适应性强。在镗床上除了可加工孔和孔系外，还可以加工外圆、端面等。加工尺寸可大可小，一把镗刀可以加工不同直径的孔，对于不同的生产类型和精度要求都适用。

镗削加工操作技术要求高。要保证工件的尺寸精度和表面粗糙度，除取决于所用的设备外，更主要的是与工人的技术水平有关。镗削时参加工作的切削刃少，同时机床、刀具调整时间也较多，所以一般情况下，镗削加工生产效率较低。

镗刀结构简单，刃磨方便，成本低。

镗孔可修正上一工序所产生的孔的轴线位置误差，保证孔的位置精度。

2.9.4.2　镗削用量

高速钢和硬质合金镗刀镗孔时的切削用量见表 2.50、表 2.51。

表 2.50　高速钢镗刀镗孔的切削用量

加工工序	刀具类型	铸铁		钢（铸钢）	
		v/（m/min）	f/（mm/r）	v/（m/min）	f/（mm/r）
粗镗	刀头	20~35	0.3~1.0	20~40	0.3~1.0
	镗刀块	25~40	0.3~0.8	—	—
半精镗	刀头	25~40	0.2~0.8	30~50	0.2~0.8
	镗刀块	30~40	0.2~0.6	—	—
	粗铰刀	15~25	2.0~5.0	10~20	0.5~3.0
精镗	刀头	15~30	0.15~0.5	20~35	0.1~0.6
	镗刀块	8~15	1.0~4.0	6.0~12	1.0~4.0
	精铰刀	10~20	2.0~5.0	10~20	0.5~3.0

注：采用镗模镗削，v 宜取中值；采用悬伸镗削，v 宜取小值。

表 2.51　硬质合金镗刀镗孔的切削用量

加工工序	刀具类型	铸铁		钢（铸钢）	
		v/（m/min）	f/（mm/r）	v/（m/min）	f/（mm/r）
粗镗	刀头	40~80	0.3~1.0	40~60	0.3~1.0
	镗刀块	35~60	0.3~0.8	—	—

续表

加工工序	刀具类型	铸铁		钢（铸钢）	
		v/（m/min）	f/（mm/r）	v/（m/min）	f/（mm/r）
半精镗	刀头	60~100	0.2~0.8	80~120	0.2~0.8
	镗刀块	50~80	0.2~0.6	—	—
	粗铰刀	30~50	3.0~5.0	—	—
精镗	刀头	50~80	0.15~0.5	60~100	0.15~0.5
	镗刀块	20~40	1.0~4.0	8.0~20	1.0~4.0
	精铰刀	30~50	2.0~5.0	—	—

项目实施 2-5

零件图样分析：

① $\phi180^{+0.035}_{0}$ mm 的孔轴心线对基准轴心线 B 的垂直度公差为 0.06mm；

② $\phi180^{+0.035}_{0}$ mm 两孔同轴度公差为 $\phi0.06$mm；

③ $\phi90^{+0.027}_{0}$ mm 两孔同轴度公差为 $\phi0.05$mm。

任务 1：加工该减速器箱体需要用哪些加工方法？

任务 2：用哪种类型的刀具？

任务 3：采用什么样的装夹方案？

任务 4：如何给定切削用量？

拓展阅读

机床行业的发展历程

1952 年，第一机械工业部改造和新建了十八个机床厂，俗称“十八罗汉”，曾在中国工业发展过程中起到举足轻重的作用。然而，在计划经济的背景下，相对单一的结构和僵化的管理模式使得地方机床国企无法适应快速变化的市场需求，目前除了济南二机床，“十八罗汉”多数被合并、收购或重组，说明已有的机床体系已经走到尽头，需要重构一套全新的体系。国内机床行业发展历程如图 2.105 所示。

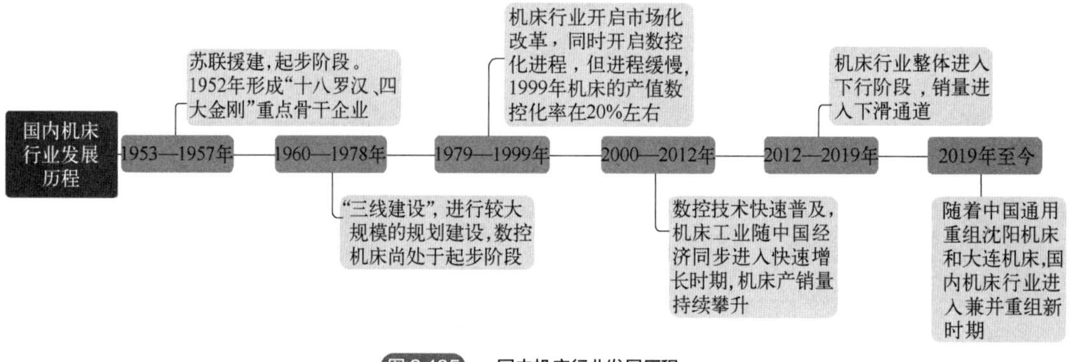

图 2.105　国内机床行业发展历程

1. 机床行业产业链

① 产业链 机床产业链上中下游清晰，包括上游基础材料和零部件生产商、中游机床制造商和下游终端用户。上游基础材料和零部件生产商主要为机床制造商提供结构件（铸铁、钢件等）、传动系统（导轨、丝杠、主轴等）、数控系统等；中游是机床制造商，负责向终端用户提供满足其要求的各种机床或成套的集成产品；下游主要是汽车、消费电子、航天航空、船舶、工程机械等领域。机床行业产业链结构如图 2.106 所示。

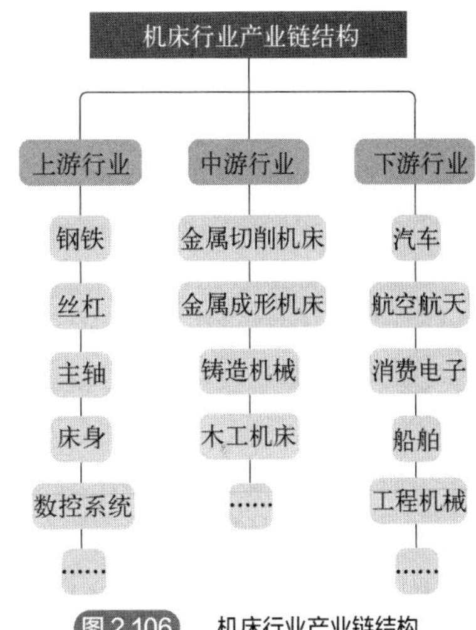

图 2.106 机床行业产业链结构

② 成本 在机床生产过程中，原材料成本占比最高，其次是人工、折旧与其他制造费用。通常具备规模优势的企业，在进行原材料采购时能够享受到和采购规模对应的折扣优惠，能有效增加公司毛利率。

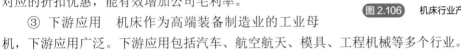

③ 下游应用 机床作为高端装备制造业的工业母机，下游应用广泛。下游应用包括汽车、航空航天、模具、工程机械等多个行业。

2. 全球机床行业发展现状

① 产值 根据 VDW（德国机床制造商协会）数据，2013—2021 年，全球机床产值呈现出波动变化走势，2021 年全球机床产值约为 5120 亿元，同比增长 20%。

② 生产及消费区域分布 中国是全球机床生产和消费的最大市场。2021 年，全球机床行业产值约为 5120 亿元。其中，我国产值为 1573.9 亿元，占据 30.75%的份额，位居首位；其次是德国、日本，市场份额分别为 12.69%、12.55%。

从机床需求市场来看，2021 年，中国消费额位居世界第一位，在全球需求市场中占据份额为 33.57%。美国、德国消费额分别占比 12.94%、6.4%，分别位居全球第二和第三。

③ 出口分布 德、日企业统治全球高端市场，中国机床出口以中低端为主，高端机床国产化率较低。德国、日本、美国为主要机床大国，海外品牌在技术、规模、品牌影响力方面均处于领先地位，从出口体量上来看，德、日占据全球约 45%市场。

3. 中国机床行业发展现状

① 市场规模 我国机床市场千亿规模，近年来正处于下行整理期。受下游制造业景气度波动和更新换代周期影响，我国市场规模从 2015 年的约 2500 亿下降到 2021 年的约 2161 亿，但总体规模仍相当可观。

② 产量 我国机床行业主要分为金属切削机床和金属成形机床两大主要市场，其中，金属切削机床是主要机床品类，其产量变化是我国制造业发展各阶段的缩影。随着机床存量快速提升，2015—2019 年机床行业进入低潮期。2019 年金属切削机床产量 41.6 万台，2020 年以来，金属切削机床产量呈现底部回升态势，一方面得益于海外需求拉动出口并推动制造业迅速复苏，另一方面与机床更新周期形成共振。2021 年，我国金属切削机床产量提升至 60.2 万台，较 2020 年增加约 15 万台。

4. 机床行业发展政策

近年政策频繁释放积极信号，对工业母机重视程度逐步提升。2019 年之前，政策对于工业母机行业主要为方向性和概念性指引，包括制定数控机床标准，确定为战略产业项目，列入产业结构调整指导目录中的鼓励类行业等，如《中国制造 2025》将高档数控机床列为未来十年制造业重点发展领域之一，同时明确到 2025 年，高档数控机床与基础制造装备国内市场占有率超过 80%。2019 年以后，对工业母机行业的支持政策更为具体，且政策站位不断提升，具体来说，2021 年 9 月，国资委党委扩大会议提出针对工业母机加强关键核心技术攻关；12 月出台《“十四五”智能制造发展规划》，并将工业母机作为重点领域进行支持，提出研发智能立/卧式五轴加工中心、车铣复合加工中心、高精度数控磨床等工作母机，到 2025 年，规模以上制造业企业基本普及数字化，重点行业骨干企业初步实现智能转型；2022 年 9 月，工信部发布会中表示工业母机行业的顶层设计正在进行中。

5. 机床行业市场竞争格局

① 竞争梯队　在军工、新能源汽车、光伏、风电、工程机械、船舶海工带动下，中国机床行业有望加速高端机床领域进口替代的脚步。机床行业现有竞争格局中，第一梯队为实力雄厚的外资企业、跨国公司，包括 MAZAK、DMG MORI、OKUMA、友佳国际等，产品集中在高端数控机床。第二梯队为大型国有企业、具有一定知名度和技术实力的民营企业，包括济南二机床集团、海天精工、创世纪、国盛智科、科德数控、浙海德曼，产品集中在中端机床。第三梯队为技术含量较低、规模较小的众多民营企业，集中在低端机床。

② 机床业务收入排名　从 2012 年开始，随着国内制造业转移升级，机床行业进入下行周期，竞争加剧。市场需求结构发生显著变化，低档通用型机床市场需求大幅下降，中高档型、定制型和自动化成套类机床市场需求快速增长，这一变化与国内机床行业的供给结构形成明显错位，国外先进机床企业利用产品优势快速抢占国内高端市场份额。由于受到国外先进机床挑战，叠加市场经济冲击，产业格局发生了较大变化。近年来，国内涌现了一批以创世纪、海天精工、乔锋智能为代表的民营企业，抓住了转型升级的机遇，致力于打造国产中高档数控机床产品，不断突破掌握中高档数控机床核心技术，并且得到市场广泛认可，综合竞争力大幅提高，逐步成为我国机床行业的中坚企业。

6. 机床行业发展趋势

① 数控化率持续提升　数控机床相较于普通机床，在加工精度、加工效率、加工能力和维护等方面都具有突出优势，在我国制造业转型升级，对加工精细度需求不断提升的驱动下，我国数控机床的渗透率（数控化率）在逐年提升，但与发达国家的数控化率水平仍存在较大差距。《中国制造 2025》战略纲领中明确提出，2025 年中国的关键工序数控化率将从现在的 33%提升到 64%。在政策鼓励、经济发展和产业升级等因素影响下，未来我国数控机床行业将迎来广阔的发展空间。

② 高档数控机床市场进口替代　从应用领域看，高档机床应用范围涵盖能源、航天航空、军工、船舶等关系国家安全的重点支柱产业。此外，汽车、医疗设备等下游重点行业的产业升级加速，也进一步加大对高档机床的需求。从我国制造业整体发展来看，目前正在从“制造大国”向“制造强国”转变，未来，“高端化、高利润”替代“薄利多销”是我国制造业的发展趋势，对高速度、高精度、高价值的高档数控机床需求的占比也将越来越高。近年来，国内中高档数控机床市场崛起了一批具备一定核心技术的民营企业，未来将紧跟国产化替代的浪潮，进一步扩大高端市场份额。

③ 核心部件自给能力提高　数控机床核心部件主要包括数控系统、主轴、丝杆、线轨等，目前国内各核心部件技术距离国际水平存在一定差距，国内机床厂商为提高机床精度和稳定性，提高产品竞争力，核心部件以国际品牌为主，国产化率较低，对国际品牌部件依存度较高，特别是高档数控机床配套的数控系统基本被发那科、西门子等国外厂商所垄断。《中国制造 2025》

重点领域技术创新路线图对数控机床核心部件国产化提出了明确规划：到 2025 年，数控系统标准型、智能型国内市场占有率分别达到 80%、30%；主轴、丝杆、线轨等中高档功能部件国内市场占有率达到 80%；高档数控机床与基础制造装备总体进入世界强国行列。目前，国内一批机床企业正在不断突破掌握核心部件技术，随着国家政策的大力支持，国内中高档机床自主研发水平的不断提高，我国机床核心部件自给能力有望进一步提升。

7. 数控机床发展方向

数控机床是应用计算机数控技术，对机床进行控制和管理的一种现代化机床，其广泛应用于汽车、航空航天、机械制造等领域。随着科技的不断进步和市场需求的不断增加，数控机床的技术也在不断创新和发展。

目前，数控机床技术的发展方向主要包括以下几个方面：

① 高速化和高效化。

② 智能化和自动化。

③ 精密化和高精度。

④ 多功能化和高灵活度。

未来数控机床技术的应用前景非常广阔。随着国家制造业的不断发展和技术的不断创新，数控机床在汽车、航空航天、机械制造等领域的应用将会越来越广泛。同时，随着市场需求的不断变化，数控机床也需要不断创新和发展，以满足不同客户的需求。

总的来说，数控机床技术的现状和前景非常值得关注。未来数控机床将会继续发挥其在制造业中的重要作用，同时也将会不断创新和发展，以满足不断变化的市场需求。

课后练习

（1）车削轴类零件可采用哪些装夹方法？如图 2.107 所示为一阶梯轴，加工该轴应采用哪种装夹方法最合适，为什么？

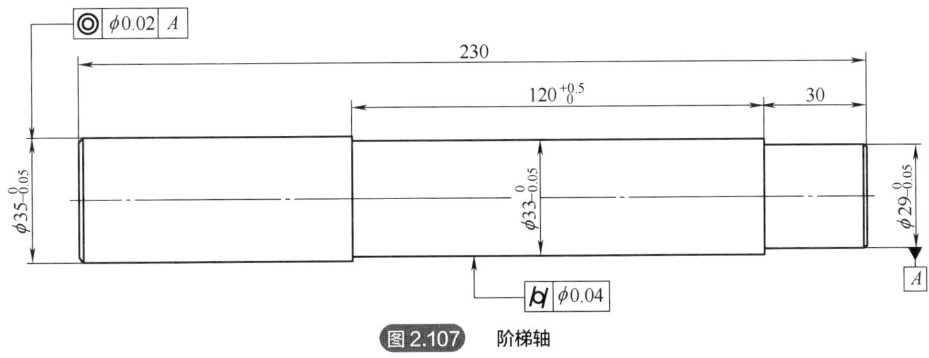

图 2.107 阶梯轴

（2）在铣削加工较薄零件表面且表面粗糙度要求较高时，采用哪种铣削方式更为合理？为什么？

（3）拉削速度并不高，却是一种高生产率的加工方法，原因何在？

（4）如图 2.108 所示为两种类型的平面磨床，请结合图分析其运动形式有哪些区别。

（5）图 2.109 为铣削平面传动原理图，试分析该原理图中包含哪些传动链，写出传动链的末端件，并写出其传动路线。按传动性质分，这些传动链分别属于什么传动链？该传动链中的执行件是哪个？

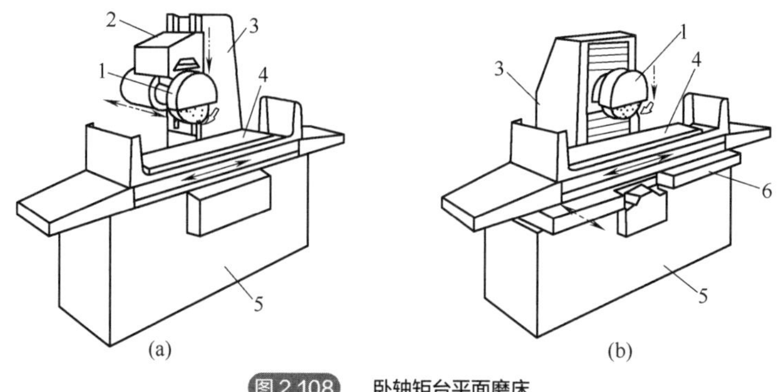

图 2.108　卧轴矩台平面磨床

1—砂轮架；2—滑鞍；3—立柱；4—工作台；5—床身；6—床鞍

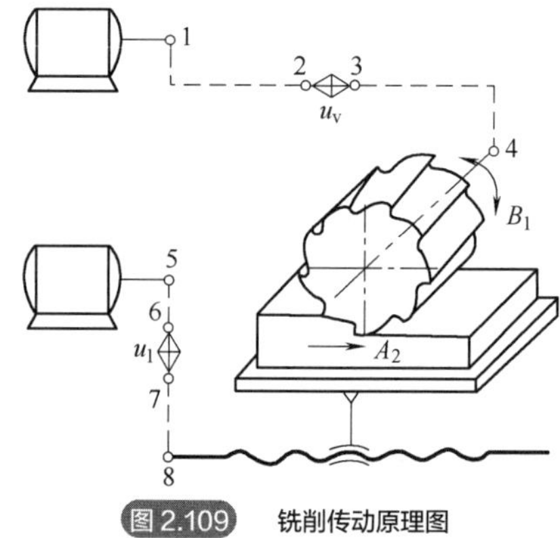

图 2.109　铣削传动原理图

（6）为什么用钻头钻孔时，钻出来的孔径一般都比钻头的直径大？钻孔不能满足加工要求时，应该如何提高孔的加工精度？

第3章

机床夹具设计

扫码下载本书电子资源

本章思维导图

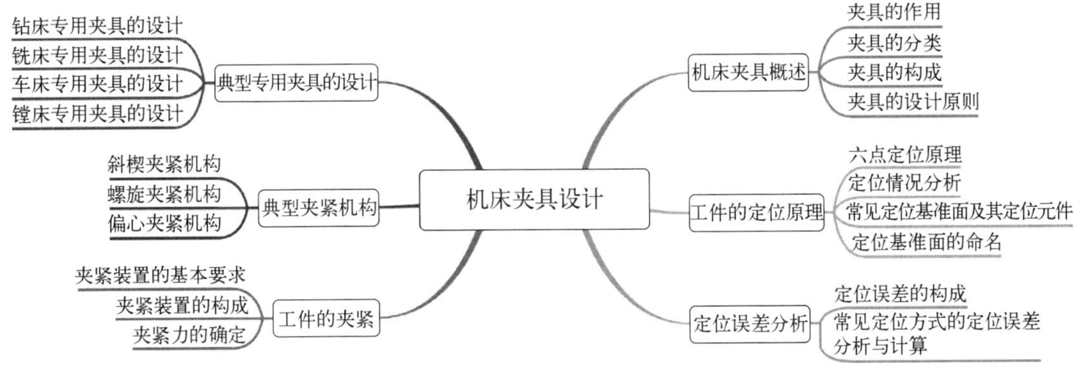

知识目标

（1）了解机床夹具的类别、用途；

（2）掌握机床夹具设计的基本原理；

（3）掌握常用的定位元件及其应用场合；

（4）掌握定位误差分析的基本方法；

（5）熟悉夹紧机构的典型结构及应用场合。

能力目标

（1）能够评价定位方案的合理性；

（2）能够根据工件的加工要求设计定位方案；

（3）能够根据应用场合，选择合适的夹紧机构。

思政目标

（1）通过菱形销等定位元件的应用，充分体会广大工程技术人员的智慧。

（2）在定位误差的学习中，体会到工程计算的科学性相当重要，否则看似合理的定位方案，都将功亏一篑。

项目引入

图 3.1 为要在立式钻床上加工的套筒零件。试分析设计加工 M8 螺纹底孔时的定位方案及夹紧方案。孔的加工直接选用 $\phi6.5$ 钻头钻削完成。由于生产批量大，要求工件的装夹操作方便快捷。

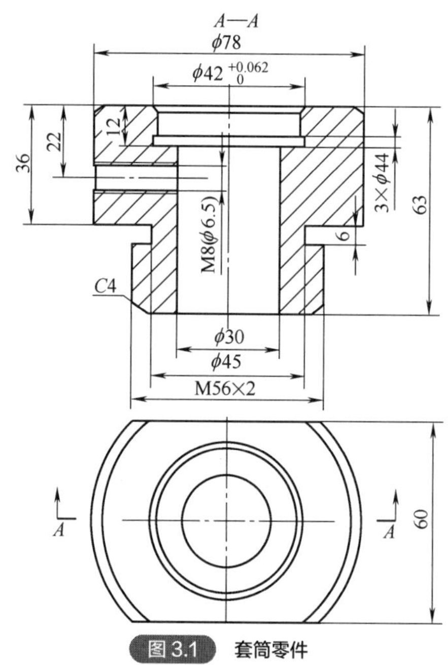

图 3.1 套筒零件

3.1 机床夹具概述

在装备制造过程中的机械加工、焊接、装配、检测等生产工艺中，为了对工件进行有效的加工和制造，必须将其准确地定位和可靠地固定，才能保证零件和产品的加工质量，并提高生产效率，这种被广泛采用的工艺装备统称为夹具。

3.1.1 机床夹具的作用

在机械加工机床上使用的夹具统称为机床夹具。在现代生产中，机床夹具是不可缺少的工艺装备，它的设计水平和制造水平直接影响着零件的加工精度、生产效率和产品的制造成本，因此，机床夹具的设计和制造在生产技术准备中占有十分重要的地位。

在机床上加工工件时，必须用夹具对其进行定位和夹紧，才能进行加工操作。将工件放置在机床上相对于刀具的正确位置上，这一过程称为**定位**。将工件夹紧和固定住，即对工件施加一定的作用力，使之在加工过程不会发生任何移动或转动，这一过程称为**夹紧**。将工件从定位到夹紧的全过程，称为工件的**装夹**。工件的装夹方法有以下3种：

① **直接找正法** 在机床上利用划针或百分表等测量工具（仪器）直接找正工件位置并夹紧的方法称为直接找正法。该方法生产率低，精度主要取决于工人的操作技术水平和测量工具的精度，一般用于单件小批量生产。

② **划线找正法** 先根据工序简图在工件上划出中心线、对称线和加工表面的加工位置线等，然后在机床上按划好的线找正工件位置的方法称为划线找正法。该方法生产率低、精度低，一般用于批量不大的生产。

③ **夹具装夹法** 中批量以上生产中广泛采用专用夹具装夹。通过专用夹具对工件的定位、夹紧，可以使同一批工件都能在夹具中占据一致的位置，工件夹具上的定位是由工件的定位基准实现的。

机床夹具的基本功能主要表现在以下几个方面：

① **保证工件的加工精度和加工过程的稳定性** 在机械加工中，工件是通过机床夹具装夹到机床上的，而夹具在机床上的位置是根据夹具的设计基准精确地进行定位的，因此，工件在加工过程中的位置精度不会受到操作者的技术水平及主观因素的影响，从而可靠地保证工件的加工精度，并且保证加工过程质量的稳定。

② **缩短辅助操作时间，提高劳动生产效率** 由于夹具是在加工一批工件之前事先安装到机床上的，并经过精心的检测和调整，而夹具本身的设计也充分考虑了工件定位和装夹的方便，因此，在将工件固定到机床夹具上的过程中不再需要检测和调整。这样就极大地简化了加工的操作过程，缩短了辅助操作时间，相对地提高了生产效率。

③ **降低对工人的技术要求，减轻劳动强度** 使用专用夹具安装工件，定位方便、准确、快捷，安装位置精度依靠夹具的精度得以保证，从而降低了对操作工人的技术要求。同时，夹紧操作又可以通过夹具本身的增力机构来实现，进而减轻了工人的劳动强度，并保障了操作的安全性。

④ **扩大机床的工艺使用范围，相对降低制造成本** 通过专用夹具的精心设计，可以有效地拓宽机床的工艺范围，实现“一机多能”，这也是生产条件有限的企业经常采用的技术改造措施。例如，在车床上安装专用的夹具和镗杆就可以完成对工件的镗削加工;在铣床上安装专用的夹具和型面靠模，就可以完成对复杂曲面工件的加工等。

3.1.2 机床夹具的分类

（1）按夹具的通用特性分类

按照通用特性分类，夹具通常划分为通用夹具、专用夹具、可调夹具、组合夹具和自动线夹具。

① **通用夹具** 通用夹具是指结构、尺寸已经标准化，并具有一定通用性的夹具，如三爪自定心卡盘、四爪单动卡盘、机用平口钳、万能分度头、中心架、电磁吸盘等。这类夹具的特点是适应性强、不须调整或稍加调整即可装夹一定形状和尺寸范围内的各种工件。此类夹具已经商品化，且成为机床附件。采用这类夹具可缩短生产准备周期，减少夹具品种，降低生产成本。

其缺点是夹具的加工精度不高，生产效率相对较低，且较难装夹形状复杂的工件，因此，适用于单件或小批量的生产。

② **专用夹具** 专用夹具是针对某一工件的某一工序的加工要求而专门设计和制造的夹具。这类夹具的特点是针对性极强，不具备通用性。在产品相对稳定、批量较大的生产中，通常都采用各种专用夹具，可保证较高的生产效率和加工精度。专用夹具的特点还有设计和制造周期较长、使用成本较高。本章介绍的主要内容是专用夹具的设计。

③ **可调夹具** 可调夹具是针对通用性夹具和专用夹具的不同特点而发展起来的一类新型夹具。这类夹具对不同类型和尺寸的工件，只需要调整或更换个别定位元件和夹紧元件便可使用。此类夹具又分为**通用可调夹具**和**成组可调夹具**两种类型。前者的使用范围比通用夹具更大，适用性更强。后者则是专门为成组工艺中的某组零件设计的一种专用夹具，其调整范围仅适用于本组内的工件。可调夹具在多品种、小批量生产中具有良好的经济效果。

④ **组合夹具** 组合夹具是一种模块化的夹具，已经实现商品化的制造。这类组合夹具的模块化元件具有较高的精度和耐磨性能，可组装成各种夹具；夹具使用完后即可拆卸，重新组装成新的夹具。使用此类夹具可缩短生产准备周期，夹具元件能反复使用，并减少对专用夹具的依赖性，因此，组合夹具在单件、多品种、小批量生产和数控加工中具有明显的经济效果。其缺点是购置成本较高，夹具的组合操作较为复杂。

⑤ **自动线夹具** 自动线夹具一般分为两种：一种为固定式夹具，与专用夹具十分相似；另一种为随行夹具，使用中夹具随着工件一起运动，并将工件沿着自动线从一个工位移动至下一个工位进行加工。

（2）按夹具使用的机床分类

这是专用夹具设计所采用的分类方式。按使用的机床分类，可划分为车床夹具、铣床夹具、钻床夹具、镗床夹具、磨床夹具和数控机床夹具等。

（3）按夹具使用的动力源分类

按夹具所使用的夹紧动力来源，可将夹具分为**手动夹具**和**机动夹具**两大类。手动夹具主要靠工人的手工操作，在完成工件定位的同时完成夹紧操作。因此，在设计手动夹具时，要求具备相应的增力机构和自锁性能。机动夹具的定位操作通常也是靠手工操作，但夹紧操作是依靠所采用的相应动力来实现的。常用的机动夹具有气动夹具、液压夹具、电动夹具、电磁夹具、真空夹具和离心夹具等。

3.1.3 机床夹具的构成

机床夹具的种类和结构虽然繁多，但它们的组成基本由以下 5 部分构成：

① **定位元件** 定位元件用于使工件在夹具中占据正确的位置。在装夹工件时，通过定位元件的工作表面与工件上的定位表面相接触或配合，从而保证工件在夹具中占据正确的位置，如图 3.2 中的支承板 12、活动 V 形块 9、固定 V 形块 10。

② **夹紧装置** 夹紧装置用于压紧工件，保证工件在加工过程中受到外力作用时不离开已经占据的正确位置，如图 3.2 中的活动 V 形块 9。

③ **对刀与引导元件** 对刀与引导元件用于确定或引导刀具，保证刀具与工件之间的正确位置。在铣床夹具中常用对刀块确定铣刀位置，如图3.2中的对刀块11；在钻床夹具或镗床夹具中常用钻套或镗套引导钻头或镗刀的移动。

④ **夹具体** 夹具体用于连接固定夹具上的各种元件和装置，使之成为一个整体。它与机床进行连接，通过连接元件使夹具相对机床具有正确的位置，如图3.2中的夹具体2。

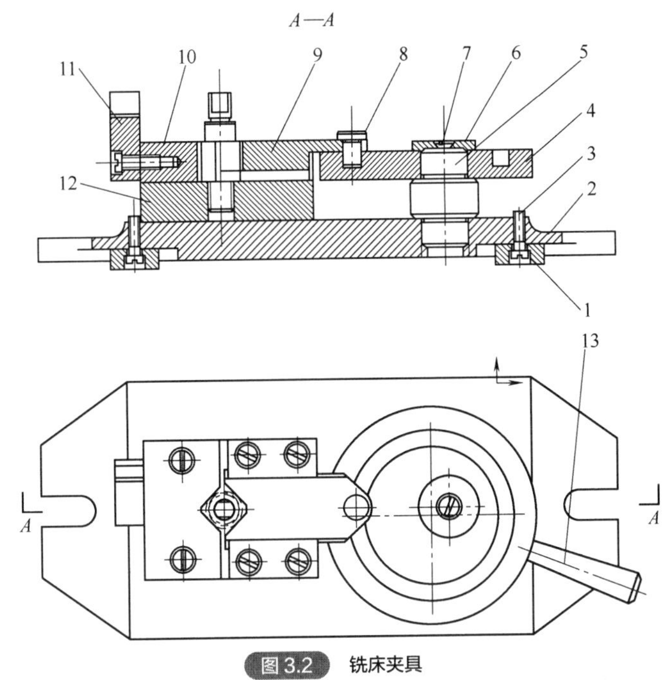

图3.2 铣床夹具

1—定向键；2—夹具体；3—螺钉；4—偏心槽轮；5—轮轴；6—垫圈；7—螺钉；8—滑柱；9—活动V形块；10—固定V形块；11—对刀块；12—支承板；13—操作柄

⑤ **其他装置或元件** 按照工件的加工要求，有些夹具上还设有其他装置，如分度装置、连接元件等。

以上所述的组成部分是机床夹具的基本组成，并不是对每种机床夹具都是缺一不可的。对于一套具体的夹具，其组成部分可能略少或略多一些。但定位元件、夹紧装置和夹具体三部分一般是都应该具备的。

3.1.4 夹具的设计原则

夹具的设计应遵从以下几项设计原则：

① **确保工件的加工精度要求** 确保工件的加工精度要求是夹具设计的首要原则。在设计夹具时首先要考虑对工件的正确定位，合理地选择定位基准和定位元件。夹具整体结构及其中的各个零部件之间的配合可能造成对工件加工精度的影响。对大批量使用和重复使用的夹具，要充分考虑其刚度和耐磨性能。

② **确保夹具操作的简便可靠** 采用专用的机床夹具来完成对工件的加工，目的就是保证工件的装夹效率和加工精度，降低对工人操作技术水平的要求，以保证工件加工质量的稳定。对形体复杂的工件，要注意尽可能地减少操作步骤，简化调整过程，缩短装夹时间。

③ **具有良好的工艺性能** 专用夹具的设计应力求结构简洁、合理，便于制造、装配、调整、检测和维护。通常，专用夹具的适用范围很小，使用频率有限，在结构设计上如果很复杂，就不容易制造，使得生产准备周期过长。良好的工艺性还要求夹具结构本身要稳定可靠，在长时间的使用和存放过程中不会对工件的加工精度产生不利的影响。

④ **尽可能地提高生产效率** 使用专用夹具的根本目的除了要可靠地保证工件的加工精度，就是要提高生产效率。因此，在夹具设计中要注意尽可能采用高效的装夹结构，在可能的情况下考虑多工件同时装夹，在一次加工中完成多个工件的加工。

⑤ **注意夹具的经济效果** 在制造工业产品的过程中，一般需要大量的专用夹具，而这些夹具在产品更新换代后，往往丧失了本身的价值。因此，在夹具设计中，除了力求结构简单、容易制造外，还要尽可能选择标准元件、通用元件，使其能够反复利用。对专用元件也尽可能地设计成可调整结构，以扩大这些专用元件的使用范围，最大限度地降低夹具的制造和使用成本。

3.2 工件的定位原理

夹具设计的首要任务就是在保证一定精度的范围内将工件进行定位。所谓工件定位，就是要使批量生产的工件每次都能被装夹到相同的位置上。同时，要使工件、夹具、刀具和机床之间保持正确的相对位置。

3.2.1 六点定位原理

工件在未进行定位前，其在空间的位置是不确定的，这种不确定性称之为自由度。将工件设想为一个理想的刚体，并将其放置在空间直角坐标系中，以此坐标系作为参照系，来考察刚体位置和方位的可能变动。从运动学角度分析，一个自由刚体在空间上可能会有 6 个自由度的变动。如图 3.3 所示，工件在空间的位置是不确定的，它既可以沿 x、y、z 三个坐标轴移动，称为移动自由度，分别表示为$\vec{x}$ 、$\vec{y}$ 、$\vec{z}$；又可以绕 x、y、z 三个坐标轴转动，称为旋转自由度，分别表示为$\widehat{x}$、$\widehat{y}$ 、$\widehat{z}$。

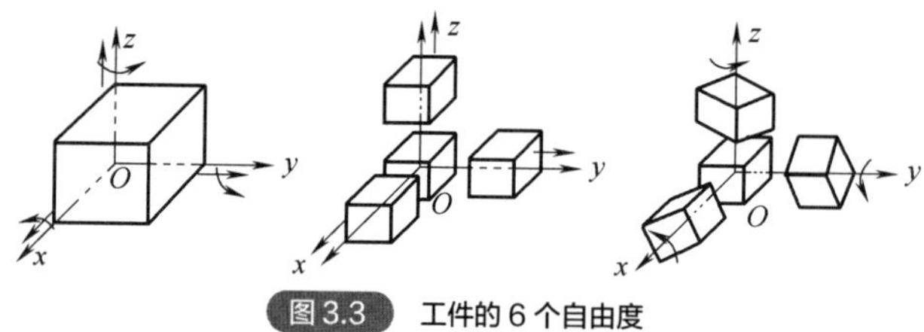

图 3.3 工件的 6 个自由度

若让工件在空间中有一个确定的位置，就必须限制工件的 6 个自由度，因此，定位实际上就是约束工件的自由度。在对工件定位时，通常是用一个支承点约束工件的一个自由度。合理地设置 6 个支承点就可以约束工件的 6 个自由度，使工件完全固定在夹具的适当位置上，这就是六点定位原理。

如图 3.4 所示长方体工件，其中底面面积最大，将其作为主要基准，设置成三角形布置的 3 个定位支承点 1、2、3，当工件的底面与这 3 个点接触时，限制了$\vec{z}$ 、$\widehat{x}$、$\widehat{y}$ 3 个自由度。侧面较长，在沿垂直于底面方向上设置两个定位支承点 4、5，当侧面与该两点接触时，限制

了 $\vec{x}$ 、$\widehat{z}$ 2 个自由度。在最小平面上设置一个定位支承点 6，限制了 $\vec{y}$ 自由度。如此设置 6 个定位支承点，可使工件完全定位。

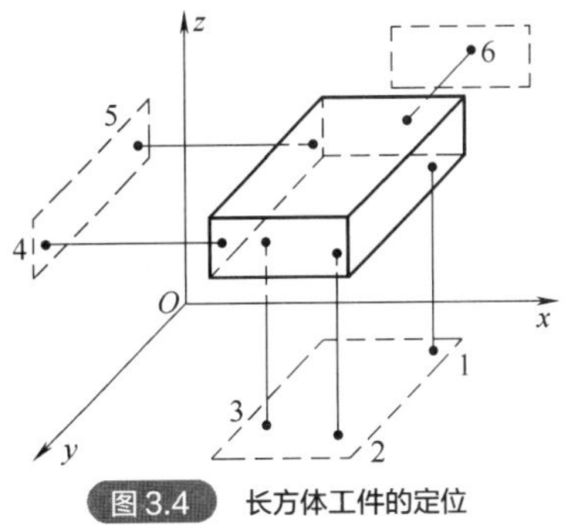

图 3.4 长方体工件的定位

在实际的定位中，定位支承点并不一定是真正的点。因为，从几何学角度看，呈三角形分布的 3 个点构成了一个平面接触效果。同样，呈直线布置的两个点，可以认为是一个线性接触效果。实际上，“三点定位”或“两点定位”仅是指某种定位支承点的综合效果，而非某一定位支承点就限制了某一自由度。

3.2.2 定位情况分析

根据工件自由度被约束的状况，工件的定位可分为下面几种类型。

① **完全定位** 完全定位是指工件的 6 个自由度被全部约束且没有自由度被重复约束的定位。当工件在 x、y、z 3 个坐标方向上均有尺寸要求或位置精度要求较高时，如机座、箱体、机床工作台等类型工件，一般均采用这种完全定位方式。图 3.4 的定位为完全定位。

② **不完全定位** 根据工件的加工要求或某道工序的加工特点，有时并不需要约束工件的全部自由度，这种定位方式就称为不完全定位。当工件在某个方向上无特别限制时，如在车床加工通孔、铣削工件的平面等情况，通常可以采用这种不完全定位方式。因此，可以概括地说，工件在定位时应该约束的自由度数量是由工序的加工要求确定的，即不影响加工精度的自由度可以不必约束。采用不完全定位可以简化定位装置，减少辅助操作时间，在实际生产中被普遍使用。如图 3.5（a）所示，加工上平面时，理论上只需要约束其 $\vec{z}$ 、$\widehat{x}$、$\widehat{y}$；如图 3.5（b）所示，加工长方体上的通槽，$\vec{x}$ 不需要约束。

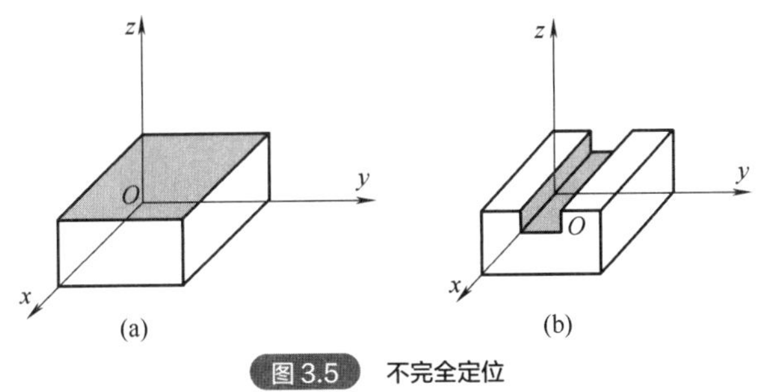

图 3.5 不完全定位

通过以上分析，可以得出，当加工部位在该方向上有尺寸要求时，需要约束该方向上的移动自由度，否则可以不约束；当工件有几何形状要求时，需要观察，当绕 x、y、z 3 个方向发生转动时，是否会影响其形状，若影响，则需要约束其旋转自由度。

③ **欠定位** 根据工件的加工要求，应该约束的自由度没有约束的定位称为欠定位。欠定位无法满足加工要求，夹具设计中欠定位是不允许的。如图 3.6 所示，加工台阶面需要约束除 $\vec{x}$ 之外的 5 个自由度，而在图 3.6（a）中采用相当于 3 个支承点的面约束了 3 个自由度，因此属于欠定位，图 3.6（b）为改进后的不完全定位方案。这里需要注意欠定位和不完全定位的区别。

④ **过定位** 同一个自由度被夹具上的两个或两个以上的定位元件重复约束，称为过定位。

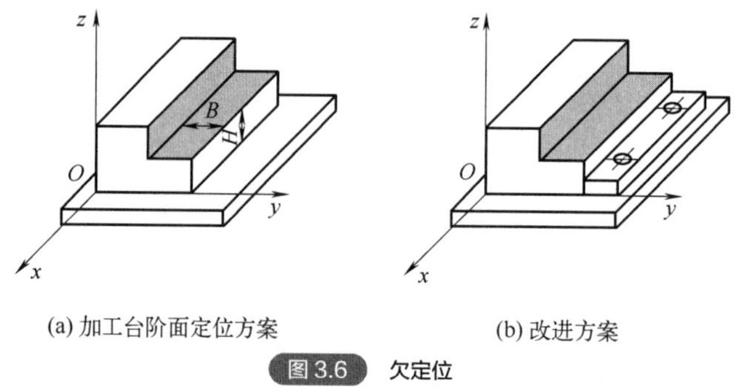

(a) 加工台阶面定位方案　　(b) 改进方案

图 3.6　欠定位

过定位是否允许，要视具体情况而定。通常，如果工件的定位面经过机械加工，且形状、尺寸、位置精度均较高，则过定位是允许的。合理的过定位起到加强工艺系统刚度和增加定位稳定性的作用。反之，如果工件的定位面是毛坯面，或虽经过机械加工，但加工精度不高，这时过定位一般是不允许的，因为它可能造成定位不准确，或定位不稳定，或发生定位干涉等情况。

如图 3.7 所示为过定位案例。图 3.7（a）、（b）均为加工工件上平面，需要约束 3 个自由度，但是图 3.7（a）中采用 4 个支承钉（3 个支承钉即可形成面约束），属于过定位。若工件定位面较粗糙，则该定位面实际只能与 3 个支承钉接触，造成定位不稳定。如施加夹紧力强行使工件定位面与 4 个支承钉均接触，则必然导致工件变形而影响加工精度。为避免过定位，可将支承钉改为 3 个，也可将 4 个支承钉中的 1 个改为辅助支承，辅助支承只起支承作用而不起定位作用。

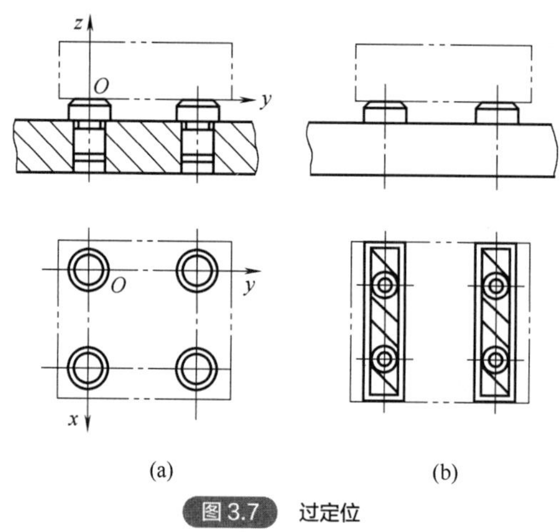

(a)　　(b)

图 3.7　过定位

如果工件的定位面是已加工面，且很规整，则完全可以采用 4 个支承钉，不会影响定位精度，反而能增强支承刚度，有利于减小工件的受力变形。此时，还可用支承板代替支承钉［如图 3.7（b）所示］，或用一个大平面代替支承钉（如平面磨床的磁性工作台）。

3.2.3　常见定位基准面及其定位元件

设计夹具时，必须根据工件的加工要求和已确定的定位基面，来选择定位方法及定位元件。工件上常被选作定位基面的表面有平面、圆柱面、圆锥面、成形面以及它们的组合。定位元件的选择，包括定位元件的结构形状、尺寸及布置形式等。

(1)工件以平面定位

在机械加工过程中，大多数工件，如箱体、机座、支架等，都是以平面为主要定位基准。首序加工时，工件只能以未经加工过的表面即粗基准进行定位；后序加工时，工件才能以已加工平面即精基准进行定位。

① 工件以粗基准平面定位 粗基准平面通常表面粗糙，且有较大的平面度误差。当该面与定位支承面接触时，必然是随机分布的3个点接触，这3个点所围的面积越小，其支承的稳定性越差。为了控制这3个点的位置，就应采用呈点接触的定位元件，以获得较稳定的定位。**因此与粗基准形成定位副的定位元件通常是支承钉，按照支承钉高度是否可调整，分为固定支承钉和可调支承钉。**

a. 固定支承钉 固定支承的高度尺寸是固定的，使用时不能调整高度，已经标准化，有3种形式：A型（平头）、B型（球头）和C型（网纹），如图3.8所示。粗基准平面常用B型和C型支承钉，支承钉用H7/r6过盈配合压入夹具体中。B型支承钉能与定位基准面保持良好的接触；C型支承钉的网纹能增大摩擦因数，可防止工件在加工时滑动，常用于较大型工件的定位。这类定位元件磨损后不易更换。固定支承钉只限制1个自由度。

b. 可调支承钉 可调支承钉的高度可以根据需要进行调节，其螺钉的高度调整后用螺母锁紧，如图3.9所示。它已标准化。当工件的定位基面形状复杂，各批毛坯尺寸、形状变化较大时，多采用这类支承。可调支承钉一般只对一批工件调整一次。可调支承钉限制一个自由度。

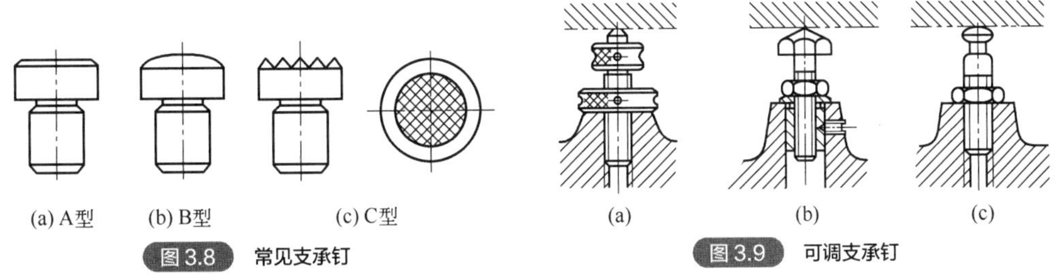

图3.8 常见支承钉

图3.9 可调支承钉

② 工件以精基准平面定位 工件经切削加工后的平面可作为精基准平面，此时的精基准平面具有较小的表面粗糙度值和平面度误差，可获得较高的定位精度。常用的定位元件有平头支承钉和支承板等，其中，支承板在使用时高度一般不可调整，也属于固定支承。

a. 平头支承钉 平头支承钉用于工件接触面较小的情况，多件使用时，必须使高度尺寸相等，故允许产生过定位，以提高安装刚性和稳定性。

b. 支承板 支承板已标准化，有A型、B型两种形式，如图3.10所示。A型为光面支承板，为避免切屑落入沉头中，一般应用于侧面或顶面定位；B型为带斜槽的支承板，用于水平方向布置的场合，其上斜槽可防止细小切屑停留在定位面上。一条支承板限制2个自由度。

工件以精基准平面定位时，所用的平头支承钉或支承板在安装到夹具体上后，其支承面需进行磨削，以使位于同一平面内的各支承钉或支承板等高，且与夹具底面保持必要的位置精度（如平行度或垂直度）。

③ 工件以浮动支承或辅助支承定位 除固定支承和可调支承外，为了提高工件定位时的支承刚性，避免加工时因支承刚性不足引起振动和变形，常采用浮动支承或辅助支承进行定位，既可减小工件加工时的振动和变形，又不致产生过定位。

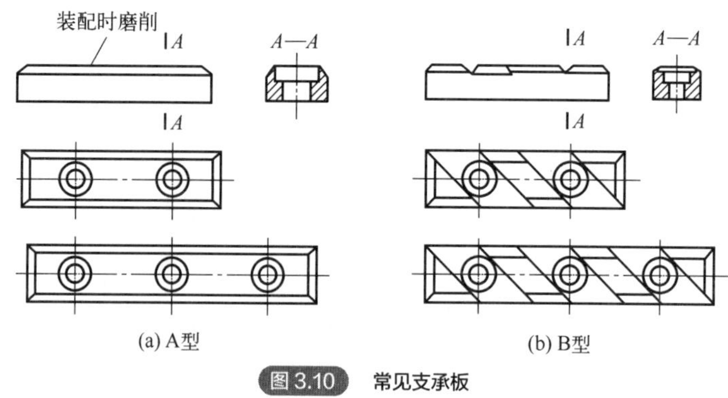

(a) A型　　(b) B型

图 3.10 常见支承板

a. 浮动支承 浮动支承是指支承本身在对工件的定位过程中所处的位置，可随工件定位基准面位置的变化而自动与之适应，如图 3.11 所示。浮动支承在起定位作用时，应使各点全部与工件接触，其定位作用只限制 1 个自由度，相当于一个固定支承钉。由于浮动支承与工件接触点数的增加，有利于提高工件的定位稳定性和支承刚性，通常用于粗基准平面、断续平面和台阶平面的定位。采用浮动支承时，夹紧力和切削力应尽可能位于支承点的几何中心。

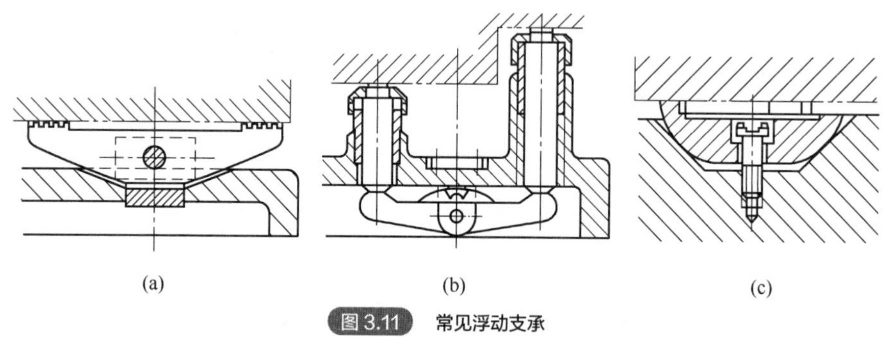
(a)　　(b)　　(c)

图 3.11 常见浮动支承

b. 辅助支承 辅助支承是在夹具中对工件不起限制自由度作用的支承。它主要用于提高工件的支承刚性，防止工件因受力而产生振动或变形。如图 3.12（c）所示为自动调节支承，支承由于弹簧的作用与工件保持良好的接触，锁紧顶销（支承销）即可起支承作用。

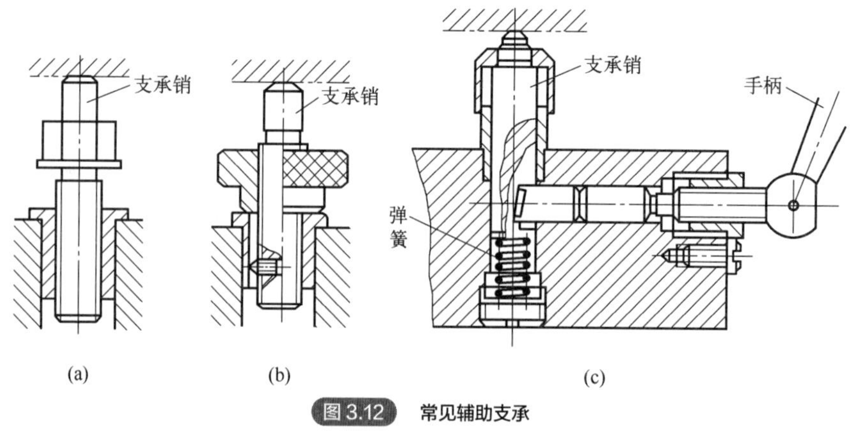

(a)　　(b)　　(c)

图 3.12 常见辅助支承

辅助支承不能确定工件在夹具中的位置，因此，只有当工件按定位元件定好位以后，再调节辅助支承的位置，使其与工件接触。这样每装卸一次工件，必须重新调节辅助支承。凡可调节的支承都可用作辅助支承。

(2) 工件以圆孔内表面定位

工件以圆孔内表面作为定位表面时，常用以下定位元件。

① 圆柱定位销（圆柱销） 如图 3.13 所示为常用圆柱销的结构，其中图 3.13（a）~（c）所示为固定式圆柱销，可直接用过盈配合装配在夹具体上。当圆柱销直径 D>3~10mm 时，为增加刚性，避免使用中折断或热处理时淬裂，通常把根部倒成圆角 R。夹具体上应设有沉孔，使圆柱销的圆角部分沉入孔内而不影响定位。大批大量生产时，为了便于圆柱销的更换，可采用如图 3.13（d）所示的带衬套的可换式圆柱销，圆柱销与衬套的配合采用间隙配合，衬套以过盈配合形式装配在夹具体上。为便于工件装入，圆柱销的头部有 15°倒角。圆柱销的有关参数可查阅有关国家标准。

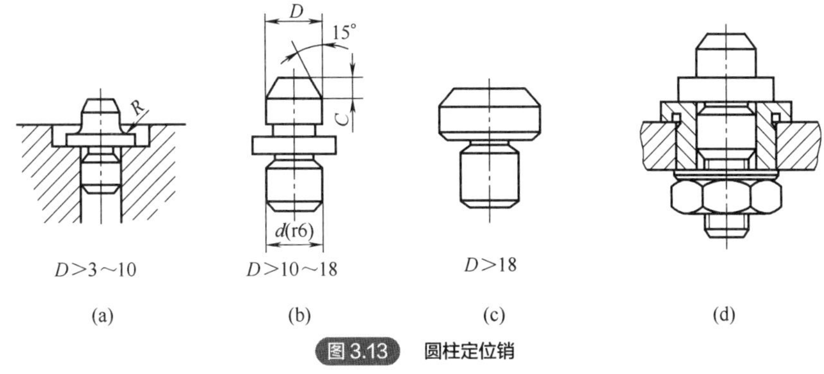

图 3.13 圆柱定位销

短圆柱销限制工件 2 个自由度，长圆柱销限制工件 4 个自由度。有时为了避免过定位，可将圆柱销在定位方向上削扁成菱形定位销（菱形销），如图 3.14 所示。

② 圆锥定位销（圆锥销） 圆锥定位销通常用于加工套筒、空心轴等工件，如图 3.15 所示。图 3.15（a）为削边的圆锥销，用于粗基准定位，图 3.15（b）为未削边的圆锥销，用于精基准定位。圆锥销限制 3 个自由度。

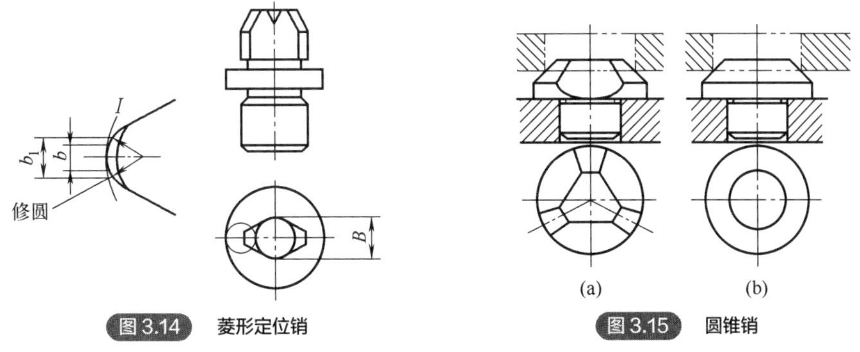

图 3.14 菱形定位销

图 3.15 圆锥销

圆锥销常和其他定位元件组合使用，这是由于圆柱孔与圆锥销只能在圆周上做线接触，定位时工件容易倾斜。

③ 定位心轴 常用于盘类、套类零件及齿轮加工中的定位，以保证加工面（外圆柱面、圆锥面或齿轮分度圆）对内孔的同轴度。定位心轴的结构形式很多，除以下要介绍的刚性心轴外，

还有胀套心轴、液性塑料心轴等。它的主要定位面可限制工件的 4 个自由度，如图 3.16 所示。

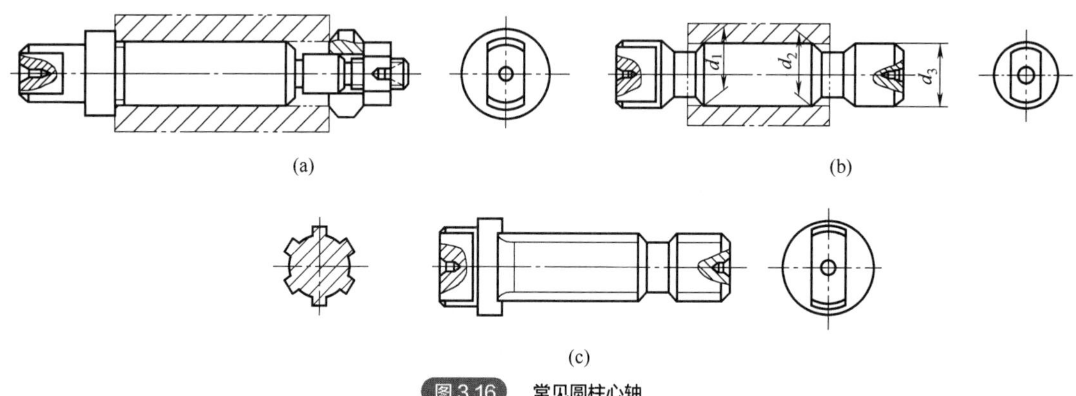

图 3.16 常见圆柱心轴

a. 圆柱心轴 圆柱心轴与工件的配合形式有间隙配合和过盈配合两种。间隙配合圆柱心轴［如图 3.16（a）所示］装卸工件方便，但定心精度不高。为了减小因配合间隙造成的工件倾斜，工件常以孔和端面组合定位，故要求工件定位孔与定位端面之间、心轴的圆柱工作表面与其端面之间有较高的垂直度。

过盈配合圆柱心轴［如图 3.16（b）所示］由引导部分、工作部分和传动部分组成。这种心轴制造简单，定心精度较高，不用另外设置夹紧装置，但装卸工件比较费时，且容易损伤工件定位孔，故多用于定心精度要求较高的精加工中。

b. 锥度心轴 锥度心轴（如图 3.17 所示）的锥度一般都很小，通常锥度 K=1∶1000~1∶8000。装夹时以轴向力将工件均衡推入，依靠孔与心轴接触表面的均匀弹性变形，使工件楔紧在心轴的锥面上。加工时靠摩擦力带动工件旋转，故传递的转矩较小，装卸工件不方便，且不能加工工件的端面。这种定位方式的定心精度高，同轴度公差值为 0.02~0.01mm，但工件轴向位移误差较大，一般只用于工件定位孔的公差等级高于 IT7 级的精车和磨削加工。

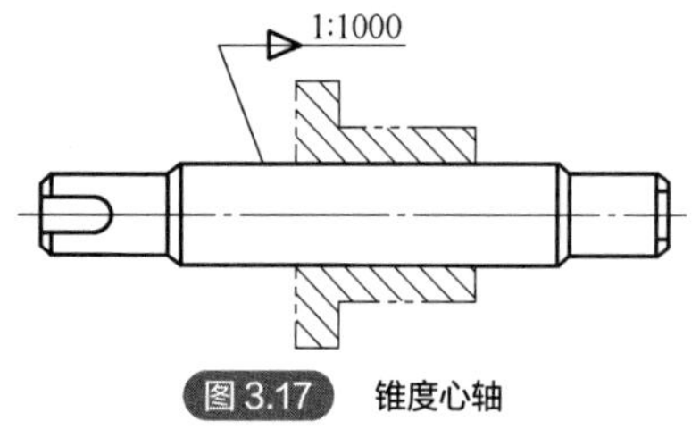

图 3.17 锥度心轴

锥度心轴的锥度越小，定心精度越高，夹紧越可靠。当工件长径比较小时，为避免因工件倾斜而降低加工精度，锥度应取较小值，但减小锥度后，工件轴向位移误差会增大。同时，心轴增长，刚性下降，为保证心轴有足够的刚性，当心轴长径比 L/d>8 时，应将工件定位孔的公差范围分成 2~3 组，每组设计一根心轴。

（3）工件以外圆柱面定位

工件以外圆柱面作为定位基准，是生产中常见的定位方法之一。盘类、套类、轴类等工件就常以外圆柱面作为定位基准。根据工件外圆柱面的完整程度、加工要求等，可以采用 V 形块、半圆套、定位套等定位元件。

① V 形块 V 形块已标准化，它的两个半角（$\alpha/2$）对称布置，定位精度较高，当工件用长圆柱面定位时，可以限制 4 个自由度；若是以短圆柱面定位时，则只能限制工件的 2 个自由度。V 形块的结构形式较多，如图 3.18 所示。图 3.18（a）中的 V 形块用于较短的精基准定位；图

3.18（b）中的V形块用于较长的粗基准（或阶梯轴）定位；图3.18（c）中的V形块用于较长的精基准或两个相距较远的定位基准面的定位；图3.18（d）为在铸铁底座上镶淬硬支承板或硬质合金板的V形块，以节省钢材。

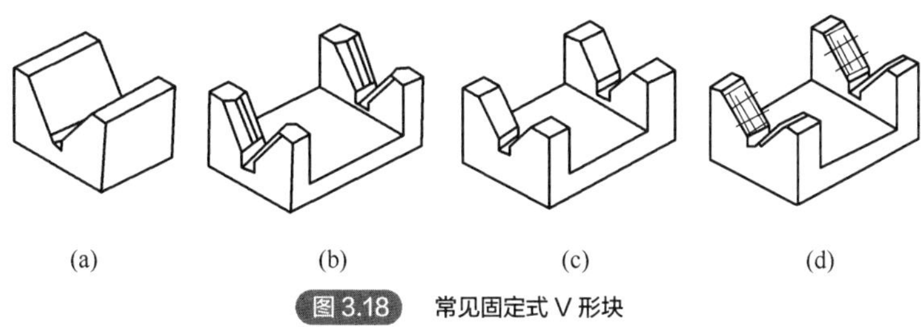

图3.18 常见固定式V形块

V形块有活动式与固定式之分。活动式V形块除可以限制工件的1个自由度以外，还可以起到夹紧的作用。

不论定位基准面是否经过加工，也不论外圆柱面是否完整，都可用V形块定位。V形块的特点是对中性好，即能使工件定位基准的轴线对中在V形块两斜面的对称平面上，而不受定位基准直径误差的影响，并且安装方便，生产中应用很广泛。

② 半圆套 半圆套如图3.19所示，下半部分半圆套装在夹具体上，其定位面置于工件的下方，上半部分半圆套起夹紧作用。这种定位方式类似于V形块，常用于不便轴向安装的大型轴套类零件的精基准定位中，其稳定性比V形块更好。半圆套与定位基准面的接触面积较大，夹紧力均匀，可减小工件基准面的接触变形，特别是空心圆柱定位基准面的变形。工件定位基准面的公差等级不应低于IT9级，半圆套的最小内径应取工件定位基准面的最大直径。

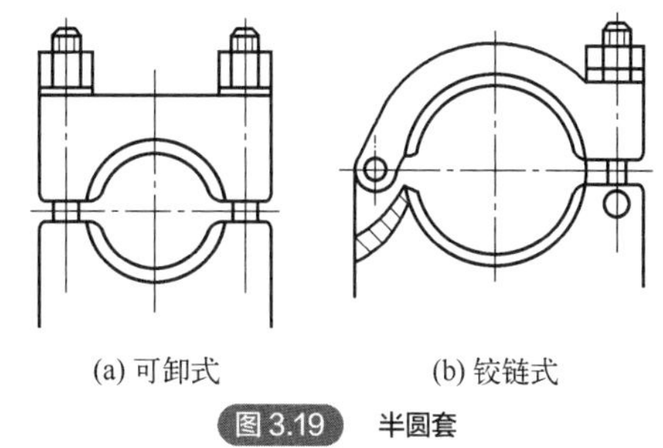

图3.19 半圆套

③ 定位套 工件以外圆柱面作为定位基准面在定位套中定位时，其定位元件常做成钢套装在夹具体中，如图3.20所示。图3.20（a）为短定位套，用于工件以端面为主要定位基准时，短定位套只限制工件的2个移动自由度；图3.20（b）为长定位套，用于工件以外圆柱面为主要定位基准时，应考虑垂直度误差与配合间隙的影响，必要时应采取工艺措施，以避免重复定位引起的不良后果。长定位套可限制工件的4个自由度。这种定位方式为间隙配合的中心定位，故对定位基准面的精度要求较高（不应低于IT8级）。定位套应用较少，主要用于小型的形状简单的轴类零件的定位。

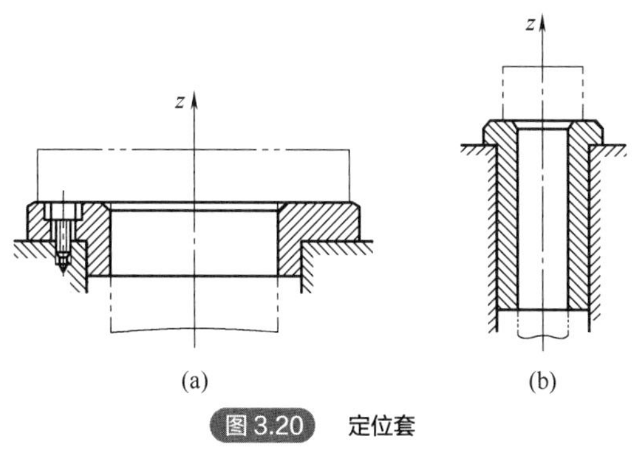

图3.20 定位套

3.2.4 定位基准面的命名

工件定位时，作为定位基准的点、线和面，往往是由某些具体表面来体现出来的，这种表面称为定位基准面。根据定位基准面所约束的自由度数量，可将其进行如下命名。

① **主要定位基准面** 通常选择工件上较大面积的表面作为主要定位基准面，以设置呈三角形布局且在同一平面的 3 个支承点来约束工件的 3 个自由度。图 3.4 中底平面为主要定位基准面。

② **导向定位基准面** 通常选择工件上窄长且两个支承点的间距较远的表面作为导向定位基准面，以设置两个支承点来约束工件的 2 个自由度。图 3.4 中侧面为导向定位基准面。

③ **双导向定位基准面** 能够约束工件上 2 个移动自由度和 2 个旋转自由度的圆柱面，就作为双导向定位基准面。通常选择工件的内圆柱孔表面或外圆柱表面作为双导向定位基准面，图 3.21（a）中套筒内圆柱孔表面为双导向定位基准面。

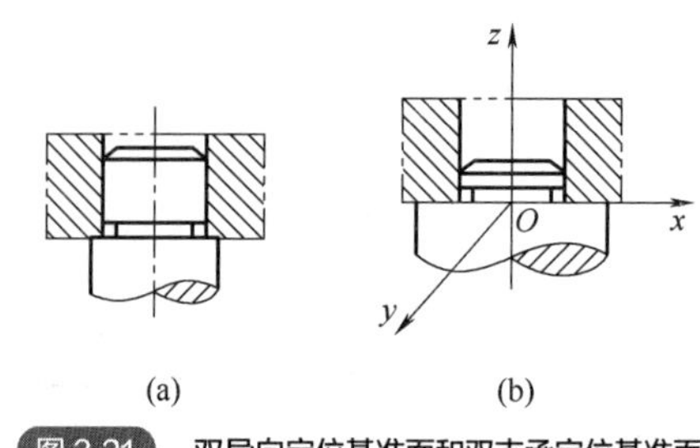

图 3.21 双导向定位基准面和双支承定位基准面

④ **双支承定位基准面** 能够约束工件上 2 个移动自由度的圆柱面，就作为双支承定位基准面。通常选择工件的圆柱孔且采用短圆柱销表面作为双支承定位基准面，如图 3.21（b）所示。

⑤ **止推定位基准面** 能够约束工件上 1 个移动自由度的表面，就作为止推定位基准面。通常选择工件上窄小的表面并设置定位块或定位钉的表面作为止推定位基准面，如图 3.4 中的小平面。

⑥ **防转定位基准面** 能够约束工件上 1 个旋转自由度的表面，就作为防转定位基准面。通常选择工件的一个侧面或回转体某处的槽、口，并通过设置定位销或定位块的表面作为防转定位基准面。图 3.22 中 W_1 槽口即为防转定位基准面。

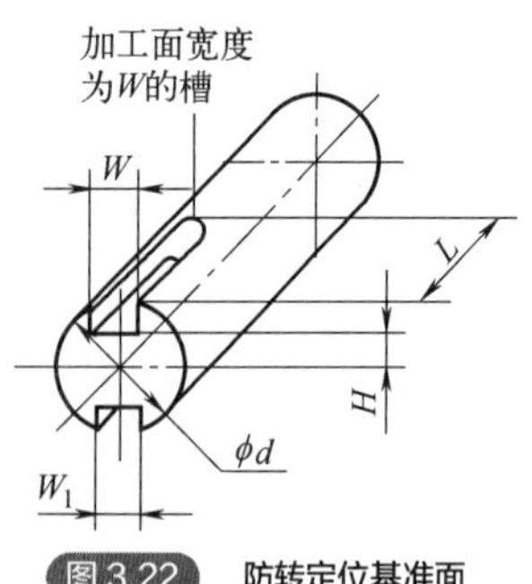

图 3.22 防转定位基准面

当工件以回转面（圆柱面、圆锥面、球面等）与定位元件接触（或配合）时，工件上的回转面称为**定位基准面**（**基面**），其轴线称为**定位基准**。例如，工件以圆孔在心轴上定位，工件的内孔面称为定位基面，它的轴线称为定位基准。与此对应，心轴的圆柱面称为限位基面，心轴的轴线称为限位基准。工件以平面与定位元件接触时，该平面是定位基面，它的理想状态（平面度误差为零）是定位基准，定位元件上的平面为**限位基面**，其理想状态为**限位基准**。如果工件上的这个平面是精加工过的，形状误差很小，可认为定位基面就是定位基准。同样，定位元件以平面限位时，如果这个面的形状误差很小，也可认为限位基面就是限位基准。

工件在夹具上定位时，理论上，定位基准与限位基准应该重合，定位基面与限位基面应该接触。为了简便，将工件上的定位基面和与之相接触（或配合）的定位元件的限位基面合称为**定位副**。在选定定位基准后，应在工序图上标注定位符号。常用的定位符号见第 5 章表 5.3、表 5.4。

3.3　定位误差的分析

按照六点定位原理，可以保证工件在夹具上的正确位置，而夹具相对于机床即刀具与工件的相对位置是否正确则是影响加工精度的主要因素。刀具与工件之间的相对位置是否正确受很多因素影响，如夹具在机床上的装夹误差、工件在夹具中的定位误差和夹紧误差、机床调整误差、工艺系统变形误差、机床和刀具的制造误差及磨损误差等。为了保证工件的加工精度要求，加工中各种误差的和与尺寸公差之间应满足式（3.1）：

$$\Delta\sum = \Delta D + \Delta Q \leqslant T \tag{3.1}$$

式中　$\Delta\sum$——各种因素产生的误差总和；

ΔD——工件在夹具中的定位误差，一般应小于 $T/2$ 或 $T/3$；

ΔQ——除定位误差外其他因素产生的误差；

T——工件被加工尺寸的公差。

3.3.1　定位误差的构成

所谓定位误差，是指由于工件定位造成的加工面相对工序基准（在工序简图中体现的基准）的位置误差。因为对一批工件来说，刀经调整后位置是不动的，即被加工表面的位置相对于定位基准（加工时所用的基准）是不变的，所以定位误差就是工序基准在加工尺寸方向上的最大变动量。

定位误差的组成及产生原因有以下两个方面：

① **基准不重合误差**　定位基准与工序基准不一致所引起的定位误差，即工序基准相对定位基准在加工尺寸（工序尺寸）方向上的最大变动量，用 ΔB 表示，**ΔB 为两基准间尺寸（定位尺寸）公差在加工方向上的投影。**

如图 3.23 所示，要加工键槽，定位基准为工件内孔的中心线，与定位心轴采取过盈配合。工序基准为工件的下母线，基准不重合。采用调整法进行加工时，刀具位置不变，当工件外圆存在制造误差时，会使得工序基准的位置发生变化。由于采用过盈配合，故定位基准位置不变，工序基准的变动范围即为外圆半径的极值差，即半径的公差值 $\Delta B = \delta_d/2$。

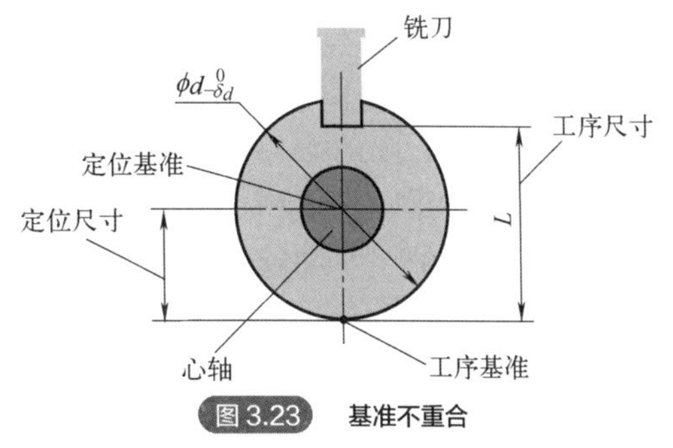

图 3.23　基准不重合

如果将图 3.23 中工序尺寸重新标注，将工序基准标注在圆心处，则此时定位基准与工序基准重合，ΔB =0，外圆直径的变化对槽尺寸无影响。

② **基准位移误差** 定位基准面和定位元件本身的制造误差所引起的定位误差，即定位基准的相对位置在加工尺寸（工序尺寸）方向上的最大变动量，以 ΔY 表示。

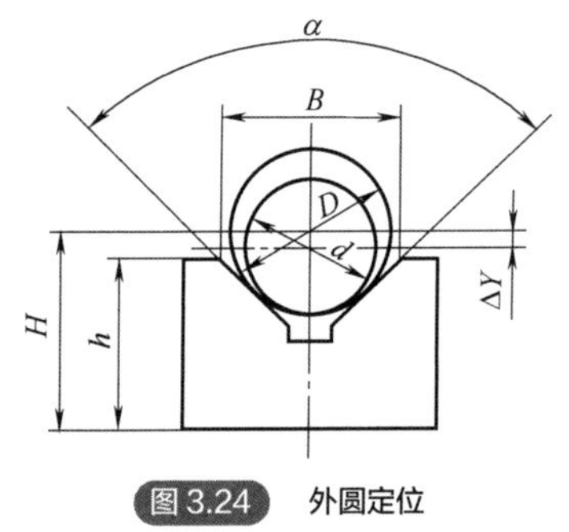

图 3.24 外圆定位

如图 3.24 所示，D 为定位圆直径的最大值，d 为定位圆直径的最小值。定位基准为轴线，定位基准面为外圆面，定位基准与工序基准重合，ΔB=0，不考虑 V 形块的制造误差，此时影响槽尺寸的因素是外圆直径的制造误差。当外圆直径偏大时，轴线上移，槽深度减小；相反，外圆直径偏小时，轴线下移，槽深度增加。该变化的极限值即是基准位移误差，

$\Delta Y = T_D / \left[2\sin(\alpha/2)\right]$，其中 T_D 为 D 的公差。

分析和计算定位误差是为了判断所采用的定位方案能否保证工件的加工精度要求，以便对不同方案进行分析比较，选出最佳定位方案。

常用定位误差的计算方法有合成法、几何法、微分法。本书中仅介绍合成法。

在定位误差的分析计算中，可以将两项误差在工序尺寸方向上的分量分别计算，再按公式进行合成。因为定位误差有时是两项误差之和，有时是两项误差之差，因此，需要根据具体情况进行分析。

① **若工序基准不在定位基准面上** 如图 3.25 所示，工序基准是轴心线，定位基准面是外圆面，因此工序基准不在定位基准面上，则 $\Delta D = \Delta B + \Delta Y$。

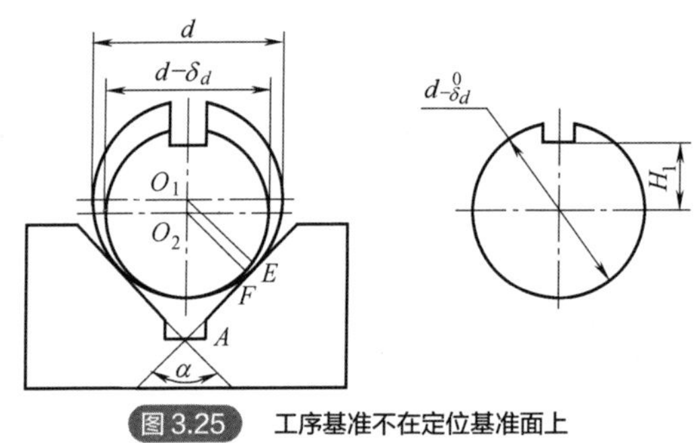

图 3.25 工序基准不在定位基准面上

② **若工序基准在定位基准面上** 如图 3.26 所示，工序基准为上母线，定位基准面是外圆面，因此工序基准在定位基准面上，则 $\Delta D = \left|\Delta B \pm \Delta Y\right|$，判断“±”的方法如下：

第一步，定位基准保持不动，若定位基准面（与定位元件接触的工件表面）直径由大到小（或由小到大）变化时，分析**工序基准的移动方向**。

第二步，定位基准面与限位基准面（定位元件表面）始终保持接触，若定位基准面直径同方向（与第一步直径的变化方向相同）变化时，分析**定位基准的移动方向**。

第三步，若两者移动方向相同，取“+”号；若方向相反，则取“−”号。

如图 3.26 所示为 V 形块定位铣键槽，不考虑 V 形块的制造误差，由于工件的制造误差导致工序尺寸 H 的工序基准在工序尺寸方向上产生了变动，工序尺寸 H 的定位误差计算如下：

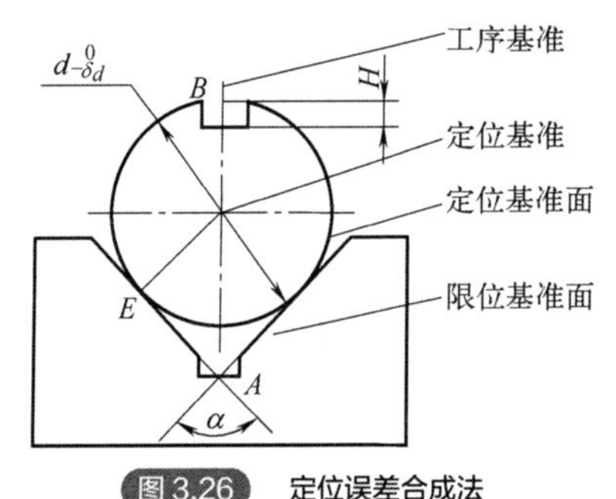

图 3.26 定位误差合成法

工序基准为工件上母线，定位基准为工件轴线，两者不重合，基准不重合误差等于工序基准与定位基准之间的定位尺寸的公差，即 $\Delta B = \delta_d / 2$；

由于工件外圆有制造误差，导致工件定位基准在竖直方向上产生了变动（图 3.25），基准位移误差为：

$$\Delta Y = O_1O_2 = O_1A - O_2A = \frac{O_1E}{\sin\frac{\alpha}{2}} - \frac{O_2F}{\sin\frac{\alpha}{2}} = \frac{\frac{d}{2}}{\sin\frac{\alpha}{2}} - \frac{\frac{d-\delta_d}{2}}{\sin\frac{\alpha}{2}} = \frac{\delta_d}{2\sin\frac{\alpha}{2}}$$

即 $\Delta Y = \dfrac{\delta_d}{2\sin\frac{\alpha}{2}}$。

由于工序基准是工件上母线，在定位基准面工件外圆柱面上，因此定位误差应按 $\Delta D = \left|\Delta B \pm \Delta Y\right|$ 计算。正负号判断如下：定位基准（工件轴线）保持位置不变，定位基准面直径从大往小变化时，**工序基准下移**；定位基准面与限位基准面（定位元件 V 形块）保持接触，定位基准面直径从大往小变化时，**定位基准下移**；两者变化方向相同，取“+”号，所以 H 的定位误差为：

$$\Delta D = \left|\Delta B + \Delta Y\right| = \frac{\delta_d}{2} + \frac{\delta_d}{2\sin\frac{\alpha}{2}} = \frac{\delta_d}{2}\left(1 + \frac{1}{\sin\frac{\alpha}{2}}\right)$$

3.3.2　常见定位方式的定位误差分析与计算

（1）平面定位误差的分析与计算

如图 3.27 所示为铣台阶面 C 的两种定位方案，要求保证尺寸（20±0.15）mm，分析两种定位方案的定位误差。

分析思路：

① **分析是否存在基准不重合误差**　定位方案 a［图 3.27（a）］中定位基准面是 B，工序基准是 A，因此基准不重合，定位尺寸为（40±0.14）mm，所以，$\Delta B = T_{40} = 0.14 - (-0.14) = 0.28\text{mm}$。

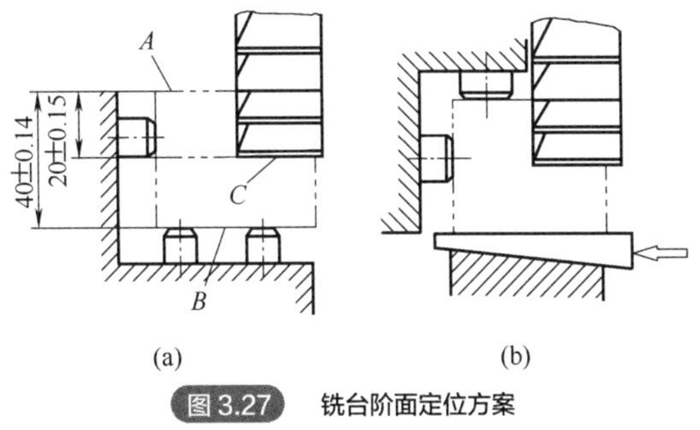

图 3.27　铣台阶面定位方案

② **分析是否存在基准位移误差**　若定位基准面 B 制造得比较平整光滑，则同批工件的定位基准位置不变，不会产生基准位移误差，即 $\Delta Y = 0\text{mm}$。

③ 分析“±” 由于工序基准为 A，定位基准面为 B，工序基准不在定位基准面上，取“+”。由于此方案中 $\Delta Y=0$，因此不用分析“±”，也能正确计算出定位误差值。定位误差为：$\Delta D=\Delta B+\Delta Y=0.28$mm。

④ 判断定位方案的合理性 根据公式可知，$\Delta D<T/2$ 或 $T/3$，此处 $T=0.3$mm，ΔD 应小于 0.15 或 0.1mm，显然 0.28 大于该数值，因此方案 a 不满足要求。若采用该方案，留给其他误差的值很小，仅有 0.02mm，加工难度较大，很容易出现废品。

按照上述思路分析方案 b［图 3.27（b）］，其定位误差为 0，满足设计要求。

（2）外圆定位误差的分析与计算

本案例主要分析定位元件为 V 形块的定位误差，如图 3.28 所示，加工键槽，图（a）为定位简图，图（b）为 3 种不同工序基准的标注图。

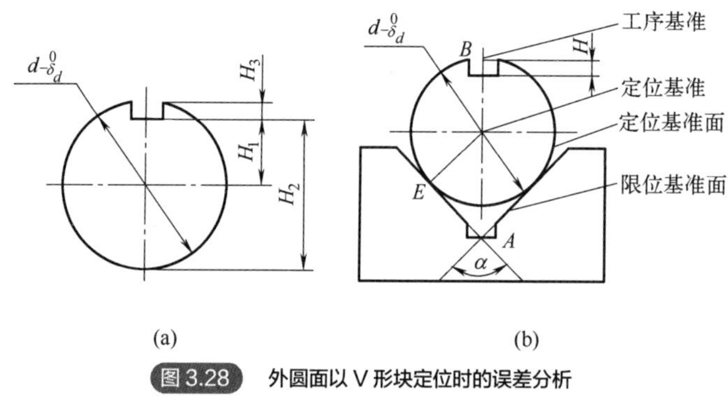

图 3.28 外圆面以 V 形块定位时的误差分析

分析思路：

① 分析 3 种标注方式的基准不重合误差 从图（a）中可以看出，3 种标注方式的**定位基准均为工件轴心线**，因此下面分析 3 种标注方式的工序基准。

H_1：按照 H_1 的标注方式，从图（b）中可以看出，**工序基准为工件轴心线**，基准重合，因此 $\Delta B=0$；

H_2：按照 H_2 的标注方式，从图（b）中可以看出，**工序基准为工件下母线**，基准不重合，定位尺寸（工件轴心线到下母线的距离）为工件半径，半径的公差值 $T=\delta_d/2$，因此 $\Delta B=\delta_d/2$；

H_3：按照 H_3 的标注方式，从图（b）中可以看出，**工序基准为工件上母线**，基准不重合，定位尺寸（工件轴心线到下母线的距离）为工件半径，半径的公差值 $T=\delta_d/2$，因此 $\Delta B=\delta_d/2$。

② 分析基准位移误差 若不考虑 V 形块的制造误差，则工件定位基准在 V 形块的对称面上（V 形块的对中性好），因此工件中心线在水平方向上的位移为零；但在垂直方向上，因工件外圆有制造误差，而导致工件定位基准产生位移。经过前面的计算可知 V 形块定位时，垂直方向的基准位移误差为：$\Delta Y=\delta_d/\left[2\sin(\alpha/2)\right]$。

③ 分析“±” 从图（a）中可以看出，该定位方案的定位基面为工件的外圆面，在分析思路①中分析了 3 种标注方式的工序基准分别为**工件轴心线、工件下母线、工件上母线**，可知按照 H_1 标注时，工序基准不在定位基面上，取“+”，$\Delta D_1=\Delta Y=\delta_d/\left[2\sin(\alpha/2)\right]$；按照 H_2、H_3 标

注时，工序基准在定位基面上，需要判断“±”。

H_2：定位基准不动，工件外圆由大往小变化，**工序基准上移**；定位基面（工件外圆面）与限位基面（V 形块表面）保持接触，工件外圆由大往小变化，**定位基准下移**；两者变化方向相反，取“–”，即 $\Delta D_2=\left|\Delta B-\Delta Y\right|=\left|\delta_d/2-\delta_d/\left[2\sin(\alpha/2)\right]\right|=\delta_d/2\left|1-1/\sin(\alpha/2)\right|$，此时需要判断绝对值去掉后的符号，V 形块夹角常用角度为 60°、90°和 120°，所以 $1/\sin(\alpha/2)$ 是一个大于 1 的数，因此有 $\Delta D_2=\delta_d/\left\{2\left[1/\sin(\alpha/2)-1\right]\right\}$。

H_3：定位基准不动，工件外圆由大往小变化，**工序基准下移**；定位基面（工件外圆面）与限位基面（V 形块表面）保持接触，工件外圆由大往小变化，**定位基准下移**；两者变化方向相同，取“+”，即 $\Delta D_3=\left|\Delta B+\Delta Y\right|=\left|\delta_d/2+\delta_d/\left[2\sin(\alpha/2)\right]\right|=\delta_d/2\left|1+1/\sin(\alpha/2)\right|$，因此有 $\Delta D_3=\delta_d/\left\{2\left[1/\sin(\alpha/2)+1\right]\right\}$。

综上分析，可以得出 $\Delta D_3>\Delta D_1>\Delta D_2$，即在进行工序尺寸标注时，按照 H_2 的标注方式（工序基准在下母线上）所产生的定位误差最小。可见，工件在 V 形块上定位时，定位误差随加工尺寸的标注方法不同而异。

（3）内孔定位误差的分析与计算

工件以单一圆柱孔定位时，常用的定位元件是圆柱定位心轴（定位销），此时定位误差的计算有两种情形，即工件内孔与圆柱定位心轴（定位销）为过盈配合和间隙配合。

① 工件内孔与定位心轴（定位销）过盈配合定位误差分析

分析思路：

由于采用了过盈配合，定位副间无间隙，定位基准不会产生位移，所以基准位移误差 $\Delta Y=0$。图 3.29 中：

图（a）为工序简图，加工表面为 P，定位基准为工件轴线；图（b）~（f）为加工 P 表面时，标注的不同的工序基准。

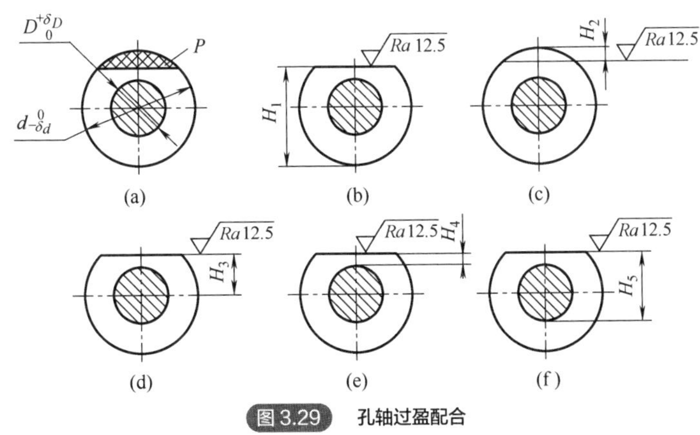

图 3.29 孔轴过盈配合

图（b）的工序基准为工件外圆下母线，基准不重合，且工序基准不在定位基面（工件内孔）上，故 $\Delta D = \Delta B + \Delta Y = T_d / 2 = \delta_d / 2$，其中 T_d 为 d 的公差。

图（c）的工序基准为工件外圆上母线，基准不重合，且工序基准不在定位基面（工件内孔）上，故 $\Delta D = \Delta B + \Delta Y = T_d / 2 = \delta_d / 2$。

图（d）的工序基准为工件轴心线，基准重合，且工序基准不在定位基面（工件内孔）上，故 $\Delta D = \Delta B + \Delta Y = 0$。

图（e）的工序基准为工件内孔上母线，基准不重合，工序基准在定位基面（工件内孔）上，需要判断“±”，但由于 $\Delta Y = 0$，故 $\Delta D = \left|\Delta B \pm \Delta Y\right| = \Delta B = T_D / 2 = \delta_D / 2$。

图（f）的工序基准为工件内孔下母线，基准不重合，工序基准在定位基面（工件内孔）上，需要判断“±”，但由于 $\Delta Y = 0$，故 $\Delta D = \left|\Delta B \pm \Delta Y\right| = \Delta B = T_D / 2 = \delta_D / 2$。

② 工件内孔与定位心轴（定位销）间隙配合的定位误差

a. 工件内孔与定位心轴(定位销)水平放置 如图 3.30 所示，工件内孔与定位心轴（定位销）水平放置，理想状态为工件内孔轴线与定位心轴（定位销）轴线重合，但由于工件的自重作用和配合间隙的存在，使工件内孔与定位心轴（定位销）始终为上母线接触；又因定位副存在制造误差，所以定位基准（内孔轴线）相对于限位基准即定位心轴（定位销）轴线总是下移，从而导致定位基准位置变动，定位基准变动量即为基准位移误差。

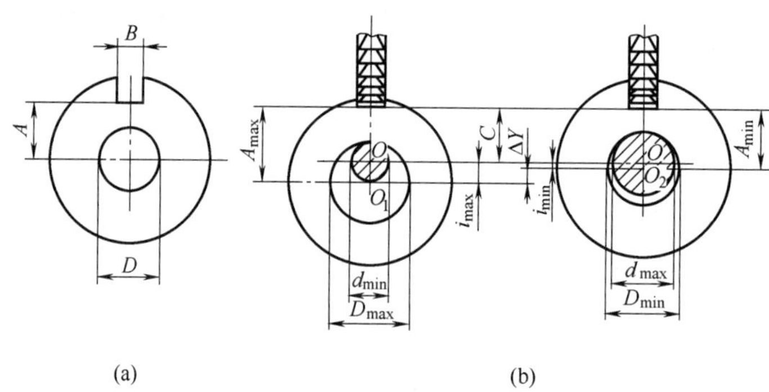

图 3.30 工件内孔与定位心轴水平放置的定位误差分析 [（b）图内圆上面接触点分别记为 E、F]

分析思路：

图 3.30（a）为工序简图，加工尺寸为宽度为 B 的槽，工序尺寸方向为竖直方向，定位基准为工件内孔轴线，工序基准为工件内孔轴线，基准重合，ΔB=0。

图 3.30（b）为工件内孔与定位心轴的两种极限状态，左图中孔最大轴最小，间隙最大，为 i_{max}，此时定位基准（工件内孔轴线）处于最下端；右图中孔最小轴最大，间隙最小，为 i_{min}，此时定位基准（工件内孔轴线）处于最上端。定位基准的两个极限位置的距离即为基准位移误差，ΔY=O_1O_2。需要注意，基准位移误差是定位基准位置的最大变动量，而不是最大位移量。

$$O_1O_2 = OO_1 - OO_2 = \left(EO_1 - EO\right) - \left(FO_2 - FO\right)$$

$$= \left(\frac{D_{max}}{2} - \frac{d_{min}}{2}\right) - \left(\frac{D_{min}}{2} - \frac{d_{max}}{2}\right) = \left(\frac{D_{max}}{2} - \frac{D_{min}}{2}\right) + \left(\frac{d_{max}}{2} - \frac{d_{min}}{2}\right) = \frac{T_D}{2} + \frac{T_d}{2}$$

即 $\Delta Y = \dfrac{T_D}{2} + \dfrac{T_d}{2}$，由于工序基准不在定位基面上，所以，尺寸 A 的定位误差为：

$$\Delta D = \Delta B + \Delta Y = \Delta Y = \frac{T_D}{2} + \frac{T_d}{2}$$

b. 工件内孔与定位心轴（定位销）竖直放置 如图 3.31（a）所示，加工宽度为 b、深度为 H 的槽，工序尺寸为 $H_{-\delta_d}^{\ 0}$，定位基准为工件内孔轴线，工序基准也是工件内孔轴线，基准重合，ΔY=0，因此 ΔD=ΔY。

基准位移误差 ΔY 的分析思路：

如图 3.31 所示，工件内孔与定位心轴（定位销）竖直放置，理想状态仍是工件内孔轴线与定位心轴（定位销）轴线重合，但安装工件时，由于配合间隙以及定位副的制造误差，工件内孔与定位心轴（定位销）可能为任意母线接触，从而导致定位基准位置变动，定位基准变动量即基准位移误差。

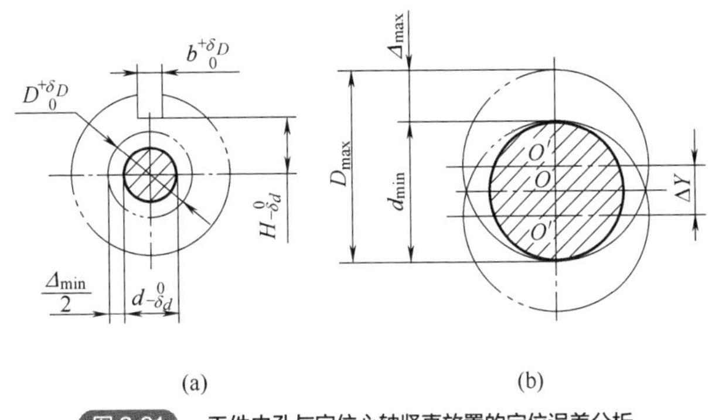

图 3.31 工件内孔与定位心轴竖直放置的定位误差分析

定位基准的最大位置变动量，即孔轴配合间隙最大状态时，即工件内孔最大（此时内孔直径为 D_{max}），定位心轴直径最小（此时心轴直径为 d_{min}），而定位基面与限位基面为任意母线接触，其极限位置是在工序尺寸的方向，如图 3.31（b）所示，即定位基准在 $O'O'$之间变动，而 $O'O'=2OO'$，因此有 $\Delta D=\Delta Y=O'O'=2OO'$，根据前面轴孔水平放置状态的分析可知 $OO'=\frac{D_{max}}{2}-\frac{d_{min}}{2}$，故有：

$$\Delta D = \Delta Y = D_{max} - d_{min} = \Delta_{max}$$

c. 一面两孔定位时定位误差分析 如图 3.32 所示，两个定位销（圆柱销和菱形销）竖直放置，安装工件时，由于配合间隙和制造误差的存在，工件内孔轴线与定位销轴线难以重合，从而产生基准位移误差。

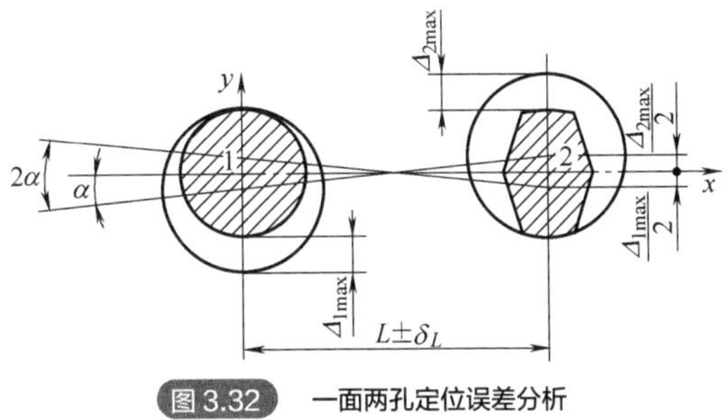

图 3.32 一面两孔定位误差分析

孔 1 定位基准（孔轴线）在 x、y 方向上的基准位移误差分析如下：

孔 1 的定位情况与“**工件内孔与定位心轴(定位销)间隙配合、竖直放置**”时的分析思路一致，故其在 x、y 方向上的基准位移误差相等，即 $\Delta Y_{1x}=\Delta Y_{1y}=\varDelta_{1\max}$。

孔 2 定位基准（孔轴线）在 x、y 方向上的基准位移误差分析如下：

孔 2 在 y 方向上的基准位移误差与孔 1 分析思路相同，即 $\Delta Y_{2y}=\varDelta_{2\max}$。

由于孔 2 在 x 方向不起定位作用，所以其在 x 方向上的基准位移误差主要受圆柱销 1 的安装位置及两定位心轴在 x 方向的安装误差影响，安装尺寸为 $L\pm\delta_L$，此时在 x 方向的最大位置变动量为 $2\delta_L$，故其在 x 方向上的基准位移误差为：

$$\Delta Y_{2x}=\varDelta_{1\max}+2\delta_L$$

两孔中心连线对两销中心连线的最大转角误差为：

$$\Delta Y_{\alpha}=2\alpha=2\arctan\frac{\varDelta_{1\max}+\varDelta_{2\max}}{2L}$$

3.4 工件的夹紧

为了避免工件加工时在外力（切削力、惯性力、重力等）的作用下破坏定位，影响加工精度，在夹具中必须设置夹紧装置，以保证在工件加工过程中刀具与工件之间始终有一个正确的位置。为保证工件的加工质量和加工效率，夹紧装置的设计和选择应合理、可靠，因此，对夹紧装置的基本要求以及夹紧装置的构成如下。

3.4.1 夹紧装置的基本要求

① **不破坏定位**　应保证在夹紧和加工过程中，工件定位后所获得的正确位置不会改变。

② **夹紧力大小要适当**　既要保证工件被可靠夹紧，又要防止工件产生不允许的夹紧变形和表面损伤。

③ **工艺性好**　夹紧装置的复杂程度应与生产纲领相适应，在保证生产率的前提下，结构应力求简单；尽量采用标准化、系列化和通用化的夹紧装置，以便于设计、制造和维修。

④ **使用方便**　夹紧装置应操作方便、安全省力，以减轻操作者劳动强度，缩短辅助时间，提高生产率。

3.4.2 夹紧装置的构成

① **力源装置**　提供原始作用力的装置称为力源装置。常用的力源装置有液压装置、气动装置、电磁装置、电动装置、真空装置等。以操作者的人力为力源时，称为手动夹紧，没有专门的力源装置。这也是夹具按照力源不同进行分类的依据。

② **传力机构**　将原始作用力或操作者的人力传递给夹紧元件的中间递力机构为传力机构。

③ **执行机构** 要使力源装置所产生的原始作用力或操作者的人力正确地作用到工件上，还需要有最终夹紧工件的执行元件，即夹紧元件。

传力机构和执行机构组成了夹具的夹紧机构。最简单的夹紧机构就是一个元件，如夹紧螺钉，它既是夹紧元件，也是传力机构。传力机构在传递力的过程中起着改变力的大小、方向和自锁的作用。手动夹紧装置必须有自锁功能，以防在加工过程中工件松动而影响加工，甚至造成事故。

如图 3.33 所示的气动夹具，其夹紧装置就是由气缸（力源装置）、压板（夹紧元件）、斜楔、滚子（传力机构）所组成的。当气缸中活塞向左移动时，带动斜楔向左移动，斜楔推动滚子，使压板右侧升高，左侧降低，实现夹紧动作，反向运动为松开工件。

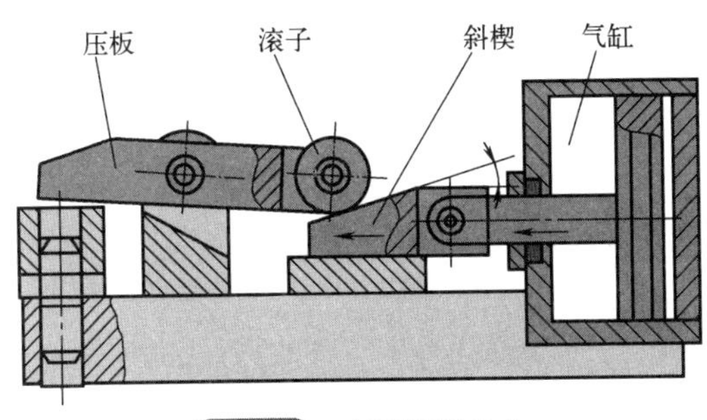

图 3.33 夹紧装置的构成

3.4.3 夹紧力的确定

夹紧力的确定就是确定夹紧力的三要素：力的大小、方向和作用点。在确定夹紧力的三要素时，要充分考虑夹紧装置的基本要求中夹紧力的施加不能破坏定位、不能让工件产生不允许的变形等，除此外，还要分析工件的结构特点、加工要求、切削力及其他外力作用于工件的情况。

（1）夹紧力方向的确定

① 夹紧力的方向应朝向工件的主要定位基准面

当工件的定位基准为几个表面的组合时，大型工件为了保持工件的正确位置，应在每个设置定位元件的方向上施加夹紧力；若工件尺寸较小，切削力不大，则往往只要垂直主要定位基准面的方向上有夹紧力，保证主要定位基准面与定位元件有较大的接触面积，就可以使工件装夹稳定可靠，且能保证加工精度。

如图 3.34（a）所示为工件的工序简图，要加工粗糙度 *Ra* 为 6.3 的孔，定位基准面是 *A* 和 *B* 面，其中 *A* 面为主要定位基准面，*B* 面为导向定位基准面，*A*、*B* 面间的转角误差为$\pm\Delta\alpha$，本工序要求所镗孔与端面 *A* 垂直。

图 3.34（b）、（c）所施加的夹紧力指向 *B* 面，当施加夹紧力时，在工件转角误差的影响下，会出现孔的轴线与 *A* 面不垂直的问题，因此，应选 *A* 面为主要定位基准面，夹紧力 F_J 应垂直压向 *A* 面，确保定位准确。

② 夹紧力应朝向工件刚性较好的方向，使工件变形尽可能小

如图 3.35 所示薄壁套筒，要车削套筒内孔，图 3.35（a）采用三爪自定心卡盘进行装夹，工件圆周受力不均匀，与卡爪接触处受力较大，产生的变形较大，因此处于夹紧状态时测量内孔

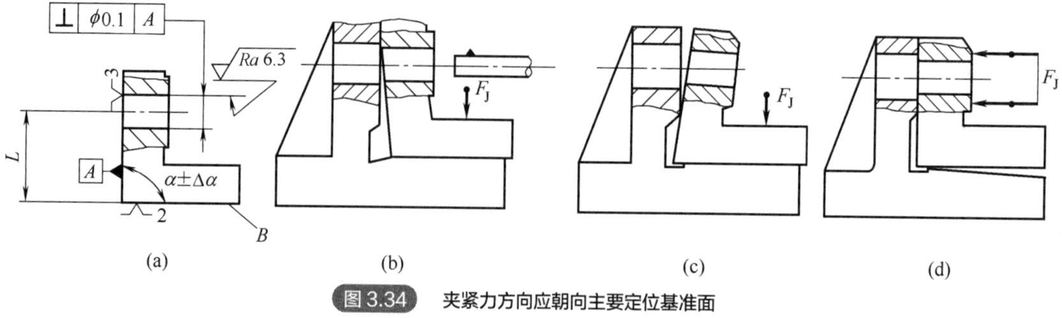

图 3.34 夹紧力方向应朝向主要定位基准面

是合格的，但是当松开卡爪后，变形恢复，内孔的形状也随之发生变化。

对于薄壁套筒而言，其轴向刚性要优于周向，因此图 3.35（b）中改进的夹紧方案为：将夹紧力方向设置在轴向，采用螺纹夹紧工件凸台端面，由于凸台端面刚度较大，几乎不产生夹紧变形。

③ 夹紧力的方向设置，应尽可能减小夹紧力

当夹紧力和切削力、工件自身重力的方向均相同时，加工过程中所需的夹紧力最小，从而能简化夹紧装置的结构和便于操作，且利于减小工件变形。

在钻削时经常碰到三力（夹紧力、切削力、工件自身重力）方向相同的情况，如图 3.36 所示。钻削所产生的轴向切削力 F 及工件重力 G 的方向，都是垂直于主要定位基准面，它们在工件与定位基准面间所产生的摩擦力可以抵消一部分钻削时产生的扭矩，因而可减少实际施加于工件的夹紧力 F_J。

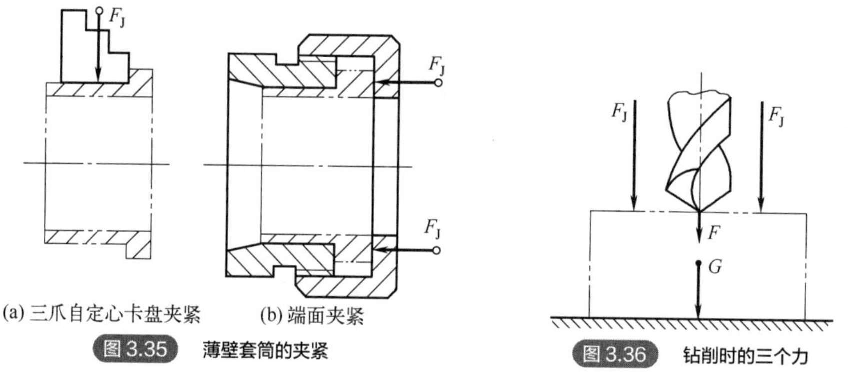

(a) 三爪自定心卡盘夹紧　(b) 端面夹紧

图 3.35 薄壁套筒的夹紧

图 3.36 钻削时的三个力

如图 3.37 所示，铣削工件上平面，此时采用底面为定位基准面，夹紧力只能施加在上表面，给整个平面的加工带来了困难，且需要较大的夹紧力来平衡切削力。为了减小夹紧力或改变夹

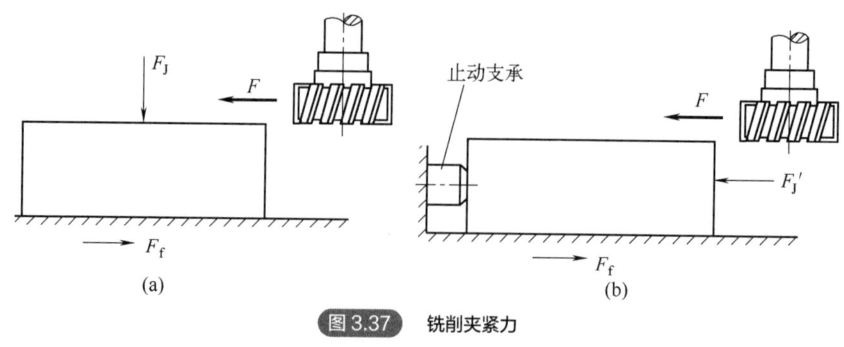

图 3.37 铣削夹紧力

紧力的方向，在切削力 F 的对向安装一个止动支承，用于承受切削力 F，可将原夹紧力 F_J 方向改变为与切削力方向相同的 F_J'，这样一方面使夹紧力减小，另一方面还免除了夹紧力朝向主要定位元件而造成的整个平面加工的困难。

(2) 夹紧力作用点的确定

① 夹紧力作用点应落在定位元件上或几个定位元件所形成的支承区域内

如图3.38所示，图（a）中夹紧力的作用点不在定位元件上，也不在定位元件的支承区域内，会使工件发生倾斜，破坏定位。正确的作用点如图（b）所示。

② 夹紧力作用点应作用在工件刚性较高的部位上

如图3.39所示为薄壁箱体的夹紧，夹紧薄壁箱体时，夹紧力不应作用在箱体的顶面［图（a)］，而应作用在刚性好的凸缘上。改进后如图（b）所示。

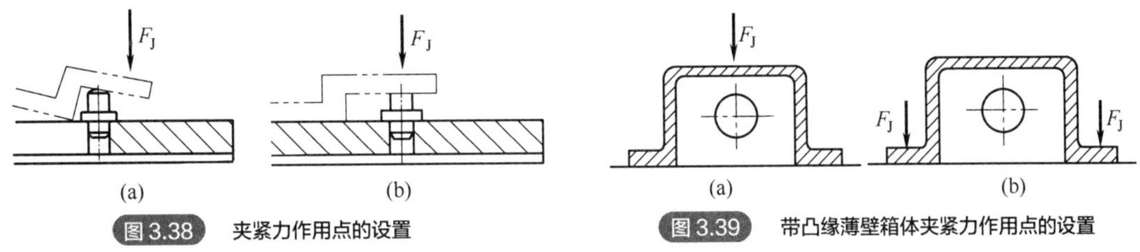

图3.38 夹紧力作用点的设置　　图3.39 带凸缘薄壁箱体夹紧力作用点的设置

如图3.40所示，当加工工件没有凸缘时，可将单点夹紧改为多点夹紧，从而改变了着力点的位置，减小了工件的变形。

③ 夹紧力的作用点应尽量靠近加工部位

夹紧力作用点靠近加工部位可提高加工部位的夹紧刚性，防止或减小在切削加工过程中工件的变形或振动。如图3.41所示，主要夹紧力 F_J 垂直作用于主要定位基准面，如果不再施加其他夹紧力，因夹紧力 F_J 与切削力作用的距离较远，加工过程中工件易产生振动。所以，应在靠近加工部位处采用辅助支承并施加夹紧力 F_J，既可提高工件的夹紧刚度，又可减小振动。

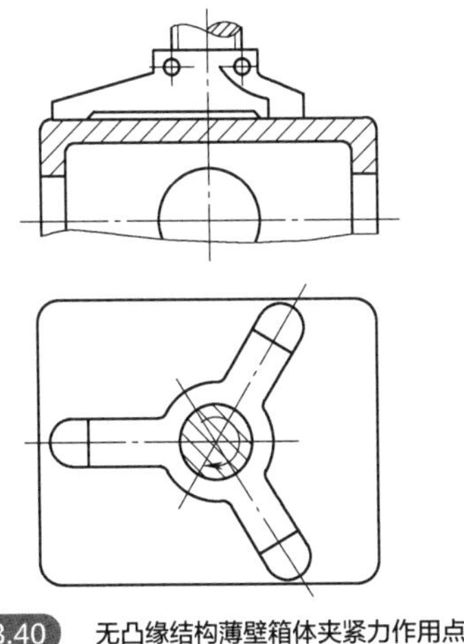

图3.40 无凸缘结构薄壁箱体夹紧力作用点

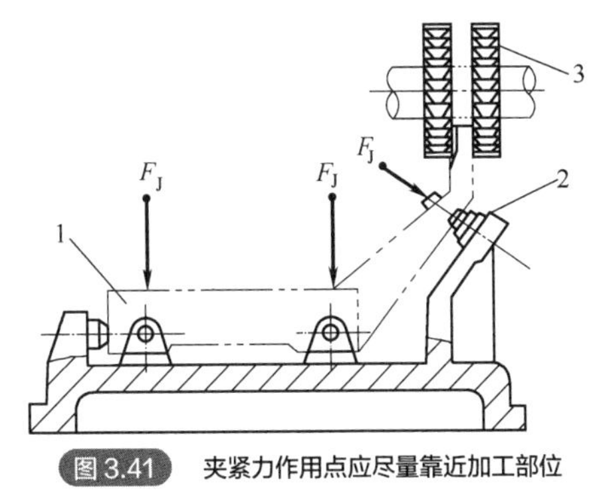

图3.41 夹紧力作用点应尽量靠近加工部位

1—工件；2—辅助支承；3—三面刃铣刀

（3）夹紧力大小的确定

对工件所施加的夹紧力不仅与其方向和作用点的位置、数目有关，更重要的是与其大小有关。夹紧力过大，会引起工件变形，达不到加工精度要求，而且使夹紧装置结构尺寸加大，造成结构不紧凑；夹紧力过小，会使夹紧不可靠，加工时易破坏定位，同样也保证不了加工精度要求，甚至还会引起安全事故。因此，夹紧力大小应适当。

夹紧力的大小从理论上讲，应该与作用在工件上的其他力（力矩）相平衡。而实际上，夹紧力的大小还与工艺系统的刚性、夹紧机构的传力效率等因素有关，计算是很困难的。因此，在实际工作中常用估算法、类比法或经验法来确定所需夹紧力的大小。

用估算法确定夹紧力的大小时，首先根据加工情况，确定工件在加工过程中对夹紧最不利的瞬时状态，分析作用在工件上的各种力，再根据静力平衡条件计算出理论夹紧力，最后再乘以安全系数 K，即可得到实际所需夹紧力，见式（3.2）：

$$F_{\mathrm{J}} = KF_{\mathrm{J}}' \tag{3.2}$$

式中 F_{J}——实际所需夹紧力，N；

F_{J}'——由静力平衡计算出的理论夹紧力，N；

K——安全系数，通常取 1.5~2.5，精加工和连续切削时取较小值，粗加工或断续切削时取较大值，当夹紧力与切削力方向相反时，取 2.5~3。

安全系数 K 可按式（3.3）进行计算：

$$K=K_1K_2K_3K_4 \tag{3.3}$$

式中 K_1——一般安全系数，考虑工件材料性质及余量不均匀等引起切削力变化，K_1=1.5~2；

K_2——加工性质系数，粗加工时 K_2=1.2，精加工时 K_2=1；

K_3——刀具钝化系数，K_3=1.1~1.3；

K_4——断续切削系数，断续切削时 K_4=1.2，连续切削时 K_4=1。

3.5 典型夹紧机构

夹紧机构的种类很多，但其结构大都以斜楔夹紧机构、螺旋夹紧机构和偏心夹紧机构为基础，以下主要介绍这 3 种典型夹紧机构。

3.5.1 斜楔夹紧机构

利用斜楔直接或间接夹紧工件的机构称为斜楔夹紧机构，斜楔夹紧机构可用于增加夹紧力或改变力的方向。下面介绍几种典型的利用斜楔夹紧机构夹紧工件的实例。

如图 3.42 所示为用斜楔直接夹紧工件，工件 3 装入夹具后敲击斜楔 2 的大头（右端），夹紧工件。加工完毕后，敲击斜楔小头（左端），松开工件。这种机构夹紧力较小，操作费时，实际生产中应用较少，多数情况下是将斜楔与其他机构联合起来使用。

如图 3.43 所示为气缸驱动斜楔夹紧机构，当斜楔 2 在气缸 1 带动下向左运动时，滚子 3 上升，即压板 4 右端上升，此时压板左端下降，夹紧工件 5；反之松开工件。

（1）斜楔夹紧力的计算

斜楔在夹紧过程中的受力分析如图 3.44（a）所示，工件、夹具体对斜楔的作用力分别为 F_J 和 R；工件、夹具体对斜楔的摩擦力分别为 F_2 和 F_1，相应的摩擦角分别为 φ_2 和 φ_1。R 与 F_1 的合力为 R_1，F_J 与 F_2 合力为 F_{J1}。当斜楔为平衡状态时，根据静力平衡，可得斜楔对工件产生的夹紧力 F_J 为：

$$F_J = \frac{P}{\tan(\alpha + \varphi_1) + \tan\varphi_2}$$

式中　P——斜楔所受的源动力，N；

α——斜楔的升角（楔角），(°)；

φ_1——斜楔与夹具体间的摩擦角，(°)；

φ_2——斜楔与工件间的摩擦角，(°)。

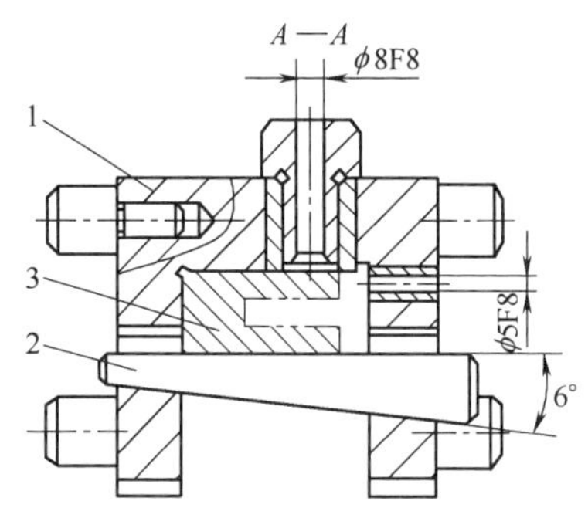

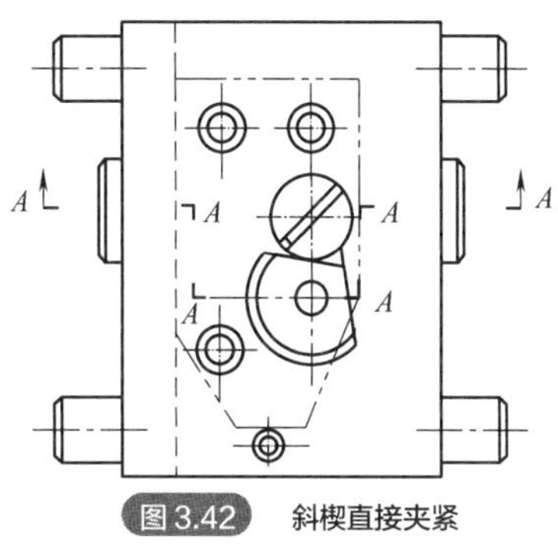

图 3.42　斜楔直接夹紧

1—夹具体；2—斜楔；3—工件

（2）斜楔夹紧的自锁条件

当工件夹紧后，在撤掉源动力 P 时，夹紧机构依靠摩擦力的作用，仍能保持对工件的夹紧状态的现象称为自锁。当撤除源动力 P 后，此时摩擦力的方向与斜楔松开的趋势方向相反，斜楔受力分析如图 3.44（b）所示。要使斜楔能够保证自锁，必须满足式（3.4）：

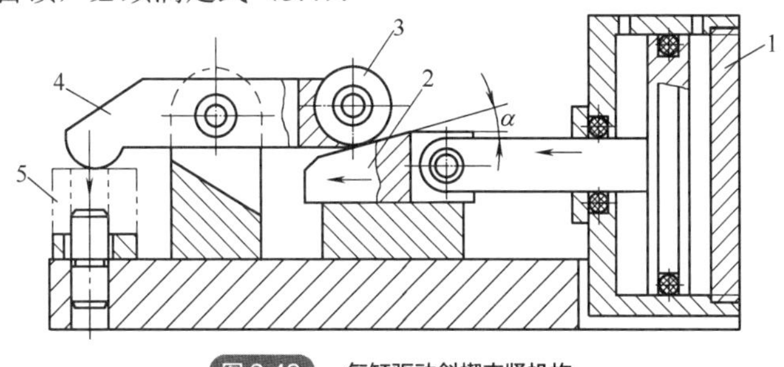

图 3.43　气缸驱动斜楔夹紧机构

1—气缸；2—斜楔；3—滚子；4—压板；5—工件

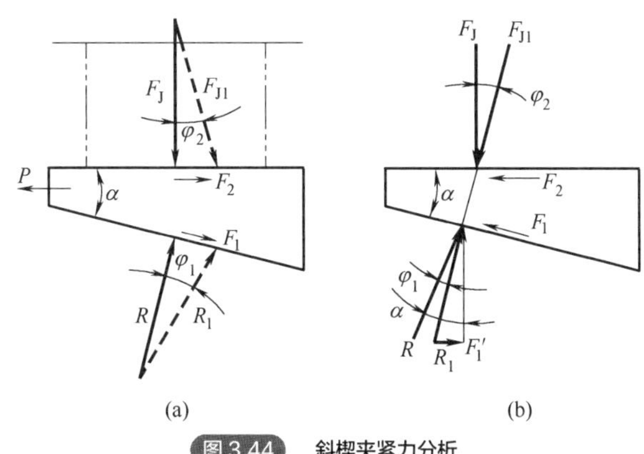

图 3.44　斜楔夹紧力分析

$$F_{J1}\sin\varphi_2 \geqslant R_1\sin(\alpha-\varphi_1) \tag{3.4}$$

根据二力平衡原理 $F_{J1}=R_1$，且由于 α、φ_1 和 φ_2 均较小，则斜楔夹紧的自锁条件见式（3.5）：

$$\alpha \leqslant \varphi_1+\varphi_2 \tag{3.5}$$

因此，当斜楔的升角小于等于斜楔与工件、斜楔与夹具体之间的摩擦角之和时，可实现自锁。手动夹紧机构一般斜楔升角取 α=6°~8°。用气压或液压装置驱动的斜楔不需要自锁，可取 α=15°~30°。

（3）斜楔夹紧的增力比

增力比是指在夹紧源动力的作用下，夹紧机构所能产生的夹紧力 F_J 与源动力 P 的比值，用符号 i_p 表示。斜楔夹紧的增力比见式（3.6）：

$$i_p=\frac{F_J}{P}=\frac{1}{\tan(\alpha+\varphi_1)+\tan\varphi_2} \tag{3.6}$$

斜楔具有一定的增力作用，减小 α 可增大夹紧力，增加自锁性能，但也增大了斜楔的移动行程。

（4）斜楔夹紧的行程比

一般把斜楔的移动行程 L 与工件需要的夹紧行程 S 的比值称为行程比，用符号 i_s 表示。斜楔夹紧的行程比见式（3.7）：

$$i_s=\frac{L}{S}=\frac{1}{\tan\alpha} \tag{3.7}$$

由于 α 角比较小，所以斜楔夹紧机构的行程比较大，斜楔移动距离较长。

（5）应用场合

斜楔夹紧机构结构简单，工作可靠，但机械效率较低，很少直接用于手动夹紧，常用于工件尺寸公差较小的机动夹紧机构中。

3.5.2 螺旋夹紧机构

螺旋夹紧机构是由螺钉、螺母、螺栓或螺杆等带有螺旋结构的元件与垫圈、压板或压块等组成的。螺旋夹紧机构是从斜楔夹紧机构转化而来的，相当于把斜楔绕在圆柱体上，转动螺旋时即可夹紧工件。其结构简单、容易制造，而且由于其升角很小，所以螺旋夹紧机构的自锁性能好，夹紧行程较大，是手动夹紧中用得最多的一种夹紧机构，但夹紧动作较慢，效率低。以下介绍几种典型螺旋夹紧机构。

① **单个螺旋夹紧机构** 如图 3.45 所示是直接用螺钉或螺母夹紧工件的机构，称为单个螺旋夹紧机构。

若采用图 3.45（a）所示的装置，由于螺钉头部直接与工件接触，一方面会压伤工件表面，另一方面转动螺钉时会带动工件旋转而破坏定位。克服这一缺点的方法是在螺钉头部装上浮动压块。当浮动压块与工件接触后，由于压块与工件间的摩擦力矩大于压块与螺钉间的摩擦力矩，压块不会随螺钉一起转动，如图 3.45（b）所示。

压块的结构形式较多，如图 3.46 所示为两种标准形式的压块，压块通过螺杆头部的螺纹，旋入压块的槽中而浮动。图 3.46（a）端面是光滑的，用于已加工表面；图 3.46(b) 端面有齿纹，用于未加工表面。

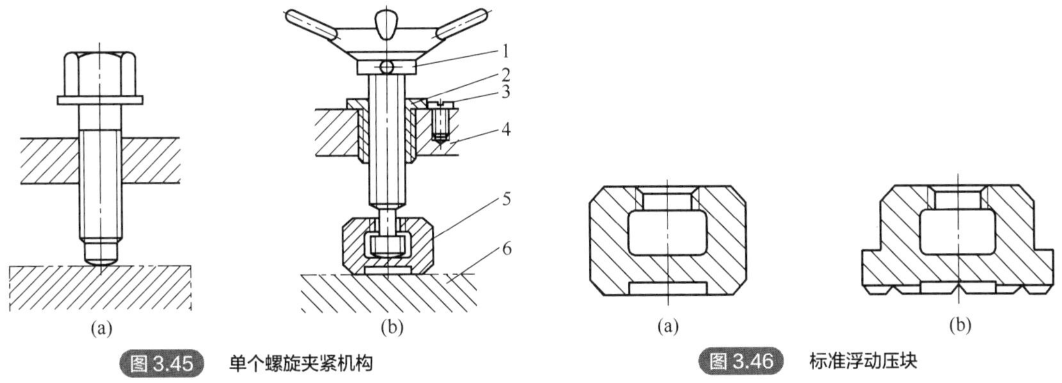

图 3.45 单个螺旋夹紧机构

1—夹紧手柄；2—螺纹衬套；3—防转螺钉；4—夹具体；5—浮动压块；6—工件

图 3.46 标准浮动压块

② **螺旋压板机构** 螺旋压板机构是夹紧机构中结构形式变化最多的。下面介绍几种典型螺旋压板机构。

如图 3.47 所示为压板夹紧，右侧螺杆为支承，旋紧螺母，压板 2 绕螺杆旋转夹紧工件 1；松开螺母，压板在弹簧作用下向上抬起，将压板向右侧移动，即可移走工件。

如图 3.48 所示是铰链压板机构，主要用于增大夹紧力的场合，旋紧右侧铰链螺栓上的螺母时，压板带动浮动压块向下压紧工件 1。

如图 3.49 所示是螺旋钩形压板机构，旋紧螺母，钩板（钩形压板）向下夹紧工件；松开螺母，钩板在弹簧作用下向上抬起，旋转钩板，即可移走工件，此设计同样是为了提高钩形压板的工作效率。其特点是结构紧凑，使用方便，主要用于安装夹紧机构的位置受限制的场合。

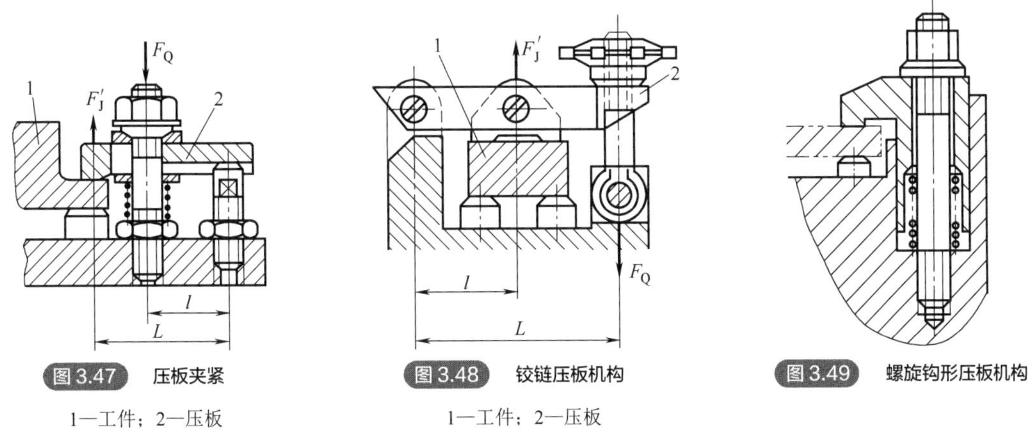

图 3.47 压板夹紧

1—工件；2—压板

图 3.48 铰链压板机构

1—工件；2—压板

图 3.49 螺旋钩形压板机构

（1）螺旋夹紧力的计算

螺旋夹紧受力分析如图 3.50 所示。工件处于夹紧状态时，根据力矩平衡原理有式（3.8）：

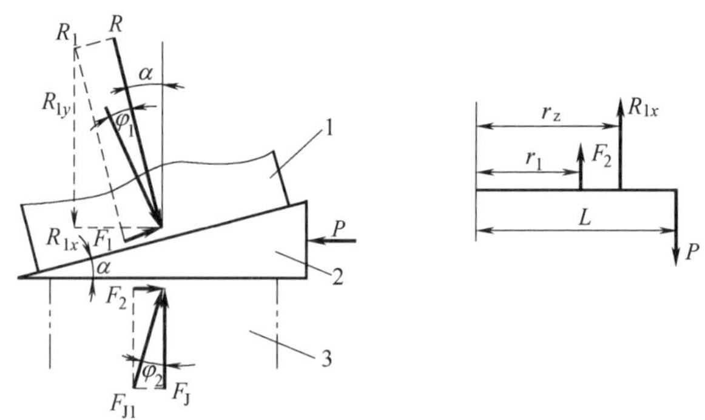

图 3.50 螺旋夹紧受力分析

1—螺母；2—螺杆；3—工件

$$\begin{cases} M = M_1 + M_2 \\ M = PL \\ M_1 = R_{1x} r_z = r_z F_J \tan(\alpha + \varphi_1) \\ M_2 = F_2 r_1 = r_1 F_J \tan\varphi_2 \end{cases} \tag{3.8}$$

式中 M——作用于螺杆的原始力矩，N·mm；

M_1——螺母对螺杆的反力矩，N·mm；

M_2——工件对螺杆的反力矩，N·mm；

P——螺杆所受的源动力，N；

F_J——螺杆对工件的夹紧力，N；

R_{1x}——螺母对螺杆的反作用力 R_1 的水平分力，N；

F_2——工件对螺杆的摩擦力，N；

L——螺杆所受源动力的作用力臂，mm；

r_z——螺纹中径的一半，mm；

r_1——螺杆端部与工件间的当量摩擦半径，mm，其值视螺杆端部结构形式而定，见表 3.1；

α——螺纹升角，(°)；

φ_1——螺杆与工件间的摩擦角，(°)；

φ_2——螺旋副的当量摩擦角，(°)。

表 3.1 压紧螺钉[①]端部的当量摩擦半径 r_1 的计算

项目	点接触	平面接触	圆环线接触	圆环面接触
r_1	0	$D/3$	$R\cot\dfrac{\beta}{2}$	$\dfrac{1}{3}\times\dfrac{D^3-d^3}{D^2-d^2}$
简图		D	β R	d D

① 螺杆与压紧螺钉的 r_1 取值方式类似。

由式（3.8）可得，螺旋夹紧机构的夹紧力 F_J 见式（3.9）：

$$F_J = \frac{PL}{r_z \tan(\alpha + \varphi_1) + r_1 \tan \varphi_2} \tag{3.9}$$

（2）螺旋夹紧的自锁条件

螺旋夹紧机构的自锁条件与斜楔夹紧机构的自锁条件相同，见式（3.5），即 $\alpha \leqslant \varphi_1 + \varphi_2$。由于缠绕在螺钉表面的螺旋线很长，升角又很小，所以螺旋夹紧机构的自锁性能好。

（3）螺旋夹紧的增力比

螺旋夹紧的增力比为式（3.10）：

$$i_p = \frac{F_J}{P} = \frac{L}{r_z \tan(\alpha + \varphi_1) + r_1 \tan \varphi_2} \tag{3.10}$$

因螺纹升角小于斜楔升角，而 L 大于 r_z 和 r_1，可见，螺旋夹紧机构的扩力作用远大于斜楔夹紧机构，增力比能达到 80 以上。

（4）应用场合

由于螺旋夹紧机构结构简单，制造容易，夹紧行程大，增力比大，自锁性能好，因而得到了广泛应用，尤其适合于手动夹紧机构。但螺旋夹紧动作缓慢，效率较低，不宜用于机动夹紧机构中，为提高效率，常采用开口压板或螺旋钩形压板等结构。

3.5.3　偏心夹紧机构

用偏心件直接或间接夹紧工件的机构称为偏心夹紧机构。偏心夹紧机构是靠偏心轮回转时其半径逐渐增大而产生夹紧力来夹紧工件的。偏心轮实际上是斜楔的一种变形，与平面斜楔相比，主要特性是其工作表面上各夹紧点的升角不是一个常数，它随偏心转角的改变而变化。如图 3.51 所示为常见偏心夹紧机构。

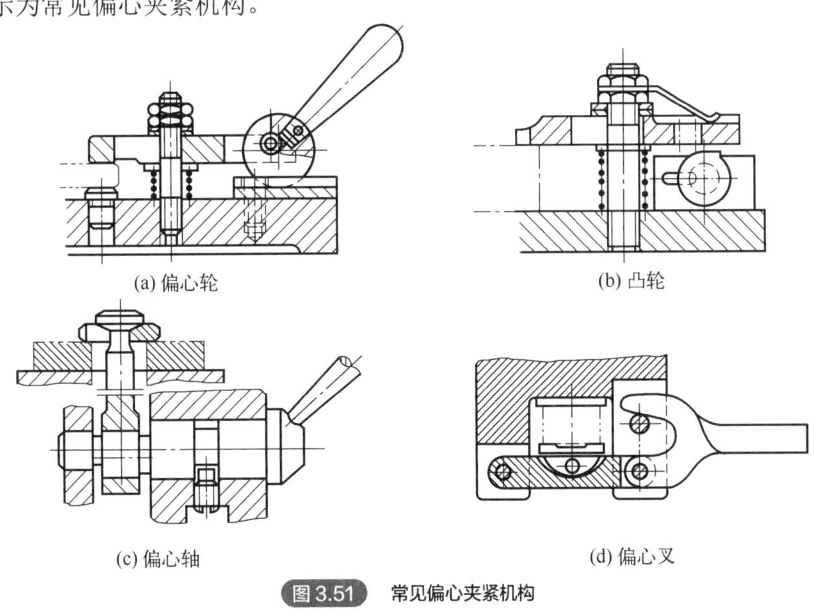

(a) 偏心轮　(b) 凸轮　(c) 偏心轴　(d) 偏心叉

图 3.51　常见偏心夹紧机构

常用的偏心件是偏心轮和偏心轴，如图 3.52 所示用的是偏心轮进行夹紧。偏心轮的几何中心并不是其实际回转中心，其几何中心与实际回转中心存在偏心距，当偏心轮绕其实际回转中心旋转时，进入实际回转中心与夹紧点的半径越来越大，在轴和夹紧件受压表面之间产生施力作用。

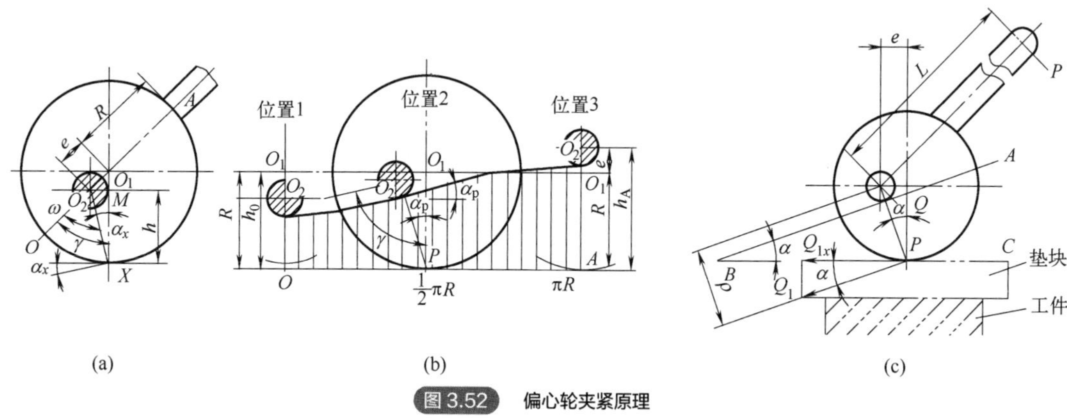

图 3.52 偏心轮夹紧原理

使用偏心轮施力时，必须保证自锁，否则将不能使用。要保证偏心轮夹紧时的自锁性能，与前述斜楔夹紧机构相同，即偏心轮工作段的最大升角小于偏心轮与夹紧件之间的摩擦角与偏心轮回转轴处的摩擦角之和。

（1）偏心夹紧机构的夹紧原理

如图 3.52（a）所示的偏心轮，展开后如图 3.53（b）所示，不同位置的楔角用式（3.11）求出：

$$\alpha = \arctan\frac{e\sin\gamma}{R-e\cos\gamma} \tag{3.11}$$

式中 α——偏心轮的楔角，（°）；

e——偏心轮的偏心距，mm；

R——偏心轮的半径，mm；

γ——偏心轮作用点 X 与起始点 O 间的圆心角，（°）。

从式（3.11）可以看出，α 随 γ 而变化，当 γ=0°时，α=0°；当 γ=90°时，α=arctan（e/R），这时接近最大值；当 γ=180°时，α=0°。

（2）圆偏心夹紧[①]的夹紧力计算

当偏心轮在 P 点接触时，如图 3.52（c）所示，可以将偏心轮看作一个楔角为 α 的斜楔，此时偏心夹紧力 F_J 可按式（3.12）计算：

$$F_J = \frac{PL}{\rho\left[\tan\left(\alpha+\varphi_1\right)+\tan\varphi_2\right]} \tag{3.12}$$

式中 P——手柄所受的源动力，N；

① 指以偏心轮为研究对象的偏心夹紧。

L——手柄源动力的作用力臂，mm；

ρ——偏心轮回转中心到夹紧点 P 的距离，mm；

φ_1——偏心轮回转轴处的摩擦角，(°)；

φ_2——偏心轮与工件间的摩擦角，(°)。

(3) 圆偏心夹紧的自锁条件

根据斜楔夹紧的自锁条件，偏心轮工作点 X 处的楔角 α_x 应满足条件 $\alpha_x \leqslant \varphi_1+\varphi_2$。为了简化计算和使自锁更为可靠而略去 φ_1，若以最大楔角计算 γ 接近 90°，则可得到偏心夹紧的自锁条件，见式（3.13）：

$$\frac{e}{R} \leqslant \tan\varphi_2 = \mu_2 \tag{3.13}$$

式中 μ_2——偏心轮作用点处的摩擦因数。

工作段的升角随夹紧行程越来越大，不利于自锁，若 μ_2=0.1~0.15，当 μ_2=0.1 时，$R \geqslant 10e$；当 μ_2=0.15 时，$R \geqslant 7e$。因此，偏心夹紧的自锁条件可写为：$R/e \geqslant 7$~10。

(4) 圆偏心夹紧的增力比

圆偏心夹紧的增力比见式（3.14）：

$$i_{\mathrm{p}} = \frac{F_{\mathrm{J}}}{P} = \frac{L}{\rho\left[\tan\left(\alpha+\varphi_1\right)+\tan\varphi_2\right]} \tag{3.14}$$

偏心轮的实际回转中心与夹紧作用点距离固定，能旋进的半径尺寸有限，增力比受到限制。

(5) 应用场合

偏心夹紧机构的优点是操作方便，夹紧迅速，结构紧凑；缺点是夹紧行程小，夹紧力小，自锁性能差。因此，常用于切削力不大、夹紧行程小、振动较小的场合。

3.6 典型专用夹具的设计

3.6.1 钻床专用夹具的设计

钻床夹具主要用于对工件上的孔进行钻、扩、铰、锪及攻螺纹等。使用钻床夹具有利于保证被加工孔相对其定位基准与各孔之间的尺寸精度和位置精度，同时可以显著地提高生产效率。

钻床夹具中的关键元件是钻模板和钻套。钻模板所选用的形式通常取决于夹具的类型和加工孔的特点。钻套是安装在钻模板或夹具体上的，其作用是确定加工孔的位置和引导刀具准确地加工。对钻床夹具的设计有如下要求。

(1) 钻床夹具类型的选择

在设计钻床夹具时，首要的是正确地选择夹具类型。可根据工件的结构、尺寸、重量、加工孔的大小、加工精度、生产规模等，来确定夹具的结构类型。选择时要注意以下几点：

a. 加工孔的直径较大，工件和夹具的重量较重，孔的加工精度要求较高时，宜采用固定式结构。

b. 加工孔的直径较小，工件和夹具的重量较轻，同一表面上加工孔的数量较多时，宜采用移动式结构。

c. 加工件在不同表面上有多个需要加工的孔、各孔之间的位置精度要求较高时，可采用翻转式结构。但工件和夹具的总重量不能太大。

d. 加工同一圆周上的平行孔系或分布在同一圆周上的径向孔系时，宜采用回转式结构。

e. 加工大、中型工件上同一表面或平行表面上的多个小孔时，可采用覆盖式结构。

（2）钻套类型的选择

钻套在夹具中不仅决定着孔加工的准确性和精度，还影响着夹具使用的方便性、可维护性和生产效率。钻套类型（图 3.53）的选择有以下几种：

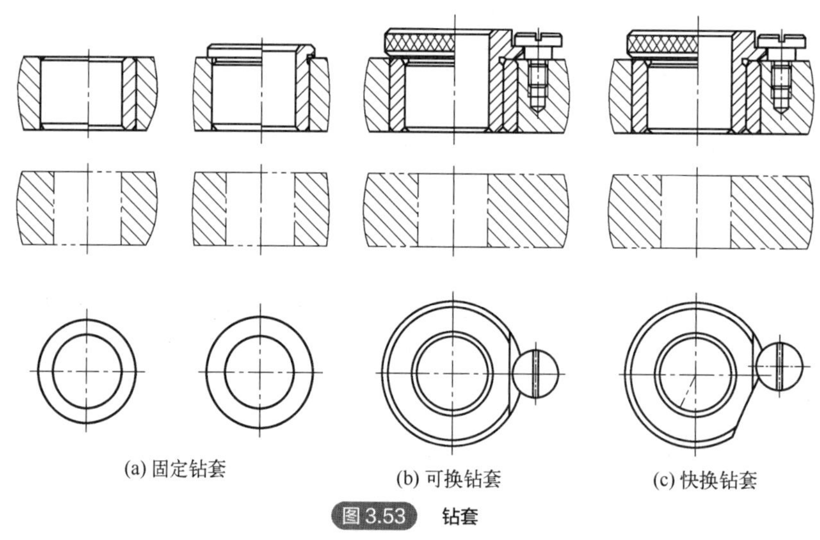

(a) 固定钻套 (b) 可换钻套 (c) 快换钻套

图 3.53 钻套

① **固定钻套** 结构简单，钻孔精度高，适用于单一钻孔工序和中、小批量生产使用。固定钻套分为无肩钻套、带肩钻套两种。如果需用钻套台肩下端面作装配基面，或者钻模板较薄以及需要防止钻模板上切屑等杂物进入钻套孔内时，常采用带肩钻套。固定钻套是直接压入钻模板或夹具体的孔中，过盈配合，位置精度高，结构简单，但磨损后不易更换，适合于中、小批生产中只钻一次的孔。

② **可换钻套** 当钻套发生磨损或孔径有变化时，便于及时更换。可换钻套是先把衬套用过盈配合 H7/n6 或 H7/r6 固定在钻模板或夹具体孔上，再采用间隙配合 H6/g5 或 H7/g6 将可换钻套装入衬套中，并用螺钉压住钻套。采用衬套的目的是避免更换钻套时磨损钻模板，可换钻套更换方便，适用于中批以上生产。

③ **快换钻套** 当工件需要钻、扩、铰多工序的加工时，能够迅速更换不同直径的钻套。快换钻套与可换钻套结构上基本相似，只是在钻套头部多开一个圆弧状或直线状缺口。换钻套时，只需将钻套逆时针转动，当缺口转到螺钉位置时即可取出，换套方便迅速。当被加工孔需要依

次进行钻、扩、铰孔或加工台阶孔、攻螺纹等多工步加工时，应采用快换钻套。

④ 特殊钻套 当工件形状比较特殊或多孔的间距非常小时，为保证加工的稳定性就需要设计特殊结构的钻套，如图 3.54 所示。

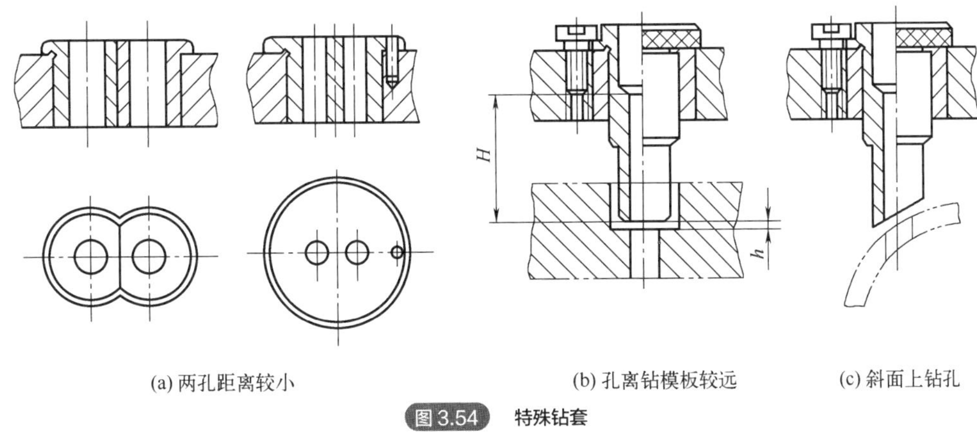

(a) 两孔距离较小 (b) 孔离钻模板较远 (c) 斜面上钻孔

图 3.54 特殊钻套

设计钻套时，要注意钻套的高度 H 和钻套底端与工件间的距离 h。钻套高度是指钻套与钻头接触部分的长度。太短不能起到导向作用，降低了位置精度，太长则增加了摩擦和钻套的磨损。一般 $H=$（1~2）d，孔径 d 大时取小值，d 小时取大值，对于 d<5mm 的孔，$H \geqslant 2.5d$。h 的大小决定了排屑空间的大小，对于铸铁类脆性材料工件，$h=$（0.6~0.7）d；对于钢类韧性材料工件，$h=$（0.7~1.5）d。h 不要取得太大，否则会容易产生钻头偏斜。对于在斜面、弧面上钻孔，h 可取再小些。

（3）钻模板的选择和要求

钻模板通常安装在夹具体或支承体上，有时因结构的特殊情况可能会与夹具上的其他元件相连接。由于钻模板担负着安装钻套的作用，其上安装孔的位置决定着加工孔的位置精度，因此要特别注意其结构形式。在具体设计时，要考虑钻模板的结构形式能够方便工件的装夹与拆卸。钻模板的典型结构有如下几种可供选择。

① 固定式钻模板 钻模板与夹具体（或其他元件）固定在一起，不可移动或转动。固定式钻模板位置精度较高，刚性好，适合加工孔的位置精度要求高的工件和大批量生产情况。

② 铰链式钻模板 钻模板与夹具体（或其他元件）为铰链连接，可以绕铰链轴翻转，以方便工件的装夹和拆卸。

③ 移动式钻模板 钻模板在保持水平位置不变的情况下，沿垂直方向上下移动，以方便工件的装夹和拆卸。

④ 可卸式钻模板 钻模板设计成独立的结构体，根据加工的实际需要可通过夹具上的特殊定位元件随时安装固定，或者单独使用（如覆盖式钻床夹具）。

（4）夹具体的要求

钻床夹具的夹具体结构形式复杂多样，应根据加工件的具体情况选择合适的结构，同时注意以下几点：

a. 夹具体应具有足够的强度和刚性。

b. 钻套轴线最好与夹具体的承载面保持垂直或水平，保证钻削过程中刀具不致发生倾斜或折断。

c. 夹具体应设置支脚，以减小底面与机床工作台的接触面积，确保夹具旋转的平稳性。同时力求夹具的重心落在 4 个支脚所形成的支承面内。

d. 在满足强度和刚性的前提下，尽量减轻重量，特别是移动式钻床夹具。

(5) 钻床夹具的种类

钻床夹具的种类比较多，根据加工孔的分布情况和钻模板结构的特征，一般分为固定式钻床夹具、移动式钻床夹具、回转式钻床夹具、翻转式钻床夹具、覆盖式钻床夹具等。

① 固定式钻床夹具 固定式钻床夹具（如图 3.55 所示）在使用过程中，夹具及工件在机床上的位置固定不变。通常用于在立式钻床上加工直径较大的单孔或在摇臂钻床上加工平行的孔系。

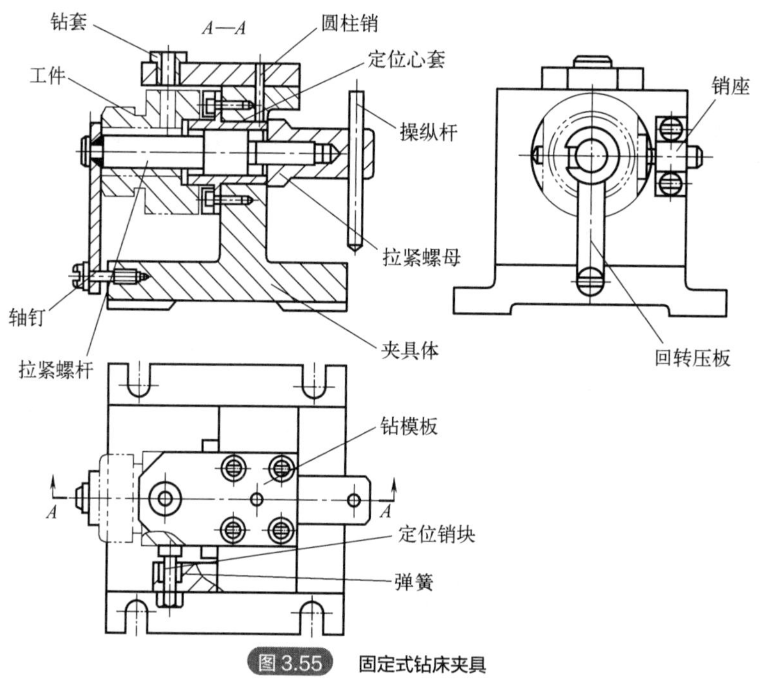

图 3.55 固定式钻床夹具

在立式钻床上安装夹具时，通常将装在机床主轴上的定位心轴或加工刀具插入钻套中，以确定夹具或钻模板的位置，然后将夹具固定。在摇臂钻床上安装夹具时，只要保证所有加工的孔系轴线与机床主轴保持平行，并保证摇臂上主轴能够覆盖到全部加工孔的范围内，即可将夹具固定下来。

这种形式的夹具在某些情况下可能会遇到工件的装夹和拆卸不方便的情况，因此，应用的场合受到很大限制。

夹具的工作过程：将夹具安放在钻床工作台面上，将插入机床主轴的定位心轴或适用的刀具对正钻套孔，再将夹具紧固在机床上即可。

加工时把工件插入夹具定位心套的定位圆柱面上，使工件上的一侧圆缺面对正定位销块的定位面，在弹簧的作用下，定位销块会自动将工件在旋转方向上定位。然后将回转压板旋转至压紧位置。通过操纵杆拧紧拉紧螺母，拉紧螺杆右移，使回转压板从工件的左端面将其夹紧并最终定位，即可开始钻削加工。完成加工后，按相反的操作步骤使螺杆左移，把回转压板从压口槽旋出，即可将工件取下，进行下一个工件的加工操作。

② 移动式钻床夹具 移动式钻床夹具（如图 3.56 所示）用于钻削中、小型工件同一表面上轴线平行的多个孔。此类夹具一般不需要紧固在机床的固定位置上，因为加工孔的直径较小，工件的重量较轻，可以在操作中直接用手移动夹具至不同的加工位置。采用移动式钻床夹具，要求被加工孔的直径不能太大，一般孔径应不大于 10mm，否则因切削扭矩过大，会造成加工的不稳定性和危险性。移动式钻床夹具按钻模（钻模板）的结构特点分为移动式固定钻模夹具、移动式翻转钻模夹具和移动式移动钻模夹具。

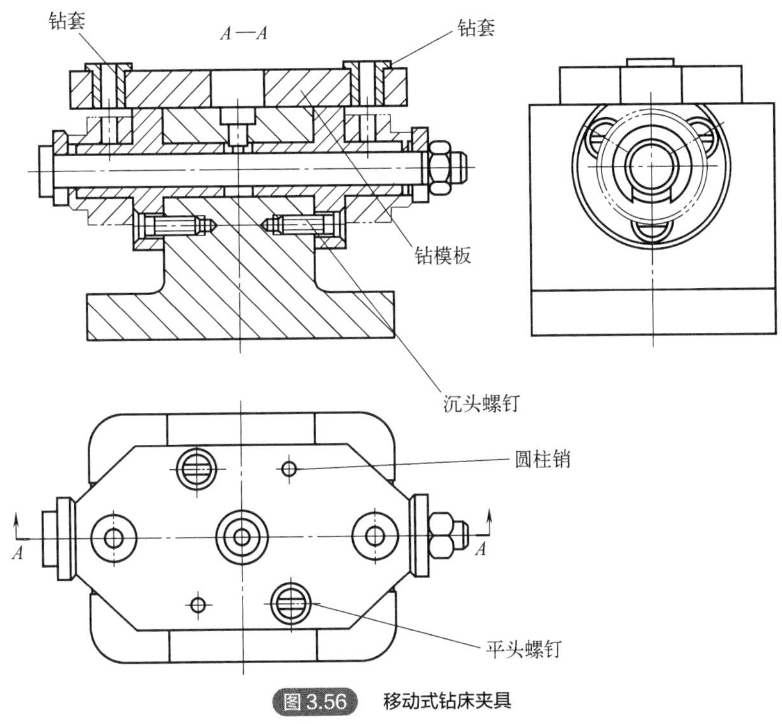

图 3.56 移动式钻床夹具

夹具的工作过程：本夹具不需要固定在机床的工件台上，加工不同孔时，用手将其移动至加工位置上即可。

加工时把工件插入定位心套的定位圆柱面上，并使工件的端面靠紧心套的定位平面。将两个开口压板分别装在两个工件的压紧面上，拧紧拉紧螺母，拉紧螺杆会向右移动，同时将 2 个工件夹紧，即可开始钻削加工。

③ 回转式钻床夹具 回转式钻床夹具又称为分度式钻床夹具（如图 3.57 所示），是应用最多的一种钻床夹具。此类夹具主要用于加工同一圆周上的平行孔系，或分布在圆周上的径向孔系，或与回转轴线成一定角度分布的孔系。回转式钻床夹具按分度盘转轴的放置方式不同，可分为立轴回转钻床夹具、卧轴回转钻床夹具和斜轴回转钻床夹具。回转式钻床夹具非常适合于大规模生产，并且可以在任何种类钻床上使用。

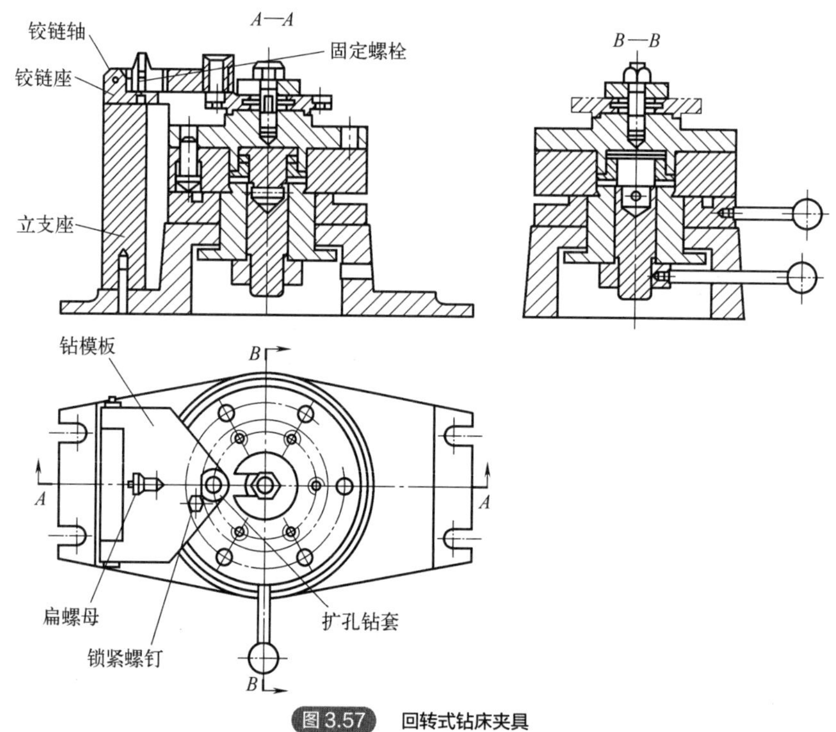

图 3.57 回转式钻床夹具

夹具的工作过程：加工时把工件插入分度盘的定位圆柱面上，旋紧夹紧螺母，使工件固定在分度盘上。先装上 $\phi9$ 的钻套，将钻模板翻转至工作位置，用扁螺母将其固定住，即可开始第一个孔的钻孔加工。完成第一个孔的加工后，通过手柄球和锁紧操纵杆，使锁紧轴上移。再通过手柄球和分度操纵杆，旋转端面凸轮，让对定销在弹簧的作用下退出分度盘的定位孔，旋转分度盘至下一个孔位，反方向旋转端面凸轮，推动对定销重新插入定位孔中，再旋转锁紧轴使其下移，将分度盘锁紧，即可开始下一个孔的钻削加工。当完成全部 6 个 $\phi9$ 孔的钻削加工后，更换 $\phi15$ 钻套，进行扩孔加工操作。

④ 翻转式钻床夹具 翻转式钻床夹具又称为多面孔钻床夹具（如图 3.58 所示），主要用于加工中、小型工件分布在不同表面上的孔。此类夹具在一次装夹中能够完成多个表面上孔的加工，可以有效地保证不同表面上孔的位置精度。但由于在加工不同表面的孔时，夹具需要进行翻转操作，因此，工件和夹具的重量不能太重，且在更换加工表面时要重新对刀，工作效率不高。按能够加工表面数的不同，翻转式钻床夹具可分为两面翻转钻床夹具和三面翻转钻床夹具。

夹具的工作过程：加工时把端架工件插入定位轴套的圆柱面上，并使一侧表面与支承钉表面接触。装上开口压板，旋紧夹紧螺母使工件牢靠地固定在夹具体上。旋转调节螺母，在螺纹的作用下，支承轴端面与工件底板靠紧，使其进一步将工件固定住，以增强工件的加工刚性。将钻模板闭合并与锁紧螺栓定位面接触，旋紧扁螺母将钻模板固定住，即可开始一个表面上孔的钻削操作。完成加工后，将夹具翻转 90°，将另一个需要加工的表面上的孔朝上，调整好加工位置，即可开始另一个表面的钻孔操作。由于端架工件上需要加工的孔尺寸不大，夹具可以不必固定在机床的工作台上，用手移动加工位置即可。

⑤ 覆盖式钻床夹具 覆盖式钻床夹具又称为盖板式钻床夹具（如图 3.59 所示），主要用于加工大型工件上的小孔。此类夹具没有夹具体，只有装有钻套的钻模板，用于定位和夹紧的元

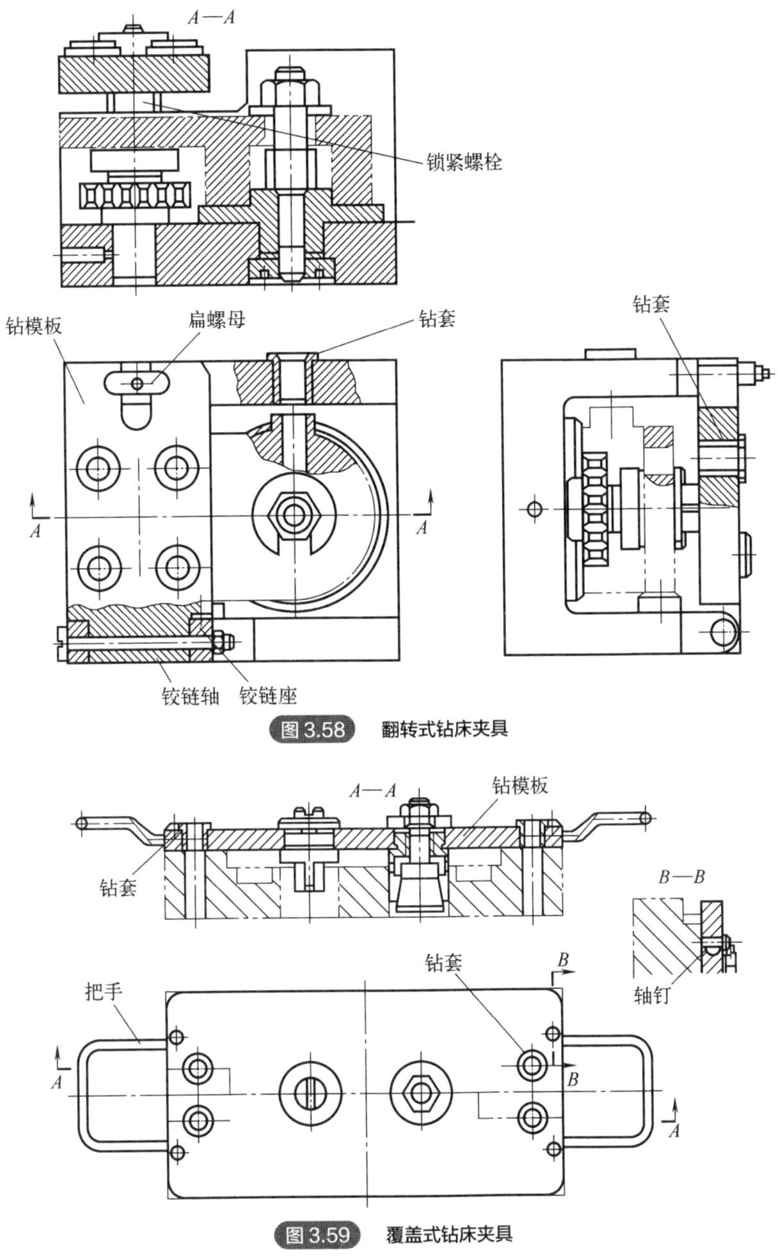

图 3.58 翻转式钻床夹具

图 3.59 覆盖式钻床夹具

件也直接安装在钻模板上。覆盖式钻床夹具结构简单，装卸方便，相比其他类型的夹具具有良好的经济性。由于此类夹具在使用时要经常搬动，其重量不宜太重，结构上应尽量减小其厚度，或者选用铸铝材料制造。覆盖式钻床夹具按夹紧装置所处位置的不同，分为内置夹紧覆盖式钻床夹具和外置夹紧覆盖式钻床夹具。

夹具的工作过程：加工时，将模具座工件直接放置于摇臂钻床的工作台上。将钻模板盖在工件的表面上，并使弹性夹头和菱形销对准两个定位孔，拧紧夹紧螺母，使拉紧锥轴上移，弹性夹头胀开，就会将工件从内部夹紧，即可开始钻孔加工。完成加工后，旋松夹紧螺母，弹性夹头径向收缩，用双手握住把手，将钻模板取下，更换下一个工件进行新的加工。

3.6.2 铣床专用夹具的设计

铣床夹具主要用来加工零件上的平面、沟槽、缺口、花键以及型面等。按照铣削时进给方式的不同，通常将铣床夹具分为直线进给、圆周进给和曲线进给（靠模）三种类型。铣床夹具通过定位键安装在铣床的工作台上，并依靠专门的对刀装置决定铣刀相对于工件加工表面的位置。

（1）对刀装置

在铣床或刨床夹具中，刀具相对工件的位置需要调整，因此常设置对刀装置。如图 3.60 所示为几种常见的铣床对刀情况，图（a）为铣工件平面对刀，图（b）为铣工件直角对刀，图（c）为铣工件圆弧对刀。

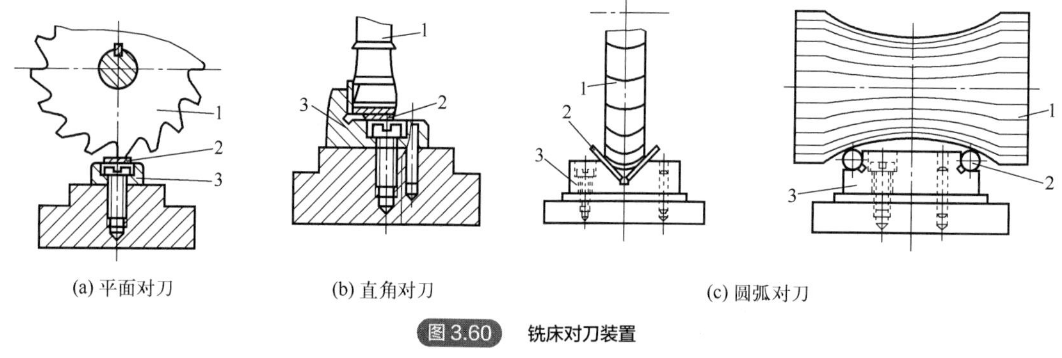

图 3.60 铣床对刀装置

1—铣刀；2—塞尺；3—对刀块

对刀时，一般不允许铣刀与对刀装置的工作表面接触，而是通过塞尺来校准它们之间的相对位置，这样就避免了对刀时损坏刀具和加工时刀具经过对刀块而产生摩擦。操作方法是：移动铣床工作台，使铣刀 1 靠近对刀块 3，在铣刀刀刃与对刀块 3 之间塞进一规定尺寸的塞尺 2，让刀刃轻轻靠紧塞尺，抽动塞尺感觉到有一定的摩擦力存在，这样确定铣刀的最终位置，抽走塞尺，就可以开动机床进行加工。

对刀块已经标准化，特殊形式的对刀块可以自行设计。

对刀装置通常制成单独元件，用销钉和螺钉紧固在夹具体上，其位置应便于使用塞尺对刀和不妨碍工件的装卸。

对刀块对刀表面的位置应以定位元件的定位表面来标注，以减小基准转换误差，该位置尺寸加上塞尺厚度就应该等于工件的加工表面与定位基准面间的尺寸，该位置尺寸的公差应为工件该尺寸公差的 1/5~1/3。

（2）夹具的工作过程

如图 3.61 所示，将夹具安放在铣床工作台面上，调整夹具体上定位键与工作台定位槽基准面的间隙，确保对刀块与刀具之间准确的进刀方位。然后，用紧固螺栓将夹具固定在工作台上。

加工时将工件放置在呈倾斜布置的定位板上，长侧面靠紧两个成直线布置的定位钉圆柱面，短侧面靠紧单个定位钉的圆柱面，使其完全定位。转动两侧的翻转压板使其夹紧面压向工件的表面。装上开口垫圈，旋紧压紧螺母，将工件夹紧在定位板上。调整铣床工作台的位置，使铣刀的刃口面对准相应的对刀块基面，即可开始切削加工。完成加工后，旋松压紧螺母，取下开口垫圈，反方向转动翻转压板，即可将工件取下，进行下一个工件的加工。

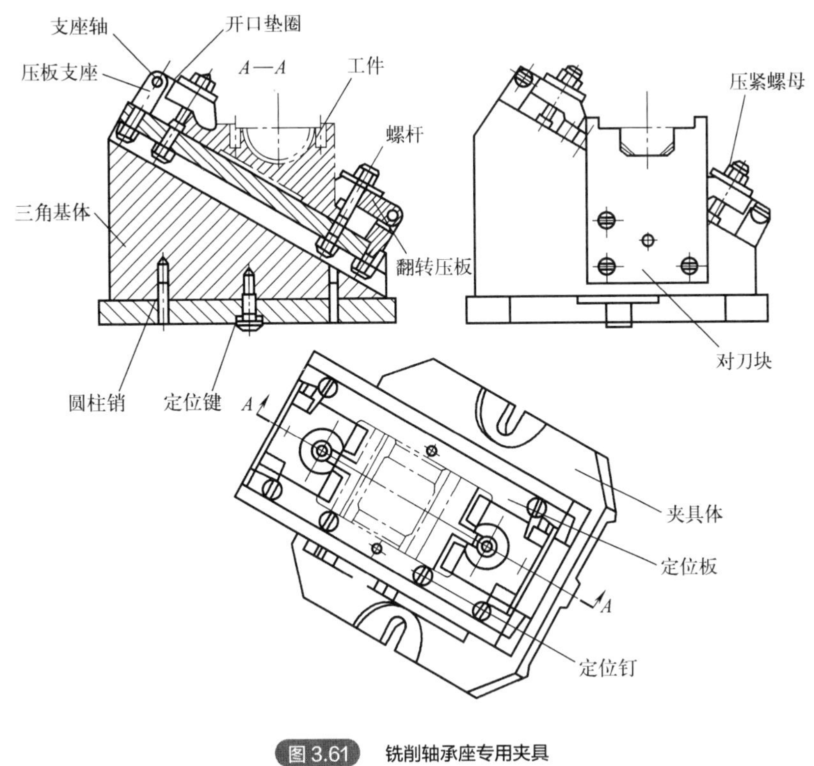

图 3.61 铣削轴承座专用夹具

3.6.3 车床专用夹具的设计

车床主要用来加工工件的内外圆柱面、圆锥面、回转面、螺纹及端平面等表面，这类工件表面都是围绕车床主轴的旋转轴线而成形的。除少数特殊的加工需要将夹具安装在车床的拖板上或床身上外，大多数车床夹具都安装在车床的主轴上，加工时夹具随车床主轴一起旋转，切削刀具做进给运动。

(1) 车床夹具的分类

车床夹具按其使用范围大小，可分为通用车床夹具和专用车床夹具两大类。通用车床夹具主要有自定心卡盘、单动卡盘、拨动顶尖等。专用车床夹具按其结构形式和装夹工件的方式不同，分为心轴类车床夹具、卡盘类车床夹具和角铁类车床夹具。

① 心轴类车床夹具 心轴类车床夹具（如图 3.62 所示）通常用于以工件的内孔作为定位基准，加工外圆柱面的情况。典型的心轴类车床夹具有圆柱心轴、弹簧心轴、顶尖式心轴车床夹具等。

夹具工作过程：将夹具体（5 号锥柄心轴）安装到车床的主轴孔中，并通过拉杆从车床主轴孔另一端紧固到心轴的螺纹孔中。

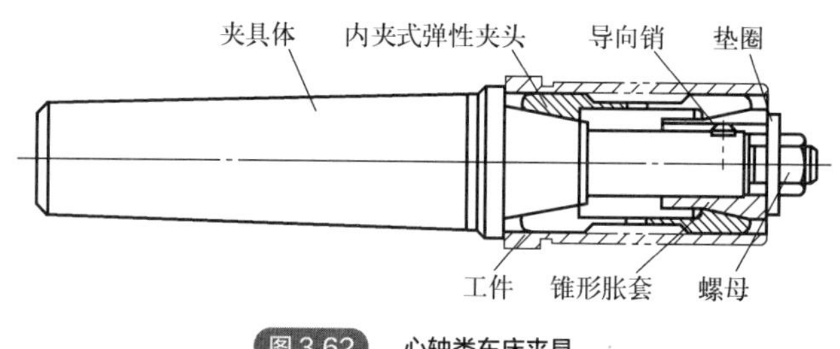

图 3.62 心轴类车床夹具

车削加工时，将工件插入弹性夹头的外圆柱面上，并使工件的左端面与心轴的端面靠紧。拧紧螺母，推动锥形胀套向左移动，从而使弹性夹头的外径增大，将工件从内孔定位并夹紧，即可开始车削加工。完成加工后，拧松螺母，弹性夹头恢复原始状态，工件呈松开状态，即可将工件取下。

② 卡盘类车床夹具 卡盘类车床夹具（如图 3.63 所示）的结构特点是具有卡盘形状的夹具体。使用卡盘类车床夹具加工的工件形状一般都比较复杂，多数情况是工件的定位基准为与加工圆柱面垂直的端面，夹具上的平面定位件与车床主轴的轴线相垂直。

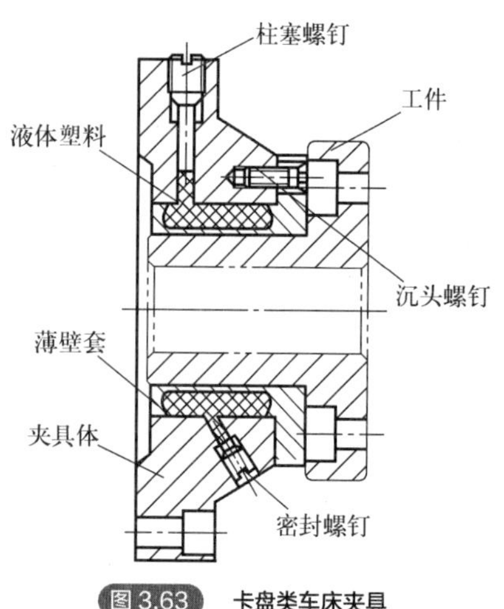

图 3.63 卡盘类车床夹具

夹具工作过程：将夹具初装好后，拆除柱塞螺钉和密封螺钉，注入液体塑料，注满后，再将密封螺钉和柱塞螺钉拧入相应的螺纹孔中。

将夹具体与车床的过渡盘相配合，并用 3 个螺栓将其固定住，使整个夹具与车床的主轴连接。

具体操作时，将工件插入薄壁套的内孔中，并使工件的左端面靠紧薄壁套的端面。用螺钉旋具旋紧柱塞螺钉，使其下部的圆柱塞对液体塑料施加压力。由于液体塑料内部压力的增大，会挤压薄壁套在径向变形，从而将工件的外圆柱表面最终定位并夹紧，即可开始车削加工。完成加工后，旋松柱塞螺钉，夹具体内部的液体塑料压力会变小，薄壁套恢复原始状态，工件会与薄壁套脱离紧密接触，即可将工件取下。

③ 角铁类车床夹具 角铁类车床夹具（如图 3.64 所示）的结构特点是具有类似角铁形状的夹具体。常用于加工壳体、支座、接头等形状复杂工件的内外圆柱面和端面。

夹具工作过程：将夹具体与车床的过渡盘相配合，并用 4 个螺栓将其固定住，使整个夹具与车床的主轴连接。由于角铁类车床夹具加装了一个平衡块，在将其组装到夹具体上之后，需要在车床上进行平衡调试，如果未达到平衡状态，就需要对平衡块进行减重处理，即将平衡块取下，再进行加工。因此，在设计平衡块时，先根据估算值，将其尺寸加大，充分留有再加工的余量。这个过程可能要重复多次，直至达到一个比较满意的效果。

具体操作时，先把遮盖式压板翻开，将工件放在定位块平面上，并使其小轴孔插入菱形销中，工件的内侧端面紧靠在定位套的端面上。定位无误后，将遮盖式压板旋转至工作位置上，使球面压块压向工件上部的圆柱面；再将铰链螺栓旋转至压板的开口槽中；拧紧球面螺母，使球面压块压紧工件上部表面，即可开始车削加工。

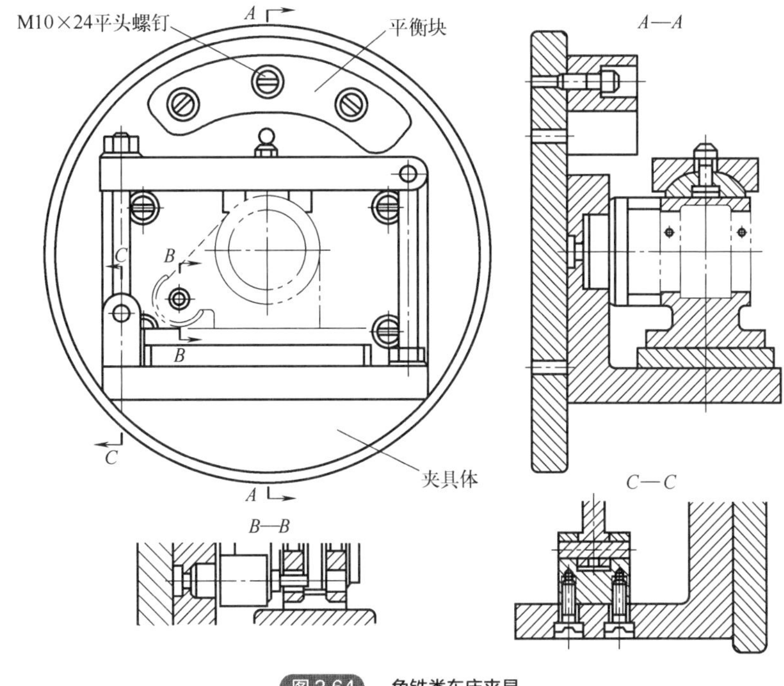

图3.64　角铁类车床夹具

(2)车床夹具的设计要求

由于车床夹具一般是安装在机床的主轴上，随主轴高速旋转，因此对车床夹具的设计有着特别的要求，具体如下。

① **夹具的结构要紧凑**　夹具外轮廓尺寸要尽可能小，重量尽可能轻，夹具重心应尽可能靠近回转轴线，减小惯性力和回转力矩。夹具悬伸长度 L 与其外轮廓直径 D 之比，可参考下面的数值选取：直径在 150mm 以内的夹具，$L/D \leqslant 1.25$；直径在 150~300mm 的夹具，$L/D \leqslant 0.9$；直径大于 300mm 的夹具，$L/D \leqslant 0.6$。

② **夹具设计时应考虑设计平衡结构**　消除夹具回转中可能产生的不平衡现象，以避免振动对工件加工质量和刀具寿命的影响。特别是角铁类车床夹具最容易出现此类问题。平衡措施主要有两种方法，即设置平衡块和增设减重孔。

③ **夹具的夹紧装置应力求夹紧迅速、可靠**　设计时还要注意夹具旋转惯性力可能使夹紧力有减小的倾向，为防止回转过程中夹具夹紧元件的松脱，要设计好可靠的自锁结构。

④ **夹具与车床主轴的定位和连接要准确、可靠**　连接轴或连接盘（过渡盘）的回转轴线与车床主轴的轴线应具有尽可能高的同轴度。对于外轮廓尺寸较小的夹具，可采用莫氏锥柄与机床主轴锥孔配合连接；对于外轮廓尺寸较大的夹具，可通过特别设计的过渡盘与机床主轴轴颈配合连接。无论哪一种连接方式都要注意连接牢固，不能产生松动情况。特别要考虑当主轴高速旋转、急刹车等情况时，夹具与主轴之间应设有防松装置。

⑤ **工件尺寸不能大于夹具体的回转直径**　夹具上所有的元件和装置不能大于夹具体的回转直径。靠近夹具体外缘的元件，应尽量避免有凸起的部分，必要时回转部分外面可加装防护罩。

如图 3.65 所示为车削工件外圆夹具。

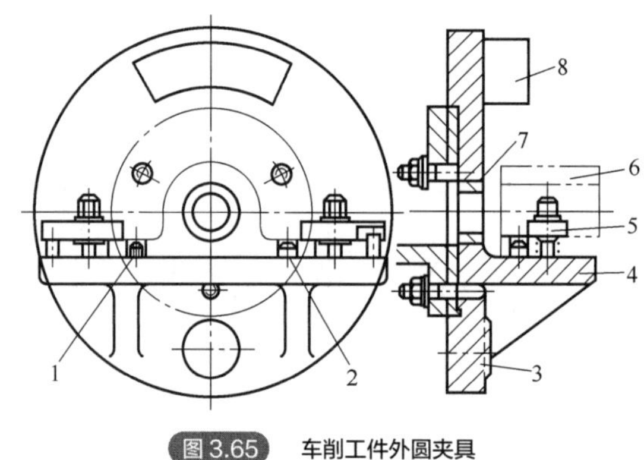

图 3.65 车削工件外圆夹具

1—削边销；2—圆柱定位销；3—轴向定位基面；4—夹具体；5—压板；6—工件；7—导向套；8—平衡块

3.6.4 镗床专用夹具的设计

镗床夹具又称镗模，主要用于加工箱体、支架类零件上的孔或孔系，它不仅在各类镗床上使用，也可在组合机床、车床及摇臂钻床上使用。镗模的结构与钻床夹具相似，一般用镗套作为导向元件引导镗孔刀具或镗杆进行镗孔。镗套按照被加工孔或孔系的坐标位置布置在镗模支架上。

(1) 镗模的类型

按镗模支架在镗模上布置形式的不同，可分为双支承镗模、单支承镗模及无支承镗模 3 类。

① **双支承镗模** 双支承镗模上有两个引导镗杆的支承，镗杆与机床主轴采用浮动连接，镗孔的位置精度由镗模保证，消除了机床主轴回转误差对镗孔精度的影响。根据支承相对刀具的位置，双支承镗模又可分为以下两种。

a. 前后双支承镗模 如图 3.66 所示为镗削车床尾座孔的镗模，镗模的两个支承分别设置在刀具的前方和后方，镗杆 9 和主轴之间通过浮动接头 10 连接。工件以底面、槽及侧面在定位板 3、4 及可调支承钉上定位，限制 6 个自由度。采用联动夹紧机构，拧紧夹紧螺钉 6，压板 5、8

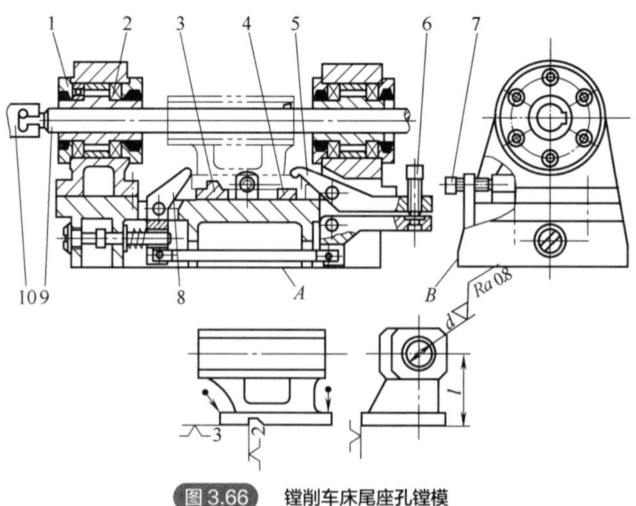

图 3.66 镗削车床尾座孔镗模

1—支架；2—镗套；3，4—定位板；5，8—压板；6—夹紧螺钉；7—可调支承钉；9—镗杆；10—浮动接头同时将工件夹紧。镗模支架 1 上装有滚动回转镗套 2，用以支承和引导镗杆，镗模以底面 *A* 作为安装基面安装在机床工作台上，其侧面设置找正基面 *B*，因此可不设定位键。

前后双支承镗模应用得最普遍。一般用于镗削孔径较大，孔的长径比 $L/D>1.5$ 的通孔或孔系，其加工精度较高，但更换刀具不方便。

当工件同一轴线上孔数较多，且两支承间距离 $l>10d$ 时，在镗模上应增加中间支承，以提高镗杆刚度。

b. 后双支承镗模　如图 3.67 所示为后双支承镗孔示意图，两个支承设置在刀具的后方，镗杆与主轴浮动连接。为保证镗杆的刚性，镗杆的悬伸量 $L<5d$；为保证镗孔精度，两个支承的导向长度 $L>(1.25\sim1.5)L_1$。后双支承镗模可在箱体的一个壁上镗孔，此类镗模便于装卸工件和刀具，也便于观察和测量。

② 单支承镗模　这类镗模只有一个导向支承，镗杆与主轴采用固定连接。安装镗模时，应使镗套轴线与机床主轴轴线重合。主轴的回转精度将影响镗孔精度。根据支承相对刀具的位置，单支承镗模又可分为以下两种。

a. 前单支承镗模　如图 3.68 所示为采用前单支承镗孔，镗模支承设置在刀具的前方，主要用于加工孔径 $D>60$mm、加工长度 $L<D$ 的通孔。一般镗杆的导向部分直径 $d<D$。因导向部分直径不受加工孔径大小的影响，故在多工步加工时，可不更换镗套。这种布置也便于在加工中观察和测量。但在立镗时，切屑会落入镗套，应设置防屑罩。

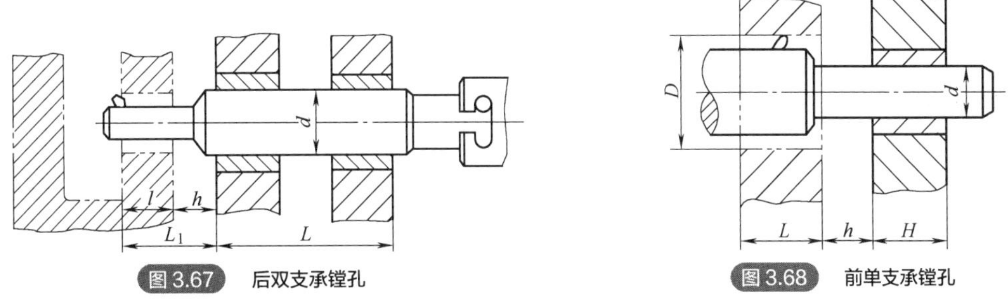

图 3.67　后双支承镗孔

图 3.68　前单支承镗孔

b. 后单支承镗模　如图 3.69 所示为采用后单支承镗孔，镗套设置在刀具的后方。用于立镗时，切屑不会影响镗套。

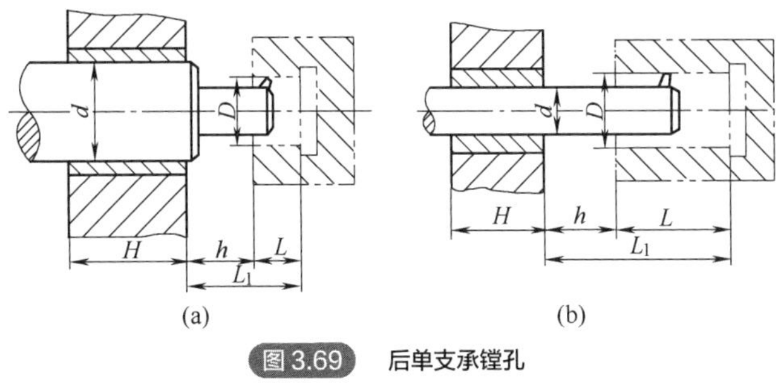

图 3.69　后单支承镗孔

当镗削 $D<60$mm、$L<D$ 的通孔或盲孔时，如图 3.69（a）所示，可使镗杆导向部分的尺寸 $d>D$。这种形式的镗杆刚度好，加工精度高，装卸工件和更换刀具方便，多工步加工时可不更换镗杆。

当加工孔长度 $L=(1\sim1.25)D$ 时，如图 3.69（b）所示，应使镗杆导向部分直径 $d<D$，以

便镗杆导向部分可进入加工孔，从而缩短镗套与工件之间的距离 h 及镗杆的悬伸长度 L_1。

为便于刀具及工件的装卸和测量，单支承镗模的镗套与工件之间的距离 h 一般在 20～80mm 之间，常取 h=（0.5~1.0）D。

③ **无支承镗模** 工件在刚性好、精度高的金刚镗床、坐标镗床或数控机床、加工中心上镗孔时，夹具上不设置镗模支承，加工孔的尺寸和位置精度均由镗床保证。这类夹具只需设计定位装置、夹紧装置和夹具体即可。

（2）镗套

镗套的结构型式和精度直接影响被加工孔的精度。常用的镗套有以下两类。

① **固定式镗套** 如图 3.70 所示为标准的固定式镗套（JB/T 8064.1—1999），与快换钻套结构相似，加工时镗套不随镗杆转动。A 型不带油杯和油槽，靠镗杆上开的油槽润滑；B 型则带油杯和油槽，使镗杆和镗套之间能充分地润滑。

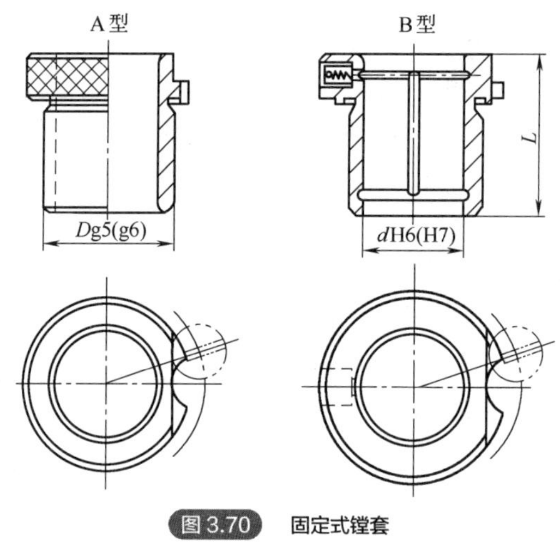

图 3.70 固定式镗套

固定式镗套外形尺寸小、结构简单、精度高，但镗杆在镗套内一面回转，一面做轴向移动，镗套容易磨损，故只适用于低速镗孔。一般摩擦面线速度 v<0.3m/s。固定式镗套的导向长度 L=（1.5~2）d。

② **回转式镗套** 回转式镗套随镗杆一起转动，镗杆与镗套之间只有相对移动而无相对转动，从而减少了镗套的磨损，不会因摩擦发热出现“卡死”现象。因此，这类镗套适用于高速镗孔。回转式镗套又分为滑动式和滚动式两种，如图 3.71 所示。

如图 3.71（a）所示为滑动式回转镗套，镗套 1 可在滑动轴承 2 内回转，镗模支架 3 上设置油杯，经油孔将润滑油送到回转副，使其充分润滑。镗套中间开有键槽，镗杆上的键通过键槽带动镗套回转。这种镗套的径向尺寸较小，适用于孔心距较小的孔系加工，且回转精度高，减振性好，承载能力大，但需要充分润滑。摩擦面线速度不能大于 0.3～0.4m/s，常用于精加工。

图 3.71（b）所示为滚动式回转镗套，镗套 6 支承在两个滚动轴承 4 上，轴承安装在镗模支架 3 的轴承孔中，轴承孔两端分别用轴承端盖 5 封住。这种镗套由于采用了标准的滚动轴承，所以设计、制造和维修方便，而且对润滑要求较低，镗杆转速可大大提高，一般摩擦面线速度 v>0.4m/s。但径向尺寸较大，回转精度受轴承精度的影响。可采用滚针轴承以减小径向尺寸，

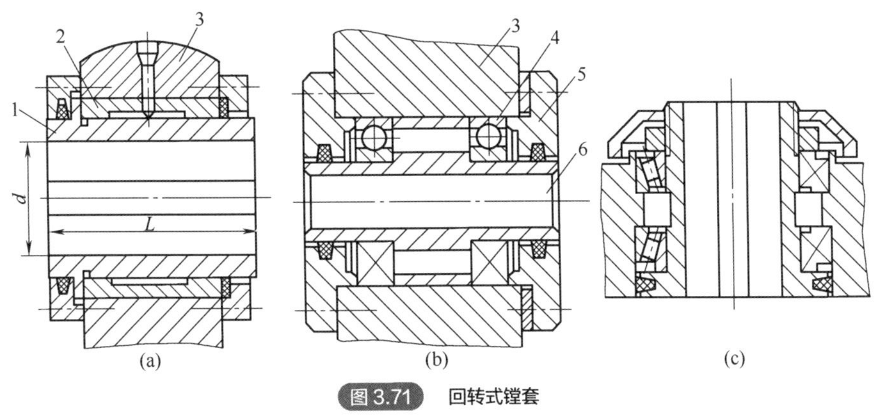

图 3.71 回转式镗套

1，6—镗套；2—滑动轴承；3—镗模支架；4—滚动轴承；5—轴承端盖

采用高精度轴承以提高回转精度。

图 3.71（c）所示为立式滚动回转镗套，它的工作条件差。为避免切屑和切削液落入镗套，需设置防护罩。为承受轴向推力，一般采用圆锥滚子轴承。

滚动式回转镗套一般用于镗削孔距较大的孔系，当被加工孔径大于镗套孔径时，需在镗套上开引刀槽，使装好刀的镗杆能顺利进入。为确保镗刀进入引刀槽，镗套上有时设置尖头键，如图 3.72 所示。

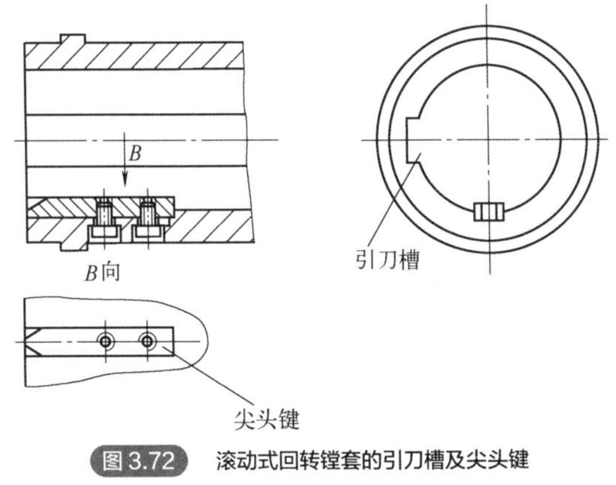

图 3.72 滚动式回转镗套的引刀槽及尖头键

回转式镗套的导向长度 L=（1.5~3）d。

（3）镗杆

如图 3.73 所示为用于固定式镗套的镗杆导向部分结构。当镗杆导向部分直径 d<50mm 时，常采用整体式结构。图 3.73（a）为开油槽的镗杆，镗杆与镗套的接触面积大，磨损大，若切屑从油槽内进入镗套，则易出现“卡死”现象。但镗杆的刚度和强度较好。

图 3.73（b）、（c）为有较深直槽和螺旋槽的镗杆，这种结构可大大减少镗杆与镗套的接触面积，沟槽内有一定的存屑能力，可减少“卡死”现象，但其刚度较低。

当镗杆导向部分直径 d >50mm 时，常采用如图 3.73（d）所示的镶条式结构。镶条应采用摩擦因数小和耐磨的材料，如铜或钢。镶条磨损后，可在底部加垫片，重新修磨使用。这种结构的摩擦面积小，容屑量大，不易“卡死”。

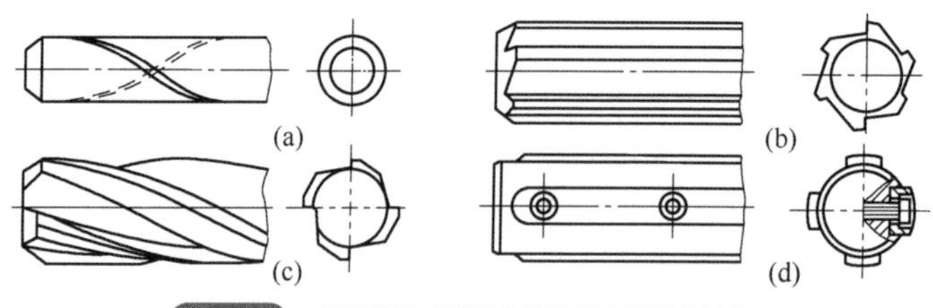

图 3.73 用于固定式镗套的镗杆导向部分的结构

如图 3.74 所示为用于回转式镗套的镗杆引进结构。图 3.74（a）在镗杆前端设置平键，键下装有压缩弹簧，键的前部有斜面，适用于开有键槽的镗套。无论镗杆以何位置进入镗套，平键均能自动进入键槽，带动镗套回转。图 3.74（b）所示的镗杆上开有键槽，其头部做成小于 45° 的螺旋引导结构，可与图 3.72 所示装有尖头键的镗套配合使用。

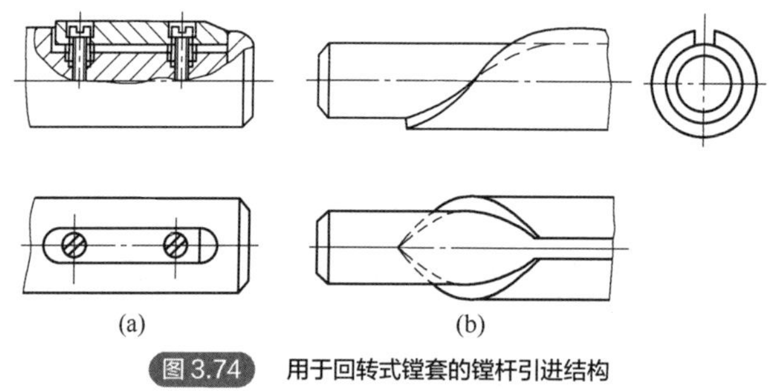

图 3.74 用于回转式镗套的镗杆引进结构

镗杆与加工孔之间应有足够的间隙，以容纳切屑。镗杆的直径一般按经验公式 $d=(0.7\sim0.8)D$ 选取，也可查表 3.2。

镗杆的精度一般比加工孔的精度高两级。镗杆的直径公差，粗镗时选 g6，精镗时选 g5；表面粗糙度 Ra 选 0.4~0.2μm；圆柱度选直径公差的一半，直线度要求为 500mm∶0.01mm。

镗杆的材料常选 45 钢或 40Cr 钢，淬火硬度为 40~45HRC；也可用 20 钢或 20Cr 钢渗碳淬火，渗碳层厚度 0.8~1.2mm，淬火硬度 61~63HRC。

表 3.2 镗孔直径 D、镗杆直径 d 与镗刀截面 $B\times B$ 的尺寸关系　　单位：mm

项目	D				
	30~40	40~50	50~70	70~90	90~100
d	20~30	30~40	40~50	50~65	65~90
$B\times B$	8×8	10×10	12×12	16×16	16×16　20×20

（4）浮动接头

双支承镗模的镗杆均采用浮动接头与机床主轴连接。如图 3.75 所示，镗杆 1 上拨动销 3 插入接头体 2 的槽中，镗杆与接头体之间留有浮动间隙，接头体的锥柄安装在主轴锥孔中。主轴的回转可通过接头体、拨动销传给镗杆。

（5）镗模支架与底座

镗模支架用于安装镗套，其典型结构和尺寸列于表 3.3 中。

镗模支架应有足够的强度和刚度。在结构上应考虑有较大的安装基面和设置必要的加强肋，而且不能在镗模支架上安装夹紧机构，以免夹紧反力使镗模支架变形，影响镗孔精度。图 3.76（a）所示的设计是错误的，应采用图 3.76（b）所示结构，夹紧反力由镗模底座承受。

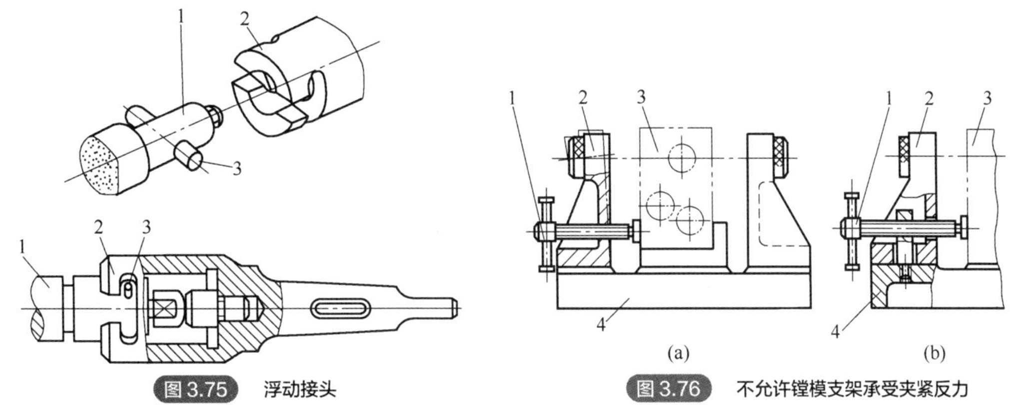

图 3.75　浮动接头

1—镗杆；2—接头体；3—拨动销

图 3.76　不允许镗模支架承受夹紧反力

1—夹紧螺钉；2—镗模支架；3—工件；4—镗模底座

镗模底座上要安装各种装置和工件，并承受切削力、夹紧力，因此要有足够的强度和刚度，并有较好的精度稳定性。其典型结构和尺寸列于表 3.4。

镗模底座上应设置加强肋，常采用十字形肋条。镗模底座上安放定位元件和镗模支架等的平面应铸出高度为 3~5mm 的凸台，凸台需要刮研，使其对底面（安装基准面）有较高的垂直度或平行度。镗模底座上还应设置定位键或找正基面，以保证镗模在机床上安装时的正确位置。找正基面与镗套中心线的平行度应在 300mm∶0.01mm 之内。底座上应设置多个耳座，用以将镗模紧固在机床上。大型镗模的底座上还应设置手柄或吊环，以便搬运。

镗模支架和底座的材料常用铸铁（一般为 HT200），毛坯应进行时效处理。

表 3.3　镗模支架典型结构

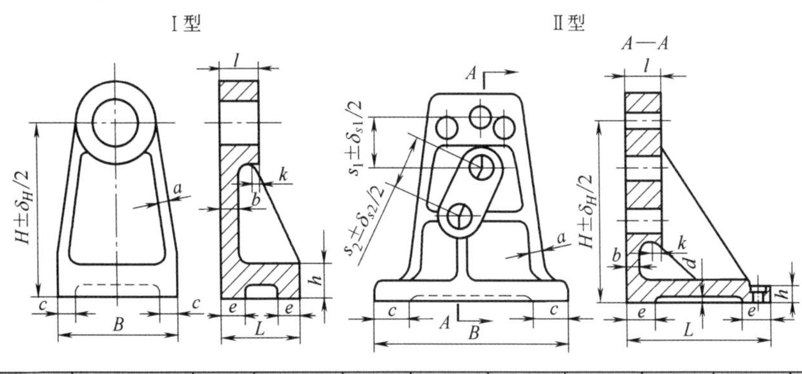

型式	B	L	H	s_1，s_2	l	a	b	c	d	e	h	k
Ⅰ	$\left(\frac{1}{2}\sim\frac{3}{5}\right)H$	$\left(\frac{1}{3}\sim\frac{1}{2}\right)H$	按工件相应尺寸取			10~20	15~25	30~40	3~5	20~30	20~30	3~5
Ⅱ	$\left(\frac{2}{3}\sim1\right)H$	$\left(\frac{1}{3}\sim\frac{2}{3}\right)H$										

注：本表材料为铸铁；对铸钢件，其厚度可减薄。

表 3.4　镗模底座典型结构和尺寸

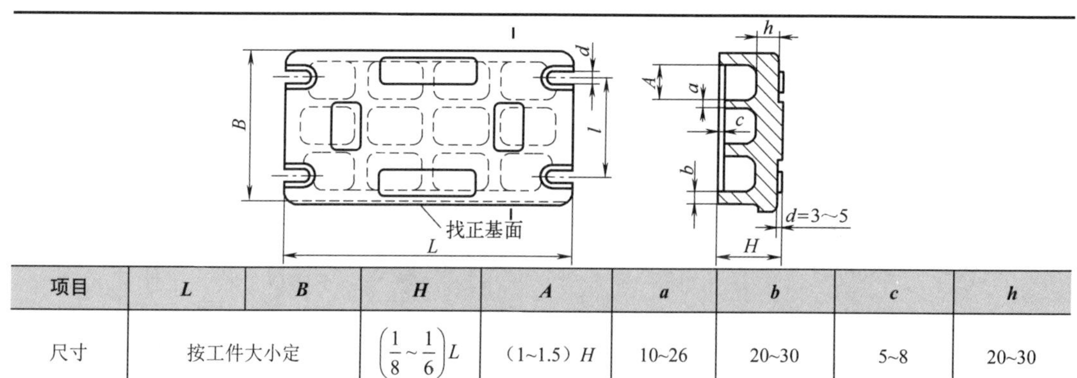

项目	L	B	H	A	a	b	c	h
尺寸	按工件大小定		$\left(\frac{1}{8}\sim\frac{1}{6}\right)L$	（1~1.5）H	10~26	20~30	5~8	20~30

项目实施

如图 3.1 所示套筒工件在立式钻床上加工。要求以 $\phi42_{0}^{+0.062}$ 台阶孔、上端面及宽度 60 圆缺面的一侧平面作为定位基准，并从一侧端面夹紧。孔的加工直接选用 $\phi6.5$ 钻头钻削完成。由于生产批量大，要求工件的装夹操作方便快捷。

（1）确定总体结构

套筒工件只有一个需要加工的孔，且在立式钻床上加工，操作比较简单，因此，确定采用固定式钻床夹具。工件的安装和夹紧可从侧面完成，可选择最简单的固定式钻床夹具结构。夹具中的定位、夹紧和钻模元件都可以直接安装在夹具体上，无需另外的支承体。

（2）确定定位方案

根据定位要求，选择 $\phi42_{0}^{+0.062}$ 圆孔面作为主要定位基准面。将该孔的上端面和圆缺面一侧平面作为辅助定位基准面。因此，本工序需要完全定位。定位元件分别为定位心套及其端面和滑动的定位销块。定位心套直接安装在夹具体上。用于限制工件转动的定位装置。则由定位销块、销座、弹簧和限定螺母组成。

根据套筒工件的定位孔直径和长度，完成设计的主要定位元件即定位心套，如图 3.77 所示。再根据圆缺面一侧的平面及其在空间的位置设计弹簧、定位销块（如图 3.78 所示）、定位销座（如图 3.79 所示）和限定螺母（标准的 M8 螺母，可自行设计），组装后的定位元件如图 3.80 所示。

（3）确定夹紧方案

由于夹具是以孔和端面作为主要定位基准的，因此，本夹具可以采用螺旋压板方式对工件进行夹紧。具体的夹紧元件有拉紧螺杆、拉紧螺母、回转压板、操纵杆等。拉紧螺杆安装在定位心套中，并穿过套筒工件的内孔。通过操纵杆正向旋转拉紧螺母，使螺杆右移，从而将压在工件左端面上的回转压板拉紧，将工件夹紧。

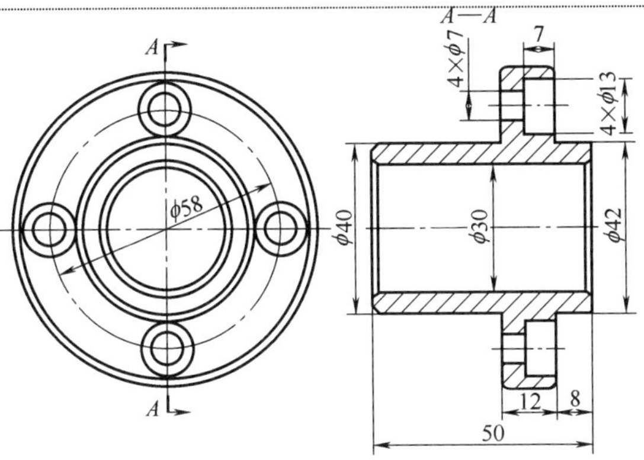

图 3.77 定位心套

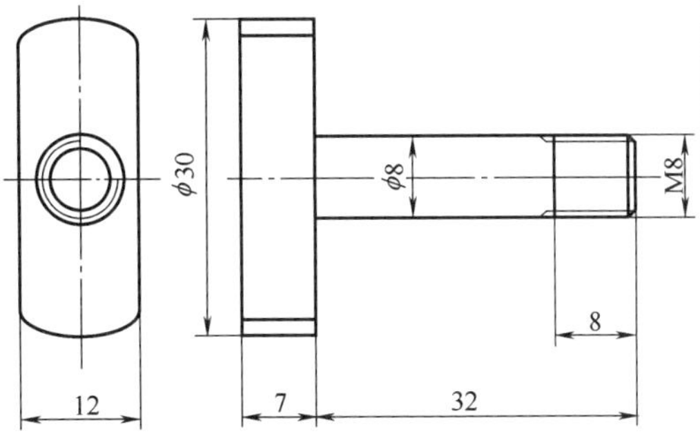

图 3.78 定位销块

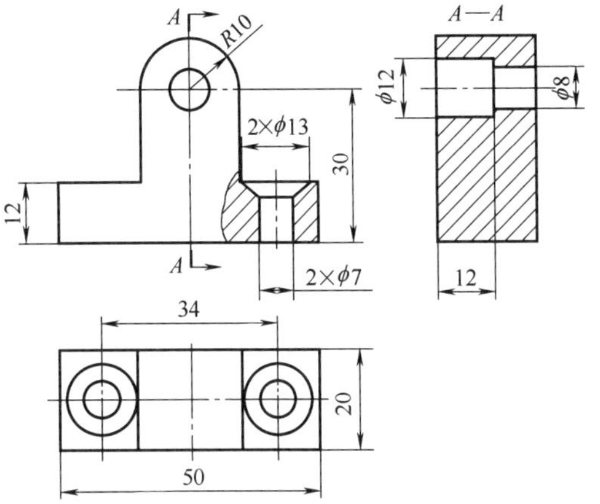

图 3.79 定位销座

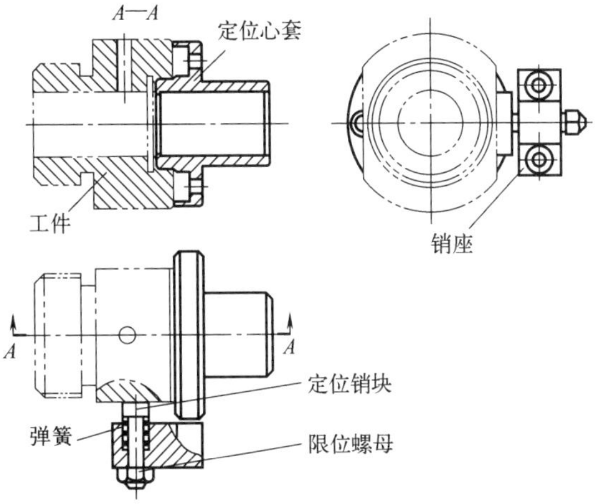

图 3.80 组装后的定位元件

① 设计夹紧元件 首先，根据套筒工件、定位心套的配合情况及空间位置，完成拉紧螺杆（图 3.81）和拉紧螺母（图 3.82）的设计。然后，根据螺杆、螺母的结构和尺寸，将回转压板（图 3.83）和操纵杆（图 3.84）设计出来。由于这些元件都是直接安装在夹具体上的，因此将夹具体也设计出来以便组装定位。

② 设计夹具体 为简化夹具结构，不再设置另外的支承元件，全部元件都直接装配到夹具体上。设计夹具体时，可根据定位元件、夹紧元件以及它们之间的配合关系和空间位置来进行。夹具体采用铸造件，其形态为 T 形结构，底面设计成 4 个支承脚，如图 3.85 所示。

③ 设计固定元件 固定元件只有一个轴钉，用来将回转压板固定在夹具体底座的前面，如图 3.86 所示。

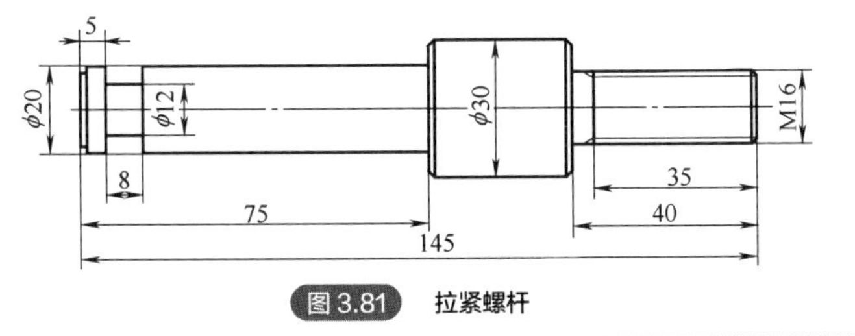

图 3.81 拉紧螺杆

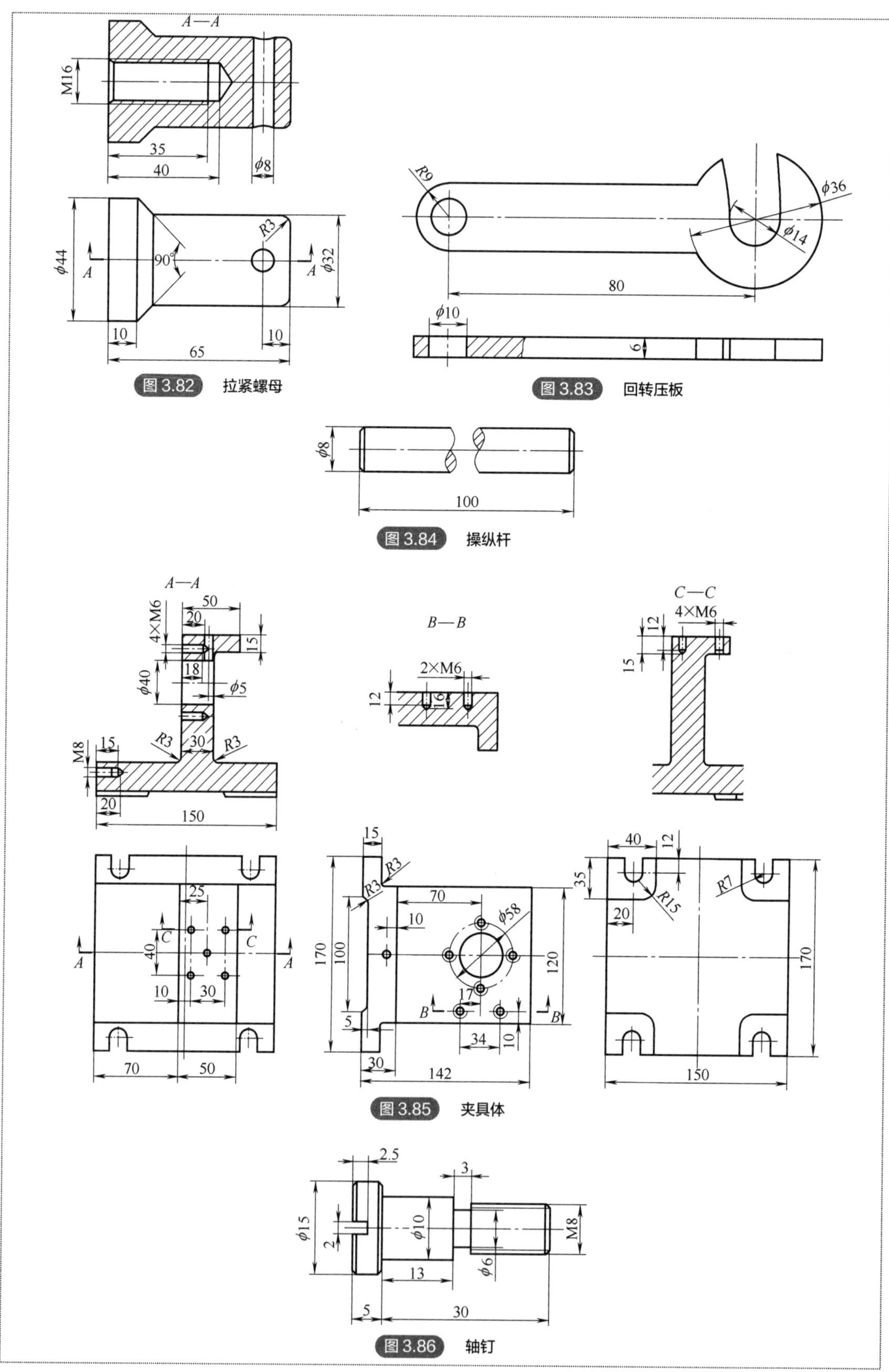

图 3.82 拉紧螺母

图 3.83 回转压板

图 3.84 操纵杆

图 3.85 夹具体

图 3.86 轴钉

(4)确定钻模结构

根据总体方案，拟采用固定式钻模板结构，并将其直接安装和固定在夹具体上。钻套也采用固定钻套，直接装配到钻模板上。

① 设计钻模板　根据套筒工件相对夹具体的空间位置和尺寸，确定钻模板的结构和尺寸，保证安装钻套的钻孔中心对准套筒工件上所要加工孔的轴线。完成设计的钻模板如图 3.87 所示。

② 设计钻套　钻套的设计可参照《机床夹具零件及部件　固定钻套》(JB/T 8045.1—1999)，并根据加工孔尺寸 $\phi6.5$ 来确定。完成设计的钻套如图 3.88 所示。

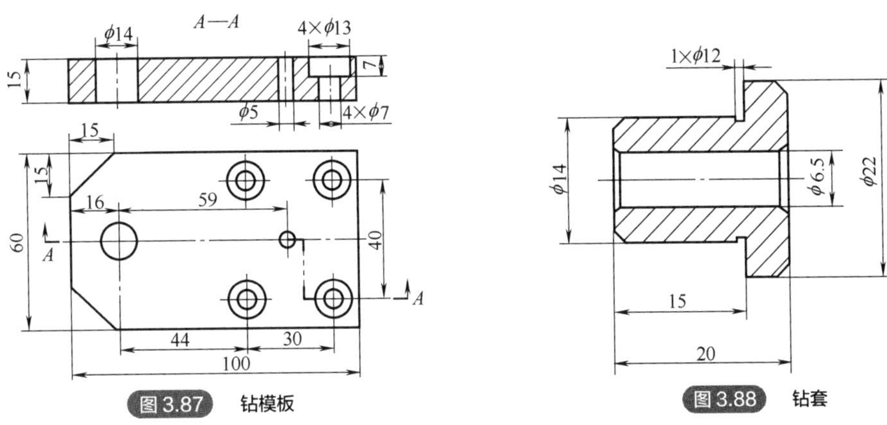

图 3.87　钻模板　　图 3.88　钻套

③ 设计紧固元件　根据已经完成设计和装配的全部元件，将所有夹具中用到的紧固元件一并设计出来，有 M8×15 沉头螺钉、M6×20 沉头螺钉、M6×20 平头螺钉、M8 螺母、5×30 圆柱销。

④ 组装钻模元件　按夹具总体方案，将钻模板、钻套和所有的紧固元件组装到已完成装配的结构中。在装配过程可能会发现配合不准确的地方，应针对具体情况对个别元件的尺寸进行修改，配合不当的也要调整过来。至此，完成整个钻削套筒用固定式钻床夹具的设计，其装配的工程图如图 3.89 所示。

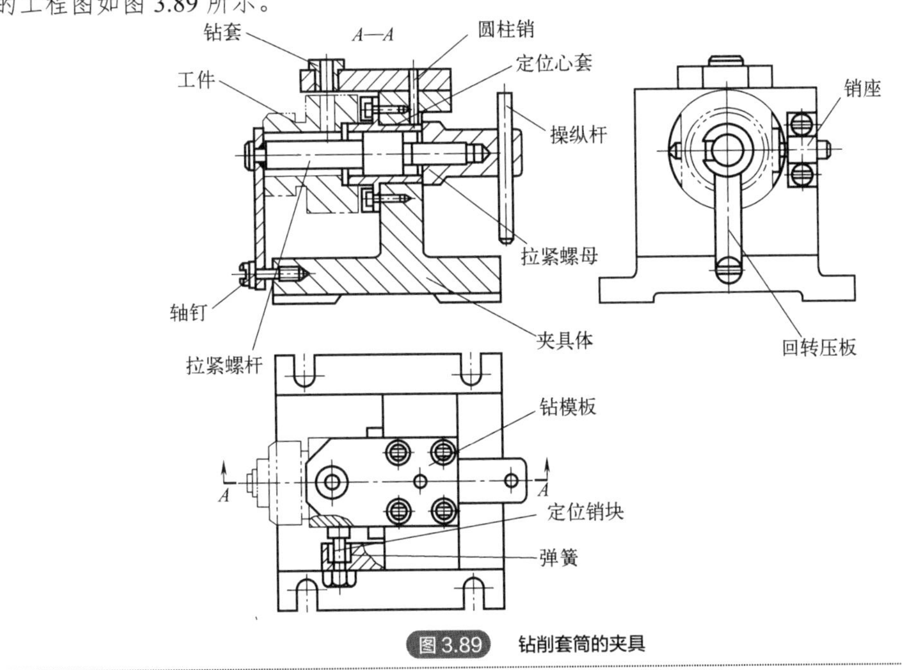

图 3.89　钻削套筒的夹具

拓展阅读

现代夹具的发展方向

夹具结构和设计未来的发展主要受生产模式、制造工艺和机床或设备发展的影响。从机械制造业来看，多品种小批量的柔性生产的方向无疑是确定的，从机械加工工艺原则来看，已从过去工序分散迈向今天高度的集中，数控机床的研发也正努力向这个方向发展。因此，今后夹具的主流，即数控机床用夹具以及其他工艺过程应用的夹具将向柔性化、自动化、智能化等方向发展。

① 夹具柔性化　柔性夹具是指具有加工多种不同工件能力的夹具，已经经过了几十年的发展。早期的柔性化是在原有专用夹具基础上的扩展，这就是可调夹具和组合夹具。几十年来，组合夹具和可调夹具促进和支持了数控机床、加工中心的普及和发展，由于技术成熟，使用可靠，已成为使用最广泛的柔性夹具。为了满足异面零件越来越高的精度要求，组合夹具在技术层面又有了新的突破。

随着工件的多样化及生产的快速化，现代组合夹具正朝着合件结构(模块化)的方向发展，按合件的使用功能可分为支承、定位、分度和夹紧 4 种类型的合件。应用合件能够简化夹具结构，缩短组装时间，提高组合夹具的使用水平。

② 夹具自动化和智能化　随着工人工资的不断提高和减轻操作夹具的体力劳动的要求的不断提高，夹具向自动化方向发展是非常必要的，特别是数控机床和加工中心生产线中，过去分散的工序越来越集中，多坐标加工中心的出现更有望在一次安装中将中等复杂零件全部加工完毕。当从一个面的加工变换到另一个面加工时，刀具很容易和定位或夹紧装置发生干涉，就有必要在加工一个工步后将压板或定位支承自动移开，而用另一些压板或定位支承压紧或定位，这都需要夹具在加工过程中自动来完成。此外，数控机床和加工中心的工作台空间都受封闭加工的限制，复杂的加工过程中容易产生意外，为了保证安全生产也需要夹具有“智慧”，在紧急情况下能够感知而避免事故，这就需要智能化夹具。

③ 应对“寻位—加工”的挑战　20 世纪 90 年代以来，人们提出了“寻位定位”的设想。所谓“寻位—加工”方式的操作过程大体上是先由安装在机床上的 CCD（电荷耦合器件）摄像头对准自由安放在工作台上的工件，然后将所摄工件图像在寻位工作站中进行图像处理，凭借工作站中的各种功能测量出当前工件表面和实际位置信息，然后根据工件实际状态实时生成刀具运动路径和轨迹，控制机床各轴运动加工出合格的零件。从概念上说，“寻位—加工”是利用图像和传感技术、人工智能的大范围工件寻位算法以及计算机手段，求解出工件的实际姿态和位置，此时无须预设严格的程序，就可以工件寻位后反馈信息作为基础，实时生成刀具运动路径和轨迹实现工件的加工。

任何用夹具的定位就当前技术水平而言，达到亚微米级甚至更高的定位精度是不成问题的，而“寻位—加工”仅用图像处理要达到如此高的分辨精度，在生产现场目前很难做到。此外，还有一个成本和经济性的问题，现在可多次重复使用的夹具，其成本还是较低的，系统复杂的寻位工作系统其成本和夹具比较不言自明。显然“寻位—加工”在定位精度和成本方面仍面临着较大的挑战。

纵观夹具发展的历史，以及从推动夹具技术发展的主要因素看来，在过去的基础上各种工艺过程中应用的夹具硬件其总的发展趋势是：

a. 在功能组件标准化的基础上，专用、可调和组合夹具将逐步统一成模块化组合可调夹具。

b. 研究和开发更多应用新原理的柔性夹具。

c. 更多采用微小型液压器件组成的动力夹紧系统。

d. 更多采用机构简单、布局简洁的定位夹紧系统。

e. 在夹具上应用传感器使定位夹紧更加准确可靠，更能感知外界环境的变化并与之相适应。

f. 夹具要快速适应多工位的数控机床，发展自动化和智能化的夹具，夹具上的定位夹紧装置将随着工位的更替自动变更定位元件，或自动松开或压紧工件。

课后练习

（1）铣削如图 3.90 所示一批工件上的键槽，并要保证尺寸为 $26_{-0.1}^{\ 0}$ mm。已知外径为 $\phi30_{-0.052}^{\ \ 0}$ mm。为达到图中的技术要求，试分析：加工该槽需要约束哪些自由度，如何确定合适的定位面和定位元件？属于哪种定位方式？

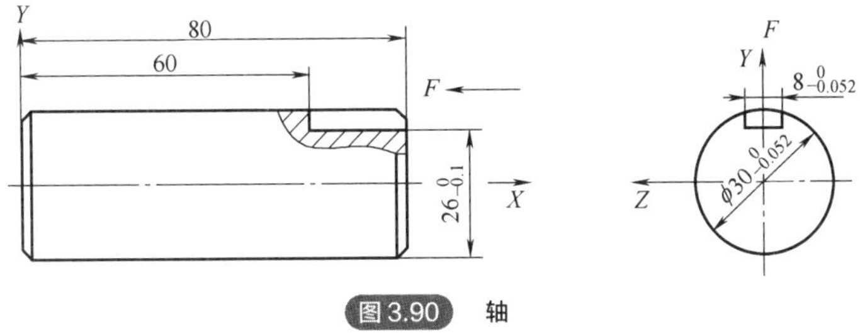

图 3.90 轴

（2）现要加工图 3.91 中支架零件的 $\phi10$ 孔，定位方案如图 3.91 所示，请指出图中哪些数字代表的是定位元件，并分析其限制了哪几个自由度？属于哪种定位情况？

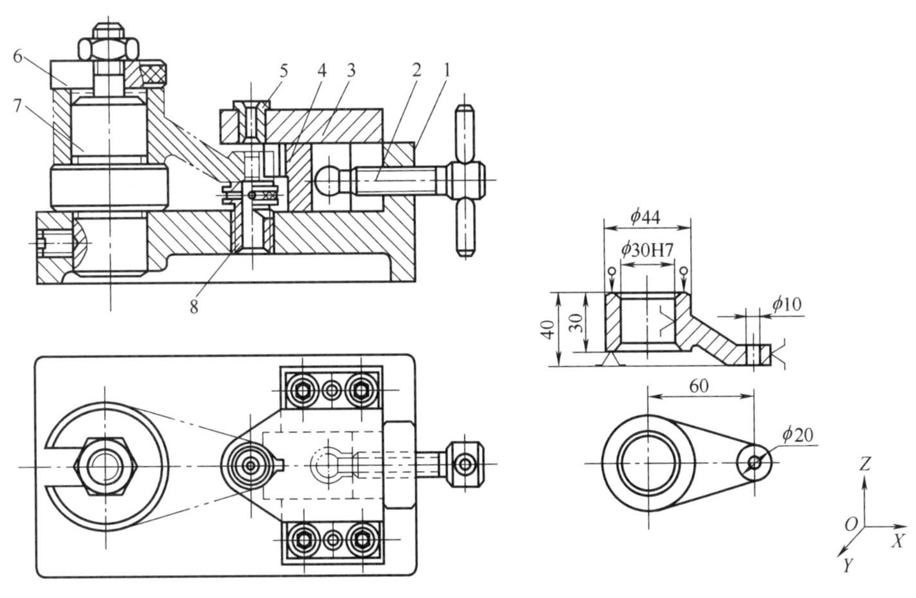

图 3.91 支架定位方案

（3）某工厂要加工如图 3.92 所示连杆零件，其上表面采用铣削加工方法，工程师小李设计的定位方案如图 3.92 所示。指出定位元件的名称，并分析每个定位元件所限制的自由度。

（4）加工汽车钢板弹簧吊耳时，采用如图 3.93 所示定位方案，指出图中哪些数字代表定位元件，并说明其名称，分析各定位元件所限制的自由度，说明该定位属于哪种情况。

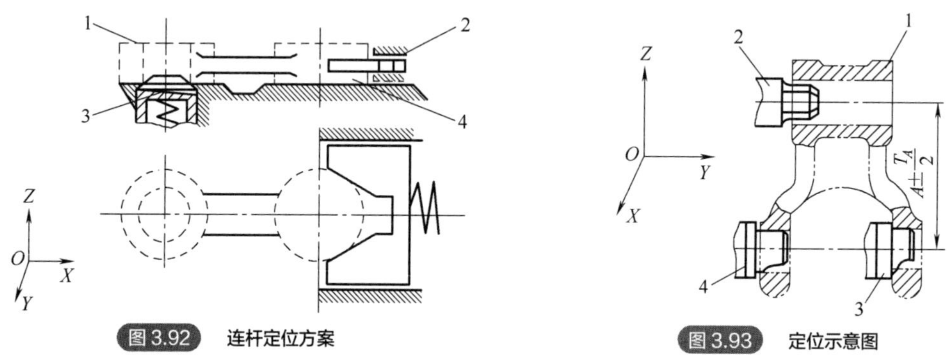

图 3.92 连杆定位方案

图 3.93 定位示意图

（5）图 3.94（a）为前面加工工序得到的结果，（b）为本工序简图，本工序用平面和定位钉定位，要求保证 15、6 两工序尺寸，试求工序尺寸 15、6 的定位误差，并分析该方案是否合理？如不合理如何改进（忽略各平面间的垂直度误差对定位精度的影响）？

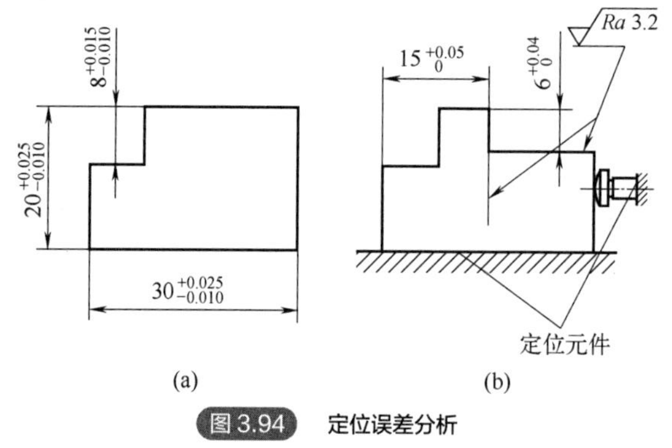

图 3.94 定位误差分析

（6）某批环形零件在铣床上采用调整法铣削一缺口，其尺寸如图 3.95 所示，要求保证尺寸 $43_{-0.1}^{0}$ mm。现采用 90°的 V 形块定位方案，试求定位误差，并判断能否满足要求？

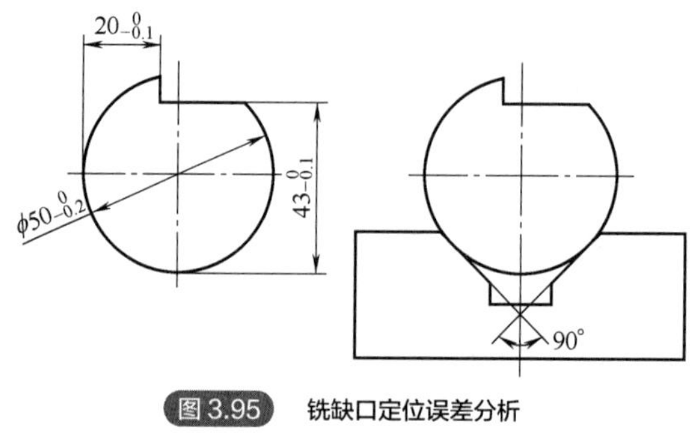

图 3.95 铣缺口定位误差分析

第 4 章

机械加工质量分析

本章思维导图

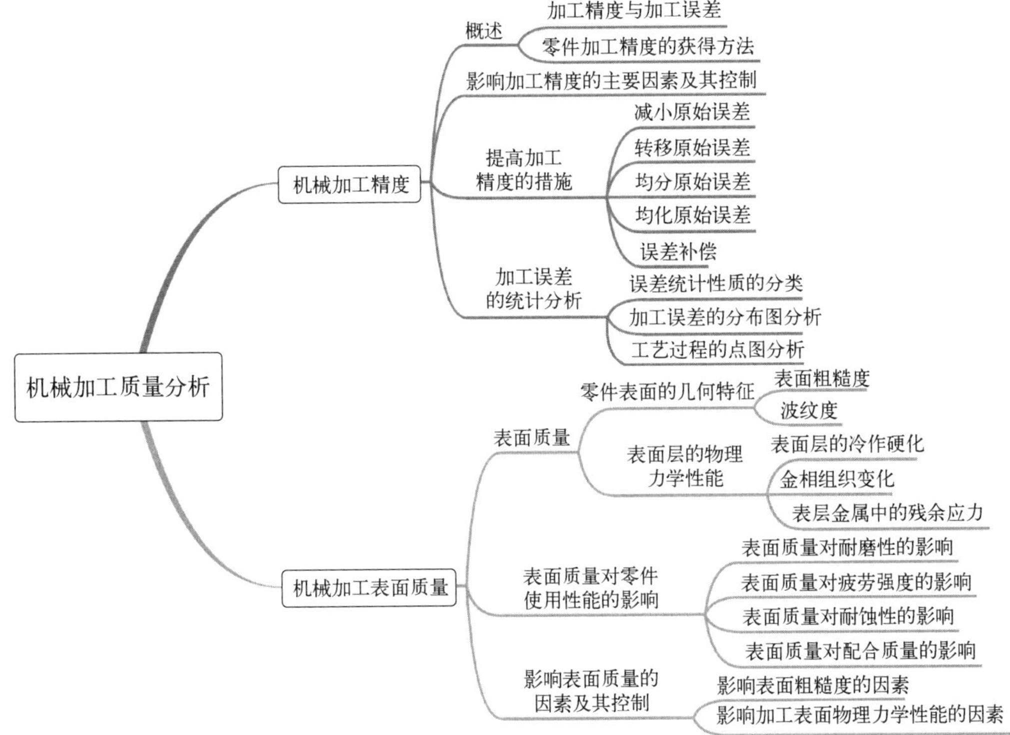

知识目标

（1）了解加工精度与加工误差的区别和联系；

（2）熟悉影响加工精度的因素；

（3）掌握误差复映规律；

（4）了解加工误差的性质；

（5）掌握加工误差的综合分析方法；

（6）了解影响表面质量的工艺因素、提高表面质量的措施；

（7）了解表面质量对零件使用性能的影响；

（8）熟悉表面粗糙度的影响因素；

（9）了解影响表面物理力学性能的工艺因素。

能力目标

（1）能正确地分析零件加工误差的产生原因；

（2）能采用分布曲线法和点图法对加工误差进行综合分析；

（3）能结合生产实际分析零件机械加工表面质量的影响因素；

（4）能正确选择切削条件、工艺方法，保证零件机械加工表面质量要求。

思政目标

领悟到没有细节和品质的精神追求，根基是不牢靠的，而精益求精地提高产品质量，是机械制造技术的核心要素。

项目引入

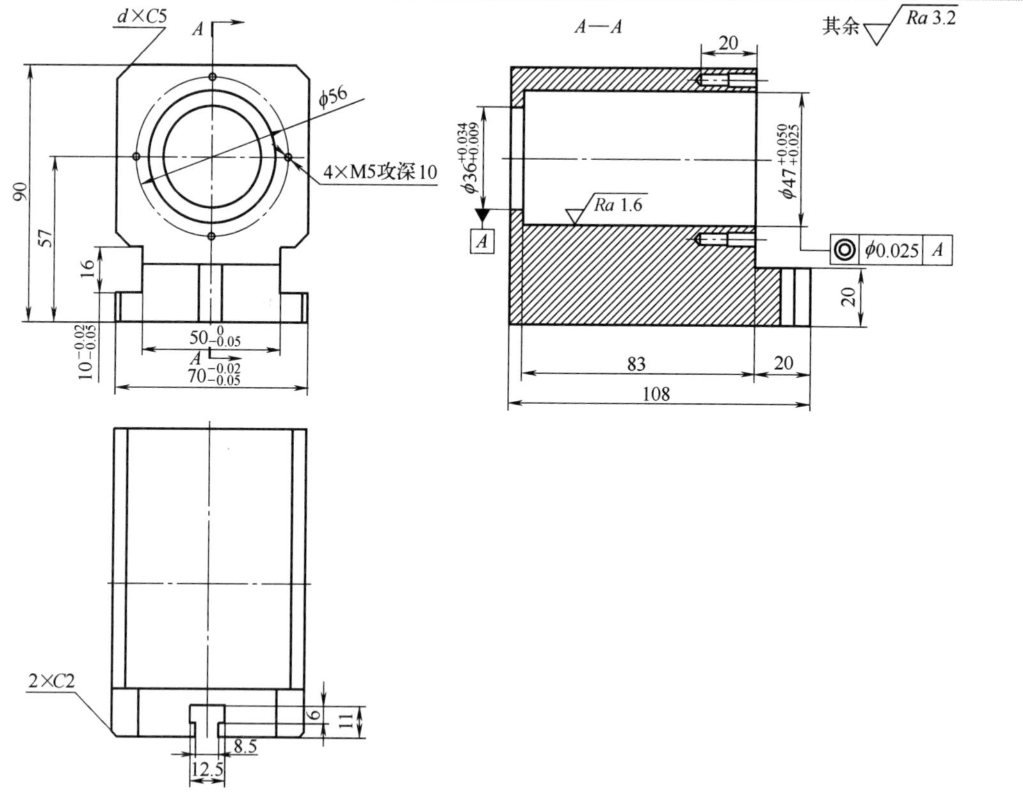

图 4.1 轴承座

如图 4.1 所示为一轴承座，轴承孔$\phi 47^{+0.050}_{+0.025}$相对于$\phi 36^{+0.034}_{+0.009}$的同轴度为 0.025。现对其工艺进行验证，判断工艺过程是否稳定，查明产生加工误差的影响因素，并提出改进措施。

4.1 机械加工精度

4.1.1 加工精度定义和获得方法

（1）加工精度与加工误差

所谓**加工精度**是指零件加工后的实际几何参数（尺寸、形状和位置）与理想几何参数的符合程度。实际值愈接近理想值，加工精度就愈高。实际加工不可能把零件做得与理想零件完全一致，总会有大小不同的偏差，零件加工后的实际几何参数对理想几何参数的偏离程度，称为**加工误差**。从保证产品的使用性能和降低生产成本考虑，没有必要把每个零件都加工得绝对精确，而只要求满足规定的公差要求即可，加工时保证加工误差小于规定的公差即可。

有关加工精度与加工误差的理解，应注意以下几个方面内容：

①**“理想几何参数”的正确含义**　对于尺寸，是指图样规定尺寸的平均值，如$\phi 40^{+0.2}_{+0.1}$mm 的理想尺寸就是ϕ40.15mm；对于形状和位置，则是指绝对正确的形状和位置，如绝对的圆和绝对的平行等。

② **加工精度**　是由零件图样或工艺文件以公差 T 给定的，而加工误差则是零件加工后实际测得的偏离值 $\varDelta$。一般情况下，当 $\varDelta<T$ 时，就保证了加工精度。一批零件的加工误差是指一批零件加工后，其几何参数的分散范围。

③ **零件 3 个方面的几何参数**　是加工精度和加工误差的 3 个方面的内容，即加工精度（误差），包括尺寸精度（误差）、形状精度（误差）和位置精度（误差）。加工精度内容的 3 个方面既有区别又有联系，在精密加工中，形状精度往往占主导地位，因为没有一定的形状精度，也就谈不上尺寸精度和位置精度。

（2）零件加工精度的获得方法

零件的加工精度主要包括形状精度、位置精度和尺寸精度。

① **形状精度的获得方法**　在 2.1.2 节机床运动分析中讲述了形成发生线的方法，也即形状精度的获得方法，此处不再赘述，详见 2.1.2 节。

② **位置精度的获得方法**　位置精度（平行度、垂直度、同轴度等）的获得与工件的装夹方式和加工方法有关。当需要多次装夹加工时，有关表面的位置精度依赖夹具的正确定位来保证。如果工件一次装夹加工多个表面时，各表面的位置精度则依靠机床的精度来保证，如数控加工中主要靠机床的精度保证工件各表面之间的位置精度。

③ **尺寸精度的获得方法**　尺寸精度的获得方法，有以下 4 种：

a. 试切法　先试切出很小一部分加工表面，测量试切后所得的尺寸，按照加工要求适当调整刀具切削刃相对工件的位置，再试切，再测量，如此经过两三次试切和测量，当被加工尺寸达到要求后，再切削整个待加工面。

b. 定尺寸刀具法 具有一定尺寸精度的刀具（如铰刀、扩孔钻、钻头等）来保证被加工工件尺寸精度的方法（如钻孔）。

c. 调整法 用机床上的定程装置、对刀装置或预先调整好的刀架，使刀具相对机床或夹具满足一定的位置精度要求，然后加工一批工件。这种方法需要采用夹具来实现装夹，加工后工件精度的一致性好。

在机床上按照刻度盘进刀然后切削，也是调整法的一种。这种方法需要先按试切法确定刻度盘上的刻度。大批量生产中，多用定程挡块、样板、样件等对刀装置进行调整。

d. 自动控制法 用一定的装置，在工件达到要求的尺寸时，自动停止加工。这种方法可分为自动测量和数字控制两种。前者机床上具有自动测量工件尺寸的装置，在达到要求时，停止进刀；后者是根据预先编制好的机床数控程序实现进刀的。

4.1.2 影响加工精度的主要因素及其控制

（1）工艺系统几何误差

① 机床的几何误差 加工中，刀具相对于工件的成形运动一般都是通过机床完成的，因此，工件的加工精度在很大程度上取决于机床的精度。机床制造误差对工件加工精度影响较大的有：主轴回转误差、导轨误差和传动链误差。机床的磨损将使机床工作精度下降。

a. 主轴回转误差 机床主轴是装夹工件或刀具的基准，并将运动和动力传给工件或刀具，主轴回转误差将直接影响被加工工件的精度。

主轴回转误差指主轴各瞬间的实际回转轴线相对其平均回转轴线的变动量，可分解为**径向圆跳动、轴向窜动和角度摆动** 3 种基本形式。主轴回转误差在实际中多表现为漂移。所谓**漂移**是指主轴回转轴线在每一转内的每一瞬时的变动方位和变动量都是变化的一种现象。

产生主轴径向圆跳动的主要原因有：主轴几段轴颈的同轴度误差、轴承本身的各种误差、轴承之间的同轴度误差、主轴挠度等，但它们对主轴径向回转精度的影响大小随加工方式的不同而不同。例如，在采用滑动轴承结构为主轴的车床上车削外圆时，切削力 F 的作用方向可认为大体上是不变的［如图 4.2（a）所示］，在切削力 F 的作用下，主轴颈以不同的部位和轴承内径的某一固定部位相接触，此时主轴颈的圆度误差对主轴径向回转精度影响较大，而轴承内径

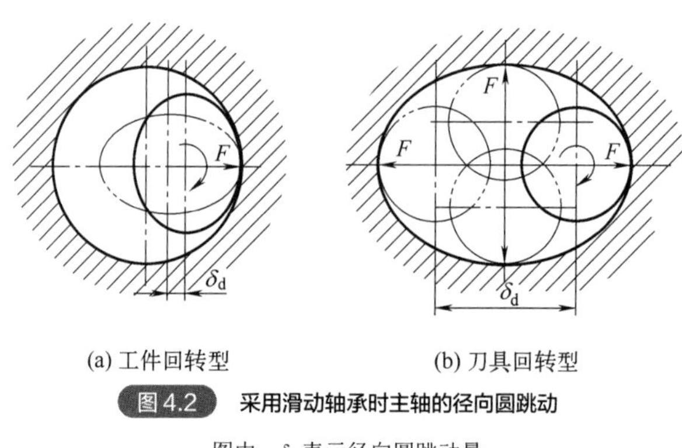

图 4.2 采用滑动轴承时主轴的径向圆跳动

图中，δ_d 表示径向圆跳动量

的圆度误差对主轴径向回转精度则影响不大；在镗床上镗孔时，由于切削力 F 的作用方向随着主轴的回转而回转［如图 4.2（b）所示］，在切削力 F 的作用下，主轴总是以其轴颈某一固定部位与轴承内表面的不同部位接触，因此，轴承内表面的圆度误差对主轴径向回转精度影响较大，而主轴颈圆度误差的影响则不大。

产生轴向窜动的主要原因是主轴轴肩端面和轴承承载端面对主轴回转轴线有垂直度误差。

不同的加工方法，主轴回转误差所引起的加工误差也不同（如表 4.1 所示）。在车床上加工外圆或内孔时，主轴径向回转误差（圆跳动）可能导致工件表面接近正圆，但实际轴心与理论轴心不重合，可能造成圆柱度误差，但对加工工件端面则无直接影响。主轴轴向窜动误差对加工工件外圆或内孔的圆度和圆柱度误差无影响，但对所加工端面的垂直度及平面度则有较大的影响。在车螺纹时，主轴轴向窜动误差可使被加工螺纹的导程产生周期性误差。

表 4.1 机床主轴回转误差产生的加工误差

主轴回转误差的基本形式	车床上车削			镗床上镗削	
	内、外圆	端面	螺纹	孔	端面
径向圆跳动	近似真圆（理论上为心脏线型）	无影响		椭圆孔（每转跳动一次时）	无影响
纯轴向窜动	无影响	平面度、垂直度（端面凸轮形）	导程误差	无影响	平面度 垂直度
纯角度摆动	近似圆柱（理论上为锥形）	影响极小		椭圆柱孔（每转摆动一次时）	平面度（马鞍形）

适当提高主轴及箱体的制造精度、选用高精度的轴承、提高主轴部件的装配精度、对高速主轴部件进行动平衡、对滚动轴承进行预紧等，均可提高机床主轴的回转精度。在生产实际中，从工艺方面采取转移主轴回转误差的措施，消除主轴回转误差对加工精度的影响，也是十分有效的。例如，在外圆磨床上用两端顶尖定位工件磨削外圆，在内圆磨床上用 V 形块装夹磨主轴锥孔，在卧式镗床上采用镗模和镗杆镗孔，等等。

b. 导轨误差 导轨是机床上确定各机床部件相对位置关系的基准，也是机床运动的基准。车床导轨的精度要求主要有以下 3 个方面：在水平面内的直线度，在垂直面内的直线度，前后导轨的平行度。

卧式车床导轨在水平面内的直线度误差 Δ_1（如图 4.3 所示）将直接反映在被加工工件表面的法线方向（加工误差的敏感方向）上，对加工精度的影响最大。

卧式车床导轨在垂直面内的直线度误差 Δ_2（如图 4.3 所示）可引起被加工工件的形状误差和尺寸误差，但 Δ_2 对加工精度的影响要比 Δ_1 小得多。由图 4.4 可见，若因 Δ_2 而使刀尖由 a 下降至 b，不难推得工件半径 R 的变化 $\Delta R \approx \Delta_2^2/D$。若设 Δ_2=0.1mm，D=40mm，则 ΔR=0.00025mm。由此可知，卧式车床导轨在垂直面内的直线度误差对工件加工精度的影响很小，可忽略不计。

当前后导轨存在平行度误差（扭曲）时，刀架运动会产生摆动，刀尖的运动轨迹是一条空间曲线，使工件产生形状误差。由图 4.5 可见，当前后导轨有了扭曲 Δ_3 之后，由几何关系可求得 $\Delta y \approx$（H/B）Δ_3。一般车床的 $H/B \approx 2/3$，车床前后导轨的平行度误差对加工精度的影响很大。

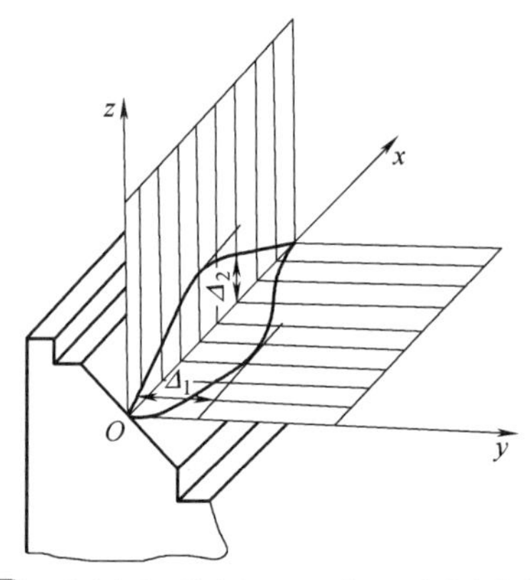

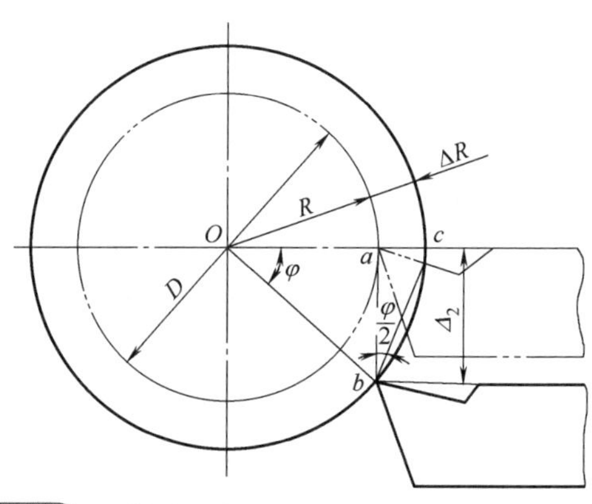

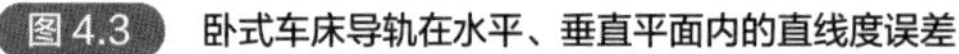
图 4.3 卧式车床导轨在水平、垂直平面内的直线度误差

图 4.4 卧式车床导轨垂直面内直线度误差对工件加工精度的影响

除了导轨本身的制造误差外，导轨的不均匀磨损和安装质量也是造成导轨误差的重要因素。例如，某卧式车床前导轨工作 9 个月后（两班制工作），导轨磨损量可达 0.03mm。对于重型机床，由于安装不当，因机床自重而下沉的位移量有时可达 2~3mm。

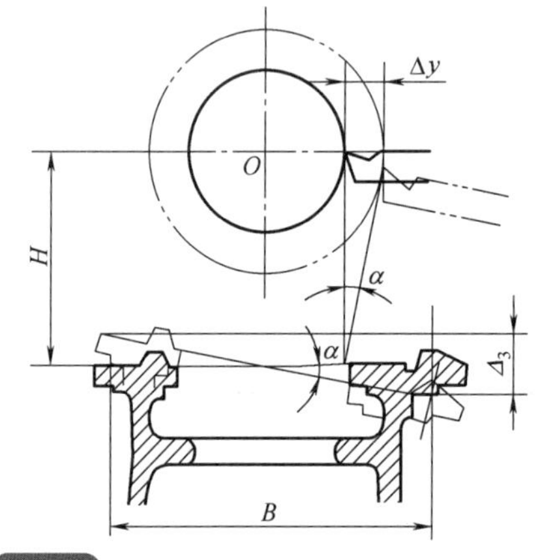

图 4.5 普通车床导轨扭曲对工件加工精度的影响

导轨磨损是机床精度下降的主要原因之一。可采用耐磨合金铸铁导轨、镶钢导轨、贴塑导轨、滚动导轨，利用表面淬火等措施提高导轨的耐磨性。

c. 传动链误差 传动链误差是指传动链始末两端传动元件间相对运动的误差，一般用传动链末端元件的转角误差来衡量。有些加工方式（如车、磨、铣螺纹，滚、插、磨齿轮等），要求机床传动链能保证刀具与工件之间具有准确的速比关系，机床传动链误差是影响这类表面加工精度的主要误差来源之一。

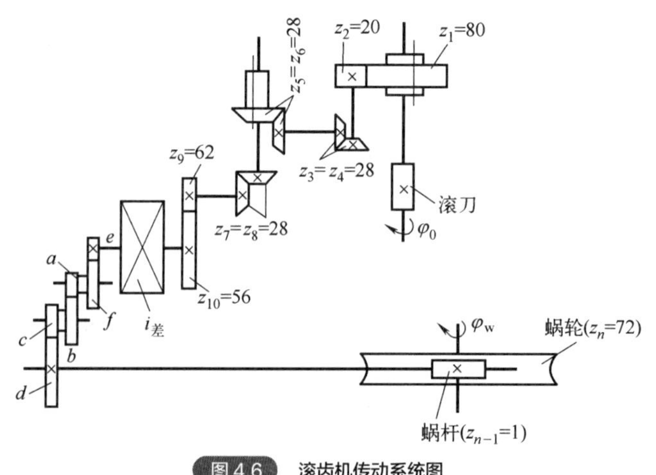

图 4.6 滚齿机传动系统图

如图 4.6 所示为一台精密滚齿机的传动系统图，被加工齿轮装夹在工作台上，它与蜗轮同轴回转。由于传动链中各传动件不可能制造及安装得绝对准确，每个传动件的误差都将通过传动链影响被切齿轮的加工精度。由于各传动件在传动链中所处的位置不同，它们对工件加工精度的影响程度当然是不同的。

设滚刀轴均匀旋转，若齿轮 1（z_1 对应的齿轮）有转角误差 $\Delta\varphi_1$，而其他各传动件假定无误差，则由 $\Delta\varphi_1$ 产生的工件转角误差 $\Delta\varphi_{1n}$ 为：

$$\Delta\varphi_{1n}=\Delta\varphi_1\times\frac{80}{20}\times\frac{28}{28}\times\frac{28}{28}\times\frac{28}{28}\times\frac{62}{56}\times i_{差}\times\frac{e}{f}\times\frac{a}{b}\times\frac{c}{d}\times\frac{1}{72}=K_1\Delta\varphi_1 \tag{4.1}$$

式中 $i_{差}$——差动轮系的传动比；

K_1——齿轮 1 到工作台的传动比，反映了齿轮 1 的转角误差对终端工作台传动精度的影响程度，称为误差传递系数。

同理，若第 j 个传动元件有转角误差 $\Delta\varphi_j$，则该转角误差通过相应的传动链传递到工作台上的转角误差为：

$$\Delta\varphi_{jn}=K_j\Delta\varphi_j \tag{4.2}$$

式中 K_j——第 j 个传动元件的误差传递系数。

由于所有的传动件都可能存在误差，因此，各传动件对工件精度影响的总和 $\Delta\varphi_\Sigma$ 为：

$$\Delta\varphi_\Sigma=\sum_{j=1}^{n}\Delta\varphi_{jn}=\sum_{j=1}^{n}K_j\Delta\varphi_j \tag{4.3}$$

由式（4.3）可知，**为了提高传动链的传动精度，可采取如下的措施：**

• 尽可能缩短传动链，减少误差源数 n。

• 尽可能采用降速传动，因为升速传动时，$K_j>1$，传动误差被扩大，降速传动时，$K_j<1$，传动误差被缩小。

• 尽可能使末端传动副采用大的降速比（K_j 值小），因为末端传动副的降速比愈大，其他传动元件的误差对被加工工件的影响愈小。

• 末端传动元件的误差传递系数等于 1，它的误差将直接反映到工件上，因此末端传动元件应尽可能制造得精确些。

• 提高传动元件的制造精度和装夹精度，以减小误差 $\Delta\varphi_j$，并尽可能地提高传动链中升速传动元件的精度。

• 采用传动误差补偿装置来提高传动链的传动精度。

② 刀具的几何误差 刀具误差对加工精度的影响随刀具种类的不同而不同。

a. 定尺寸刀具 如钻头、铰刀、镗刀块、孔拉刀、丝锥、板牙、键槽铣刀等，它们的尺寸和形状误差将直接影响工件的尺寸和形状精度。定尺寸刀具两侧切削刃刃磨不对称，或安装有几何偏心时，还可能引起加工表面的尺寸扩张（又称正扩切）。

这类刀具的耐用度是较高的，在加工批量不大时的磨损量很小，故其磨损对加工精度的影响可以忽略不计。但是，在加工余量过小或工件壁厚较薄的情况下，用磨钝了的刀具加工后，工件的加工表面会发生收缩现象（负扩切）。对于钝化的钻头还会使被加工孔的轴线偏斜和孔径扩张。

b. 成形刀具 如成形车刀、成形铣刀、模数铣刀等，它们的形状误差将直接决定工件的形状精度。这类刀具的寿命较长，在加工批量不大时的磨损量很小，对加工精度的影响也可忽略不计。成形刀具的安装误差所引起的工件形状误差是不可忽视的，如成形车刀安装高于或低于加工中心时，就会产生较大的工件形状误差。

c. 展成刀具 如齿轮滚动、插齿刀、花键滚刀等，它们切削刃的形状及有关尺寸，以及其安装、调整不正确，同样会影响加工表面的形状精度。这类刀具在加工批量不大时的磨损量很小，可以忽略不计。

d. 一般刀具 如普通车刀、单刃镗刀、面铣刀、刨刀等，它们的制造误差对工件的加工精度没有直接的影响。这是因为，加工表面的形状主要是由机床运动精度来保证的，加工表面的尺寸主要是由调整决定的。

普通圆柱铣刀和立铣刀的切削刃形状误差对工件的形状精度是有一定影响的。但是，这些刀具制造时较容易保证其刃形精度，故其对加工精度的影响往往可忽略不计。

由于一般刀具的耐用度低，在一次调整加工中的磨损量较显著，特别是在加工大型工件、加工持续时间长的情况下更为严重，因此，它对工件的尺寸及形状精度的影响是不可忽视的。例如，车削大直径的长轴、镗深孔和刨削大平面时，将产生较大的锥度和位置误差。

在用调整法车削短小的轴件时，车刀的磨损，对一个工件来说其影响可以忽略不计。但是，对一批工件来说，工件的直径将逐件增大，使得整批工件的尺寸分散范围增大。

精细车和精细镗时，由于进给量很小，刀具磨损对加工精度的影响就更大。这种情况下，必须采用长寿命的刀具，如金刚石刀具等。

任何刀具在切削过程中，都不可避免地要产生磨损，并由此引起工件尺寸和形状的改变。刀具的尺寸磨损量 μ 是在被加工表面的法线方向上测量的。刀具的尺寸磨损量 μ 与切削路程 l 的关系如图 4.7 所示。在切削初期（$l<l_0$），刀具磨损较剧烈，这段时间的刀具磨损量称为初期磨损量 μ_0；进入正常磨损阶段后（$l_0<l<l'$），磨损量与切削路程成正比，其斜率 K_μ 称为单位磨损量（相对磨损量），单位磨损量 K_μ 表示每切削 1000m 路程刀具的尺寸磨损量，单位为 μm/km；当切削路程 $l>l'$ 时，磨损急剧增加，这时应停止切削。

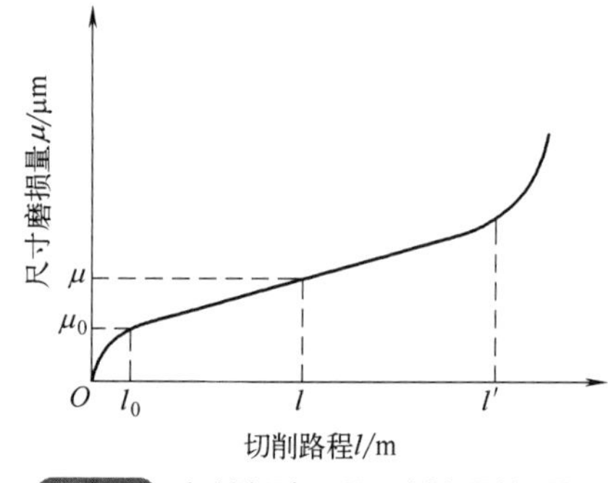

图 4.7 切削路程与刀具尺寸磨损量关系图

刀具的尺寸磨损量可用下式计算：

$$\mu=\mu_0+\frac{K_\mu(l-l_0)}{1000}\approx\mu_0+\frac{K_\mu l}{1000} \quad (4.4)$$

式中，μ_0 及 K_μ 可由表 4.2 查得。

表 4.2 精车时刀具的初期磨损量 μ_0 和单位磨损量 K_μ

工件材料	刀具材料	切削用量			初期磨损量 μ_0/μm	单位磨损量 K_μ/（μm/km）
		背吃刀量 a_p/mm	进给量 f/（mm/r）	切削速度 v/（m/s）		
45 钢	YT60，YT30	0.3	0.1	7.75~8.08	3~4	2.5~2.8
	YT15	<2	<0.3	<1.67~3.33	4~12	8

续表

工件材料	刀具材料	切削用量			初期磨损量 μ_0/μm	单位磨损量 K_μ/（μm/km）
		背吃刀量 a_p/mm	进给量 f/（mm/r）	切削速度 v/（m/s）		
灰铸钢（187HBS）	YG4	0.5	0.2	1.5	3	8.5
	YG6				5	13
					5	19
	YG8		0.1	1.67	4	13
				2	5	18
				2.33	6	35
合金钢 σ_b=920MPa	YT60，YT30	0.5	0.21	2.25	2	2.0~3.5
	YT15				4	8.5
	YG3				5	9.5
	YG4				6	30

正确地选用刀具材料（如选用新型耐磨的刀具材料），合理地选用刀具几何参数和切削用量，正确地刃磨刀具，正确地采用冷却润滑液等，均可有效地减少刀具的尺寸磨损。必要时还可采用补偿装置对刀具尺寸磨损进行自动补偿。

③ 夹具的几何误差 夹具的作用是使工件相对于刀具和机床具有正确的位置，因此，夹具的制造误差对工件的加工精度（特别是位置精度）有很大影响。如图 4.8 所示的钻床夹具中，钻套轴心线 f 至夹具定位平面 c 间的距离误差，影响工件孔轴心线 a 至底面 B 的尺寸 L 的精度；钻套轴心线 f 与夹具定位平面 c 间的平行度误差，影响工件孔轴心线 a 与底面 B 的平行度；夹具定位平面 c 与夹具体底面 d 的垂直度误差，影响工件孔轴心线 a 与底面 B 间的尺寸精度和平行度；钻套孔的直径误差亦将影响工件孔轴心线 a 至底面 B 的尺寸精度和平行度。

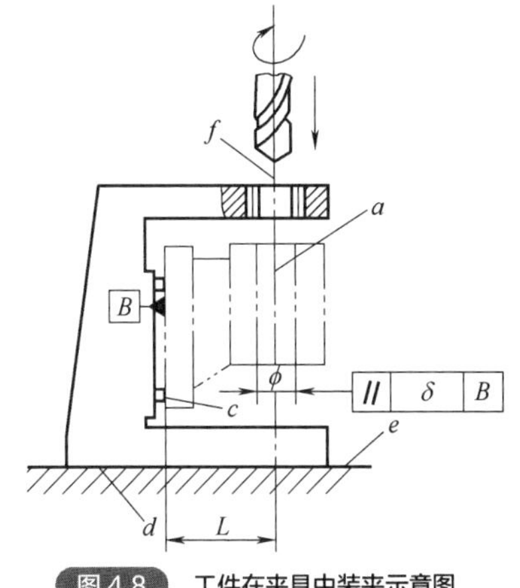

图 4.8 工件在夹具中装夹示意图

夹具磨损将使夹具的误差增大，从而使工件的加工误差也相应增大。为了保证工件的加工精度，除了严格保证夹具的制造精度外，必须注意提高夹具易磨损件（如钻套、定位销等）的耐磨性。当磨损到一定限度后须及时予以更换。

夹具设计时，凡影响工件精度的有关技术要求必须给出严格的公差。精加工用夹具一般取工件上相应尺寸公差的 1/2~1/3；粗加工用夹具一般取工件上相应尺寸公差的 1/5~1/10。

（2）调整误差

加工中存在着许多工艺系统的调整问题，下面以活塞加工为例，具体介绍误差调整。

① 机床的调整 在磨削裙部的椭圆外圆时，每更换一种活塞型号，就要按照椭圆度的数值对主轴上的偏心盘进行调整，以获得准确的工件长短轴的摆动量。另外，还要按照裙部的锥度，

调整工作台在水平面内的角度。

② 夹具的调整 在磨削裙部的椭圆外圆时，还要调整连接在主轴端部的定位圆盘的角度方位，使圆盘上带动活塞销座的拨杆处于准确的位置，加工出的椭圆短轴刚好通过活塞销孔的轴线。

③ 刀具的调整 在半精车和精车环槽时，由于各个环槽的深度不一样，就要求用专用样件，把一组切槽刀调整到准确的伸长量。在采用多刀切削止口时，同样要求把刀具调整到准确的相应位置。其他如在镗销孔、车顶面等工序中，都需要把刀具调整到准确的位置。

总之，在机械加工的每一个工序中，都需进行调整工作。由于调整不可能绝对准确，也就带来了一项原始误差，即调整误差。

不同的调整方式，有不同的误差来源。

① 试切法调整 试切法调整广泛用在单件、小批生产中。这种调整方式产生调整误差的来源有 3 个方面：

a. 度量误差 量具本身的误差和使用条件下的误差（如温度影响、使用者的细致程度）掺入测量所得的读数之中，在无形中扩大了加工误差。

b. 加工余量的影响 在切削加工中，切削刃所能切掉的最小切屑厚度是有一定限度的，锐利的切削刃可达 5μm，已钝化的切削刃只能达到 20~50μm，切削厚度再小时切削刃就“咬”不住金属而打滑，只起挤压作用，如图 4.9 所示。在精加工场合下，试切的最后一刀总是很薄的，这时如果认为试切尺寸已经合格，就合上纵向走刀机构切削下去，则新切到部分的切深比试切部分的大，切削刃不打滑，就要多切下一点，因此最后所得的工件尺寸要比试切部分的尺寸小些（镗孔时则相反），如图 4.9（a）所示。粗加工试切时情况刚好相反。由于粗加工的余量比试切层大得多，受力变形也大得多，因此新切到部分的切深要比试切部分的大些，如图 4.9（b）所示。

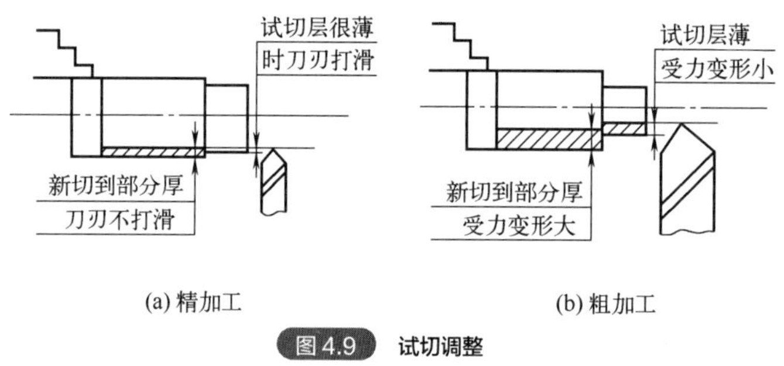

(a) 精加工　　(b) 粗加工

图 4.9 试切调整

c. 微进给误差 在试切最后一刀时，总是要调整一下车刀（或砂轮）的径向进给量。这时常会出现进给机构的“爬行”现象，结果刀具的实际径向移动比手轮上转动的刻度数要偏大或偏小些，以致难以控制尺寸的精度，造成了加工误差。爬行现象是在极低的进给速度下才产生的，因此常常采用两种措施：一种是在微量进给以前先退出刀具，然后再快速引进刀具到新的手轮刻度值，中间不加停顿，使进给机构滑动面间不产生摩擦；另一种是轻轻敲击手轮，用振动消除静摩擦，这时调整误差就取决于操作者的操作水平。

② 按定程机构调整 在大批大量生产中广泛应用行程挡块、靠模、凸轮等机构保证加工精度。这时候，这些机构的制造精度和调整，以及与它们配合使用的离合器、电气开关、控制阀等的灵敏度，就成了影响误差的主要因素。

③ 按样件或样板调整 在大批大量生产中用多刀加工时，常用专门样件来调整切削刃间的相对位置，如活塞环槽半精车和精车时就是如此。当工件形状复杂，尺寸和重量都比较大的时

候，利用样件进行调整就太笨重且不经济，这时可以采用样板对刀。例如，在龙门刨床上刨削加工床身导轨时，就可安装一块轮廓和导轨横截面相同的样板来对刀。在一些铣床夹具上，也常装有对刀块，供铣刀对刀之用。这时候，样板本身的误差（包括制造误差和安装误差）和对刀误差就成了调整误差的主要因素。

（3）工艺系统受力变形引起的误差

① 基本概念 机械加工工艺系统在切削力、夹紧力、惯性力、重力、传动力等的作用下，会产生相应的变形，从而破坏了刀具和工件之间正确的相对位置，使工件的加工精度下降。例如，在车细长轴时（如图 4.10 所示），工件在切削力的作用下会发生变形，使加工出的轴出现中间粗两头细的情况；在内圆磨床上进行切入式磨孔时（如图 4.11 所示），由于内圆磨头轴比较细，磨削时因磨头轴受力变形，而使工件孔呈锥形。

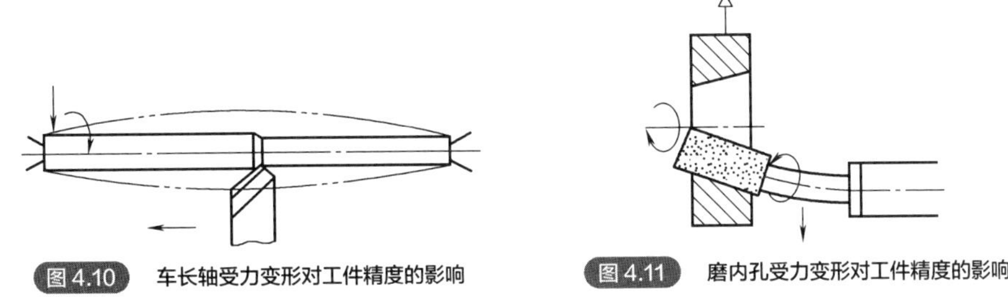

图 4.10 车长轴受力变形对工件精度的影响

图 4.11 磨内孔受力变形对工件精度的影响

垂直作用于工件加工表面（加工误差敏感方向）的径向切削分力 F_p 与工艺系统在该方向上的变形 y 之间的比值，称为**工艺系统刚度 $k_{系}$**。

$$k_{系}=F_p/y \tag{4.5}$$

式（4.5）中的变形 y 不只是由径向切削分力 F_p 所引起，垂直切削分力 F_c 与进给方向切削分力 F_f 也会使工艺系统在 y 方向产生变形，故

$$y=y_{F_p}+y_{F_c}+y_{F_f} \tag{4.6}$$

式（4.6）中的 y_{F_c} 和 y_{F_f} 有可能与 y_{F_p} 同向，也可能与 y_{F_p} 反向，所以就有可能出现 $y>0$、$y=0$ 或 $y<0$ 三种情况。如图 4.12 所示实例中，刀架系统在 F_p 力作用下引起的同向变形为 y_{F_p}［如图 4.12（b）所示］，而在 F_c 力作用下引起的变形 y_{F_c}［如图 4.12（a）所示］则与 y_{F_p} 方向相反。如果（$y_{F_p}-y_{F_c}$）<0，就将出现 $y<0$ 的情况，此时车刀刃尖将扎入工件外圆表面。

② 工件刚度 工艺系统中如果工件刚度相对于机床、刀具、夹具来说比较低，在切削力的作用下，工件由于刚性不足而引起的变形对加工精度的影响就比较大，其最大变形量可按材料力学有关公式估算。

③ 刀具刚度 外圆车刀在加工表面法线（y）方向上的刚度很大，其变形可以忽略不计。镗直径较小的内孔，刀杆刚度很差，刀杆受力变形对孔加工精度就有很大影响。刀杆变形也可按材料力学有关公式估算。

因夹具一般总是固定在机床上使用，故夹具可视为机床的一部分，一般情况下其刚度不做单独讨论。

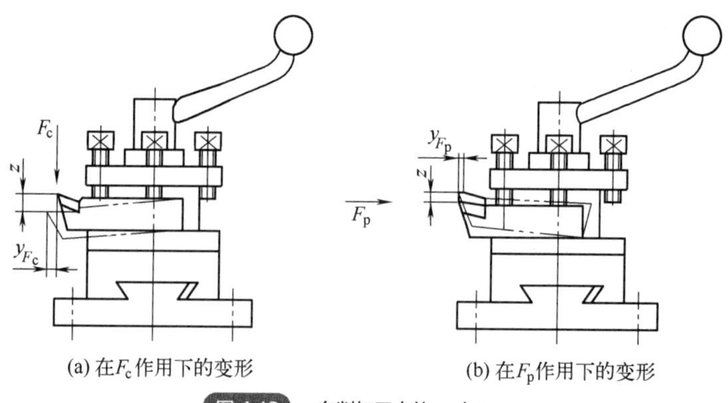

(a) 在F_c作用下的变形　　(b) 在F_p作用下的变形

图 4.12　车削加工中的y_{F_c}与y_{F_p}

④ 机床部件刚度

a. 机床部件刚度　机床部件由许多零件组成，机床部件刚度迄今尚无合适的简易计算方法，目前主要还是用实验方法来测定机床部件刚度，如图 4.13 所示静刚度测定法。在车床两顶尖间装一根刚性很好的心轴 1，在刀架上装上一个螺旋加力器 5，在加力器与心轴之间装一测力环 4。当转动加力器的加力螺钉时，刀架与心轴之间便产生了作用力，力的大小由事先经过标定的测力环 4 中的千分表读出。作用力一方面传到车床刀架上，另一方面经过心轴传到前、后顶尖上。若加力器位于心轴的中点，如通过加力器对工件施力 F_p，则主轴箱和尾座各受到 $F_p/2$ 的作用。主轴箱、尾座和刀架的变形可分别由千分表 2、3、6 读出，由此测得主轴箱刚度、尾座刚度、刀架刚度分别为：

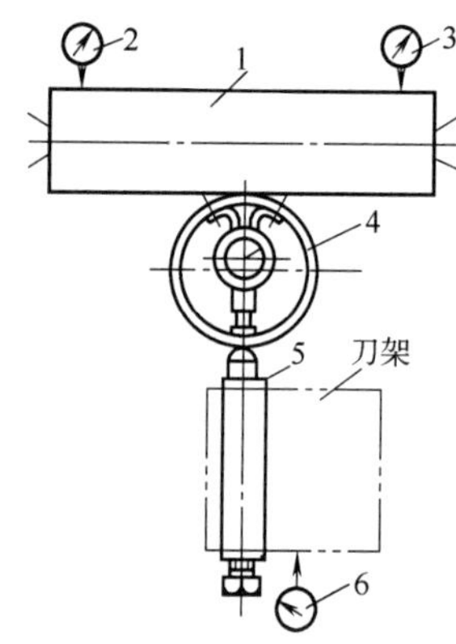

图 4.13　车床部件静刚度测定

1—心轴；2，3，6—千分表；4—测力环；5—螺旋加力器

$$k_{主}=F_p/(2y_{主}),\quad k_{尾}=F_p/(2y_{尾}),\quad k_{刀架}=F_p/y_{刀架}$$

为使所测刚度值与实际相符，须注意正确选用加载方式。如图 4.14 所示是一台车床刀架部件的实测刚度曲线，实验中历经 3 次加载、卸载过程。分析图 4.14 实验曲线可知，机床部件刚度具有以下特点：

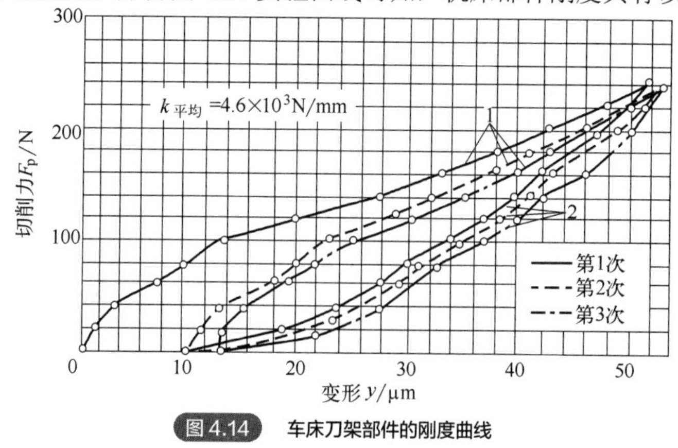

图 4.14　车床刀架部件的刚度曲线

1—加载曲线；2—卸载曲线

• 变形与载荷不成线性关系。

• 加载曲线和卸载曲线不重合，卸载曲线滞后于加载曲线。两曲线间所包容的面积就是在加载和卸载循环中所损耗的能量，它消耗于摩擦力所做的功和接触变形功。

• 第 1 次卸载后，变形恢复不到第 1 次加载的起点，这说明有残余变形存在，经多次加载卸载后，加载曲线起点才和卸载曲线终点重合，残余变形才逐渐减小到零。

• 机床部件的实际刚度远比我们按实体估算的要小。图 4.14 中第 1 次加载时的平均刚度值为 4.6×10^3N/mm，这只相当于一个截面积为 30mm×30mm、悬伸长度为 200mm 的铸铁悬臂梁的刚度。

b. 影响机床部件刚度的因素

• **结合面接触变形的影响** 由于零件表面存在宏观几何形状误差和微观几何形状误差，结合面的实际接触面积只是名义接触面积的一小部分，如图 4.15 所示。在外力作用下，实际接触区的接触应力很大，产生了较大的接触变形。在接触变形中，既有弹性变形，又有塑性变形，经多次加载卸载循环作用之后，弹性变形成分愈来愈大，塑性变形成分愈来愈小，接触状态逐渐趋于稳定。这就是机床部件刚度不呈直线、机床部件刚度远比同尺寸实体的刚度要低得多的主要原因，也是造成残留变形和多次加载卸载循环后残留变形趋于稳定的原因之一。

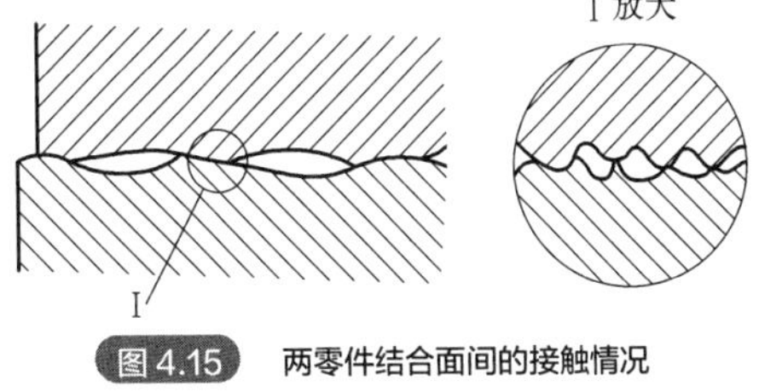

图 4.15 两零件结合面间的接触情况

一般情况下，表面愈粗糙，接触刚度愈小；表面宏观几何形状误差愈大，实际接触面积愈小，接触刚度愈小；材料硬度高，屈服强度也高，塑性变形就小，接触刚度就大；表面纹理方向相同时，接触变形较小，接触刚度就较大。

• **摩擦力的影响** 如图 4.16 所示，机床部件在经过多次加载卸载之后，卸载曲线回到了加载曲线的起点 D，残留变形不再产生，但此时加载曲线与卸载曲线仍不重合。其原因在于机床部件受力变形过程中有摩擦力的作用。加载时摩擦力阻止其变形的增加，卸载时摩擦力阻止其变形的减小。摩擦力总是阻止其变形的变化，这就是机床部件的变形滞后现象。上述变形滞后现象还与结构阻尼因素的作用有关。

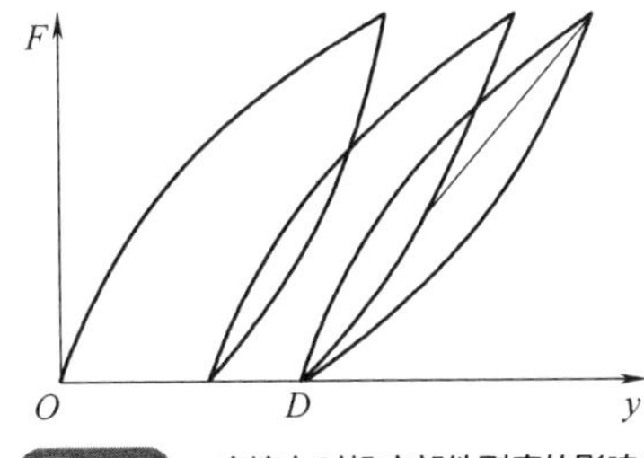

图 4.16 摩擦力对机床部件刚度的影响

• **低刚度零件的影响** 在机床部件中，个别薄弱零件对刚度的影响很大。例如，图 4.11 所示的内圆磨头的轴就是内圆磨头部件刚度的薄弱环节。

• **间隙的影响** 机床部件在受力作用时，首先消除零件间在受力作用方向上的间隙，这会使机床部件产生相应的位移。在加工过程中，如果机床部件的受力方向始终保持不变，机床部件在消除间隙后就会在某一方向与支承件接触，此时间隙对加工精度基本无影响。但如果像镗头、行星式内圆磨头等部件，受力方向经常在改变，间隙对加工精度的影响就要认真对待了。

⑤ 工艺系统刚度及其对加工精度的影响 在机械加工过程中，机床、夹具、刀具和工件在切削力的作用下，将分别产生变形 $y_{机}$、$y_{夹}$、$y_{刀}$、$y_{工}$，致使刀具和被加工表面的相对位置发生变化，使工件产生加工误差。工艺系统的受力变形量 $y_{系}$ 是其各组成部分变形的叠加，即：

$$y_{系}=y_{机}+y_{夹}+y_{刀}+y_{工} \tag{4.7}$$

工艺系统刚度、机床刚度、夹具刚度、刀具刚度、工件刚度可分别写为：

$$k_{系}=F_p/y_{系}，\ k_{机}=F_p/y_{机}，\ k_{夹}=F_p/y_{夹}，\ k_{刀}=F_p/y_{刀}，\ k_{工}=F_p/y_{工}$$

代入式（4.7）得：

$$1/k_{系}=1/k_{机}+1/k_{夹}+1/k_{刀}+1/k_{工} \tag{4.8}$$

式（4.8）表明，工艺系统刚度的倒数等于其各组成部分刚度的倒数之和。

对常见的几种工艺系统，其低刚度环节所在位置不同。例如，在一般情况下：

a. 对于车床，$k_{头架}>k_{尾架}>k_{刀架}$；车细长轴时，$k_{工}$最小。

b. 对于卧式铣床，$k_{升降台}$（固定情况下）$>k_{工作台}>k_{主轴}>k_{刀杆}$。

c. 对于镗床，$k_{镗杆}$最小。

d. 对于内圆磨床，$k_{磨杆}$最小。

工艺系统刚度对加工精度的影响主要有以下几种情况：

a. 由于工艺系统刚度变化引起的误差　下面以车削外圆为例进行说明。设被加工工件和刀具的刚度很大，工艺系统刚度$k_{系}$主要取决于机床刚度$k_{机}$。

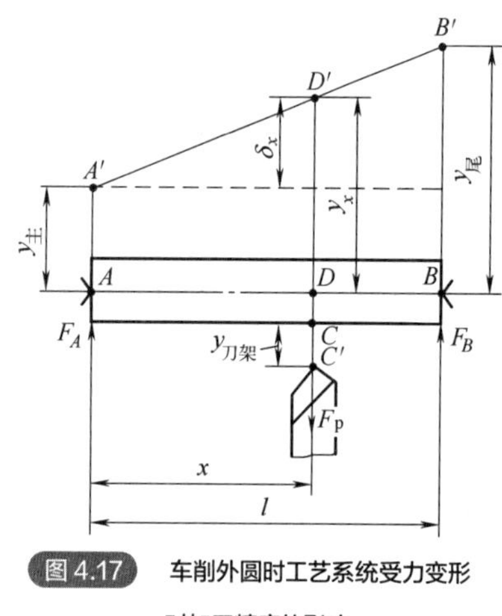

图 4.17　车削外圆时工艺系统受力变形对加工精度的影响

当刀具切削到工件的任意位置 C 点时（如图 4.17 所示），工艺系统的总变形$y_{系}$为：

$$y_{系}=y_x+y_{刀架}$$

设作用在主轴箱和尾座上的力分别为 F_A、F_B，不难求得：

$$y_{系}=y_{刀架}+y_x=F_p\left[\frac{1}{k_{刀架}}+\frac{1}{k_{主}}\left(\frac{l-x}{l}\right)^2+\frac{1}{k_{尾}}\left(\frac{x}{l}\right)^2\right] \tag{4.9}$$

$$k_{系}=\frac{F_p}{y_{系}}=\frac{1}{\dfrac{1}{k_{刀架}}+\dfrac{1}{k_{主}}\left(\dfrac{l-x}{l}\right)^2+\dfrac{1}{k_{尾}}\left(\dfrac{x}{l}\right)^2} \tag{4.10}$$

若$k_{系}$、$k_{尾}$、$k_{刀架}$已知，则可通过式（4.10）求得刀具在任意位置 x 处工艺系统的刚度$k_{系}$。

如需知道最小变形量$y_{系\min}$发生在何处，只需将式（4.9）中的$y_{系}$对 x 求导，令其为零，即可求得。为计算方便，令：

$$a=k_{主}/k_{尾}$$

代入式（4.9），对 x 求导，并令其为零，求得 x=1/（1+a），再将其代入式（4.9），即可求得工艺系统的最小变形量$y_{系\min}$。

［**例 4.1**］ 经测试，某车床的 $k_{主}$=300000N/mm，$k_{尾}$=56600N/mm，$k_{刀架}$=30000N/mm，在加工长度为 1 的刚性轴时，径向切削分力 F_p=400N，试计算该轴加工后的圆柱度误差。

［**解**］

$x=0$ 时，$y_{系0}=F_{\mathrm{p}}\left(\dfrac{1}{k_{刀架}}+\dfrac{1}{k_{主}}\right)=400\times\left(\dfrac{1}{30000}+\dfrac{1}{300000}\right)\mathrm{mm}=0.0147\mathrm{mm}$

$x=l$ 时，$y_{系l}=F_{\mathrm{p}}\left(\dfrac{1}{k_{刀架}}+\dfrac{1}{k_{尾}}\right)=400\times\left(\dfrac{1}{30000}+\dfrac{1}{56600}\right)\mathrm{mm}=0.0204\mathrm{mm}$

$x=l/2$ 时，$y_{系(l/2)}=F_{\mathrm{p}}\left(\dfrac{1}{k_{刀架}}+\dfrac{1}{4k_{主}}+\dfrac{1}{4k_{尾}}\right)=400\times\left(\dfrac{1}{30000}+\dfrac{1}{4\times300000}+\dfrac{1}{4\times56600}\right)\mathrm{mm}=$
$0.0154\mathrm{mm}$

$x=l/(1+a)$ 时，$y_{系\min}=F_{\mathrm{p}}\left[\dfrac{1}{k_{刀架}}+\left(\dfrac{a}{1+a}\right)\dfrac{1}{k_{主}}\right]=400\times\left(\dfrac{1}{30000}+\dfrac{5.3}{1+5.3}\times\dfrac{1}{300000}\right)\mathrm{mm}=$
$0.0144\mathrm{mm}$

工件所产生的圆柱度误差为：

$$\varDelta=y_{系\max}-y_{系\min}=(0.0204-0.0144)\mathrm{mm}=0.006\mathrm{mm}$$

可以证明，当主轴箱刚度与尾座刚度相等时，工艺系统刚度在工件全长上的差别最小，工件在轴截面内几何形状误差最小。

需要注意的是，式（4.9）和式（4.10）是在假设工件刚度很大的情况下得到的，若工件刚度并不很大，则工件本身的变形在工艺系统的总变形中就不能忽略不计，此时式（4.9）应改写为：

$$y_{系}=y_{刀架}+y_{x}+y_{工}=F_{\mathrm{p}}\left[\frac{1}{k_{刀架}}+\frac{1}{k_{主}}\left(\frac{l-x}{l}\right)^{2}+\frac{1}{k_{尾}}\left(\frac{x}{l}\right)^{2}+\frac{(l-x)^{2}x^{2}}{3EIl}\right]$$

式（4.10）应改写为：

$$k_{系}=\frac{F_{\mathrm{p}}}{y_{系}}=\frac{1}{\dfrac{1}{k_{刀架}}+\dfrac{1}{k_{主}}\left(\dfrac{l-x}{l}\right)^{2}+\dfrac{1}{k_{尾}}\left(\dfrac{x}{l}\right)^{2}+\dfrac{(l-x)^{2}x^{2}}{3EIl}}$$

式中 E——工件材料的弹性模量；

I——工件截面的惯性矩。

b. 由于切削力变化引起的误差 在加工过程中，由于工件的加工余量发生变化、工件材质不均等因素引起的切削力变化，使工艺系统变形发生变化，从而产生加工误差。

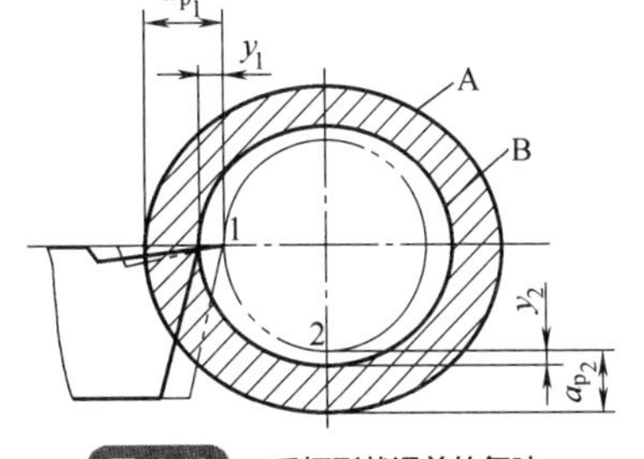

图 4.18 毛坯形状误差的复映

若毛坯 A 有椭圆形状误差（如图 4.18 所示），让刀具调整到图上双点画线位置，由图可知，在毛坯椭圆长轴方向上的背吃刀量为 a_{p_1}，短轴方向上的背吃刀量为 a_{p_2}。由于背吃刀量不同，切削力不同，工艺系统产生的让刀变形也不同，对应于 a_{p_1} 产生的让刀为 y_1，对应于 a_{p_2} 产生的让

刀为 y_2，故加工出来的工件仍然存在椭圆形状误差。由于毛坯存在圆度误差 $\Delta_{毛}=a_{p_1}-a_{p_2}$，因而引起了工件的圆度误差 $\Delta_{工}=y_1-y_2$，且 $\Delta_{毛}$ 愈大，$\Delta_{工}$ 也愈大，这种现象称为加工过程中的毛坯**误差复映现象**。$\Delta_{工}$ 与 $\Delta_{毛}$ 之比值 ε 称为**误差复映系数**，它是误差复映程度的度量。

$$\varepsilon=\frac{\Delta_{工}}{\Delta_{毛}}$$

尺寸误差和形位误差都存在复映现象。如果知道了某加工工序的复映系数，就可以通过测量毛坯的误差值来估算加工后工件的误差值。

由工艺系统刚度的定义可知：

$$\Delta_{工}=y_1-y_2=\frac{F_{p_1}}{k_{系}}-\frac{F_{p_2}}{k_{系}}$$

$$\varepsilon=\frac{\Delta_{工}}{\Delta_{毛}}=\frac{y_1-y_2}{a_{p_1}-a_{p_2}}=\frac{F_{p_1}-F_{p_2}}{k_{系}\left(a_{p_1}-a_{p_2}\right)}$$

$$F_p=C_y f^y {a_p}^x \mathrm{HB}^n$$

式中　C_y——与刀具前角等切削条件有关的系数；

f——进给量；

a_p——背吃刀量；

HB——工件材料的布氏硬度；

x、y、n——指数。

在一次进给加工中，工件材料硬度、进给量及其他切削条件设为不变，即：

$$C_y f^y \mathrm{HB}^n=C$$

$$F_p=C{a_p}^x\approx Ca_p$$

$$F_{p_1}=C(a_{p_1}-y_1)，\quad F_{p_2}=C(a_{p_2}-y_2)$$

$$F_{p_1}=Ca_{p_1}，\quad F_{p_2}=Ca_{p_2}$$

$$\varepsilon=\frac{C\left(a_{p_1}-a_{p_2}\right)}{k_{系}\left(a_{p_1}-a_{p_2}\right)}=\frac{C}{k_{系}} \tag{4.11}$$

由式（4.11）可知，$k_{系}$ 愈大，ε 就愈小，毛坯误差复映到工件上的部分就愈小。

一般来说，ε 是一个小于 1 的数，这表明该工序对误差具有修正能力。工件经多道工序或多次走刀加工之后，工件的误差就会减小到工件公差所许可的范围内。ε 定量地反映了毛坯误差经加工后减小的程度，可以看出，工艺系统刚度越高，ε 减小，也即是复映在工件上的误差越小。

当加工过程分成几次进给时，每次进给的复映系数为 ε_1、ε_2、ε_3、…，则总的复映系数 $\varepsilon_{总}=\varepsilon_1\varepsilon_2\varepsilon_3\cdots$。

由于 y 总是小于 a_p，复映系数 ε 总是小于 1，经过几次进给后，ε 降到很小的数值，加工误差也就降低到允许的范围之内。

由以上分析，可以把误差复映的概念推广到下列几点：

• 每一件毛坯的形状误差，圆度、圆柱度、同轴度（偏心、径向跳动等）、平面度误差等，都以一定的复映系数复映成工件的加工误差，这是由于切削余量不均匀引起的。

• 在车削的一般情况下，由于工艺系统刚度比较高，复映系数远小于 1，在 2~3 次走刀以后，毛坯误差下降很快。尤其是第 2 次、第 3 次进给时的进给量 f_2 和 f_3 常常是递减的（半精车、精车），复映系数 ε_2 和 ε_3 也就递减，加工误差的下降更快。所以在一般车削时，只有在粗加工时用误差复映规律估算加工误差才有实际意义。但是在工艺系统刚度低的场合下（如镗孔时镗杆较细，车削时工件较细长以及磨孔时磨杆较细等），则误差复映的现象比较明显，有时需要从实际反映的复映系数着手分析提高加工精度的途径。

• 在大批量生产中，都是采用定尺寸调整法加工的，即刀具在调整到一定的切深后，就一件件连续加工下去，不再逐次试切，逐次调整切深。这样，对于一批尺寸大小有参差的毛坯而言，每件毛坯的加工余量都不一样，由于误差复映的结果，也就造成了一批工件的“尺寸分散”。为了保持尺寸分散不超出允许的公差范围，就有必要查明误差复映的大小。这也是在分析和解决加工精度问题时常常遇到的一项工作。

［**例 4.2**］ 具有偏心量 e=1.5mm 的短阶梯轴装夹在车床三爪自定心卡盘中（如图 4.19 所示）分两次进给粗车小头外圆，设两次进给的复映系数均为 ε=0.1，试估算加工后阶梯轴的偏心量是多大？

［**解**］ 第一次进给后的偏心量为：

$$\Delta_{工1}=\varepsilon\Delta_{毛}$$

$$\Delta_{工2}=\varepsilon\Delta_{工1}=\varepsilon^2\Delta_{毛}=0.1^2\times1.5\text{mm}=0.015\text{mm}$$

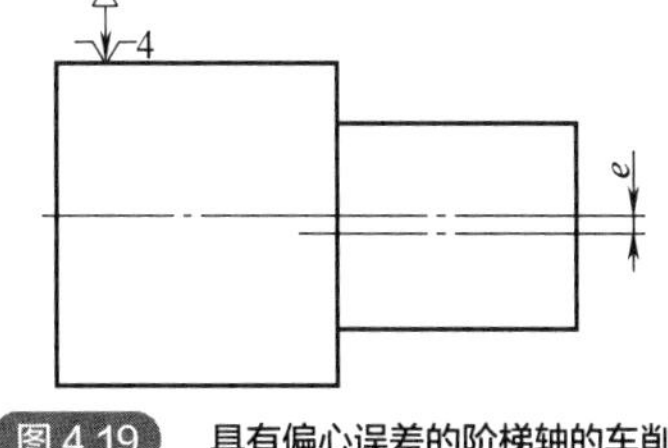

图 4.19 具有偏心误差的阶梯轴的车削

c. 由于夹紧变形引起的误差 工件在装夹过程中，如果工件刚度较低或夹紧力的方向和施力点选择不当，将引起工件变形，造成相应的加工误差。薄壁环装夹在三爪自定心卡盘上镗孔时，夹紧后毛坯孔产生弹性变形［如图 4.20（a）所示］，镗孔加工后孔成为圆形［如图 4.20（b）所示］，松开三爪自定心卡盘后，由于工件孔壁的弹性恢复使已镗成圆形的孔变成了三角棱圆形孔［如图 4.20（c）所示］。为了减小此类误差，可用一开口环夹紧薄壁环［如图 4.20（d）所示］，由于夹紧力在薄壁环内均匀分布，故可以减小加工误差。

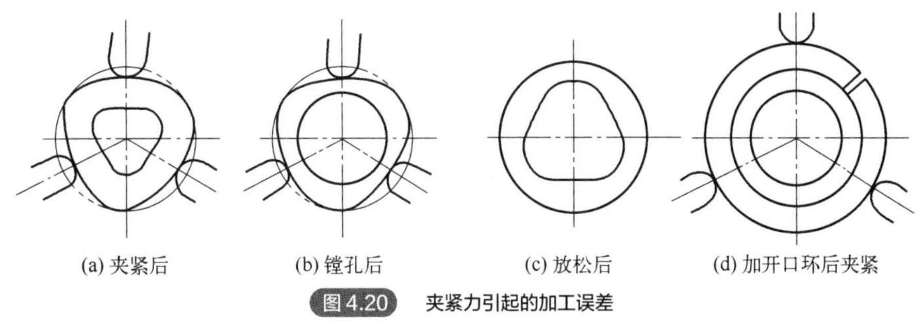

图 4.20 夹紧力引起的加工误差

d. 其他作用力的影响 除上述因素外，重力、惯性力、传动力等也会使工艺系统的变形发生变化，引起加工误差。

⑥ 减小工艺系统受力变形的途径 由工艺系统刚度的表达式（4.5）不难看出，若要减小工艺系统变形，就应提高工艺系统刚度，减小切削力并压缩它们的变动幅值。

a. 提高工艺系统刚度

• **提高工件和刀具的刚度** 在钻孔加工或镗孔加工中，刀具刚度相对较弱，常用钻套或镗套提高刀具刚度；车削细长轴时，工件刚度相对较弱，可设置中心架或跟刀架提高工件刚度；铣削杆叉类工件时，在工件刚度薄弱处宜设置辅助支承等提高工艺系统刚度。

• **提高机床刚度** 提高配合面的接触刚度，可以大幅度地提高机床刚度；合理设计机床零部件，增大机床零部件的刚度，并防止因个别零件刚度较差而使整个机床刚度下降；合理地调整机床，保持有关部位（如主轴轴承）适当的预紧和合理的间隙等。

• **采用合理的装夹方式和加工方式** 在卧式铣床上铣如图 4.21 所示零件的平面，图 4.21（b）所示铣削方式的工艺系统刚度显然要比图 4.21（a）所示铣削方式的高。

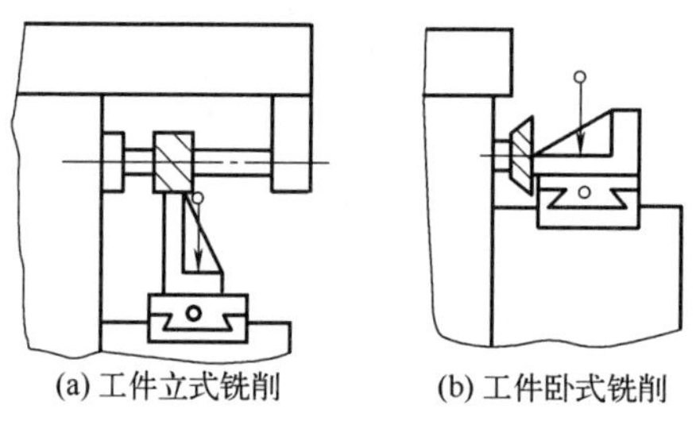

(a) 工件立式铣削　(b) 工件卧式铣削

图 4.21 改变加工和装夹方式

b. 减小切削力及其变化 合理地选择刀具材料、增大前角和主偏角、对工件材料进行合理的热处理以改善材料的加工性能等，都可使切削力减小。切削力的变化将导致工艺系统变形发生变化，使工件产生形位误差。使一批加工工件的加工余量和加工材料性能尽量保持均匀不变，就能使切削力的变动幅度控制在某一许可范围内。

（4）工艺系统受热变形引起的误差

工艺系统热变形对加工精度的影响比较大，特别是在精密加工和大件加工中，由热变形所引起的加工误差有时可占工件总误差的 40%~70%。

机床、刀具和工件受到各种热源的作用，温度会逐渐升高，同时它们也通过各种传热方式向周围的物质或空间散发热量。当单位时间传入的热量与其散出的热量相等时，工艺系统就达到了热平衡状态。

① 工艺系统的热源 引起工艺系统变形的热源可分为内部热源和外部热源两大类。

a. 内部热源 内部热源来自工艺系统内部，其热量主要是以热传导的形式传递的。内部热源主要包括：

• **切削热** 切削热对工件加工精度的影响最为直接。在工件的切削过程中，消耗于工件材料弹塑性变形及刀具、工件与切屑之间的摩擦的能量，绝大部分转化为切削热，形成热源。切削热的传导情况随切削条件不同而不同。车削加工中，切削热将随着切削速度的不同而以不同的比例传到工件、刀具和切屑中去，如图 4.22 所示。

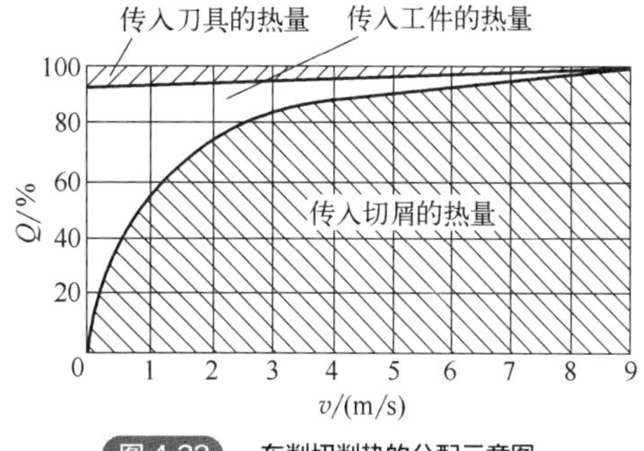

图 4.22 车削切削热的分配示意图

就一般情况来说，车削时传给工件的热量在 30%左右；铣、刨加工时传给工件的热量小于 30%；钻孔和卧式镗孔时，由于有大量切屑留在孔内，因此传给工件的热量常占 50%以上；磨削加工时传给工件的热量多达 80%以上，磨削区温度可高达 800~1000℃。

• **摩擦热和能量损耗** 工艺系统因运动副（如齿轮副、轴承副、导轨副、螺母丝杠副、离合器等）相对运动所产生摩擦热和因动力源（如电动机、液压系统等）工作时的能量损耗而发热。尽管这部分热比切削热少，但它们有时会使工艺系统的某个关键部位产生较大的变形，破坏工艺系统原有的精度。

• **派生热源** 工艺系统内部的部分热量通过切屑、切削液、润滑液等带到机床其他部位，使系统产生热变形。

b. 外部热源 外部热源来自工艺系统外部，主要包括：

• **环境温度** 以对流传热为主要传递形式的环境温度的变化（如气温的变化、人造冷热风、地基温度的变化等）影响工艺系统的受热均匀性，从而影响工件的加工精度。

• **辐射热** 以辐射传热为传递形式的辐射热（如阳光、灯光、取暖设备、人体温度等）因其对工艺系统辐射的单面性或局部性而使工艺系统发生热变形，从而影响工件的加工精度。

② 工件热变形对加工精度的影响 工件在机械加工中所产生的热变形，主要是由切削热引起的。

a. 工件均匀受热 在加工像轴类等一些形状简单的工件时，如果工件处在相对比较稳定的温度场中，此时就认为工件是均匀受热。工件热变形量 $\varDelta_L$ 可估算为：

$$\varDelta_L = \alpha L \Delta\theta \tag{4.12}$$

式中 L——工件热变形方向的尺寸，mm；

α——工件的热胀系数，1/℃；

$\Delta\theta$——工件的平均温升，℃。

例如，在磨削 400mm 长钢制丝杠的螺纹时，若被磨丝杠的温度比机床母丝杠高 1℃，$\alpha=1.17\times10^{-5}$（1/℃），则被磨丝杠将伸长：

$$\varDelta_L = \alpha L \Delta\theta = (1.17\times10^{-5}\times400\times1)\text{mm} = 0.0047\text{mm}$$

而 5 级丝杠的螺距累积误差在 400mm 长度上不允许超过 5μm。由此可见，热变形对精密加工的影响是很大的。

b. 工件不均匀受热 在铣、刨、磨平面时，工件单面受切削热作用，上下表面之间形成温差 $\Delta\theta$，导致工件向上凸起，凸起部分被工具切去，加工完毕冷却后，加工表面就产生了中凹，造成了几何形状误差。

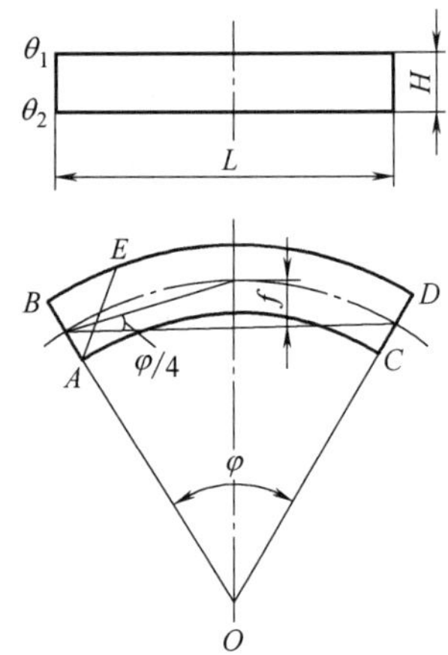

图 4.23　平面加工时热变形的估算

工件凸起量，可按图 4.23 所示图形进行估算。由于中心角 φ 很小，故中性层的长可近似等于工件原长 L，有：

$$f = \frac{L}{2}\tan\frac{\varphi}{4} \approx \frac{L}{8}\varphi$$

由于 $\alpha L\Delta\theta = \widehat{BD} - \widehat{AC} = (AO + AB)\varphi - AO \times \varphi = AB \times \varphi = H\varphi$；$\varphi = \dfrac{\alpha L\Delta\theta}{H}$，将其代入上式得：

$$f = \frac{\alpha L^2\Delta\theta}{8H} \tag{4.13}$$

分析式（4.13）可知，工件凸起量随工件长度的增加而急剧增加，且工件厚度愈小，工件凸起量就愈大。对于某一具体工件而言，L、H、α 均为定值，如欲减小热变形误差，就必须设法控制上下表面的温差。

③ 刀具热变形对加工精度的影响　刀具热变形的热源主要是切削热。切削热传给刀具的比例虽然一般都不很大，但由于刀具尺寸小，热容量小，刀具温升较高，刀头部位的温升更高，它对加工精度的影响是不能忽视的。例如，用高速钢车刀车削外圆时，刀刃部分的温度可达 700~800℃，刀具的热伸长量可达 0.03~0.05mm。

实验及理论推导表明，车削时车刀的热伸长量与切削时间的关系如图 4.24 所示。图中，曲线 A 是车刀连续工作时的热伸长曲线。开始切削时，刀具的温升和热伸长较快，随着车刀温度的增高，散热量逐渐增大，车刀的温升及热伸长变慢，当车刀达到热平衡时，车刀的散热量等于传给车刀的热量，车刀不再伸长。在切削停止后，车刀温度立即下降，开始冷却较快，以后便逐渐减慢，如图 4.24 曲线 B 所示。设车刀达到热平衡时的最大伸长量为 ξ_{max}，我们设定，若车刀加热伸长量达 $0.98\xi_{max}$ 和车刀冷却缩短至 $0.02\xi_{max}$ 时，即近似认为车刀处于热平衡状态。由图 4.24 可见，刀具冷却至热平衡状态时所需的时间 τ_2 要比刀具加热至热平衡状态时所需的时间 τ_1 来得长。

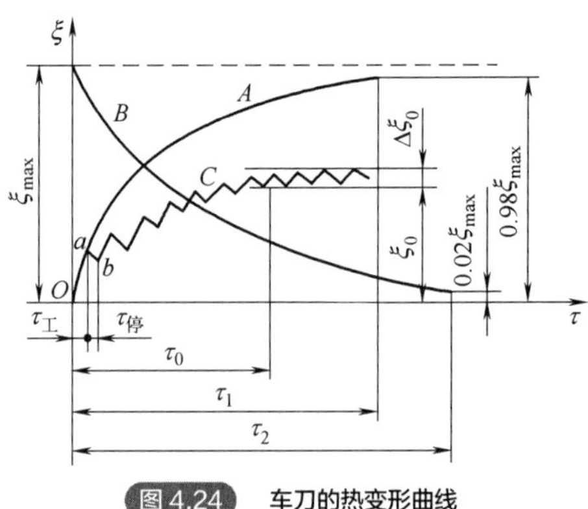

图 4.24　车刀的热变形曲线

在车削一批小轴工件时，车刀做间断切削的热变形曲线如图 4.24 曲线 C 所示。在第一个工件的车削时间 $\tau_{工}$内，车刀由 O 伸长到 a，在车刀停止切削时间 $\tau_{停}$内，车刀由 a 缩短至 b，以后车刀继续加工其他小轴，车刀的温度时高时低，伸长和缩短交替进行，最后在 τ_0 时刻达到热平衡状态。由图 4.24 可见，断续切削时车刀达到热平衡所需的时间 τ_0 要比连续切削时车刀达到热

平衡所需的时间 τ_1 要短。

④ 机床热变形对加工精度的影响 由于机床热源分布的不均匀、机床结构的复杂性以及机床工作条件的变化很大等，机床各个部件的温升是不相同的，甚至同一个部件的各个部分的温升也有差异，这就破坏了机床原有的相互位置关系。

不同类型的机床，其主要热源各不相同，热变形对加工精度的影响也不相同。

车、铣、钻、镗等机床的主要热源是主轴箱。如图 4.25 所示，车床主轴箱的温升将使主轴升高；由于主轴前轴承的发热量大于后轴承的发热量，主轴前端将比后端高；由于主轴箱的热量传给床身，床身导轨亦将不均匀地向上抬起。

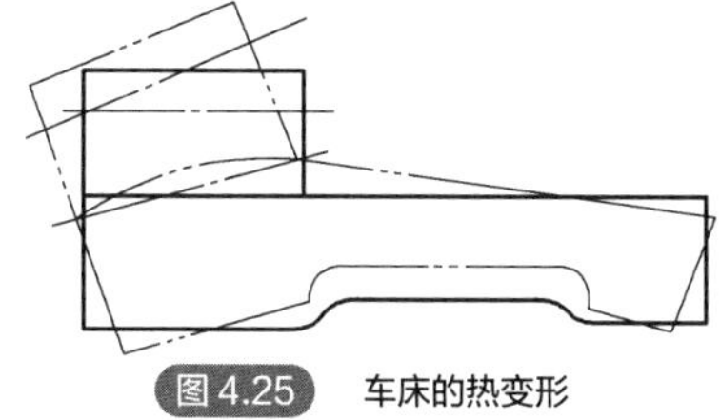

图 4.25 车床的热变形

牛头刨床、龙门刨床、立式车床等机床的工作台与床身导轨间的摩擦热是主要热源。图 4.26（a）所示为牛头刨床滑枕截面图，因往复主运动摩擦而产生的热，使得滑枕两端上翘，如图 4.26（b）所示，从而影响工件的加工精度。此外，这类机床在加工时所产生的切屑若落在工作台上，也会使机床产生热变形。

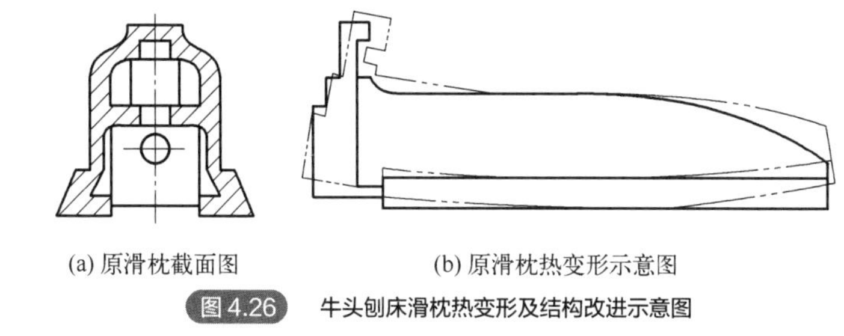

(a) 原滑枕截面图　　(b) 原滑枕热变形示意图

图 4.26 牛头刨床滑枕热变形及结构改进示意图

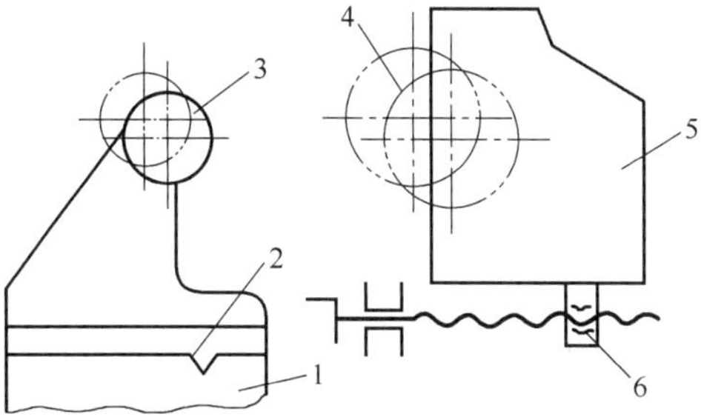

图 4.27 外圆磨床的热变形示意图

1—床身；2—导轨；3—工件；4—砂轮；5—砂轮架；6—螺母

各种磨床通常都有液压传动系统和高速回转磨头，并且使用大量的冷却液，它们都是磨床的主要热源。如图 4.27 所示的外圆磨床上砂轮架 5 的主轴轴承发热严重，将使砂轮架主轴轴线升高并使砂轮架以螺母 6 为支点向工件 3 方向趋近。因床身内腔所储液压油发热，将使装夹工件 3 的主轴箱主轴轴线升高并以导轨 2 为支点向远离砂轮 4 的方向移动。

对于精密机床来说，还要特别注意外部热源对加工精度的影响。

⑤ 减小工艺系统热变形的途径

a. 减少发热和隔热 尽量将热源从机床内部分离出去。如电动机、液压系统、油箱、变速箱等产生热源的部件，只要有可能，就应把它们从主机中分离出去。

对不能分离出去的热源，一方面从结构设计上采取措施，改善摩擦条件，减少热量的发生，如采用静压轴承、空气轴承等，在润滑方面可采用低黏度的润滑油、锂基油脂或油雾润滑等。另一方面也可采取隔热措施。例如，为了解决某单立柱坐标镗床立柱热变形问题，工厂采用如图 4.28 所示的隔热罩，将电动机及变速箱与立柱隔开，使变速箱及电动机产生的热量通过电动机上的风扇从立柱下方的排风口排出。

b. 改善散热条件 采用风扇、散热片、循环润滑冷却系统等散热措施，可将大量热量排放到工艺系统之外，以减小热变形误差。也可对加工中心等贵重、精密机床，采用冷冻机对冷却润滑液进行强制冷却，效果明显。

c. 均衡温度场 如图 4.29 所示的端面磨床，立柱前壁因靠近主轴箱而温升较高，采用风扇将主轴箱内的热空气经软管通过立柱后壁空间排出，使立柱前后壁的温度大致相等，减小立柱的弯曲变形。

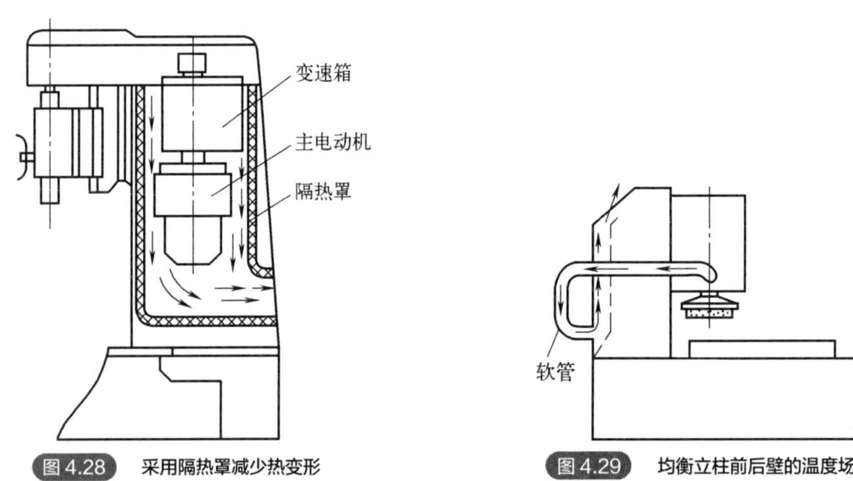

图 4.28 采用隔热罩减少热变形　　图 4.29 均衡立柱前后壁的温度场

d. 改进机床结构 图 4.30 为将车床主轴箱在床身上的定位方式，由图 4.30（a）所示方式改为图 4.30（b）所示方式，使误差敏感方向（y 向）的热伸长量尽量小，以减小工件的加工误差。将牛头刨床滑枕的原结构［如图 4.26（a）所示］改为如图 4.26（c）所示导轨面居中的热对称结构，可使滑枕的翘曲变形下降。

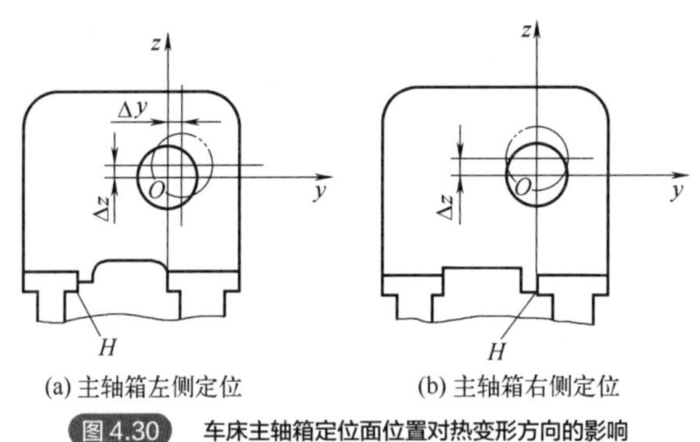

(a) 主轴箱左侧定位　　(b) 主轴箱右侧定位

图 4.30 车床主轴箱定位面位置对热变形方向的影响

e. 加快温度场的平衡 为了使机床尽快进入热平衡状态，可在加工工件前使机床做高速空运转，当机床在较短时间内达到热平衡之后，再将机床速度转换成工作速度进行加工。还可以在机床的适当部位设置附加的“控制热源”，在机床开动初期的预热阶段，人为地利用附加的“控制热源”给机床供热，促使其更快地达到热平衡状态。

f. 控制环境温度 精密加工机床应尽量减小外部热源的影响，避免日光照射，布置取暖设备时要避免使机床受热不均。精密加工、精密计量和精密装配都应在恒温条件下进行。恒温基数在春、秋两季可取 20℃，夏季可取 23℃，冬季可取 17℃。恒温精度一般级为±1℃，精密级为±0.5℃，超精密级为±0.01℃。

（5）内应力重新分布引起的误差

① **基本概念**　没有外力作用而存在于零件内部的应力，称为**内应力**。

工件上一旦产生内应力之后，就会使工件金属处于一种高能位的不稳定状态，它本能地要向低能位的稳定状态转化，并伴随有变形发生，从而使工件丧失原有的加工精度。

② **内应力的产生**

a. 热加工中内应力的产生　如图 4.31 所示，在铸、锻、焊、热处理等工序中，由于工件壁厚不均、冷却不均、金相组织的转变等原因，工件产生内应力。现以铸造生产过程为例来分析内应力的产生过程。图 4.31（a）表示一个内外壁厚相差较大的铸件。浇铸后，铸件将逐渐冷却至室温。由于壁 1 和壁 2 比较薄，散热较易，所以冷却较快。壁 3 比较厚，所以冷却较慢。当壁 1 和壁 2 从塑性状态冷到弹性状态时（620℃左右），壁 3 的温度还比较高，尚处于塑性状态。所以壁 1 和壁 2 收缩时，壁 3 不起阻挡变形的作用，铸件内部不产生内应力。但当壁 3 也冷却到弹性状态时，壁 1 和壁 2 的温度已经降低很多，收缩速度变得很慢。但这时壁 3 收缩较快，就受到了壁 1 和壁 2 的阻碍。因此，壁 3 受拉应力的作用，壁 1 和壁 2 受压应力作用，形成了相互平衡的状态。如果在这个铸件的壁 1 上开一个口，如图 4.31（b）所示，则壁 1 的压应力消失，铸件在壁 3 和壁 2 的内应力作用下，壁 3 收缩，壁 2 伸长，铸件就发生弯曲变形，直至内应力重新分布达到新的平衡为止。推广到一般情况，各种铸件都难免产生冷却不均匀而形成的内应力，铸件的外表面总比中心部分冷却得快。特别是有些铸件（如机床床身），为了提高导轨面的耐磨性，采用局部激冷的工艺使它冷却更快一些，以获得较高的硬度，这样在铸件内部形成的内应力也就更大些。若导轨表面经过粗加工刨去一层金属，这就像在图 4.31（b）中的铸件壁 1 上开口一样，必将引起内应力的重新分布并朝着建立新的应力平衡的方向产生弯曲变形，如图 4.31（c）所示。为了克服这种内应力重新分布而引起的变形，特别是对大型和精度要求高的零件，一般在铸件粗加工前先安排时效处理，然后再做精加工。

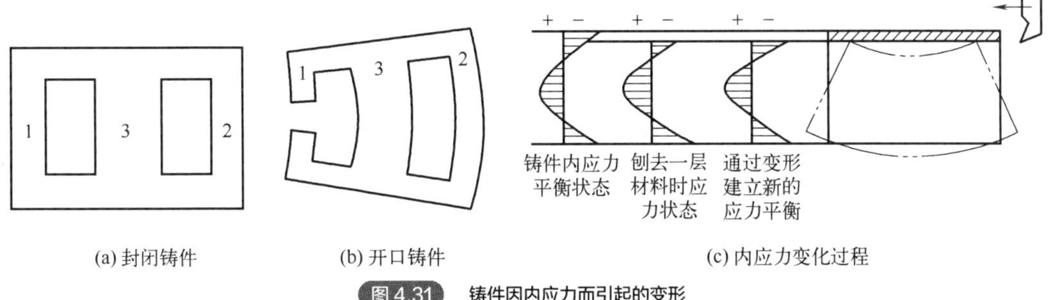

(a) 封闭铸件　(b) 开口铸件　(c) 内应力变化过程

图 4.31　铸件因内应力而引起的变形

b. 冷校直产生的内应力　冷校直工序产生的内应力，可以用图 4.32 来说明。丝杠一类的细长轴经过车削以后，棒料在轧制中产生的内应力要重新分布，产生弯曲，如图 4.32（a）所示。冷校直就是在原有变形的相反方向加力 F，使工件向反方向弯曲，产生塑性变形，以达到校直的目的。在力 F 作用下，工件内部的应力分布如图 4.32（b）所示，即在轴心线以上的部分产生压应力（用“−”表示），在轴心线以下部分产生拉应力（用“+”表示），在上下两条虚线之间中心区是弹性变形区域（弹变区），在两虚线以外的区域是塑性变形区域（塑变区）。当外力去

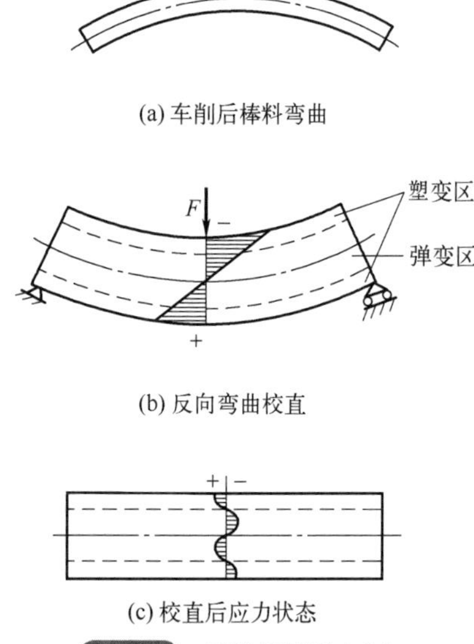

(a) 车削后棒料弯曲

(b) 反向弯曲校直

(c) 校直后应力状态

图 4.32 冷校直引起的内应力

除以后，弹性变形部分本来可以完成恢复而消失，但校直引起的内应力因塑性变形部分恢复不了，内外层金属就起了互相牵制的作用，产生了新的内应力平衡状态，如图 4.32（c）所示。所以说，冷校直后的工件虽然减少了弯曲，但是依然处于不稳定状态，还会产生新的弯曲变形。

c. 减小内应力变形误差的途径

· **改进零件结构** 在设计零件时，尽量做到壁厚均匀，结构对称，以减少内应力的产生。

· **增设消除内应力的热处理工序** 铸件、锻件、焊接件在进入机械加工之前，应进行退火、回火等热处理，加速内应力变形的进程；对箱体、床身、主轴等重要零件，在机械加工工艺中还需适当安排时效处理工序。

· **合理安排工艺过程** 粗加工和精加工宜分阶段进行，使工件在粗加工后有一定的时间来松弛内应力。

4.1.3 提高加工精度的措施

① **减小原始误差** 消除或减小原始误差是提高加工精度的主要途径，有关内容已在前面介绍过了。

② **转移原始误差** 如图 4.33（a）所示，选用立轴转塔车床车削工件外圆时，转塔刀架的转位误差会引起刀具在误差敏感方向上的位移，将严重影响工件的加工精度。如果将转塔刀架的安装形式改为图 4.33（b）所示情况，刀架转位误差所引起的刀具位移对工件加工精度的影响就很小。

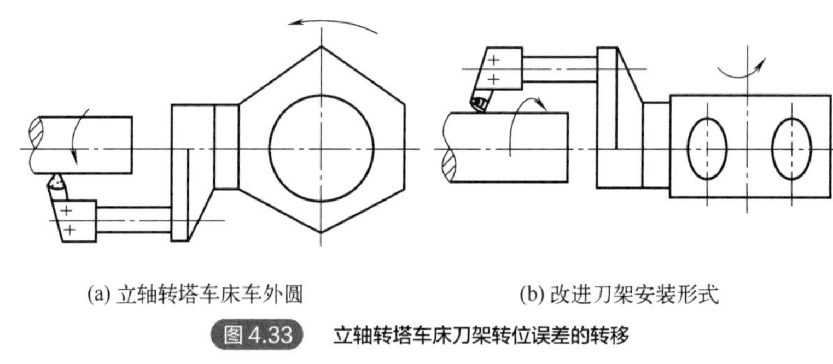
(a) 立轴转塔车床车外圆　　(b) 改进刀架安装形式

图 4.33 立轴转塔车床刀架转位误差的转移

③ **均分原始误差** 如因上工序的加工误差太大，使得本工序不能保证工序技术要求，若提高上工序的加工精度又不经济时，可采用误差分组的办法，将上工序加工后的工件分为 n 组，使每组工件的误差分散范围缩小为原来的 $1/n$，然后按组调整刀具与工件的相对位置，或选用合适的定位元件以减小上工序加工误差对本工序加工精度的影响。例如，在精加工齿形时，为保证加工后齿圈与内孔的同轴度，应尽量减小齿轮内孔与心轴的配合间隙，为此可将齿轮内孔尺寸分为 n 组，然后配以相应的 n 根不同直径的心轴，一根心轴相应加工一组孔径的齿轮，可显著提高齿圈与内孔的同轴度。

④ **均化原始误差** 研磨时，研具的精度并不很高，镶嵌在研具上的磨料粒度的大小也不一样，但由于研磨时工件和研具之间有着复杂的相对运动轨迹，使工件上各点均有机会与研具的各点相互接触并受到均匀的微量切削，使得“研具不精确”这种原始误差均匀地作用于工件，可获得精度高于研具原来精度的加工表面。

⑤ **误差补偿** 如图 4.34 所示，误差补偿技术在机械制造中的应用十分广泛。龙门铣床的横梁在横梁自重和立铣头自重的共同影响下会产生下凹变形，其变形大大超过部颁检验标准。若在刮研横梁导轨时故意使导轨面产生向上凸起的几何形状误差［如图 4.34（a）所示］，则在装配后就可补偿因横梁和立铣头的重力作用而产生的下凹变形［如图 4.34（b）所示］。

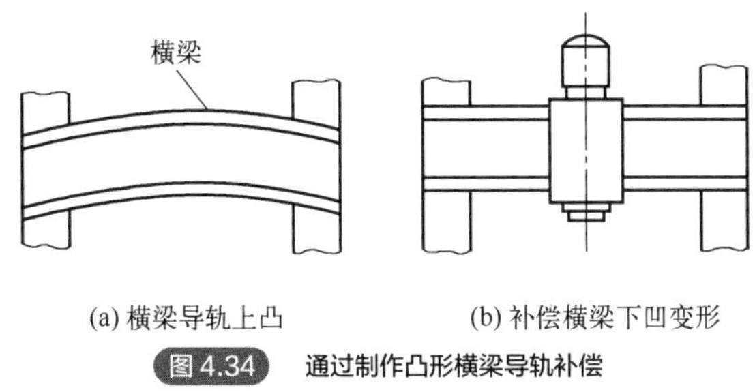

(a) 横梁导轨上凸　　(b) 补偿横梁下凹变形

图 4.34 通过制作凸形横梁导轨补偿

“自干自”加工方法实质上也是一种误差补偿方法。转塔车床的转塔刀架上有 6 个安装刀杆的大孔，其轴线须保证与机床主轴回转轴线同轴，大孔端面须保证与主轴回转轴线垂直。如果把转塔作为单独零件预先加工出这些表面，那么在装配后要达到上述两项要求是很困难的，可以采用“自干自”的方法解决上述难题。在转塔安装到机床上之前，6 个安装刀杆的大孔及端面只做预加工，其他尺寸均加工完成。装配时把转塔装到车床上，然后在车床主轴上装上镗杆和能做径向进给的小刀架，对转塔的大孔和端面进行最终加工，以保证达到上述两项技术要求。这种“自干自”的加工方法，在机床生产中有很多应用。例如，牛头刨床、龙门刨床，为了使它们的工作台面分别对滑枕和横梁保持平行的位置关系，都是在装配后在自身机床上进行“自刨自”精加工的；平面磨床的工作台面也是在装配后做“自磨自”最终加工的。

4.1.4 加工精度的统计分析

实际生产中，影响加工精度的因素往往是错综复杂的，同时存在多种原始误差，其相互叠加或相互抵消，最终得到的加工误差是多种因素综合影响的结果，而且其中不少因素对加工的影响是随机的和无法确定的。因此，在很多情况下，仅靠前面介绍的单因素来分析加工误差的因果关系是不够的，还必须运用数理统计的方法对加工误差数据进行处理和分析，从中发现误差形成规律，找出影响加工误差的主要因素，这就是加工误差的统计分析法。

(1) 误差统计性质的分类

各种加工误差，按它们在一批零件中出现的规律来看，可分为两大类：系统性误差和随机性误差，系统性误差又分为常值系统性误差和变值系统性误差两种。加工误差性质不同，其分布规律及解决的途径也不同，如表 4.3 所示。

在顺序（连续）加工一批工件中，其大小和方向皆不变的误差，称为**常值系统性误差**。例如，铰刀直径大小的误差、测量仪器的一次对零误差等。在顺序加工一批工件中，其大小和方

表 4.3　误差统计性质的分类

项目	系统性误差 $\Delta_{系}$		随机性误差 $\Delta_{随}$
	常值系统性误差 $\Delta_{常系}$	变值系统性误差 $\Delta_{变系}$	
定义	连续加工一批零件时，误差的大小和方向保持不变或基本不变	连续加工一批零件时，误差的大小和方向按一定规律变化	连续加工一批零件时，误差的大小和方向，在一定范围内按一定的统计规律变化
特点	与加工顺序（时间）无关； 预先可以估计； 较易完全消除； 不会引起工件尺寸波动； 不会影响尺寸分布曲线的形状	与加工顺序（时间）有关； 预先可以估计； 较难完全消除； 会使工件尺寸增大或减小； 影响分布曲线的形状	预先不能估计到； 不能完全消除，只能减小到最低限度； 工件尺寸忽大忽小，造成一批工件的尺寸分散
原始误差项目	原理误差； 机床制造误差和磨损； 夹具制造误差和磨损； 刀具制造误差； 定尺寸刀具、齿轮刀具的磨损； 量具制造误差和磨损； 一次调整误差； 工艺系统静力变形； 工艺系统热平衡下的热变形	机床动态的几何误差； 多工位回转工作台的分度误差及其夹具安装误差； 车刀、单刃镗刀、面铣刀等的磨损； 工艺系统未达热平衡下的热变形	机床定程机构重复定位误差； 多次调整误差； 工艺定位与夹紧误差； 测量误差； 误差复映； 内应力引起的变形； 精密加工中，工艺系统热变形的微小波动和主轴漂移
分析原始误差的方法	顺序平均数法 （等权平滑滤波法）		回归分析与相关分析法
对策	进行相应的调整； 检修工艺设备和工艺装备； 用人为的 $\Delta_{常系}$ 去抵消原来的 $\Delta_{常系}$	进行自动连续补偿	采用精坯、减小毛坯尺寸的分散或毛坯误差分组； 提高工艺系统的静、动刚度； 工艺过程主动控制

向遵循某一规律变化的误差，称为**变值系统性误差**。例如，由于刀具的磨损引起的加工误差、机床或刀具或工件的受热变形引起的加工误差等。显然，常值系统性误差与加工顺序无关，而变值系统性误差则与加工顺序有关。在顺序加工一批工件中，有些误差的大小和方向是无规则地变化着的，这些误差称为**随机性误差**。例如，加工余量不均匀、材料硬度不均匀、夹紧力时大时小等原因引起的加工误差。

对于常值系统性误差，若能掌握其大小和方向，就可以通过调整消除；对于变值系统性误差，若能掌握其大小和方向随时间变化的规律，则可通过自动补偿消除；对于随机性误差，只能缩小它们的变动范围，而不可能完全消除。由概率论与数理统计学可知，随机性误差的统计规律可用它的概率分布表示。如果我们掌握了工艺过程中各种随机性误差的概率分布，又知道了变值系统性误差的变化规律，那么就能对工艺过程进行有效的控制，使工艺过程按规定要求顺利进行。

（2）加工误差的分布图分析

加工误差的统计分析方法主要有分布图分析法和点图分析法，下面介绍分布图分析法，如图 4.35 所示。

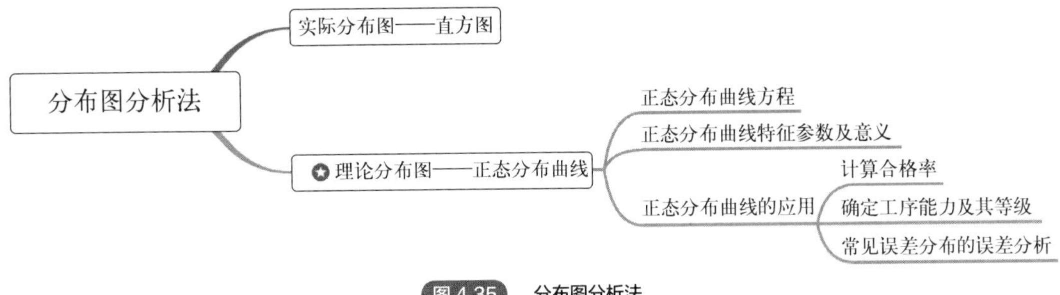

图 4.35　分布图分析法

① 实际分布图——直方图　采用调整法大批量加工的一批零件中（总量为 N），随机抽取足够数量的工件（称为**样本**），样本数量为 n（称为**样本容量**），进行加工尺寸的测量，由于加工误差的存在，零件加工尺寸的实际数值是各不相同的（称为**尺寸分散**），即随机变量，用 x 表示。按尺寸大小把零件分成若干组（组数用 k 表示），同一尺寸间隔内的零件数量称为**频数**，用 m_i 表示；频数与样本总数之比称为**频率**，用 f_i 表示（$f_i=m_i/n$）。频率与组距［用 d 表示，即 $d=(x_{max}-x_{min})/(k-1)$］，称为**频率密度**。以零件尺寸为横坐标，以频率或频率密度为纵坐标，可绘出直方图。连接各直方块的顶部中点得到一条折线，即实际分布曲线。

组数 k 和组距 d 对实际分布曲线影响较大。组数过多，组距太小，分布图会被频数的随机波动所歪曲；组数太少，组距太大，分布特征将被掩盖。k 值一般应根据样本容量来选择，推荐值见表 4.4。

表 4.4　组数推荐值

项目	样本容量 n			
	50 以下	50~<100	100~250	250 以上
组数 k	6~7	6~10	7~12	10~20

下面以例 4.3 说明直方图的绘制方法。

［**例 4.3**］ 磨削一批轴径为 $\phi 50^{+0.06}_{+0.01}$ mm 的工件，经实测后的尺寸见表 4.5，试绘制工件加工尺寸的直方图。

表 4.5　轴径尺寸实测值　　单位：μm

44	20	46	32	20	40	52	33	40	25	43	38	40	41	30	36	49	51	38	34
22	46	38	30	42	38	27	49	45	45	38	32	45	48	28	36	52	32	42	38
40	42	38	52	38	36	37	43	28	45	36	50	46	38	30	40	44	34	42	47
22	28	34	30	36	32	35	22	40	35	36	42	46	42	50	40	36	20	16	53
32	46	20	28	46	28	54	18	32	33	26	46	47	36	38	32	49	18	38	38

注：表中数据为实测值与基本尺寸之差。

作直方图步骤如下：

a. 收集数据　样本容量一般取为 100，从表 4.5 中查找，样本数据中的最大值为 x_{max}=54μm，x_{min}=16μm。

b. 确定组数　根据表 4.4 的推荐值，确定组数 k。通常确定的组数要使每组平均至少有 4~5 个数据，本例中取 k=9。

c. 计算组距 d　d=（x_{max}−x_{min}）/（k−1）=（54−16）/（9−1）μm=4.75μm，取计量单位的整数值 d=5μm。

d. 计算第一组的上、下界限值　x_{min}±d/2。

第一组的下界限值 x_{min}−d/2=（16−5/2）μm=13.5μm；

第一组的上界限值 x_{min}+d/2=（16+5/2）μm=18.5μm。

e. 计算其余各组的上、下界限值　第一组的上界限值就是第二组的下界限值，第二组的下界限值加上组距就是第二组的上界限值，依此类推。

f. 计算各组的中心值 z_i　中心值是每组中间的数值，z_i=（某组上限值+某组下限值）/2，第一组的中心值 z_1=（18.5+13.5）/2μm=16μm。

g. 记录各组数据，整理成频数分布表如表 4.6 所示。

h. 统计各组的频数、频率和频率密度　填入表 4.6。

表 4.6　频数分布表

组号	组界/μm	中心值 z_i/μm	频数统计	频数	频率/%	频率密度/（%/μm）
1	13.5~18.5	16	下	3	3	0.6
2	18.5~23.5	21	正丅	7	7	1.4
3	23.5~28.5	26	正下	8	8	1.6
4	28.5~33.5	31	正正下	13	13	2.6
5	33.5~38.5	36	正正正正正一	26	26	5.2
6	38.5~43.5	41	正正正一	16	16	3.2
7	43.5~48.5	46	正正正一	16	16	3.2
8	48.5~53.5	51	正正	10	10	2
9	53.5~58.5	56	一	1	1	0.2

i. 计算样本的算术平均值和标准差

$$\overline{x}=\frac{1}{n}\sum_{i=1}^{n}x_i=37.31\mu m；\quad S\approx\sqrt{\frac{1}{n}\sum_{i=1}^{n}\left(x_i-\overline{x}\right)^2}=8.91\mu m$$

式中　$\overline{x}$——样本的算术平均值，表示加工尺寸的分布中心；

x_i——各工件的尺寸；

n——样本容量；

S——样本的标准差（均方根偏差），表示加工尺寸的分散程度。

j. 画直方图　按表列数据以频率密度为纵坐标，组距（工件尺寸尾数）为横坐标，画出直方图，如图 4.36 所示；再由直方图的各矩形顶端的中心点连成折线，在一定条件下，此折线接近理论分布曲线（图中曲线）。

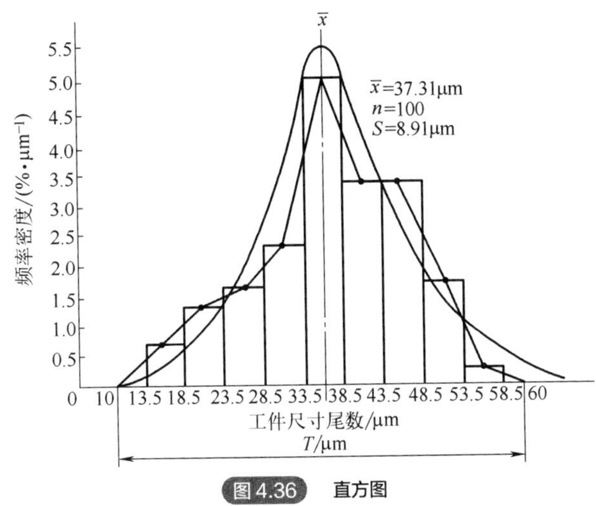

图 4.36　直方图

由直方图可以直观地看到工件尺寸或误差的分布情况：该批工件的尺寸有一分散范围，尺寸偏大、偏小者很少，大多数居中；尺寸分散范围 $6S\approx53.46\mu m$ 略大于公差值 $T=(60-10)\mu m=50\mu m$，说明本工序的加工精度稍显不足；加工尺寸的分布中心 $\bar{x}=37.31\mu m$ 与公差带中心 $T/2=25\mu m$ 基本重合，表明机床调整误差（常值系统性误差）很小。

欲进一步研究该工序的加工精度问题，必须找出频率密度与加工尺寸间的关系，因此必须研究理论分布曲线。

② **理论分布曲线——正态分布曲线**　概率论已经证明，相互独立的大量微小随机变量，其总和的分布是符合正态分布的。在机械加工中，用调整法加工一批零件，其尺寸误差是由很多相互独立的随机误差综合作用的结果，如果其中没有一个是起决定作用的随机误差，则加工后零件的尺寸将近似于正态分布。

a. 正态分布曲线方程　正态分布曲线的形状如图 4.37 所示。其概率密度函数表达式为：

$$y=\frac{1}{\sigma\sqrt{2\pi}}e^{-\frac{1}{2}\left(\frac{x-\mu}{\sigma}\right)^2}\quad(-\infty<x<+\infty,\sigma>0)$$

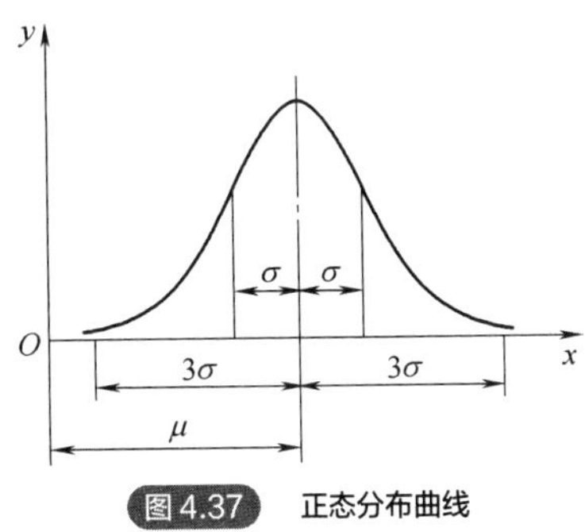

图 4.37　正态分布曲线

式中　y——正态分布的概率密度，是正态分布曲线的纵坐标；

x——随机变量，是正态分布曲线的横坐标；

μ——正态分布随机变量总体的算术平均值，$\mu=\frac{1}{n}\sum_{i=1}^{n}x_i$（$n$ 为样本总数），表示加工尺寸的分布中心；

e——自然对数的底，e=2.718；

σ——正态分布随机变量的总体标准差（均方根偏差），$\sigma=\sqrt{\frac{1}{n}\sum_{i=1}^{n}(x_i-\mu)^2}$，表示加工的尺寸分散程度。

当 μ=0、σ=1 时的正态分布称为标准正态分布，其曲线以 y 轴对称分布，概率密度为：

$$y=\frac{1}{\sigma\sqrt{2\pi}}\mathrm{e}^{-\frac{1}{2}x^2} \tag{4.14}$$

b. 正态分布曲线特征参数意义

• 算术平均值 μ 的偏移只影响曲线的位置，而不影响曲线的形状，如图 4.38（a）所示；

• 均方根偏差（标准差）σ 值的变化只影响曲线的形状，而不影响曲线的位置，σ 愈大，曲线愈平坦，尺寸就愈分散，精度就愈差，如图 4.38（b）所示。

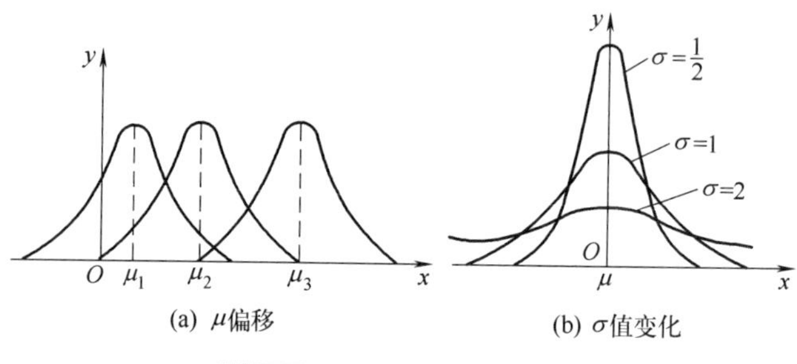

(a) μ偏移　　(b) σ值变化

图 4.38 μ、σ 对分布曲线的影响

因此，σ 的大小反映了机床加工精度的高低，μ 的大小反映了机床调整位置的不同。概率密度函数在 μ 处有最大值：

$$y_{\max}=\frac{1}{\sigma\sqrt{2\pi}}=0.4\frac{1}{\sigma} \tag{4.15}$$

c. 正态分布曲线的应用——计算工件尺寸落在某区域内的概率 正态分布曲线 x 的取值范围为±∞，曲线与 x 轴之间所包含的面积为 1，即 100%工件的实际尺寸都在这一分布范围内：

$$\int\frac{1}{\sigma\sqrt{2\pi}}\mathrm{e}^{-\frac{1}{2}\left(\frac{x-\mu}{\sigma}\right)^2}\mathrm{d}x=1$$

实际生产中，x 的取值范围不可能是±∞，而应该落在工件尺寸公差范围内，因此，实际生产中关心的是加工工件尺寸落在某一区域内（x_1~x_2）的概率大小，如 x_1、x_2 为工件尺寸的上下偏差，则该区域的概率大小即为该工件的合格率。

某一区域内（x_1~x_2）的概率等于图 4.39 所示阴影的面积 F（x）：

$$F(x)=\int_{x_1}^{x_2}\frac{1}{\sigma\sqrt{2\pi}}\mathrm{e}^{-\frac{1}{2}\left(\frac{x-\mu}{\sigma}\right)^2}\mathrm{d}x \tag{4.16}$$

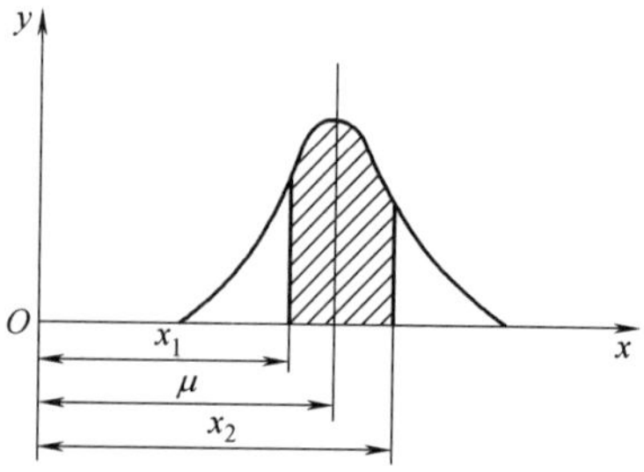

图 4.39 工件尺寸概率分布

实践证明：在加工情况正常（机床、夹具、刀具在良好状态）的情况下，一批工件的实际尺寸分布符合正态分布。也就是说，若引起系统性误差的因素不变，引起随机性误差的多种因素的作用都微小且在数量级上大致相等，则加工所得的尺寸将按正态分布曲线分布。

在实际生产中，经常是 μ 既不等于零，σ 也不等于 1。如对曲线在 x_1~x_2 范围内积分计算，计算复杂，不便于应用。

需要将非标准正态分布转化为标准正态分布，标准正态分布值通过查表 4.7 得出结果。

令 $z=(x-\mu)/\sigma$，$\mathrm{d}x=\sigma\mathrm{d}z$，则：

$$F(x)=\varphi(z)=\int_0^z \frac{1}{\sigma\sqrt{2\pi}}\mathrm{e}^{-\frac{z^2}{2}}\sigma\mathrm{d}z=\frac{1}{\sqrt{2\pi}}\int_0^z \mathrm{e}^{-\frac{z^2}{2}}\sigma\mathrm{d}z \tag{4.17}$$

实际生产中，如 x 的取值范围为 $-3\sigma\leqslant|x-\mu|\leqslant 3\sigma$，则可认为工件加工尺寸 100%合格，否则需计算其合格率、偏大不合格率、偏小不合格率。

令 $x=x_{max}$（工件尺寸最大值），$z_1=\dfrac{x_{max}-\mu}{\sigma}$，查表 4.7，可得 $\varphi(z_1)$。

令 $x=x_{min}$（工件尺寸最小值），$z_2=\dfrac{\mu-x_{min}}{\sigma}$，查表 4.7，可得 $\varphi(z_2)$。

合格率= $\varphi(z_1)+\varphi(z_2)$；偏大不合格率=0.5− $\varphi(z_1)$；偏小不合格率=0.5− $\varphi(z_2)$。

对工件为轴来讲，偏大不合格率为返修率，偏小不合格率为废品率。而对工件为孔来讲，偏大不合格率为废品率，偏小不合格率为返修率。

综合以上分析，当 $z=\pm3$，即 $x-\mu=\pm3\sigma$，由表 4.7 查得 $2F(3)=2\times0.49865=99.73\%$。这说明在 $\pm3\sigma$ 范围以内的概率为 99.73%，落在此范围以外的概率仅为 0.27%，可以忽略不计。因此，可以认为正态分布的随机变量的分散范围是 $\pm3\sigma$，这就是所谓的 6σ 原则。

表 4.7　z 与 $\varphi(z)$ 的对应数值 $\left[\varphi(z)=\dfrac{1}{\sqrt{2\pi}}\int_0^z \mathrm{e}^{-\frac{z^2}{2}}\sigma\mathrm{d}z\right]$

z	φ(z)	z	φ(z)	z	φ(z)	z	φ(z)
0.01	0.0040	0.15	0.0596	0.29	0.1141	0.43	0.1641
0.02	0.0080	0.16	0.0636	0.30	0.1179	0.44	0.1700
0.03	0.0120	0.17	0.0675	0.31	0.1217	0.45	0.1736
0.04	0.0160	0.18	0.0714	0.32	0.1255	0.46	0.1772
0.05	0.0199	0.19	0.0753	0.33	0.1293	0.47	0.1808
0.06	0.0239	0.20	0.0793	0.34	0.1331	0.48	0.1844
0.07	0.0279	0.21	0.0832	0.35	0.1368	0.49	0.1879
0.08	0.0319	0.22	0.0871	0.36	0.1406	0.50	0.1915
0.09	0.0359	0.23	0.0910	0.37	0.1443	0.52	0.1985
0.10	0.03198	0.24	0.0948	0.38	0.1480	0.54	0.2054
0.11	0.0438	0.25	0.0987	0.39	0.1517	0.56	0.2123
0.12	0.0478	0.26	0.1023	0.40	0.1554	0.58	0.2190
0.13	0.0517	0.27	0.1064	0.41	0.1591	0.60	0.2257
0.14	0.0557	0.28	0.1103	0.42	0.1628	0.62	0.2324

续表

z	φ(z)	z	φ(z)	z	φ(z)	z	φ(z)
0.64	0.2389	0.92	0.3212	1.50	0.4332	2.40	0.4918
0.66	0.2454	0.94	0.3264	1.55	0.4394	2.50	0.4938
0.68	0.2517	0.96	0.3315	1.60	0.4452	2.60	0.4953
0.70	0.2580	0.98	0.3365	1.65	0.4502	2.70	0.4965
0.72	0.2642	1.00	0.3413	1.70	0.4554	2.80	0.4974
0.74	0.2703	1.05	0.3531	1.75	0.4599	2.90	0.4981
0.76	0.2764	1.10	0.3643	1.80	0.4641	3.00	0.49865
0.78	0.2823	1.15	0.3749	1.85	0.4678	3.20	0.49931
0.80	0.2881	1.20	0.3849	1.90	0.4713	3.40	0.49966
0.82	0.2939	1.25	0.3944	1.95	0.4744	3.60	0.499841
0.84	0.2995	1.30	0.4032	2.00	0.4772	3.80	0.499928
0.86	0.3051	1.35	0.4115	2.10	0.4821	4.00	0.499968
0.88	0.3106	1.40	0.4192	2.20	0.4861	4.47	0.499997
0.90	0.3159	1.45	0.4265	2.30	0.4893	5.00	0.9999997

$\pm3\sigma$（或 6σ）的概念，在研究加工误差时应用很广，是一个很重要的概念。6σ 的大小代表了某种加工方法在规定的条件（如毛坯余量，切削用量，正常的机床、夹具、刀具等）下所能达到的加工精度。所以在一般情况下，应使所选择的加工方法的均方根偏差 σ 与公差带宽度（公差值）T 之间具有下列关系：

$$T \geqslant 6\sigma \tag{4.18}$$

当成批加工一批工件时，抽检其中的一部分，即可计算出抽检样本的平均值和样本的均方根偏差，从而判断整批工件的加工精度。

d. 正态分布曲线的应用——确定工序能力及其等级 所谓工序能力，就是工序处于稳定状态时，加工误差正常波动的幅度，通常用 6σ 来表示。所谓工序能力系数，就是工序能力满足加工精度要求的程度。当工序处于稳定状态时，工序能力系数 C_p 按下式计算：

$$C_p = T / 6\sigma \tag{4.19}$$

根据工序能力系数的大小，可将工序能力分为五级，参见表 4.8。一般情况下，工序能力等级不应低于二级，即 C_p 值应大于 1。

表 4.8 工序能力等级

工序能力系数	工序能力等级	说明
$C_p>1.67$	特级	工艺能力过高，可以允许有异常波动
$1.67 \geqslant C_p>1.33$	一级	工艺能力足够，可以有一定的异常波动
$1.33 \geqslant C_p>1.00$	二级	工艺能力勉强，必须密切注意
$1.00 \geqslant C_p>0.67$	三级	工艺能力不足，可能出少量不合格品
$0.67 \geqslant C_p$	四级	工艺能力很差，必须加以改进

［例 4.4］ 在无心磨床上加工一批外径为 $\phi 9.65_{-0.04}^{\ 0}$ 的圆柱销，试利用工艺过程的分布图分析这批加工件的合格品率是多少？废品率是多少？返修率是多少？工艺过程是否稳定？

［解］ • 样本容量的确定　本例取 n=100。

• 样本数据的测量　测量尺寸，并记录于测量数据表（表 4.9）中。

表 4.9　测量数据表　　单位：mm

序号	尺寸	序号	尺寸	序号	尺寸	序号	尺寸	序号	尺寸
1	9.616	21	9.631	41	9.635	61	9.635	81	9.627
2	9.629	22	9.636	42	9.638	62	9.630	82	9.630
3	9.621	23	9.642	43	9.626	63	9.630	83	9.628
4	9.636	24	9.644	44	9.624	64	9.620	84	9.630
5	9.640	25	9.636	45	9.634	65	9.627	85	9.644
6	9.644	26	9.632	46	9.632	66	9.632	86	9.632
7	9.658	27	9.638	47	9.633	67	9.628	87	9.620
8	9.657	28	9.631	48	9.622	68	9.633	88	9.630
9	9.658	29	9.628	49	9.637	69	9.624	89	9.627
10	9.647	30	9.643	50	9.625	70	9.633	90	9.621
11	9.628	31	9.636	51	9.635	71	9.624	91	9.630
12	9.644	32	9.632	52	9.626	72	9.626	92	9.634
13	9.639	33	9.639	53	9.623	73	9.636	93	9.626
14	9.646	34	9.623	54	9.627	74	9.637	94	9.630
15	9.647	35	9.633	55	9.638	75	9.632	95	9.620
16	9.631	36	9.634	56	9.637	76	9.617	96	9.634
17	9.636	37	9.641	57	9.624	77	9.634	97	9.623
18	9.641	38	9.628	58	9.634	78	9.628	98	9.626
19	9.624	39	9.637	59	9.636	79	9.626	99	9.628
20	9.634	40	9.624	60	9.618	80	9.634	100	9.639

• 异常数据的剔除　在所实测的数据中，有时会混入异常测量数据和异常加工数据，从而歪曲了数据的统计性质，使分析结果不可信，因此，异常数据应予剔除。

当工件测量数据服从正态分布时，测量数据落在（$\mu \pm 3\sigma$）范围内的概率为 99.73%，而落在（$\mu \pm 3\sigma$）范围以外的概率为 0.27%。由于出现落在（$\mu \pm 3\sigma$）范围以外的工件的概率很小，可视为不可能事件，一旦发生，则可被认为是异常数据而予以剔除。即若：

$$|x_k - \mu| > 3\sigma \tag{4.20}$$

则 x_k 为异常数据。经计算，本例 μ=9.632mm，σ=0.007mm，按式（4.20）计算可知，x_{k1}=9.658mm、x_{k2}=9.657mm、x_{k3}=9.658mm 分别为异常数据，应予以剔除。此时，n=100−3=97。

• 确定尺寸间隔数 j　对质量指标的实际分散范围进行尺寸分段。尺寸间隔数（组数）不可随意确定，若组数太多，组距太小，在狭窄的区间内频数太少，实际分布图上就会出现许多锯齿形，实际分布图就会被频数的随机波动所歪曲；若组数太少，组距太大，分布图就会被展平，掩盖了尺寸分布图的固有形状。尺寸间隔数 j 可参考表 4.10 选取。在本例中 n=97，所以应初选 j=10。

表 4.10　尺寸间隔数参考表

项目	n								
	25~40	>40~60	>60~100	100	>100~160	>160~250	>250~400	>400~630	>630~1000
j	6	7	8	10	11	12	13	14	15

• 确定尺寸间隔大小（组距）　只要找到样本中个体最大值 x_{max} 和最小值 x_{min}，即可算得 Δx 的大小：

$$\Delta x = \frac{x_{max} - x_{min}}{j} = \frac{9.647 - 9.616}{10} = 0.0031\text{mm}$$

将 Δx 圆整为 Δx=0.003mm。有了 Δx 值后，就可以对样本的尺寸分散范围进行分段了。分段时应注意使样本中的 x_{min} 和 x_{max} 皆落在尺寸间隔内。因此，本例的实际尺寸间隔数 j=10+1=11。

• 列出尺寸间隔及实际频数　按尺寸间隔大小 Δx=0.003mm，尺寸间隔数 j=11，将测量数据分组并计算各组的实际频数，填入表 4.11。

表 4.11　尺寸间隔及实际频数

①组号	②尺寸间隔 Δx/mm	③尺寸测量值 x_j/mm	④实际频数 m_j
1	9.613~<9.618	9.6165	2
2	9.618~<9.621	9.6195	4
3	9.621~<9.624	9.6225	6
4	9.624~<9.627	9.6255	13
5	9.627~<9.630	9.6285	12
6	9.630~<9.633	9.6315	16
7	9.633~<9.636	9.6345	15
8	9.636~<9.639	9.6375	14
9	9.639~<9.642	9.6405	7
10	9.642~<9.645	9.6435	5
11	9.645~<9.648	9.6465	3
合计			97

• 画图　根据表 4.9 中 2、3、4 项数据即可画出实际分布折线，如图 4.40 所示。画图时，频数值应点在尺寸区间中点的纵坐标上。

一般情况下，实际测量数据都会服从正态分布。特殊情况下，可以计算特殊点坐标绘制理论正态分布曲线，以判断实测数据是否服从正态分布。

由于实际分布图是以频数为纵坐标的，因此需要将以频率密度为纵坐标的理论分布图，转换成以频数为纵坐标的理论分布图。

$$\text{频率密度}y \approx \frac{\text{频率}}{\text{尺寸间隔大小}\Delta x} = \frac{1}{\Delta x}\left(\frac{\text{理论频数}m'}{\text{工件总数}n}\right) = \frac{m'}{n\Delta x} \tag{4.21}$$

根据式（4.14）、式（4.15），可分别计算出 μ、$\mu \pm \sigma$、$\mu \pm 3\sigma$ 点的 y 坐标值，按式（4.21）转换为以频数为纵坐标的理论坐标值。如：

当 $x=\mu=9.632\text{mm}$ 时，$y_{\max}=\dfrac{m'}{n\Delta x}$，则：

$$m'_{\max}=y_{\max}\Delta xn=0.4\frac{1}{\sigma}\Delta xn=0.4\times\frac{1}{0.007}\times 0.003\times 97\approx 17$$

当 $x=\mu+\sigma=9.639\text{mm}$ 时，$y_a=\dfrac{m'_a}{n\Delta x}$，则：

$$m'_a=y_a\Delta xn=0.24\frac{1}{\sigma}\Delta xn=0.24\times\frac{1}{0.007}\times 0.003\times 97\approx 10$$

有了以上数据，就可作出以频数为纵坐标的理论分布曲线，如图4.40所示。

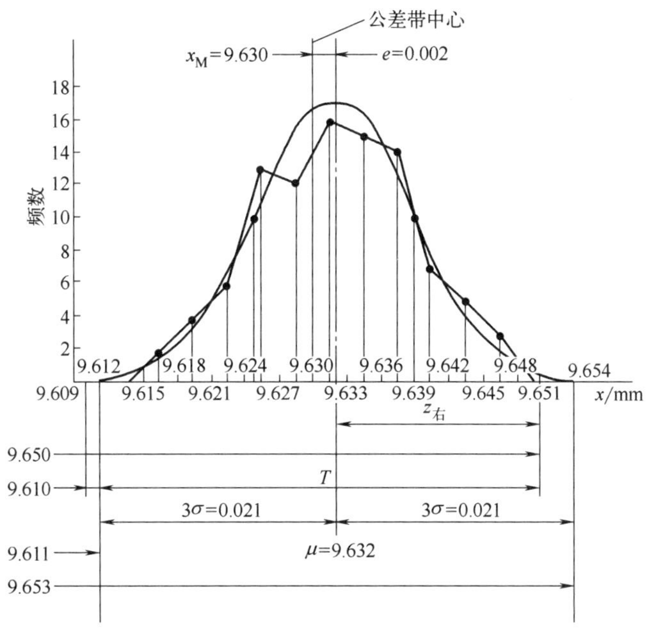

图4.40　实际分布图与理论分布图

• 判断加工误差性质　如果通过评定确认样本是服从正态分布的，就可以认为工艺过程中变值系统性误差很小（或不显著），引起被加工工件质量指标分散的原因主要是随机性误差，工艺过程处于控制状态中。如果评定结果表明样本不服从正态分布，就要进一步分析，是哪种变值系统性误差在显著地影响着工艺过程，或者工件质量指标不服从正态分布，可能服从其他分布。本例评定结果表明，样本服从正态分布，工艺过程处于控制状态中。

• 常值系统性误差　如果工件尺寸误差的实际分布中心 μ 与公差带中心有偏移 e（参见图4.40），这表明工艺过程中有常值系统性误差存在。本例中的 e=0.002mm 是由于机床调整不准确引起的。

• 确定合格品率、废品率、返修率

$$z_1=\frac{x_{max}-\mu}{\sigma}=\frac{9.650-9.632}{0.007}=2.57$$，查表 4.7，可得 $\varphi(z_1)=0.4948$

$$z_2=\frac{\mu-x_{min}}{\sigma}=\frac{9.632-9.61}{0.007}=3.14$$，查表 4.7，可得 $\varphi(z_2)=0.5$

合格品率：$\varphi(z_1)+\varphi(z_2)=0.4948+0.5=99.48\%$

返修率：0.5-0.4948=0.52%

废品率：0

• 工序稳定性　本例的工序能力系数为：

$$C_p=\frac{T}{6\sigma}=\frac{0.04}{6\times0.007}=0.95$$

查表 4.8，本工艺过程的工序能力为三级，加工过程中要出少量的不合格品。

e. 正态分布曲线的应用——根据机械制造中常见的误差分布规律分析误差　借助所作的正态分布曲线（如图 4.41 所示），以下述诸原则为依据进行加工误差分析。

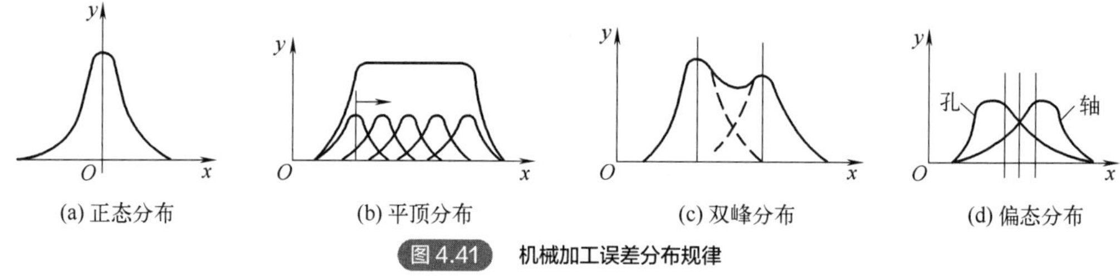

图 4.41　机械加工误差分布规律

• **实际分布曲线符合正态分布，$6\sigma\leqslant T$ 且分散中心与公差带中心重合**。如图 4.41（a）所示，这种分布表明，加工条件正常，系统性误差几乎不存在，随机性误差很小，一般来说是无废品出现，工序精度已达很高水平。如果再要显著地减小加工误差，则需要精密调整或修理机床与工装，或换用另一种比现用工序更精确的加工方法来实现。例如，将车削换成磨削，将扩孔换成铰孔等。

• **实际分布曲线符合正态分布，$6\sigma\leqslant T$，但分散中心与公差带中心不重合**。这种分布表明，变值系统性误差几乎不存在，随机性误差等微作用，而只有突出的常值系统性误差存在。分散中心对公差带中心的偏移值 e，就是常值系统性误差 $\Delta_{常系}$，它主要是由于刀具安装调整不准而造成的，且是不可避免的。在这种情况下即使出现了废品，也是可以设法避免的，例如，调整刀具起始加工的位置，使分散中心向公差带中心移动即可。

• **实际分布曲线符合正态分布，$6\sigma>T$，且分散中心与公差带中心不重合**。这种分布表明，变值系统性误差几乎不存在，而存在常值系统性误差和随机性误差较大。在这种情况下，即使消除了 $\Delta_{常系}$，也不能将废品完全避免。既有可修的废品，也有不可修的废品。

从上述 3 种情况的分析可见，对于正态分布的 6σ 的概念是十分重要的，它代表了某一种工序（或加工方法，或机床）在给定条件下所能达到的加工精度。σ 的大小完全是由随机性误差所决定的，随机性误差越小，σ 也越小，所能达到的加工精度也越高。加工精度能否提高，关键在于能否进一步减小随机性误差。

• **实际分布曲线不符合正态分布，而呈平顶分布**。如图 4.41（b）所示，这种分布表明，在影响机械加工的诸多误差因素中，有突出的变值系统性误差存在。如果刀具线性磨损的影响显著，则工件的尺寸误差将呈现平顶分布。平顶误差分布曲线可以看作随着时间而平移的众多正态误差分布曲线组合的结果，在随机性误差作用的同时混有突出的 $\Delta_{变系}$所致。

• **实际分布曲线不符合正态分布，而呈偏态分布**。如图 4.41（d）所示，这种分布也是由于随机性误差和突出的变值系统性误差作用的结果。突出的变值系统性误差可以使刀具热变形影响显著，使轴的加工尺寸小的为数多，尺寸大的为数少；使孔的加工尺寸大的多，小的少。另在用试切法车削轴径或孔径时，由于操作者为了尽量避免产生不可修复的废品，主观地（而不是随机地）使轴颈加工得宁大勿小，使孔径加工得宁小勿大，则它们的尺寸误差就呈偏态分布。

• **双峰或多峰分布**。如图 4.41（c）所示，这种分布是由于将两次或多次调整下加工出来的工件混在了一起的结果。两次调整加工出来的不同批工件，各自有自己的 σ 和 $\Delta_{常系}$。当两 $\Delta_{常系}$之差大于 $2\times2\sigma$ 时就呈双峰分布（峰高相等）。当两台机床加工的工件混在一起时，不仅 μ 不同，而且 σ 也不同，故呈现峰高不等的双峰分布。

f. 工艺过程的分布图分析法特点

• 分布图分析法采用的是大样本，因而能比较接近实际地反映工艺过程总体（母体）；

• 采用分布图分析法分析加工误差时，由于没有考虑工件加工的先后顺序，故不能反映误差的变化趋势，因此很难把随机性误差和变值系统性误差区分开来；

• **分布图分析法**采用的是**随机样本**，不考虑加工顺序，而且是对加工好的一批工件有关数据处理后才能作出分布曲线，因此，不能在工艺过程进行中及时提供控制工艺过程精度的信息；

• 计算较复杂；

• 只适用于工艺过程稳定的场合。

点图分析法可以弥补分布图分析法在误差分析中的不足。

（3）工艺过程的点图分析（图 4.42）

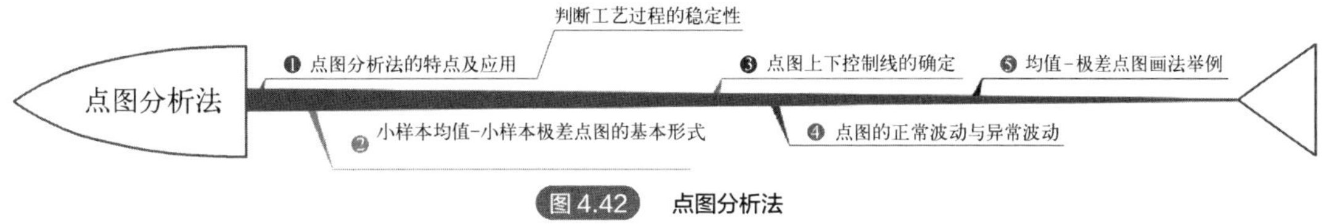

图 4.42　点图分析法

① 点图的特点及应用　工艺过程的稳定性是指工艺过程在时间历程上保持工件均值 $\bar{x}$ 和标准差 σ 值稳定不变的性能。分析工艺过程的稳定性，通常采用点图分析法。点图的形式有个值点图和 $\bar{x}$-R 点图。为了能直接反映变值系统性误差和随机性误差随时间变化的趋势，实际生产中常采用样组点图代替个值点图。最常用的样组点图是 $\bar{x}$-R 点图（均值-极差点图）。

$\bar{x}$-R 点图评价工艺过程的稳定性采用的是**顺序样本**，即样本是由工艺系统在一次调整中，按顺序加工的工件组成。这样的样本可以得到在时间上与工艺过程运行同步的有关信息，反映出加工误差随时间变化的趋势。

$\bar{x}$-R 点图能够在加工过程中不断地进行质量指标的主动控制，工艺过程一旦出现被加工件的质量指标有超出所规定的不合格品率的趋向时，能够及时调整工艺系统或采取其他工艺措施，使工艺过程得以继续进行。

② **$\overline{x}$-R 点图的基本形式** $\overline{x}$-R 点图采用的样本是顺序小样本，即每隔一定时间抽取样本容量 n=5~10 件的一个小样本，计算出各小样本的**算术平均值 $\overline{x}$ 和极差 R**，经过若干时间后，就可取得若干个（如 k 个，通常取 k=25）小样本，将各组小样本的 $\overline{x}$ 和 R 值分别点在 $\overline{x}$-R 图上，即制成 $\overline{x}$-R 图。

$$\overline{x}=\frac{1}{n}\sum_{i=1}^{n}x_i \tag{4.22}$$

$$R=x_{\max}-x_{\min} \tag{4.23}$$

式中 $x_{\max}$——为某样本中个体的最大值；

$x_{\min}$——为某样本中个体的最小值。

$\overline{x}$-R 点图的基本形式是由小样本均值 $\overline{x}$ 的点图［如图 4.43（a）所示］和小样本极差 R 的点图［如图 4.43（b）所示］联合组成的 $\overline{x}$-R 点图，$\overline{x}$-R 点图的横坐标是按时间先后采集的小样本的组序号，纵坐标为各小样本的均值 $\overline{x}$ 和极差 R。

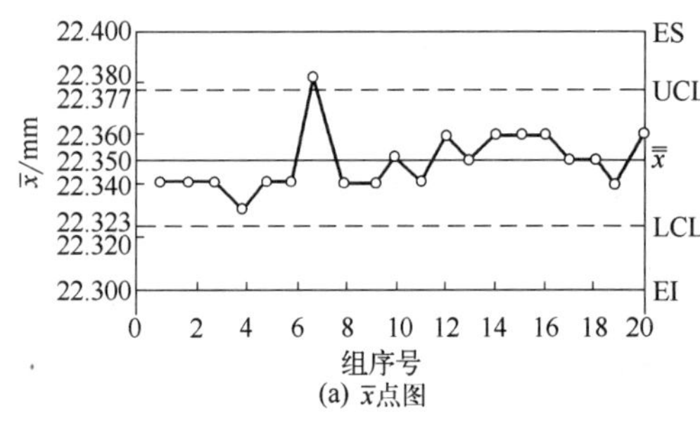

(a) $\overline{x}$点图

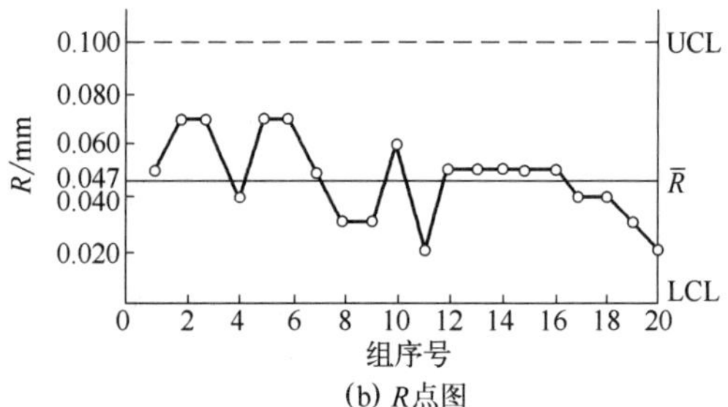

(b) R点图

图 4.43 $\overline{x}$-R点图

一个稳定的工艺过程，必须同时具有均值变化不显著和极差变化不显著两个方面。由于 $\overline{x}$ 在一定程度上代表了尺寸分散中心，$\overline{x}$ 点图是控制工艺过程质量指标分布中心变化的，主要反映系统性误差及其变化趋势；R 代表了尺寸分散范围，故 R 点图反映的是随机性误差及其变化趋势。因此，单独的 $\overline{x}$ 点图和 R 点图不能全面反映加工误差的情况，这两个点图必须联合使用，才能控制整个工艺过程。

使用 $\overline{x}$-R 点图的目的是使一个满足工件加工质量指标要求的稳定工艺过程不要向不稳定工艺过程方面转化，一旦发现稳定工艺过程有向不稳定方面转化的趋势，就应及时采取措施，避免问题发生。

③ **$\overline{x}$-R 点图上、下控制线的确定** 在 $\overline{x}$ 点图上有 5 根控制线，$\overline{\overline{x}}$ 是各样本平均值的均线，UCL、LCL 是加工工件公差带的上、下控制线；在 R 点图上有 3 根控制线，$\overline{R}$ 是各样本极差 R 的均线，UCL、LCL 是样本极差的上、下控制线。

任何一批工件的加工尺寸都有波动性，因此各小样本的平均值 $\overline{x}$ 和极差 R 也都有波动性。要判别波动是否属于正常，就需要分析 $\overline{x}$ 和 R 的分布规律，在此基础上也就可以确定 $\overline{x}$-R 点图中上、下控制线的位置。

由概率论可知，当总体是正态分布时，其样本的平均值$\bar{x}$的分布也服从正态分布，且$\bar{x} \sim N\left(\mu, \frac{\sigma^2}{n}\right)$（$\mu$、$\sigma$是总体的均值和标准差）。因此，$\bar{x}$ 的分散范围是$\mu \pm \frac{3\sigma}{\sqrt{n}}$。

R 的分布虽然不是正态分布，但当 $n<10$ 时，其分布与正态分布也是比较接近的，因而可认为$R \sim N\left(\bar{R}, \sigma_R{}^2\right)$（$\bar{R}$、$\sigma_R$ 分别是 R 分布的均值和标准差），其分散范围也可取为$\bar{R} \pm 3\sigma_R$，而且$\sigma_R = d\sigma$。其中，d 为常数，其值可由表 4.12 查得。

总体的均值 μ 和标准差 σ 通常是未知的。但由数理统计可知，总体的均值 μ 可以用小样本平均值 $\bar{x}$ 的平均值 $\bar{\bar{x}}$ 来估计，而总体的标准差 σ 可以用 $a_n\bar{R}$ 来估计，即：

$$\hat{\mu} = \bar{\bar{x}} \qquad \bar{\bar{x}} = \frac{1}{k}\sum_{i=1}^{k}\bar{x}_i \qquad \hat{\sigma} = a_n\bar{R} \qquad \bar{R} = \frac{1}{k}\sum_{i=1}^{k}R_i$$

式中　$\hat{\mu}$、$\hat{\sigma}$——μ、σ的估计值；

$\bar{x}_i$ ——各小样本的平均值；

R_i——各小样本的极差；

a_n——常数，其值见表 4.12。

用样本极差 R 来估计总体的 σ，其缺点是不如用样本的标准差 S 来得可靠，但由于其计算很简单，所以在生产中经常采用。

表 4.12　常数 d、a_n、A_2、D_1、D_2值

n	d	a_n	A_2	D_1	D_2
4	0.880	0.486	0.73	2.28	0
5	0.864	0.430	0.58	2.11	0
6	0.848	0.395	0.48	2.00	0

最后可确定 $\bar{x}$ -R 点图上的各条控制线，见表 4.13。

表 4.13　$\bar{x}$ -R 点图上的各条控制线

控制线	① $\bar{x}$ 点图	② R 点图
中线	$\bar{\bar{x}} = \frac{1}{k}\sum_{i=1}^{k}\bar{x}_i$	$\bar{R} = \frac{1}{k}\sum_{i=1}^{k}R_i$
上控制线	$\mathrm{UCL} = \bar{\bar{x}} + A_2\bar{R}$	$\mathrm{UCL} = \bar{R} + 3\sigma_R = (1 + 3da_n)\bar{R} = D_1\bar{R}$
下控制线	$\mathrm{LCL} = \bar{\bar{x}} - A_2R$	$\mathrm{LCL} = \bar{R} - 3\sigma_R = (1 - 3da_n)\bar{R} = D_2\bar{R}$

注：A_2、D_1、D_2——常数，可由表 4.12 查得；σ_R——R 点图的标准差，$\sigma_R=d\sigma$，σ 的估计值为$\sigma \approx \hat{\sigma} = a_n\bar{R}$，故$\sigma_R = da_n\bar{R}$。

④ 点图的正常波动与异常波动　任何一批产品的质量指标数据都是参差不齐的，也就是说，点图上的点子总是有波动的。但要区别两种不同的情况：第一种情况是只有随机的波动，属正常波动，这表明工艺过程是稳定的；第二种情况为异常波动，这表明工艺过程是不稳定的。一旦出现异常波动，就要及时寻找原因，使这种不稳定的趋势得到消除。表 4.14 是根据图中点的分布情况来确定是正常波动还是异常波动，用于判别工艺过程是否稳定。

表 4.14 正常波动和异常波动的标志

正常波动	异常波动
1. 没有点子超出控制线 2. 大部分点子在中线上下波动，小部分在控制线附近 3. 点子没有明显的规律性	1. 有点子超出控制线 2. 点子密集在中线以下附近 3. 点子密集在控制线附近 4. 连续 7 点以上出现在中线一侧 5. 连续 11 点中有 10 点出现在中线一侧 6. 连续 14 点中有 12 点以上出现在中线一侧 7. 连续 17 点中有 14 点以上出现在中线一侧 8. 连续 20 点中有 16 点以上出现在中线一侧 9. 点子有上升或下降倾向 10. 点子有周期性波动

⑤ 点图分析法案例分析

[例 4.5] 某小轴的尺寸为 $\phi 22.4_{-0.1}^{\ 0}$ mm，加工时每隔一定时间取 n=5 的一个小样本，共抽取 k=20 个样本，每个样本的 $\bar{x}$、R 值见表 4.15，试制订小轴加工的 $\bar{x}$-R 点图。

表 4.15 样本的 $\bar{x}$、R 值数据表　　单位：mm

序号	1	2	3	4	5	6	7	8	9	10
$\bar{x}$	22.34	22.34	22.34	22.33	22.34	22.34	22.38	22.34	22.34	22.35
R	0.05	0.07	0.07	0.04	0.07	0.07	0.05	0.03	0.03	0.06
序号	11	12	13	14	15	16	17	18	19	20
$\bar{x}$	22.34	22.36	22.35	22.36	22.36	22.36	22.35	22.35	22.34	22.36
R	0.02	0.05	0.05	0.05	0.05	0.05	0.04	0.04	0.03	0.02

[解] 样本均值 $\bar{\bar{x}}$ 为：

$$\bar{\bar{x}} = \frac{1}{k}\sum_{i=1}^{k}\overline{x_i} = \frac{446.97}{20}\text{mm} = 22.35\text{mm}$$

样本极差的均值 $\bar{R}$ 为：

$$\bar{R} = \frac{1}{k}\sum_{i=1}^{k}\overline{R_i} = \frac{0.94}{20}\text{mm} = 0.047\text{mm}$$

$\bar{x}$ 点图的上、下控制线分别为：

$$\text{UCL} = \bar{\bar{x}} + A_2\bar{R} = (22.35 + 0.58 \times 0.047)\text{mm} = 22.377\text{mm}$$

$$\text{LCL} = \bar{\bar{x}} - A_2\bar{R} = (22.35 - 0.58 \times 0.047)\text{mm} = 22.323\text{mm}$$

R 点图的上、下控制线分别为：

$$\mathrm{UCL}=D_1\overline{R}=(2.11\times 0.047)\mathrm{mm}=0.099\mathrm{mm}\text{；}\quad \mathrm{LCL}=D_2\overline{R}=0$$

按上述计算结果作出 $\overline{x}$-R 点图，并将本例表 4.15 中的 $\overline{x}$、R 值逐点标在 $\overline{x}$-R 点图上，如图 4.43 所示。从图中可以看出，$\overline{x}$ 点图中有一点超出上控制线，说明存在不稳定因素，应采取措施加以控制。

4.2　机械加工表面质量

4.2.1　表面质量

零件经过机械加工后，表面都存在着不同程度的凹凸不平和内部组织缺陷。**表面质量**是指零件表面的几何特征和表面层的物理力学性能。**表面几何特征**包括表面粗糙度和波纹度，**表面层的物理力学性能**包括表面层的冷作硬化、金相组织变化和表层金属中的残余应力。

(1) 表面几何特征

① **表面粗糙度**　指加工表面的微观几何形状误差。国家标准规定：表面粗糙度用在一定长度内（称为基本长度）轮廓的算术平均偏差值 Ra 或轮廓最大高度 Rz 作为评定指标。

② **表面波纹度**　指介于宏观几何形状与微观几何形状误差之间的周期性几何形状误差。表面波纹度通常是由于加工过程中工艺系统的低频振动造成的。

(2) 表面层的物理力学性能

① **冷作硬化**　工件在加工过程中，表面层产生的塑性变形使晶体间发生剪切滑移，晶格被扭曲，晶粒被拉长、破碎和纤维化，引起材料的强化，使表面层的强度和硬度都有所提高，这种现象称为表面冷作硬化。

② **金相组织变化**　在机械加工特别是磨削加工中，工件表面在切削热产生的高温作用下，常会发生不同程度的金相组织变化。

③ **残余应力**　在切削或磨削加工过程中，由于切削变形和切削热的影响，加工表面层会产生残余应力，即在加工后表面层与基体材料间产生互相平衡的弹性应力。

4.2.2　表面质量对零件使用性能的影响

(1) 表面质量对耐磨性的影响

① **表面粗糙度对耐磨性的影响**　一个刚加工好的摩擦副的两个接触表面之间，最初阶段只在表面粗糙度的峰部接触，实际接触面积远小于理论接触面积，在相互接触的峰部有非常大的应力，使实际接触面积处产生塑性变形、弹性变形和峰部之间的剪切破坏，引起严重磨损。零件磨损一般可分为 3 个阶段：初期磨损阶段（如图 4.44 中的Ⅰ区）的时间较短；随着表面粗糙

度峰部不断被碾平和被剪切，实际接触面积不断扩大，应力也逐渐减小，摩擦副即进入正常磨损阶段（如图 4.44 中的Ⅱ区），正常磨损阶段经历的时间较长；随着表面粗糙度的峰部不断被碾平与被剪切，实际接触面积愈来愈大，零件间的金属分子亲和力增大，表面间机械咬合作用增大，磨损急剧增加，摩擦副即进入剧烈磨损阶段（如图 4.44 中的Ⅲ区），剧烈磨损阶段的摩擦副易于急剧失效，此时摩擦副一般不能正常进行工作。

表面粗糙度对零件表面磨损的影响很大。一般来说，表面粗糙度值愈小，其耐磨性愈好。但表面粗糙度值过小，润滑油不易储存，接触面之间容易发生分子粘接，磨损反而增加。因此，接触面的表面粗糙度有一个最佳值，如图 4.45 所示。表面粗糙度的最佳值与零件的工作情况有关，工作载荷加大时，初期磨损量增大，表面粗糙度最佳值也加大。

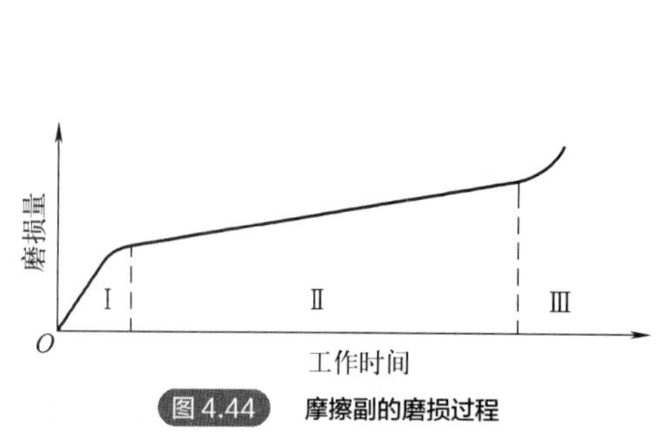

图 4.44 摩擦副的磨损过程

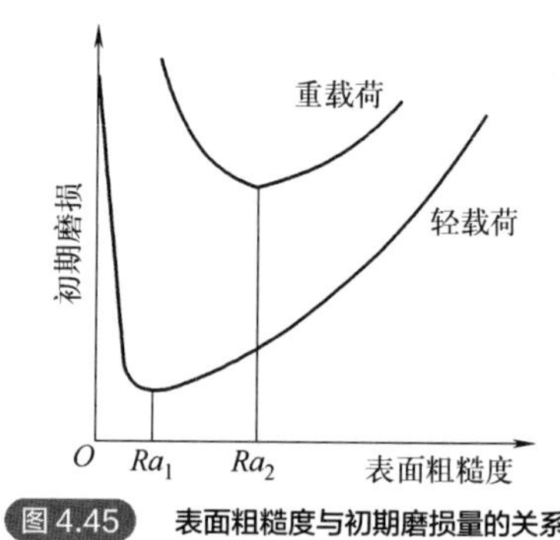

图 4.45 表面粗糙度与初期磨损量的关系

② 表面冷作硬化对耐磨性的影响 加工表面的冷作硬化，使摩擦副表面层金属的显微硬度提高，故一般可使耐磨性提高。但也不是冷作硬化程度愈高耐磨性就愈高，这是因为过分的冷作硬化将引起金属组织过度疏松，甚至出现裂纹和表层金属的剥落，使耐磨性下降。如果表面层的金相组织发生变化，其表层硬度相应地也随之发生变化，影响耐磨性。

（2）表面质量对疲劳强度的影响

金属受交变载荷作用后产生的疲劳破坏往往发生在零件表面或表面冷硬层下面，因此零件的表面质量对疲劳强度影响较大。

① 表面粗糙度对疲劳强度的影响 在交变载荷作用表面粗糙度的凹谷部位容易引起应力集中，产生疲劳裂纹。表面粗糙度值愈大，表面的纹痕愈深，纹底半径愈小，抗疲劳破坏的能力就愈差。

② 残余应力、冷作硬化对疲劳强度的影响 残余应力对零件疲劳强度的影响很大。表面层残余拉应力将使疲劳裂纹扩大，加速疲劳破坏；而表面层残余压应力能够阻止疲劳裂纹的扩展，延缓疲劳破坏的发生。

表面冷硬（冷作硬化）一般伴有残余压应力的产生，可以防止裂纹产生并阻止已有裂纹的扩展，对提高疲劳强度有利。

（3）表面质量对耐蚀性的影响

零件的耐蚀性在很大程度上取决于表面粗糙度。表面粗糙度值愈大，则凹谷中聚积腐蚀性物质就愈多，耐蚀性就愈差。

表面层的残余拉应力会产生应力腐蚀开裂，降低零件的耐蚀性，而残余压应力则能防止应力腐蚀开裂，提高零件的耐蚀性。

(4) 表面质量对配合质量的影响

表面粗糙度值的大小将影响配合表面的配合质量。对于间隙配合，表面粗糙度值大会使磨损加大，间隙增大，破坏了要求的配合性质。对于过盈配合，装配过程中一部分表面凸峰被挤平，实际过盈量减小，降低了配合件间的连接强度。

4.2.3 影响表面质量的因素及其控制

(1) 影响表面粗糙度的因素

① 切削加工影响表面粗糙度的因素

a. 刀具几何形状的复映 刀具相对于工件做进给运动时，在加工表面留下了切削层残留面积，其形状是刀具几何形状的复映，如图 4.44 所示。对于车削来说，如果背吃刀量较大，主要是以切削刃的直线部分形成表面粗糙度，此时可不考虑切削刃圆弧半径 r_ε 影响，按图 4.46（a）所示的几何图形可求得：

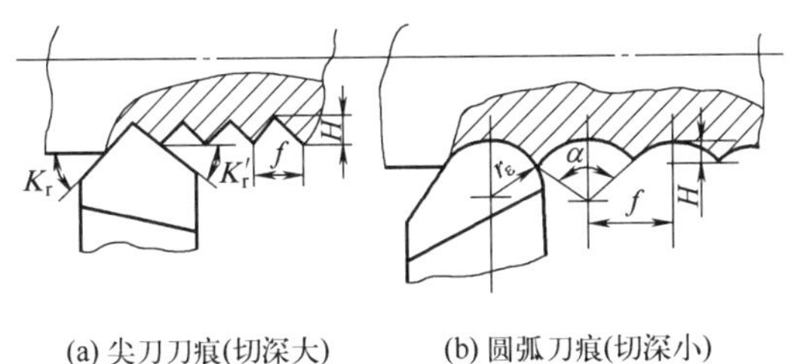

(a) 尖刀刀痕(切深大)　　(b) 圆弧刀痕(切深小)

图 4.46 车削时工件表面的残留面积

$$H = \frac{f}{\cot K_r + \cot K_r'} \tag{4.24}$$

如果背吃刀量较小，工件表面粗糙度则主要由切削刃的圆弧部分形成，此时按图 4.46（b）的几何图形可求得：

$$H = r_\varepsilon\left(1-\cos\alpha\right) = 2r_\varepsilon \sin^2\frac{\alpha}{2} \approx \frac{f^2}{8r_\varepsilon} \tag{4.25}$$

式中 H——残留面积高度；

f——进给量；

K_r——主偏角（$K_r \neq 90°$）；

K_r'——副偏角；

r_ε——刀尖圆弧半径。

由上述公式可知，减小 K_r、K_r' 及加大 r_ε，可减小残留面积的高度。

此外，适当增大刀具的前角以减小切削时的塑性变形程度，合理选择冷却润滑液和提高刀具刃磨质量以减小切削时的塑性变形和抑制积屑瘤的生成，也是减小表面粗糙度值的有效措施。

b. 工件材料的性质　切削加工后表面粗糙度的实际轮廓之所以与纯几何因素所形成的理论轮廓有较大的差异，主要是由于切削过程塑性变形的影响。

加工塑性材料时，由刀具对金属的挤压产生了塑性变形，加之刀具迫使切屑与工件分离的撕裂作用，使表面粗糙度值加大。工件材料韧性愈好，金属的塑性变形愈大，加工表面就愈粗糙。中碳钢和低碳钢材料的工件，在加工或精加工前常安排做调质或正火处理，就是为了改善切削性能，减小表面粗糙度。

加工脆性材料时，其切屑呈碎粒状，由于切屑的崩碎而在加工表面留下许多麻点，使表面粗糙值变大。

c. 切削用量　切削速度对表面粗糙度的影响很大。加工塑性材料时，若切削速度处在产生积屑瘤的范围内，加工表面将很粗糙，参见图 4.47。若将切削速度选在积屑瘤产生的区域之外，如选择低速宽刀精切或高速精切，则可使表面粗糙度值明显减小。

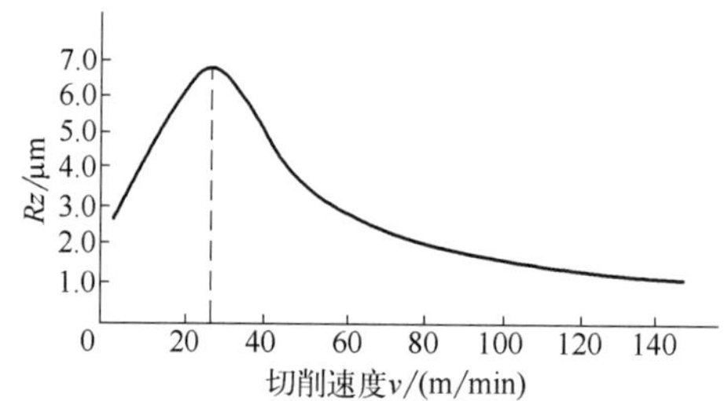

图 4.47　加工塑性材料时切削速度对表面粗糙度的影响

进给量对表面粗糙度的影响甚大，参见式（4.24）、式（4.25）。背吃刀量对表面粗糙度也有一定影响。过小的背吃刀量或进给量，将使刀具在被加工表面上挤压或打滑，形成附加的塑性变形，会增大表面粗糙度值。

② 磨削加工影响表面粗糙度的因素

正像切削加工时表面粗糙度的形成过程一样，磨削加工表面粗糙度的形成也是由几何因素和表面金属的塑性变形来决定的。

从几何因素的角度分析，磨削表面是由砂轮上大量磨粒刻划出无数极细的刻痕形成的。被磨表面单位面积上通过的磨粒数愈多，则该面积上的刻痕愈多，刻痕的等高性愈好，表面粗糙度值愈小。

从塑性变形的角度分析，磨削过程温度高，磨削加工时产生的塑性变形要比切削刃切削时大得多。磨削时，金属沿着磨粒的两侧流动，形成沟槽两侧的隆起，使表面粗糙度值增大。

影响磨削表面粗糙度的主要因素有：

a. 砂轮的粒度　砂轮的粒度号数愈大，磨粒愈细，在工件表面上留下的刻痕就愈多愈细，表面粗糙度值就愈小。但磨粒过细，砂轮容易堵塞，反而会增大工件表面的粗糙度值。

b. 砂轮的硬度　砂轮太硬，钝化了的磨粒不能及时脱落，工件表面受到强烈的摩擦和挤压作用，塑性变形加剧，使工件表面粗糙度值增大。砂轮太软，磨粒脱落过快，磨料不能充分发挥切削作用，且刚修整好的砂轮表面会因磨粒脱落而过早被破坏，工件表面粗糙度值也会增大。

c. 砂轮的修整　修整砂轮的金刚石刀具愈锋利，修整导程愈小，修整深度愈小，则修出的磨粒微刃愈细愈多，刃口等高性愈好，因而磨出的工件表面粗糙度值也愈小。粗粒度砂轮若经过精细修整，提高磨粒的微刃性与等高性，同样可以磨出高光洁的工件表面。

d. 磨削用量 提高**磨削速度**，单位时间内划过磨削区的磨粒数多，工件单位面积上的刻痕数也多；同时，提高磨削速度还有使被磨表面金属塑性变形减小的作用，刻痕两侧的金属隆起小，因而工件表面粗糙度值小。

增大磨削**径向进给量**，塑性变形随之增大，被磨表面粗糙度值也增大。磨削将结束时不再做径向进给，仅靠工艺系统的弹性恢复进行的磨削，称为光磨。增加**光磨次数**，可显著减小磨削表面粗糙度值。

工件圆周进给速度和轴向进给量小，单位切削面积上通过的磨粒数就多，单颗磨粒的磨削厚度就小，塑性变形也小，因此工件的表面粗糙度值也小。但工件圆周进给速度若过小，砂轮与工件的接触时间长，传到工件上的热量就多，有可能出现磨削烧伤。

e. 切削液 切削液可及时冲掉碎落的磨粒，减轻砂轮与工件的摩擦，降低磨削区的温度，减小塑性变形，并能防止磨削烧伤，使表面粗糙度值变小。

（2）影响加工表面物理力学性能的因素

在切削加工中，工件由于受到切削力和切削热的作用，使表面层金属的物理力学性能产生变化，最主要的变化是表面层金属显微硬度的变化、金相组织的变化和残余应力的产生。由于磨削加工时所产生的塑性变形和切削热比切削刃切削时更严重，因而磨削加工后加工表面层上述 3 项物理力学性能的变化会更大。

① 表面层冷作硬化

a. 冷作硬化评定参数 评定冷作硬化的指标有 3 项，即表层金属的显微硬度 HV、硬化层深度 h 和硬化程度 N，$N=\left[\left(\mathrm{HV}-\mathrm{HV}_0\right)/\mathrm{HV}_0\right]\times100\%$。式中，$\mathrm{HV}_0$ 为工件内部金属的显微硬度。

b. 影响冷作硬化的主要因素

- **刀具的影响** 切削刃钝圆半径增大，对表层金属的挤压作用增强，塑性变形加剧，导致冷硬增强。刀具后刀面磨损增大，后刀面与被加工表面的摩擦加剧，塑性变形增大，导致冷硬增强。
- **切削用量的影响** 切削速度增大，刀具与工件的作用时间缩短，使塑性变形扩展深度减小，冷硬层深度减小。切削速度增大后，切削热在工件表面层上的作用时间也缩短了，将使冷硬程度增加。进给量增大，切削力也增大，表层金属的塑性变形加剧，冷硬作用加强。
- **加工材料的影响** 工件材料的塑性愈大，冷硬现象就愈严重。碳钢中含碳量愈大，强度变高，塑性变小，冷硬程度变小。非铁金属的熔点低，容易弱化，冷硬现象就比钢轻得多。

② 表面层材料金相组织变化

当切削热使被加工表面的温度超过相变温度后，表层金属的金相组织将会发生变化。特别是在磨削加工时，磨削比大，磨削速度高，切除金属所消耗的功率远大于切削加工。磨削加工所消耗的能量绝大部分要转化为热，传给被磨工件表面，使工件温度升高，引起加工表面层金属金相组织的显著变化。

a. 磨削烧伤的产生 当被磨工件表面层温度达到相变温度以上时，表层金属发生金相组织的变化，使表层金属强度、硬度降低，并伴随有残余应力产生，甚至出现微观裂纹，这种现象称为磨削烧伤。在磨削淬火钢时，可能产生以下 3 种烧伤：

• **回火烧伤** 如果磨削区的温度未超过淬火钢的相变温度，但已超过马氏体的转变温度，工件表层金属的回火马氏体组织将转变成硬度较低的回火组织（索氏体或托氏体），这种烧伤称为回火烧伤。

• **淬火烧伤** 如果磨削区温度超过了相变温度，再加上冷却液的急冷作用，表层金属发生二次淬火，使表层金属出现二次淬火马氏体组织，其硬度比原来的回火马氏体的高，在它的下层，因冷却较慢，出现了硬度比原先的回火马氏体低的回火组织（索氏体或托氏体），这种烧伤称为淬火烧伤。

• **退火烧伤** 如果磨削区温度超过了相变温度，而磨削区又无冷却液进入，表层金属将产生退火组织，表面硬度将急剧下降，这种烧伤称为退火烧伤。

b. 改善磨削烧伤的途径 磨削热是造成磨削烧伤的根源，故改善磨削烧伤有两个途径：一是尽可能地减少磨削热的产生；二是改善冷却条件，尽量使产生的热量少传入工件。

• **正确选择砂轮** 砂轮的硬度太高，钝化了的磨粒不易及时脱落，磨削力和磨削热增加，容易产生烧伤。选用具有一定弹性的结合剂（如橡胶结合剂、树脂结合剂等）对缓解磨削烧伤有利，当因某种突然原因导致磨削力增大时，磨粒可以产生一定的弹性退让，使磨削径向进给量减小，可减轻烧伤。当磨削塑性较大的材料时，为了避免砂轮堵塞，宜选用磨粒较粗的砂轮。

• **合理选择磨削用量** 磨削径向进给量对磨削烧伤影响很大。磨削径向进给量增加，磨削力和磨削热急剧增加，容易产生烧伤。适当增大磨削轴向进给量可以减轻烧伤。

• **改善冷却条件** 磨削时冷却液若能更多地进入磨削区，就能有效地防止烧伤现象的发生。提高冷却效果的方式有高压大流量冷却、喷雾冷却、内冷却等。采用高压大流量冷却，既可增强冷却作用，又可冲洗砂轮表面，但须防止冷却液飞溅。利用专用装置，将冷却液雾化，并以高速喷入磨削区，对磨削区进行喷雾冷却，可从磨削区带走大量的热量。内冷却专用装置的工作原理如图 4.48 所示，经过严格过滤的冷却液通过中空主轴法兰套引入砂轮中心腔 3 内，由于离心力的作用，冷却液通过砂轮内部的孔隙甩出，直接进入磨削区进行冷却。该法须解决因大量水雾而影响工人观察、操作及劳动条件差的问题。

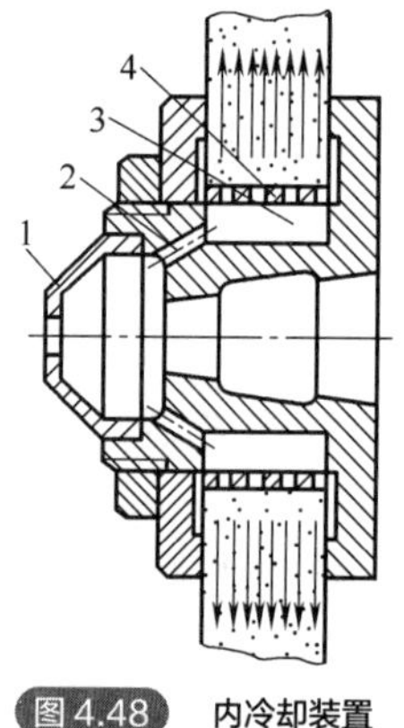

图 4.48 内冷却装置

1—锥形盖；2—通道孔；3—砂轮中心腔；4—开孔薄壁套

③ 表面层材料残余应力

a. 残余应力产生的原因

• 切削时在加工表面金属层内有塑性变形发生，使表层金属的比体积加大。由于塑性变形只在表层金属中产生，而表层金属比体积增大，体积膨胀，不可避免地要受到与它相连的里层金属的阻止，因此就在表面金属层产生了残余压应力，而在里层金属中产生残余拉应力。

• 切削加工中，切削区会有大量的切削热产生。图 4.49（a）所示为工件表层金属温度分布示意图。t_p 点相当于金属具有高塑性的温度，温度高于 t_n 的表层金属不会有残余应力产生，t_n 为室温，t_m 为金属熔化温度。由图 4.49（b）可知，表面金属层 1 的温度超过 t_p，处于没有残余应力作用的完全塑性状态中；金属层 2 的温度在 t_n 和 t_p 之间，受热之后体积要膨胀，金属层 2 的膨胀不会受到处于完全塑性状态的金属层 1 的阻碍，但要受到处于室温状态的金属层 3（里层）

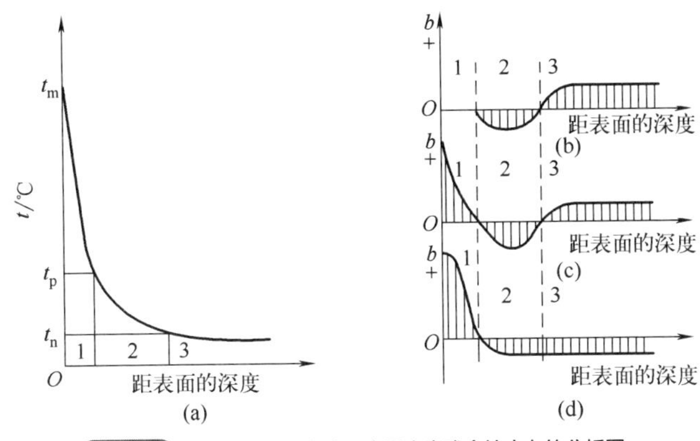

图 4.49 由于切削热在表层金属产生残余拉应力的分析图

的阻碍，此时金属层 2 将产生残余压应力，金属层 3 则受金属层 2 的牵连而产生拉应力。切削过程结束后，工件表层金属温度开始下降，当金属层 1 的温度低于 t_p 时，金属层 1 将从完全塑性状态转变为不完全塑性状态。金属层 1 冷却收缩，受金属层 2 阻碍，金属层 1 就产生了残余拉应力，金属层 2 应力将进一步扩大，如图 4.49（c）所示。当表层金属继续冷却到里外温度完全相等时，金属层 1 继续缩小尺寸，它受到里层金属阻碍，因此金属层 1 内的拉应力还要加大，而金属层 2 内的压应力则扩展到金属层 2 和金属层 3 内，如图 4.49（d）所示。

• 不同的金相组织具有不同的密度。例如，$\rho_{马氏体}=7.75\text{t}/\text{m}^3$，$\rho_{奥氏体}=7.96\text{t}/\text{m}^3$，$\rho_{铁素体}=7.88\text{t}/\text{m}^3$，$\rho_{珠光体}=7.78\text{t}/\text{m}^3$。如果表层金属产生了金相组织的变化，表层金属比体积的变化必然要受到与之相连的里层金属的阻碍，因而就有残余应力产生。譬如淬火钢原来的组织是马氏体，磨削时有可能产生回火烧伤转化为接近珠光体的托氏体或索氏体，表层金属密度由 $7.75\text{t}/\text{m}^3$ 增至 $7.78\text{t}/\text{m}^3$，比体积减小，但这种体积的减小，要受到里层金属的阻碍，不能自由收缩，因此就在表面金属层产生了残余拉应力，而里层金属产生了与之相平衡的残余压应力。

b. 零件主要工作表面最终工序加工方法的选择 零件主要工作表面最终工序加工方法的选择至关重要，因为最终工序在该工作表面的残余应力将直接影响机器零件的使用性能。选择零件主要工作表面最终工序加工方法须考虑该零件主要工作表面的具体工作条件和可能的破坏形式。

在交变载荷作用下，机器零件表面上的局部微观裂纹，会因拉应力作用使原生裂纹扩大，最后导致零件断裂。从提高零件抵抗疲劳破坏的角度考虑，该表面最终工序应选择能在表面产生残余压应力的加工方法。

各种加工方法在加工表面上残留的残余应力情况参见表 4.16。

表 4.16 各种加工方法在工件表面上残留的残余应力

加工方法	残余应力情况	残余应力值 σ/MPa	残余应力层深度 h/mm
车削	一般情况下，表面受拉，里层受压；v>500m/min 时，表面受压，里层受拉	200~800，刀具磨损后达 1000	一般情况下，0.05～0.10；当用大负前角（γ_o'=−30°）车刀，v 很大时，h 可达 0.65
磨削	一般情况下，表面受压，里层受拉	200~100	0.05～0.30
铣削	同车削	600~1500	
碳钢淬硬	表面受压，里层受拉	400~750	

续表

加工方法	残余应力情况	残余应力值 σ/MPa	残余应力层深度 h/mm
钢珠滚压钢件	表面受压，里层受拉	700~800	
喷丸强化钢件	表面受压，里层受拉	1000~1200	
渗碳淬火	表面受压，里层受拉	1000~1100	
镀铬	表面受压，里层受拉	400	
镀铜	表面受压，里层受拉	200	

项目实施

如图 4.1 所示为一轴承座，轴承孔 $\phi47^{+0.05}_{+0.025}$ 相对于 $\phi36^{+0.034}_{+0.009}$ 的同轴度为 0.025。现对其工艺进行验证，判断工艺过程是否稳定，查明产生加工误差的影响因素，并提出改进措施。

拓展阅读

机械加工中振动的基本知识

机械加工过程中如果产生了振动，刀具与工件间的相对位移会使加工表面产生波纹，将严重影响零件的表面质量和使用性能；工艺系统将持续承受动态交变载荷的作用，刀具极易磨损（甚至崩刃），机床连接特性受到破坏，严重时甚至使切削加工无法继续进行；振动中产生的噪声还将危害操作者的身体健康。为了减小振动，有时不得不减小切削用量，使机床加工的生产效率降低。机械加工中产生的振动主要有强迫振动和自激振动（颤振）两种类型。

1. 机械加工中的强迫振动

机械加工中的强迫振动是由周期性干扰力的作用而引起的振动。

（1）强迫振动产生的原因

强迫振动的振源有来自机床内部的，称为机内振源；也有来自机床外部的，称为机外振源。机外振源甚多，但它们都是通过地基传给机床的，可以通过加设隔振地基加以消除。

机内振源主要有机床旋转件的不平衡、机床传动机构的缺陷、往复运动部件的惯性力以及切削过程中的冲击等。

机床中各种旋转零件（如电动机转子、联轴器、带轮、离合器、轴、齿轮、卡盘、砂轮等），由于形状不对称、材质不均匀或加工误差、装配误差等原因，难免会有偏心质量产生。偏心质量引起的离心惯性力（周期性干扰力）与旋转零件的转速的平方成正比，转速越高，产生周期性干扰力的幅值就越大。

齿轮制造不精确或有安装误差会产生周期性干扰力。带传动中平带接头连接不良、V 带的厚度不均匀，轴承滚动体大小不一，链传动中由于链条运动的不均匀性等机床传动机构的缺陷所产生的动载荷都会引起强迫振动。

油泵排出的压力油，其流量和压力都是脉动的。由于液体压差及油液中混入空气而产生的空穴现象，会使机床加工系统产生振动。

在铣削、拉削加工中，刀齿在切入工件或从工件中切出时，都会有很大的冲击发生。加工断续表面也会发生由于周期性冲击而引起的强迫振动。在具有往复运动部件的机床中，最强烈的振源往往就是往复运动部件改变运动方向时所产生的惯性冲击。

（2）强迫振动的特征

机械加工中的强迫振动与一般机械振动中的强迫振动没有本质上的区别。

在机械加工中产生的强迫振动，其振动频率与干扰力的频率相同，或是干扰力频率的整数倍。此种频率对应关系是诊断机械加工中所产生的振动是否为强迫振动的主要依据，并可利用上述频率特征分析和查找强迫振动的振源。

强迫振动的幅值既与干扰力的幅值有关，又与工艺系统的动态特性有关。一般来说，在干扰力源频率不变的情况下，干扰力的幅值增大，强迫振动的幅值将随之增大。工艺系统的动态特性对强迫振动的幅值影响极大，如果干扰力的频率远离工艺系统各阶模态的固有频率，则强迫振动响应将处于机床动态响应的衰减区，振动响应幅值就很小；当干扰力频率接近工艺系统某一固有频率时，强迫振动的幅值将明显增大；若干扰力频率与工艺系统某一固有频率相同，系统将产生共振，若工艺系统阻尼系数不大，振动响应幅值将十分大。根据强迫振动的这一幅频响应特征，可通过改变运动参数或工艺系统的结构，使干扰力源的频率发生变化，或让工艺系统的某阶固有频率发生变化，使干扰力源的频率远离固有频率，强迫振动的幅值就会明显减小。

2. 机械加工中的自激振动（颤振）

（1）概述

机械加工过程中，在没有周期性外力（相对于切削过程而言）作用下，由系统内部激发反馈产生的周期性振动，称为自激振动，简称颤振。

机床加工系统是一个由振动系统和调节系统组成的闭环系统，如图 4.50 所示。激励机床加工系统产生振动的交变力是由切削过程产生的，而切削过程同时又受机床加工系统振动的控制，机床加工系统的振动一旦停止，动态（交变）切削力也就随之消失。如果切削过程很平稳，即使系统存在产生自激振动的条件，也因切削过程没有动态切削力，使自激振动不可能产生。但是，在实际加工过程中，偶然性的外界干扰（如工件材料硬度不均、加工余量有变化等）总是存在的，这种偶然性外界干扰所产生的切削力的变化，作用在机床加工系统上，会使系统产生振动运动。系统的振动运动将引起工件、刀具的相对位置发生周期性变化，使切削过程产生维持振动运动的动态切削力。如果机床加工系统不存在产生自激振动的条件，这种偶然性的外界干扰，将因机床加工系统存在阻尼而使振动运动逐渐衰减；如果机床加工系统存在产生自激振动的条件，就会使机床加工系统产生持续的振动运动。

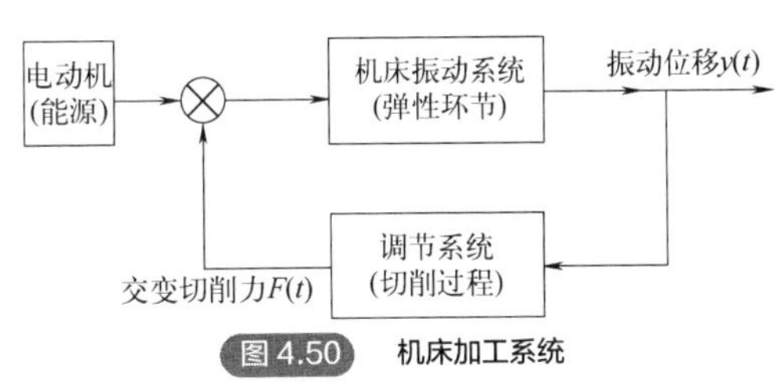

图 4.50 机床加工系统

维持自激振动的能量来自电动机，电动机通过动态切削过程把能量输入振动系统，以维持振动运动。

与强迫振动相比，自激振动具有以下特征：机械加工中的自激振动是在没有周期性外力（相对于切削过程而言）干扰下所产生的振动运动，这与强迫振动有本质的区别；自激振动的频率接近于系统的固有频率，这与自由振动相似（但不相同），而与强迫振动根本不同。自由振动受阻尼作用将迅速衰减，而自激振动却不因有阻尼存在而迅速衰减。

（2）产生自激振动的条件

① 自激振动实例　图 4.51 所示为一个最简单的单自由度机械加工振动模型。设工件系统

为绝对刚体，振动系统与刀架相连，且只在 y 方向做单自由度振动。为分析简便，暂不考虑阻尼力的作用。

在径向切削力 F_p 的作用下，刀架向外做振出运动 $y_{振出}$，振动系统将有一个反向的弹性恢复力 $F_{弹}$ 作用在它上面。$y_{振出}$ 越大 $F_{弹}$ 也越大，当 $F_p=F_{弹}$ 时，刀架的振出运动停止（因为实际上振动系统中还是有阻尼力作用的）。在刀架做振出运动时，切屑相对于前刀面的相对滑动速度 $v_{振出}=v_0-y_{振出}$，其中，v_0 为切屑切离工件的速度。在刀架的振出运动停止时，切屑相对于前刀面的相对滑动速度 $v_{停}=v_0$，显然 $v_{停}>v_{振出}$。如果切削过程具有负摩擦特性，即速度越大，摩擦（力）F（v）越小，如图 4.52 所示，则在刀架停止振动的瞬间，其切削力 F_p 将比做振出运动时小，此时呈现 $F_{弹}>F_p$ 的状态，于是刀架系统在 $F_{弹}$ 的作用下相对于被切工件做振入运动 $y_{振入}$。$y_{振入}$ 越大，$F_{弹}$ 就越小，当 $F_{弹}=F_p$ 时，刀架的振入运动停止（因为实际上振动系统中还是有阻尼力作用的）。在刀架做振入运动时，切屑相对于前刀面的相对滑动速度 $v_{振入}=v_0+y_{振入}$；而在刀架的振入运动停止时，$v_{停}=v_0$。在刀架停止振动的瞬间，切削力 F_p 将比做振入运动时大，此时 $F_p>F_{弹}$，刀架便在 F_p 的作用下又开始做振出运动。综上分析可知，如果切削过程具有图 4.52 所示的负摩擦特性，图 4.51 所示单自由度系统将会有持续的自激振动产生。

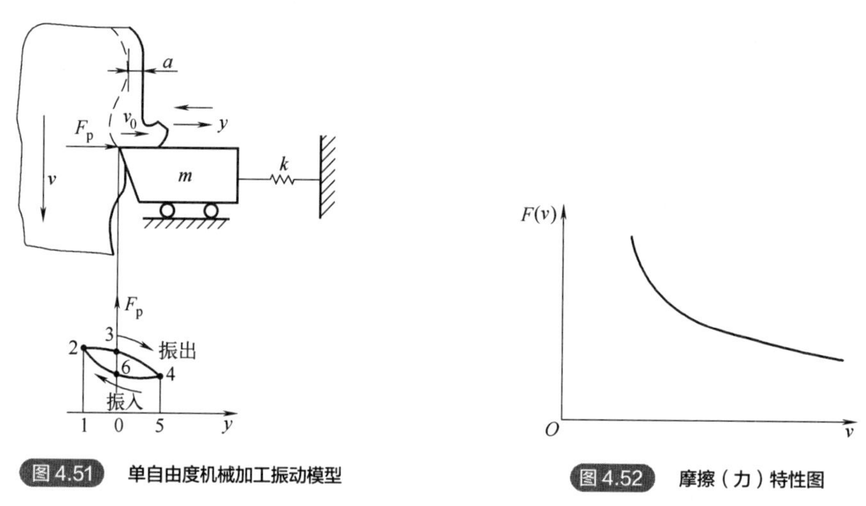

图 4.51 单自由度机械加工振动模型

图 4.52 摩擦（力）特性图

② 产生自激振动的条件　从上述自激振动运动的分析实例可知，刀架的振出运动是在切削力 F_p 作用下产生的，对振动系统而言，F_p 是外力。在振出过程中，切削力 F_p 对振动系统做功，振动系统从切削过程中吸收了一部分能量（$W_{振出}=W_{12345}$），储存在振动系统中，如图 4.51 所示。刀架的振入运动则是在弹性恢复力 $F_{弹}$ 作用下产生的，振入运动与切削力方向相反，振动系统对切削过程做功，即振动系统要消耗能量（$W_{振入}=W_{54621}$）。

当 $W_{振出}<W_{振入}$ 时，由于振动系统吸收的能量小于消耗的能量，故不会有自激振动产生，加工系统是稳定的。即使振动系统内部原来就储存一部分能量，在经过若干次振动之后，这部分能量也必将消耗殆尽，因此机械加工过程中不会有自激振动产生。

当 $W_{振出}=W_{振入}$ 时，由于在实际机械加工系统中必然存在阻尼，系统在振入过程中为克服阻尼尚需消耗能量 $W_{摩阻（振入）}$。可知，在每一个振动周期中振动系统从外界获得的能量为：

$$\Delta W = W_{振出} - (W_{振入} + W_{摩阻（振入）})$$

若 $W_{振出}=W_{振入}$，则 $\Delta W<0$，即振动系统每振动一次系统便会损失一部分能量，系统也不会

有振动产生，加工系统仍是稳定的。

当$W_{振出}>W_{振入}$时，加工系统将有持续的自激振动产生，处于不稳定状态。根据$W_{振出}$与$W_{振入}$的差值大小，加工系统自激振动又可分为以下 3 种情况：

a. $W_{振出}=W_{振入}+W_{摩阻（振入）}$，加工系统有稳幅自激振动产生。

b. $W_{振出}>W_{振入}+W_{摩阻（振入）}$，加工系统将出现振幅递增的自激振动，待振幅增至一定程度出现新的能量平衡$W'_{振出}=W'_{振入}+W'_{摩阻（振入）}$时，加工系统才会有稳幅振动产生。

c. $W_{振出}<W_{振入}+W_{摩阻（振入）}$，加工系统将出现振幅递减的自激振动，待振幅减至一定程度出现新的能量平衡$W''_{振出}=W''_{振入}+W''_{摩阻（振入）}$时，加工系统才会有稳幅振动产生。

综上所述，加工系统产生自激振动的基本条件为$W_{振出}>W_{振入}$，在力与位移的关系图中，要求振出过程曲线应位于振入过程曲线的上部，如图 4.51 所示。

进一步分析图 4.51 所示曲线可知，产生自激振动的条件还可做如下描述：对于振动轨迹的任一指定位置 y_i 而言，振动系统在振出阶段通过 y_i 点的力$F_{振出（y_i）}$应大于在振入阶段通过同一点的力$F_{振入（y_i）}$。产生自激振动的条件还可归结为$F_{振出（y_i）}>F_{振入（y_i）}$。

3. 机械加工振动的防治

消减振动的途径：消除或减弱产生机械加工振动的条件；改善工艺系统的动态特性，提高工艺系统的稳定性；采用各种消振、减振装置。

（1）消除或减弱产生强迫振动的条件

① 减小机内外干扰力的幅值　高速旋转零件，如磨床砂轮、车床卡盘及高速旋转的齿轮等必须进行平衡。尽量减少传动机构的缺陷，设法提高带传动、链传动、齿轮传动及其他传动装置的稳定性。对于高精度机床，应尽量少用或不用齿轮、平带等可能成为振源的传动元件，并使动力源（尤其是液压系统）与机床本体分离，放在另一个地基上。对于往复运动部件，应采用较平稳的换向机构。在条件允许的情况下，适当降低换向速度及减小往复运动件的质量，以减小惯性力。

② 适当调整振源的频率　在选择转速时，应使可能引起强迫振动的振源频率 f 远离机床加工系统薄弱模态的固有频率 f_n，一般应满足式（4.26）：

$$\left|\frac{f_n-f}{f}\right|\geqslant 0.25 \tag{4.26}$$

③ 采取隔振措施　隔振有两种方式：一是主动隔振，以阻止机床振源通过地基外传；二是被动隔振，能阻止机外干扰力通过地基传给机床。常用的隔振材料有橡胶、金属弹簧、空气弹簧、泡沫乳胶、软木、矿渣棉、木屑等。中小型机床多用橡胶衬垫，而重型机床多用金属弹簧或空气弹簧。

（2）消除或减弱产生自激振动的条件

① 调整振动系统小刚度主轴的位置　理论分析和实验结果均表明,振动系统小刚度主轴 x_1 相对于 y 坐标轴的夹角 α（图 4.53）对振动系统的稳定性具有重要影响。当小刚度主轴 x_1 位于切削力 F 与 y 坐标轴的夹角 β 内时，机床加工系统就会有振型耦合型颤振产生。图 4.53（a）所示尾座结构小刚度主轴 x_1 位于切削力 F 与 y 轴的夹角 β 范围内，容易产生振型耦合型颤振；图 4.53（b）所示尾座结构较好，小刚度主轴 x_1 位于切削力 F 与 y 轴的夹角 β 范围之外。除改进机

床结构设计之外，合理安排刀具与工件的相对位置，也可以调整小刚度主轴的相对位置。

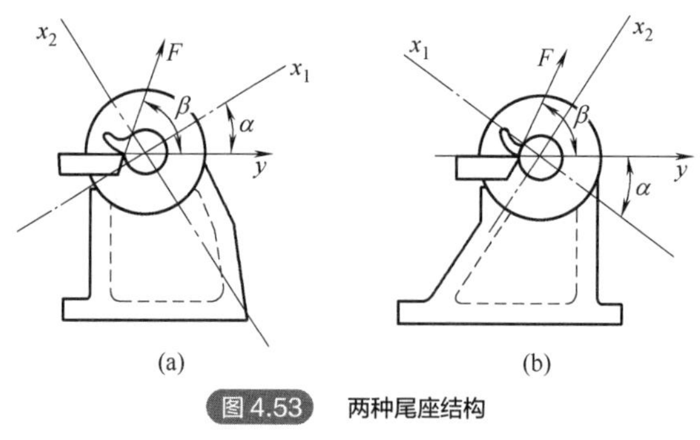

图 4.53 两种尾座结构

x_1—小刚度主轴；x_2—大刚度主轴

② 增加切削阻尼 适当减小刀具后角，可加大工件和刀具后刀面间的摩擦阻尼，对提高切削稳定性有利。但后角过小会引起摩擦型颤振，一般后角取 2°~3°为宜，必要时还可在后刀面上磨出带有负后角的消振棱，如图 4.54 所示。如果加工系统产生摩擦型颤振，需设法调整转速，使切削速度 v 处于 F-v 曲线的下降特性区之外。

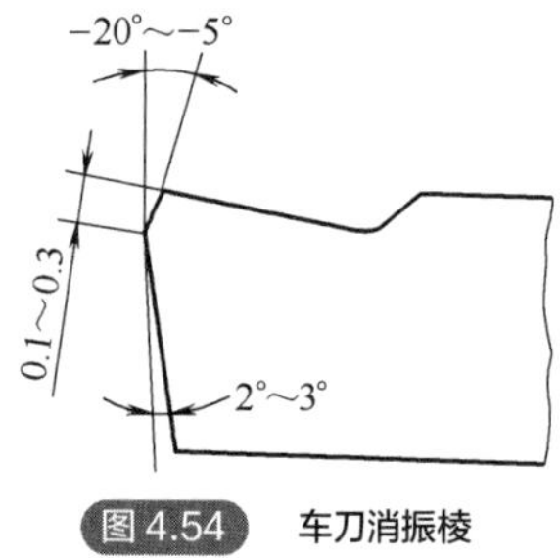

图 4.54 车刀消振棱

③ 采用变速切削方法加工 再生型颤振是切削颤振的主要形态，变速切削对于再生型颤振具有显著的抑制作用。所谓变速切削，就是人为地以各种方式连续改变机床主轴转速所进行的一种切削方式。在变速切削中，机床主轴转速将以一定的变速幅度 $\Delta n/n_0$、一定的变速频率、一定的变速波形围绕某一基本转速 n_0 做周期变化。

课后练习

（1）在车床上用两顶尖装夹工件车削细长轴时，加工后经测量发现有如图 4.55 所示的形状误差。试分析产生这些形状误差的主要原因。

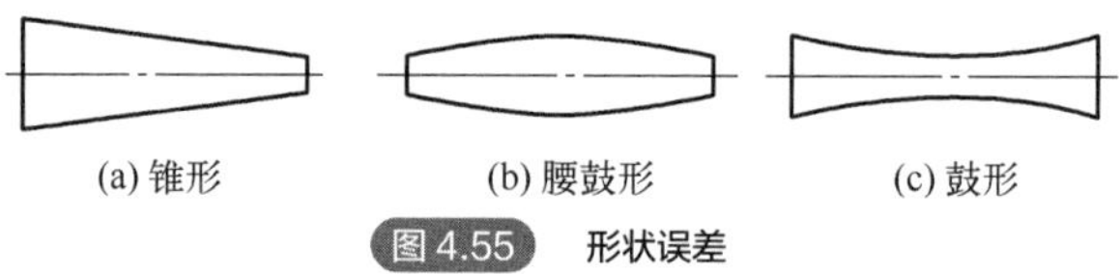

图 4.55 形状误差

（2）机械加工表面质量对零件的使用性能有何影响?

（3）在自动车床上加工一批直径尺寸要求为 ϕ8mm±0.090mm 的工件，调整完毕后试车 50 件，测得尺寸如下。试画尺寸分布的直方图，计算工艺能力系数。若该工序允许废品率为 3%，问该机床精度能否满足要求?

7.920，7.970，7.980，7.990，7.995，8.005，8.018，8.030，8.068，7.935
7.970，7.982，7.991，7.998，8.007，8.022，8.040，8.080，7.940，7.972
7.985，7.992，8.000，8.010，8.022，8.040，7.957，7.975，7.985，7.992
8.000，8.012，8.028，8.045，7.960，7.975，7.988，7.994，8.002，8.015
8.024，8.028，7.965，7.980，7.988，7.995，8.004，8.027，8.065，8.017

（4）在两台相同的自动车床上加工一批小轴外圆，要求保证直径 $\phi11$mm±0.02mm，第一台加工 1000 件，其直径尺寸按照正态分布，平均值 $\overline{x}_1$=11.005mm，均方差 σ_1=0.004mm。第二台加工 500 件，其直径尺寸也按正态分布，且 $\overline{x}_2$=11.015mm，σ_2=0.0025mm。试完成：

① 在同一图上画出两台机床加工的两批工件的尺寸分布图，并指出哪台机床的精度高。

② 计算并比较哪台机床的废品率高，并分析其产生的原因及提出改进方法。

（5）在车床上加工一批直径要求为 $\phi25_{-0.08}^{\ 0}$ mm 的轴。加工后已知外径尺寸误差呈正态分布，均方根偏差为 σ=0.01mm，分布曲线中心比公差带中心大 0.02mm。试完成：

① 画出正态分布图。

② 计算该批零件的合格品率、废品率及返修率。

③ 计算系统性误差。

④ 计算工序能力系数，判断本工序工艺能力如何。

（6）在车床上加工一批直径尺寸要求为 $\phi40_{-0.08}^{+0.03}$ mm 的孔。加工后内孔尺寸误差呈正态分布，均方根偏差 σ=0.02mm，平均尺寸为 39.98mm。试完成：

① 画出正态分布图。

② 计算该批零件的合格品率、废品率及返修率。

③ 计算系统性误差。

④ 计算工序能力系数，判断本工序工艺能力如何。

第 5 章

机械加工工艺规程

本章思维导图

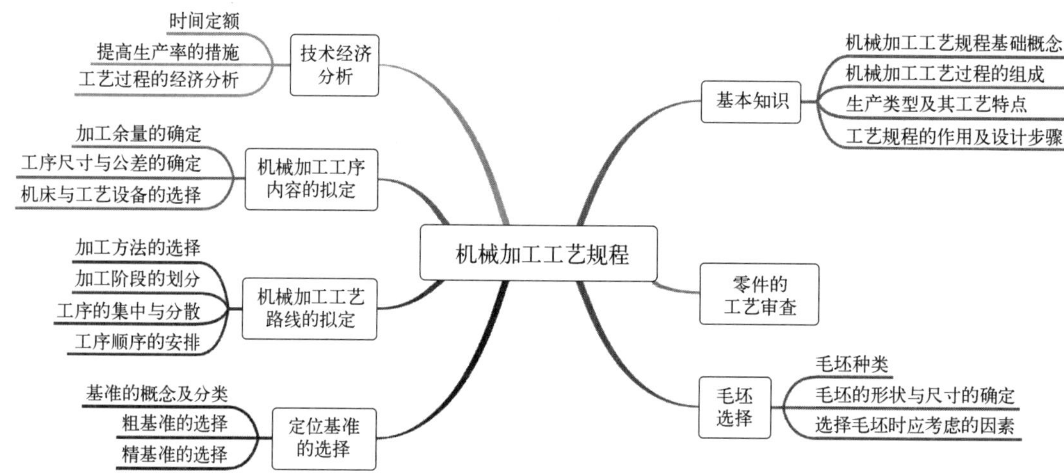

知识目标

（1）熟悉机械的生产过程和工艺过程的基本概念，熟悉机械加工工艺过程的组成以及生产纲领、生产类型及其工艺特征；

（2）掌握机械加工中常用毛坯的种类及性能；

（3）掌握零件的结构工艺性；

（4）熟悉零件图分析的方法，能够阅读零件图、工艺文件；

（5）熟悉机械加工工序设计的基本内容，掌握机械加工工序设计的方法。

能力目标

（1）具有轴类零件的工艺分析能力；

（2）具有根据零件结构、材料选择机床、刀具结构、刀具材料的能力；

（3）具有选择轴类零件毛坯的能力；

（4）具备编制轴类零件工艺路线、工艺方案的能力。

思政目标

（1）具有从局部到整体的全局观；

（2）具备团队合作的能力，以及具备团队领导者的能力。

项目引入

图 1.1 为减速器中的输出轴，该零件为典型的阶梯轴。根据前面章节的学习内容，可以根据零件的结构形状确定采用哪种加工方法，但是加工过程中如何针对零件的技术要求，确定其生产类型、毛坯类型及形式、加工阶段、工艺顺序、工序尺寸、工时定额等信息，是本章要解决的问题。

5.1　机械加工工艺规程基础知识

5.1.1　工艺规程的基本概念

生产过程是由原材料（或半成品）转变为成品的全过程。从图 5.1 中可以看出，生产过程包含的内容多且复杂。生产过程不仅仅是整台机器的制造过程，也可以是指某一零件或部件的制造过程，如铸造或锻造的产品就是机械加工的原材料。

在生产过程中，直接改变生产对象的形状、尺寸、相对位置和性质等，使其成为成品或半成品的过程称为**工艺过程**。将原材料改变为成品间接相关的过程，则称为**辅助过程**。用机械加工的方法，直接改变原材料或毛坯的形状、尺寸和性能等，使之变为合格零件的过程，称为零件的**机械加工工艺过程**。将零件装配成部件或产品的过程，称为装配工艺过程。除此之外，在生产过程中还包括热处理工艺过程、检验调试工艺过程、涂装工艺过程等。本章主要讨论机械加工工艺过程。

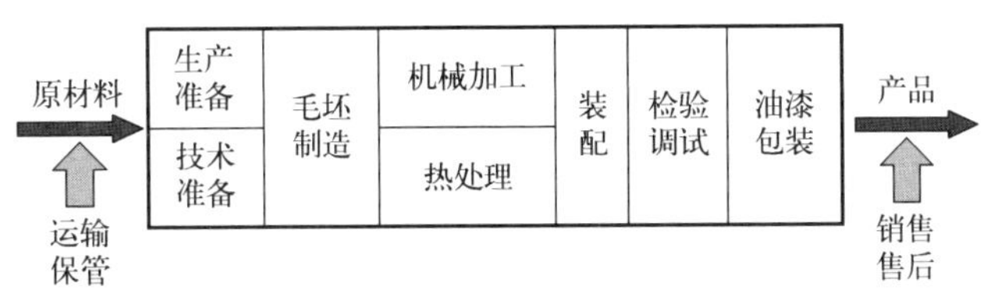

图 5.1　生产过程

5.1.2 机械加工工艺过程的组成

机械加工工艺过程就是通过机械加工的方法，将毛坯变成零件的过程，在这个过程中往往需要采用不同的加工方法、工艺设备、工艺装备等来完成。因此可以说，工艺过程就是由一个或若干个顺序排列的工序组成的。每个工序又可分为若干次安装、工位、工步和走刀，各组成部分之间的关系如图 5.2 所示。

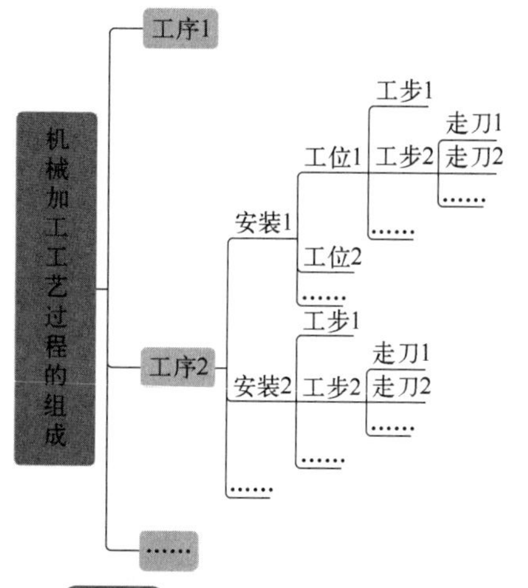

图 5.2 机械加工工艺过程的组成

① **工序** 工序是指一个（或一组）工人在同一个工作地点（或同一台机床上）对一个（或同时对几个）工件连续完成的那一部分工艺过程。

从定义的描述中，可以看出划分工序的四要素是操作者、工作地点、工作对象（工件）、连续，四要素中任一要素改变，则应称为另一个工序。因此，同一个零件、同样的加工内容，可以有不同的工序安排。

例如，如图 5.3 所示阶梯轴零件的加工内容是：加工小端面、对小端面钻中心孔、加工大端面、对大端面钻中心孔、车大端面外圆、对大端面倒角、车小端面外圆、对小端面倒角、铣键槽、去毛刺。这些加工内容可以安排在两个工序中完成，也可以安排在四个工序中完成，还可以有其他安排。工序安排和工序数目的确定与零件的技术要求、零件的数量和现有工艺条件等有关。显然，工件在四个工序中完成时，精度和生产率均较高。

② **安装** 如果在一个工序中需要对工件进行几次装夹，则每次装夹下完成的那部分工序内容称为一个安装。

例如，加工图 5.3 阶梯轴时，按照第一种方法（安排在两个工序中）加工，则在一次装夹后需要掉头装夹 3 次，才能完成工序 1 的内容，因此该工序共有 4 个安装（装夹 1：平端面，打一头顶尖孔，粗车一端外圆；装夹 2：平另一端面，打顶尖孔，粗车外圆；装夹 3：精车一端外圆；装夹 4：精车另一端外圆）。按照加工工序安排的内容不同，装夹次数也会发生变化。

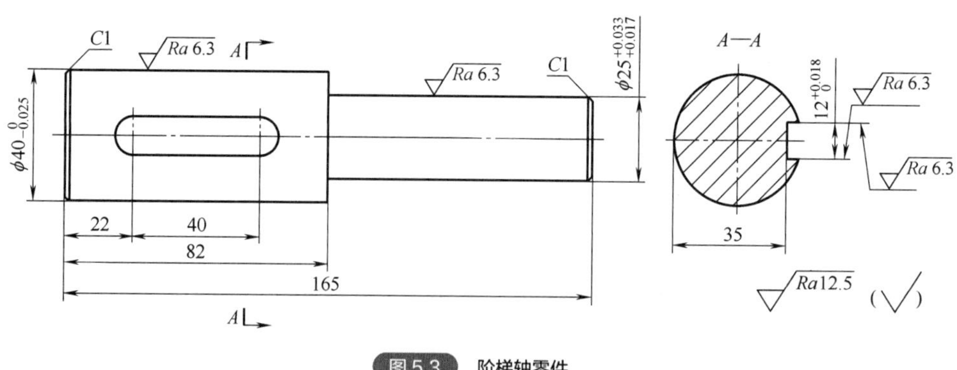

图 5.3 阶梯轴零件

③ **工位** 在工件的一次安装中，通过分度（或移位）装置，使工件相对于机床床身变换加工位置，则把每一个加工位置上的工序内容称为工位。在一个安装中，可能只有一个工位，也

可能需要有几个工位。

如图 5.4 所示为立轴式回转工作台使工件处于不同加工位置的状态，即多工位加工。在该例中，共有 4 个工位，依次为装卸工件、钻孔、扩孔和铰孔，通过一次装夹完成了钻孔、扩孔和铰孔加工。

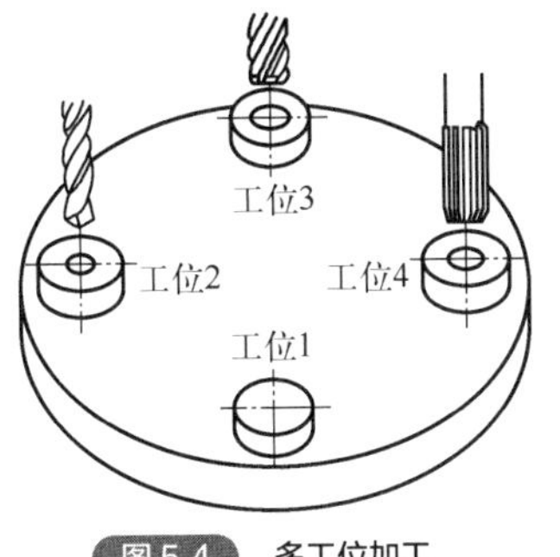

图 5.4 多工位加工

④ **工步** 在加工表面、切削刀具、切削速度和进给量都不变的情况下所完成的工位内容，称为一个工步。按照工步的定义，带回转刀架的机床（转塔车床、加工中心），其回转刀架的一次转位所完成的工位内容应属一个工步，此时若有几把刀具同时参与切削，则该工步称为复合工步。图 5.5 所示为立轴转塔车床回转刀架示意图，图 5.6 所示为用该刀架加工齿轮内孔及外圆的一个复合工步。应用复合工步主要是为了提高工作效率。

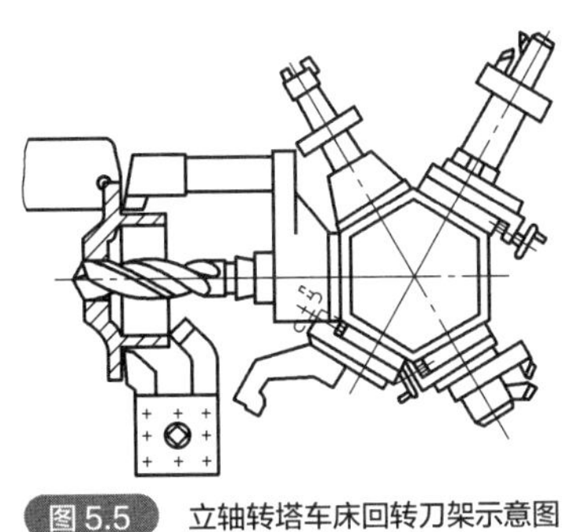

图 5.5 立轴转塔车床回转刀架示意图

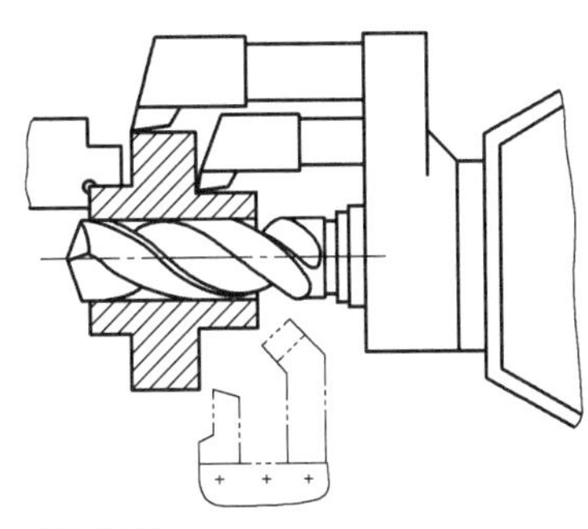

图 5.6 立轴转塔车床的一个复合工步

⑤ **走刀** 切削刀具在加工表面上切削一次所完成的工步内容，称为一次走刀。一个工步可包括一次或数次走刀。当需要切去的金属层很厚，不可能在一次走刀下切完，则需分几次走刀。走刀次数又称为行程次数。

5.1.3 生产类型及其工艺特点

生产类型的确定与生产纲领和生产批量的大小有着密切的关系，下面介绍这 3 个工艺名词。

（1）生产纲领及生产批量

企业在计划期内应当生产的产品产量和进度计划，称为该产品的**生产纲领**。企业的计划期通常为一年，因此，生产纲领可以认为是企业一年内生产的产品数量，即年产量或年生产纲领。在进行机器中某一种零件的生产纲领的产量安排时，除了要考虑生产该机器所需的该种零件的数量外，还要考虑零件的备品和废品数量，所以零件的生产纲领是指包括备品和废品在内的年产量。零件的生产纲领可按式（5.1）计算：

$$N=Qn(1+a)(1+b) \tag{5.1}$$

式中 N——零件的年生产纲领，件/年；

Q——机器的生产纲领，台/年；

n——每台机器中该零件的数量，件/台；

a——备品率，%；

b——废品率，%。

确定了零件的年生产纲领后，还要考虑投产计划，即一次投入或产出的同一产品或零件的数量，该数量为**生产批量**。

（2）生产类型

生产类型对工艺过程的安排有着很重要的影响，当生产类型不同时，生产组织和生产管理、车间的机床布置、毛坯的制造方法、采用的工艺装备（刀具、夹具、量具、辅具等）、加工方法以及工人的熟练程度等都有很大的不同，因此在制订工艺路线、工艺内容之前必须明确该产品的生产类型。

生产类型是指企业（或车间、工段、班组、工作地）生产专业化程度的分类，一般分为大量生产、成批生产和单件生产 3 种类型。

① **单件生产**　指生产的产品**品种很多**，但同一产品的**产量很小**，各个工作地的**加工对象经常改变**，而且**很少重复生产**。例如，重型机器制造、专业设备制造和新产品试制等。

② **大量生产**　指生产的**产品数量很大**，大多数工作地**长期只进行固定产品或零件某一工序的生产**。例如，汽车零部件、轴承等的制造通常都是以大量生产的方式进行。

③ **成批生产**　指一年中**分批轮流生产几种不同的产品**，每种产品均**有一定的数量**，工作地的**生产对象周期性地重复**。按照生产批量的大小，成批生产通常可分为小批（小批量）、中批（中批量）和大批（大批量）生产。小批生产的工艺特点接近单件生产，常将两者合称为**单件小批生产**；大批生产的工艺特点接近大量生产，常合称为**大批大量生产**。例如，机床制造就是典型的成批生产。

生产类型的划分，可根据生产纲领和产品的特点及零件的重量或工作地每月担负的工序数，参考表 5.1 确定。同一企业或车间可能同时存在几种生产类型，判断企业或车间的生产类型，应根据企业或车间中占主导地位的产品的生产类型来定。

表 5.1　生产类型与生产纲领的关系

生产类型		生产纲领/（台/年）或（件/年）			工作地每月担负的工序数/（工序数/月）
		重型机械或重型零件（>100kg）	中型机械或中型零件（10~100kg）	小型机械或轻型零件（<10kg）	
单件生产		5	10	100	不作规定
成批生产	小批	>5~100	>10~200	>100~500	>20~40
	中批	>100~300	>200~500	>500~5000	>10~20
	大批	>300~1000	>500~5000	>5000~50000	>1~10
大量生产		>1000	>5000	>50000	>1

不同的生产类型具有不同的工艺特点（见表 5.2），在制订工艺规程时，应首先确定生产类型，根据不同生产类型的工艺特点，制订出合理的工艺规程。

表 5.2　各种生产类型的主要工艺特点

项目	单件生产	成批生产	大量生产
工件的互换性	一般是配对制造，缺乏互换性，广泛用钳工修配	大部分有互换性，少数用钳工修配	全部有互换性。某些精度较高的配合件用分组选择法装配

续表

项目	单件生产	成批生产	大量生产
毛坏的制造方法及加工余量	铸件用木模手工造型。锻件用自由锻。毛坯精度低，加工余量大	部分铸件用金属型，部分锻件用模锻。毛坯精度中等，加工余量中等	铸件广泛采用金属型机器造型，锻件广泛采用模锻，以及其他高生产率的毛坯制造方法。毛坯精度高，加工余量小
机床设备	采用通用机床。按机床种类及大小采用“机群式”排列	采用部分通用机床和部分高生产率机床。按加工零件类别分工段排列	广泛采用高生产率的专用机床及自动机床。按流水线形式排列
夹具	多用标准附件，极少采用专用夹具，靠划线及试切法达到精度要求	广泛采用专用夹具，部分靠划线法达到精度要求	广泛采用高生产率夹具及调整法达到精度要求
刀具与量具	采用通用刀具和万能量具	较多采用专用刀具及专用量具	广泛采用高生产率刀具和量具
对工人的要求	需要技术熟练的工人	需要一定熟练程度的工人	对操作工人的技术要求较低，对调整工人的技术要求较高
工艺规程	有简单的工艺路线卡	有工艺规程，对关键零件有详细的工艺规程	有详细的工艺规程
生产率	低	中	高
成本	高	中	低
发展趋势	箱体类复杂零件采用加工中心加工	采用成组技术，数控机床或柔性制造系统等进行加工	在计算机控制的自动化制造系统中加工，并可能实现在线故障诊断、自动报警和加工误差自动补偿

随着技术进步和市场需求的变换，生产类型的划分正在发生着深刻的变化，传统的大批量生产，往往不能适应产品及时更新换代的需要，而单件小批生产的生产能力又跟不上市场需求，因此各种生产类型都朝着生产过程柔性化的方向发展。成组技术（包括成组工艺、成组夹具）为这种柔性化生产提供了重要的基础。

5.1.4 工艺规程的作用及设计步骤

“工艺规程”是规定产品或零部件制造工艺过程和操作方法等的工艺文件。当小批量生产、产品试制、大修等时，可编写机械加工工艺过程卡片，而在产品量产时，需要编制详细的机械加工工序卡片。从图 5.7 中可以看出，工艺规程中包括加工过程中用到的加工方法、机床设备、工艺装备、工时定额信息，同时应该在工序内容中体现出加工尺寸、公差及技术要求等。从图 5.8 中可以看出，工序卡中应体现出装夹方案、加工步骤、切削用量、工时定额等信息。

机械加工工艺过程卡片	产品型号		零件图号		总 1 页	第 1 页
	产品名称		零件名称		共 1 页	第 1 页

材料牌号		毛坯种类		毛坯外形尺寸		每毛坯可制件数		每台件数		备注	

工序号	工序名称	工序内容	车间	工段	设备	工艺装备	工时	
							准终	单件

描图

描校

底图号

装订号

										设计(日期)	审核(日期)	标准化(日期)	批准(日期)
标记	处数	更改文件号	签字	日期	标记	处数	更改文件号	签字	日期				

图 5.7 机械加工工艺过程卡片

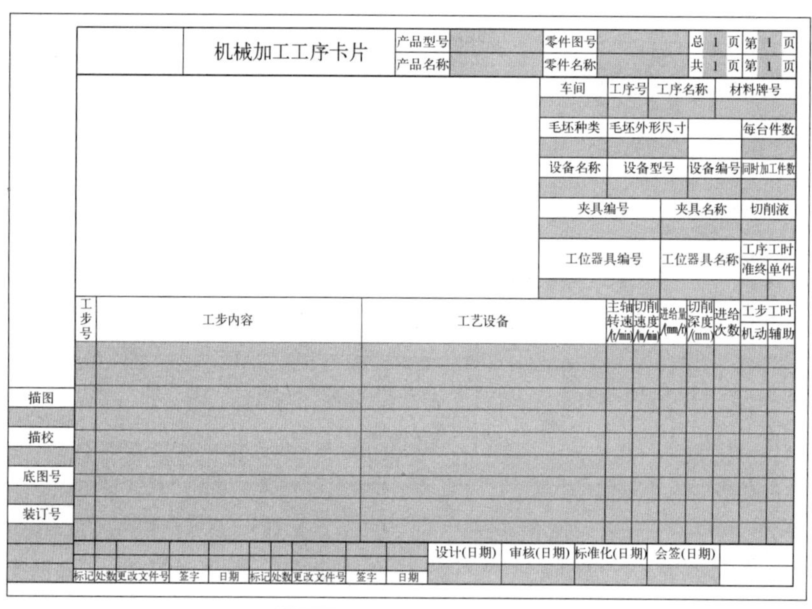

机械加工工序卡片	产品型号		零件图号		总 1 页	第 1 页
	产品名称		零件名称		共 1 页	第 1 页

车间	工序号	工序名称	材料牌号
毛坯种类	毛坯外形尺寸		每台件数
设备名称	设备型号	设备编号	同时加工件数
夹具编号		夹具名称	切削液
工位器具编号		工位器具名称	工序工时 准终 单件

工步号	工步内容	工艺设备	主轴转速/(r/min)	切削速度/(m/min)	进给量/(mm/r)	切削深度/(mm)	进给次数	工步工时	
								机动	辅助

描图

描校

底图号

装订号

										设计(日期)	审核(日期)	标准化(日期)	会签(日期)
标记	处数	更改文件号	签字	日期	标记	处数	更改文件号	签字	日期				

图 5.8 机械加工工序卡片

(1)工艺规程的作用

机械加工工艺过程卡片是以工序为单位简要说明零件机械加工过程的一种工艺文件，主要用于单件小批生产和中批生产的零件，大批大量生产可酌情自定。该卡片是生产管理方面的工艺文件。

机械加工工序卡片是在工艺过程卡片的基础上，进一步按每道工序所编制的一种工艺文件，其主要内容包括工序简图、该工序中每个工步的加工内容、工艺参数、操作要求以及所用的设备等。工序卡片主要用于大批大量生产中所有的零件工序，中批生产中复杂产品的关键零件工序以及单件小批生产中的关键工序。

机械加工工序卡片中的工序简图可以清楚直观地表达出本工序的有关内容，其绘制方法有如下要求：

① 可按大概的比例缩小（或放大），并尽可能用较少的视图绘出，视图中与本工序无关的次要结构和线条可略去不画。

② 主视图方向尽量与工件在机床上的装夹方向一致。

③ 本工序加工表面用粗实线或红色粗实线表示，其他表面用细实线表示。

④ 图中应标注本工序加工后应达到的尺寸(即工序尺寸)及其上下偏差、加工表面粗糙度、形状和位置公差等，有时也用括号注出工件外形尺寸作参考用。

⑤ 工件的结构、尺寸要与本工序加工后的情况相符，不要将后面工序中才能形成的结构形状在本工序的工序简图中反映出来。

⑥ 图中应使用表 5.3 所示符号表示出工件的定位及夹紧情况，表 5.4 是定位、夹紧符号标注示例。

表 5.3　定位及夹紧符号

分类		独立		联动	
		标注在视图轮廓线上	标注在视图正面上	标注在视图轮廓线上	标注在视图正面上
主要定位支承	固定式				
	活动式				
辅助（定位）支承			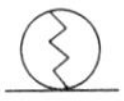	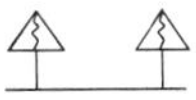	
手动夹紧				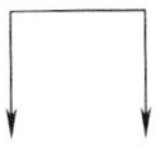	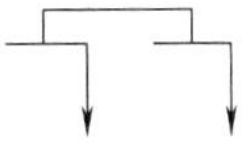
液压夹紧		 Y	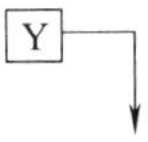 Y	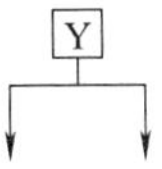 Y	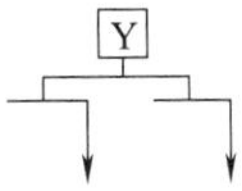 Y
气动夹紧		 Q	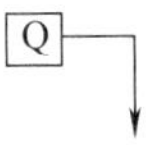 Q	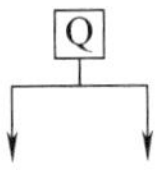 Q	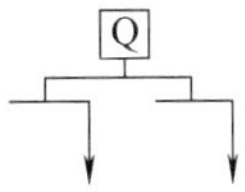 Q
电磁夹紧		 D	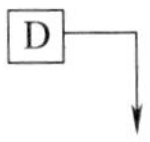 D	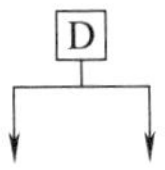 D	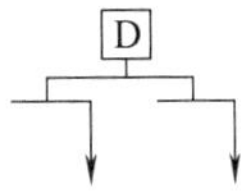 D

表 5.4　定位及夹紧符号标注示例

序号	说明	定位、夹紧符号标注示意图	装置、符号标注示意图
1	铁爪定位夹紧（薄壁零件）	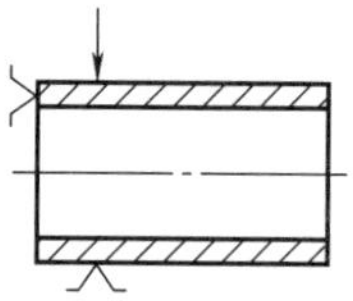	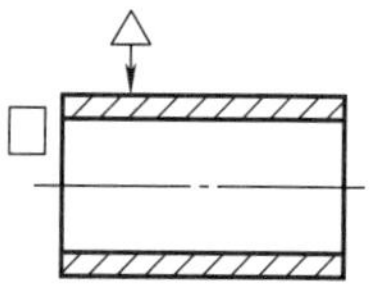
2	床头伞形顶尖、床尾伞形顶尖定位、拨杆夹紧（筒类零件）	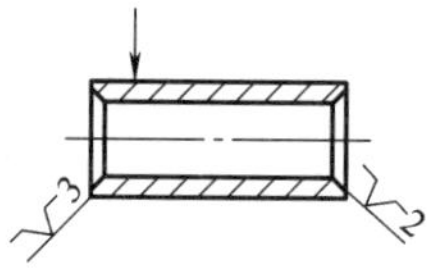	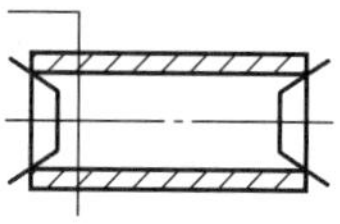
3	床头中心堵、床尾中心堵定位，镗杆夹紧（筒类零件）	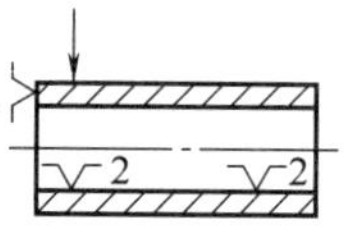	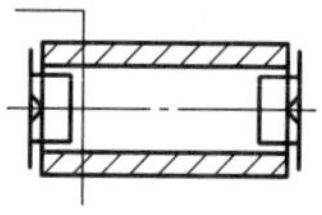
4	角铁及可调支承定位、联动夹紧	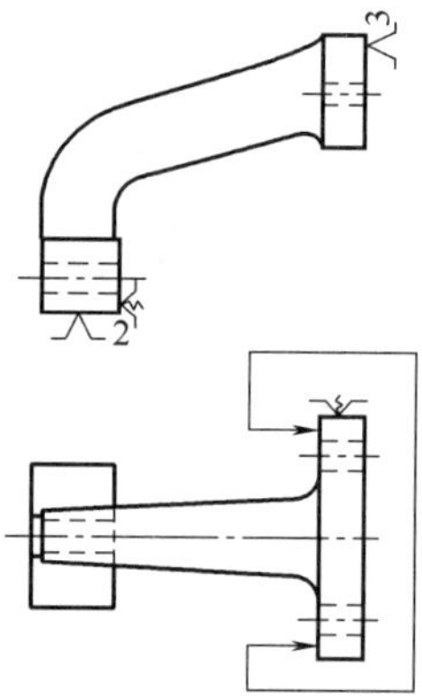	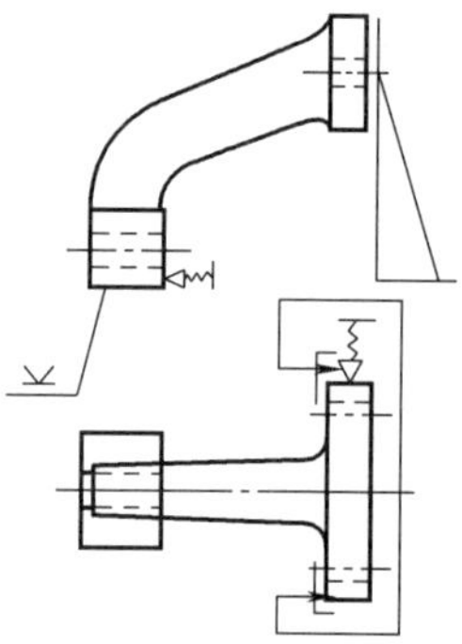

实际生产中并不需要各种工艺文件都必须齐全，允许结合具体情况做适当增减。未规定的其他工艺文件格式，可根据需要自行制订。

（2）工艺规程的设计步骤

制订零件机械加工工艺规程的步骤如下：

① 根据零件的生产纲领决定生产类型，主要是指在成批生产时，确定零件的生产批量；在大量流水生产时，要确定生产一个零件的时间（即生产节拍）。

② 分析零件加工的工艺性，包括审查零件的结构工艺性和分析零件的各项技术要求，并提出必要的修改意见。

③ 选择毛坯的种类和制造方法，应全面考虑毛坯制造成本和机械加工成本，以达到降低零件总成本的目的。

④ 拟订工艺过程，它包括选择定位基准、选择零件表面加工方法、划分加工阶段、安排加工顺序和组合工序等。

⑤ 工序设计，工序设计包括确定加工余量、计算工序尺寸及其公差、确定切削用量、计算工时定额及选择机床和工艺装备等。

⑥ 编制工艺文件。

5.2 零件的工艺审查

5.2.1 零件图的工艺分析与审查

在制订零件的机械加工工艺规程之前，对零件进行工艺性分析，以及对产品零件图提出修改意见，是制订工艺规程的一项重要工作。

首先应熟悉零件在产品中的作用、位置、装配关系和工作条件，以及各项技术要求对零件装配质量和使用性能的影响，找出主要的和关键的技术要求，然后对零件图样进行分析。

① 检查产品图样的完整性、正确性　在了解零件形状和结构之后，应检查零件视图是否正确、足够，表达是否直观、清楚，绘制是否符合国家标准，尺寸、公差以及技术要求的标注是否齐全、合理等。

② 分析零件材料的合理性　分析所提供的毛坯材质本身的机械性能和热处理状态，毛坯的铸造品质和被加工部位的材料硬度，是否有白口、夹砂、疏松等缺陷。判断其加工的难易程度，为选择刀具材料和切削用量提供依据。所选的零件材料应经济合理，切削性能好，满足使用性能的要求。

③ 分析技术要求标注的完整性、合理性　零件的技术要求分析包括以下几方面：

a. 加工表面的尺寸精度和形状精度。

b. 各加工表面之间以及加工表面与不加工表面之间的位置精度。

c. 加工表面粗糙度以及表面质量方面的其他要求。

d. 热处理及其他要求（如动平衡、未注圆角、去毛刺、毛坯要求等）。

5.2.2 典型零件结构工艺性分析

零件结构工艺性，是指所设计的零件在能满足使用要求的前提下制造的可行性和经济性。零件的结构对其机械加工工艺过程影响很大。使用性能完全相同而结构不同的两个零件，它们加工的难易和制造成本可能有很大区别。所谓良好的工艺性，首先指零件结构应方便机械加工，即在同样的生产条件下能够采用简便和经济的方法加工出来；其次零件结构还应适应生产类型和具体生产条件的要求。在制订机械加工工艺规程时，主要进行零件的切削加工工艺性分析，它主要涉及如下几点：

① 工件应便于在机床或夹具上装夹，并尽量减少装夹次数。

② 刀具易于接近加工部位，便于进刀、退刀、越程和测量以及便于观察切削情况等。

③ 尽量减少刀具调整和走刀次数。

④ 尽量减小加工面积及空行程，提高生产率。

⑤ 便于采用标准刀具，尽可能减少刀具种类。

⑥ 尽量减小工件和刀具的受力变形。

⑦ 改善加工条件，便于加工，必要时应便于采用多刀、多件加工。

⑧ 有适宜的定位基准，且定位基准至加工面的标注尺寸应便于测量。

典型零件结构工艺性对比分析见表5.5。

表5.5 常见结构工艺性分析

主要要求	结构工艺性		工艺性好的结构的优点
	不好	好	
1.加工面积应尽量小	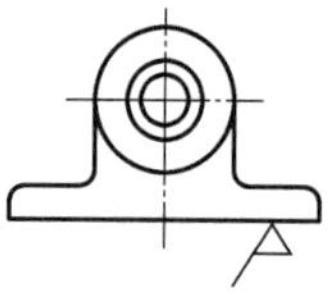	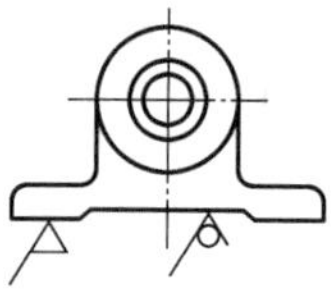	1.减少加工量 2.减少材料及切削工具的消耗量
2.钻孔的入端和出端应避免斜面	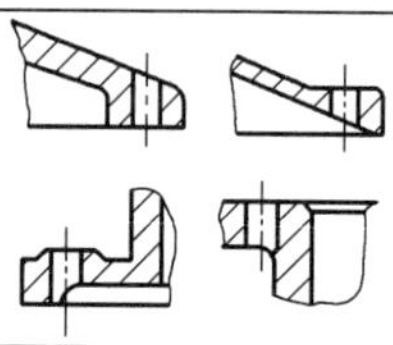	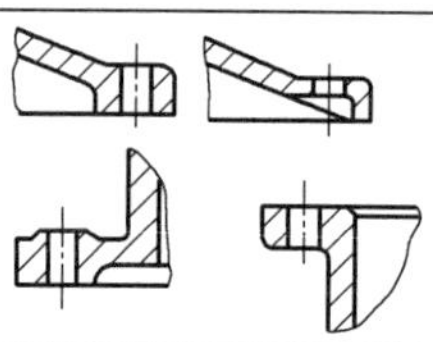	1.避免刀具损坏 2.提高钻孔精度 3.提高生产率
3.避免斜孔	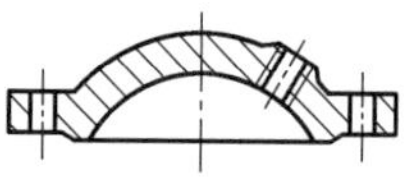	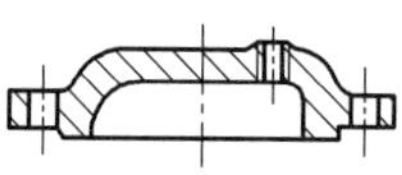	1.简化夹具结构 2.几个平行的孔便于同时加工 3.减少孔的加工量
4.孔的位置不能距壁太近	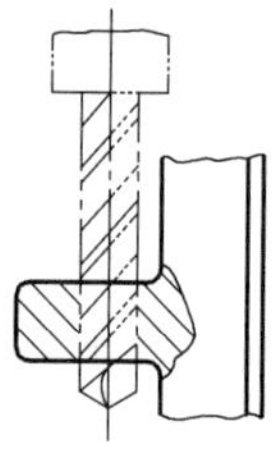	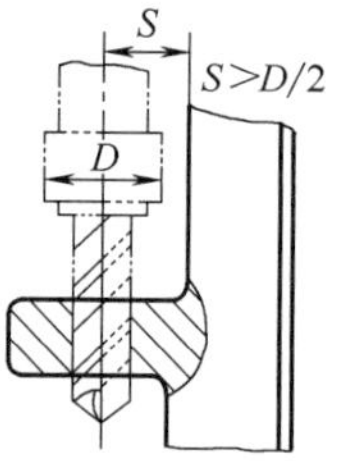 S S>D/2 D	1.可采用标准刀具和辅具 2.提高加工精度

5.3 毛坯选择

5.3.1 常用毛坯种类

根据零件（或产品）所要求的形状、尺寸等而制成的供进一步加工用的生产对象称为**毛坯**。在制订工艺规程时，合理选择毛坯不仅影响到毛坯本身的制造工艺和费用，而且对零件机械加工工艺、生产率和经济性也有很大的影响。因此，选择毛坯时应从毛坯制造和机械加工两方面综合考虑，以求得到最佳效果。

毛坯种类很多，每一种毛坯又有许多不同的制造方法。常用的毛坯主要有以下几种。

① **铸件** 铸件适用于形状较复杂的毛坯。其制造方法主要有砂型铸造、金属型铸造、压力铸造、熔模铸造、离心铸造等。较常用的是砂型铸造，当毛坯精度要求低、生产批量较小时，采用木模手工造型法；当毛坯精度要求高、生产批量很大时，采用金属型机器造型法。铸件材料主要有铸铁、铸钢及铜、铝等有色金属。

② **锻件** 锻件适用于强度要求高、形状较简单的毛坯。其锻造方法有自由锻和模锻两种。自由锻毛坯精度低、加工余量大、生产率低，适用于单件小批量生产以及大型零件毛坯。模锻

毛坯精度高、加工余量小、生产率高，适用于中批量以上生产的中小型零件毛坯。常用的锻造材料为中、低碳钢及低合金钢。

③ **型材**　主要包括各种热轧和冷拉圆钢、方钢、六角钢、八角钢等型材。热轧毛坯精度较低，冷拉毛坯精度较高。

④ **焊接件**　焊接件是将型材或板料等焊接成所需的毛坯，简单方便，生产周期短，但常需经过时效处理消除应力后才能进行机械加工。

⑤ **其他毛坯**　如冲压件、粉末冶金和塑料压制件等。

5.3.2　毛坯选择时应考虑的因素

选择毛坯时应全面考虑下列因素：

① **零件的材料及力学性能要求**　某些材料由于其工艺特性决定了其毛坯的制造方法。例如，铸铁和有些金属只能铸造；对于重要的钢质零件，为获得良好的力学性能，应选用锻件毛坯。

② **零件的结构形状与尺寸**　毛坯的形状与尺寸应尽量与零件的形状和尺寸接近。形状复杂和大型零件的毛坯多用铸造；薄壁零件毛坯不宜用砂型铸造；板状钢质零件毛坯多用锻造；轴类零件毛坯，如各台阶直径相差不大，可选用棒料，如各台阶直径相差较大，宜用锻件。对于锻件，尺寸大时可选用自由锻，尺寸小且批量较大时可选用模锻。

③ **生产纲领的大小**　大批大量生产时，应选用精度和生产率较高的毛坯制造方法，如模锻、金属型机器造型铸造等。虽然一次投资较大，但生产量大，分摊到每个毛坯上的成本并不高，且此种毛坯制造方法的生产率较高，节省材料，可大大减少机械加工量，降低产品的总成本。单件小批量生产时，则应选用木模手工造型铸造或自由锻。

④ **现有生产条件**　选择毛坯时，要充分考虑现有的生产条件，如毛坯制造的实际水平和能力、外协的可能性等。有条件时应积极组织地区专业化生产，统一供应毛坯。

⑤ **充分考虑利用新技术、新工艺、新材料的可能性**　为节约材料和能源，随着毛坯专业化生产的发展，精铸、精锻、冷轧、冷挤压等毛坯制造方法的应用将日益广泛，为实现少切屑、无切屑加工打下良好基础，这样，可以大大减少切削加工量甚至不需要切削加工，大大提高经济效益。

5.3.3　确定毛坯的形状与尺寸

毛坯尺寸和零件图上相应的设计尺寸之差称为**加工总余量**，又叫**毛坯余量**。毛坯尺寸的公差称为**毛坯公差**。毛坯余量和毛坯公差的大小同毛坯的制造方法有关，生产中可参考有关工艺手册和标准确定。

毛坯余量确定后，将毛坯余量附加在零件相应的加工表面上，即可大致确定毛坯的形状与尺寸。此外，在毛坯制造、机械加工及热处理时，还有许多工艺因素会影响到毛坯的形状与尺寸。下面仅从机械加工工艺的角度分析在确定毛坯形状和尺寸时应注意的问题。

① 为了工件加工时装夹方便，有些毛坯需要铸出工艺搭子，如图 5.9 所示的车床小刀架，当以 C 面定位加工 A 面时，毛坯上为了满足工艺的需要而增设的工艺凸台 B 就是工艺搭子。这里的工艺凸台 B 也是一个典型的辅助基准，由于是为了满足工艺上的需要而附加上去的，所以也常称为附加基准。工艺搭子在零件加工后一般可以保留，当影响到外观和使用性时才予以切除。

② 为了保证加工质量，同时也为了加工方便，通常将轴承瓦块、砂轮平衡块及车床中的开合螺母外壳（如图 5.10 所示）之类的分离零件的毛坯先做成一个整体毛坯，加工到一定阶段后再切割分离。

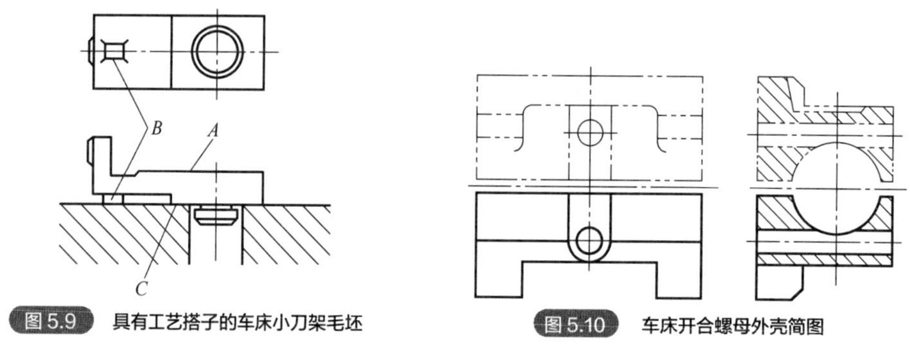

图 5.9 具有工艺搭子的车床小刀架毛坯

图 5.10 车床开合螺母外壳简图

③ 为了提高机械加工生产率，有时会将多个零件制成一个毛坯。对于许多短小的轴套、键、垫圈和螺母等零件［如图 5.11（a）所示］，在选择棒料、钢管及六角钢等为毛坯时，可以将若干个零件的毛坯合制成一件较长的毛坯，待加工到一定阶段后再切割成单个零件［如图 5.11（b）所示］。显然，在确定毛坯的长度时，应考虑切断刀的宽度和切割的零件数。

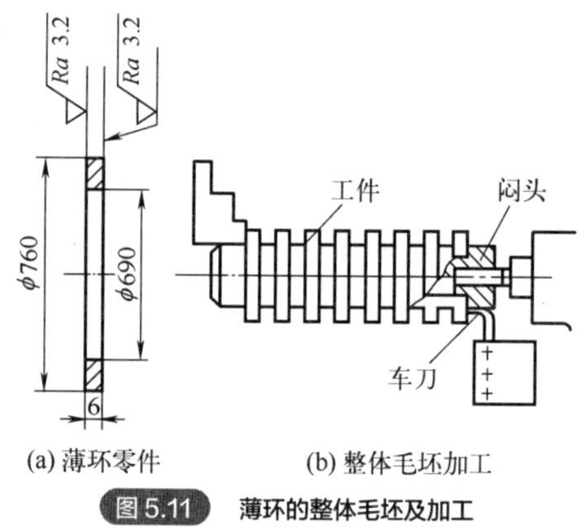

(a) 薄环零件　(b) 整体毛坯加工

图 5.11 薄环的整体毛坯及加工

5.3.4 绘制毛坯-零件综合图的步骤

选定毛坯后，即应设计、绘制毛坯图。对于机械加工工艺人员来说，建议仅设计毛坯-零件综合图。毛坯-零件综合图是简化零件图与简化毛坯图的叠加图。它表达了机械加工对毛坯的期望，为毛坯制造人员提供毛坯设计的依据，并表明毛坯和零件之间的关系。

毛坯-零件综合图的内容应包括毛坯结构形状、余量、尺寸及公差、机械加工选定的粗基准、毛坯组织、硬度、表面及内部缺陷等技术要求。

毛坯-零件综合图的绘制步骤为：简化零件图—附加余量层—标注尺寸、公差及技术要求。具体过程如下。

① 零件图的简化 简化零件图（如图 5.12 所示）就是将那些不需要由毛坯直接制造出来，而是由机械加工形成的表面，通过增加余块（或称敷料，为了简化毛坯形状、便于毛坯制造而附加上去的一部分金属）的方式简化掉，以方便毛坯制造。这些表面包括倒角、螺纹、槽以及

不由毛坯制造的小孔、台阶等。如图 5.12（a）所示的小轴图，增加余块后变成图 5.12（b）所示小轴简化图；如图 5.12（c）所示的齿轮图，增加余块后变成图 5.12（d）所示齿轮简化图。小轴与齿轮零件都进行了简化。

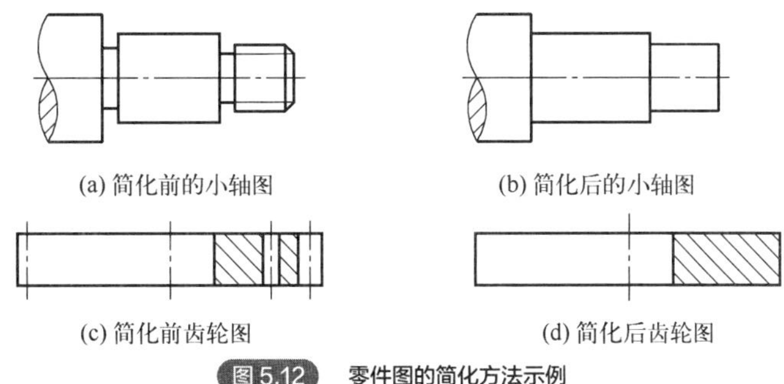

(a) 简化前的小轴图　　(b) 简化后的小轴图

(c) 简化前齿轮图　　(d) 简化后齿轮图

图 5.12　零件图的简化方法示例

将简化后的零件轮廓用双点画线按制图标准规定绘制成简化零件图。

② **附加余量层**　将加工表面的余量 Z 按比例用粗实线画在加工表面上，在剖切平面的余量层内打上网纹线，以区别剖面线。应当注意的是，对于简化零件图所用的余量，不应以附加余量层的方式表达。

③ **标注**　毛坯-零件综合图的标注包括尺寸标注和技术要求标注两方面。

a. 尺寸标注仅标注公称余量 Z 和毛坯尺寸。

b. 技术要求标注包括以下内容：

• 材料的牌号、内部组织结构等有关标准或要求。

• 毛坯的精度等级、检验标准及其他要求。

• 机械加工所选定的粗基准。

标注后的毛坯-零件综合图如图 5.13 所示。

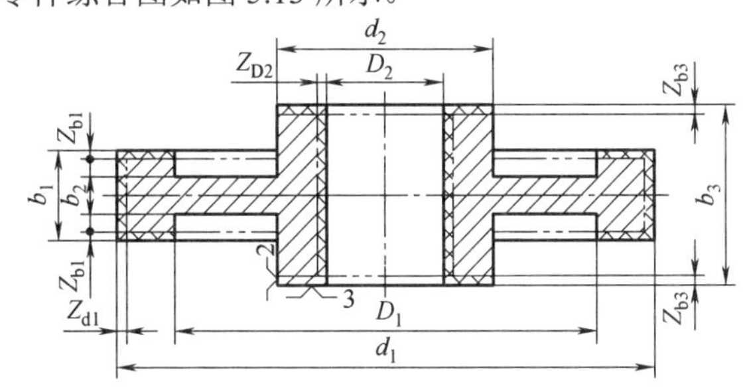

(a) 齿轮的毛坯 - 零件综合图示例

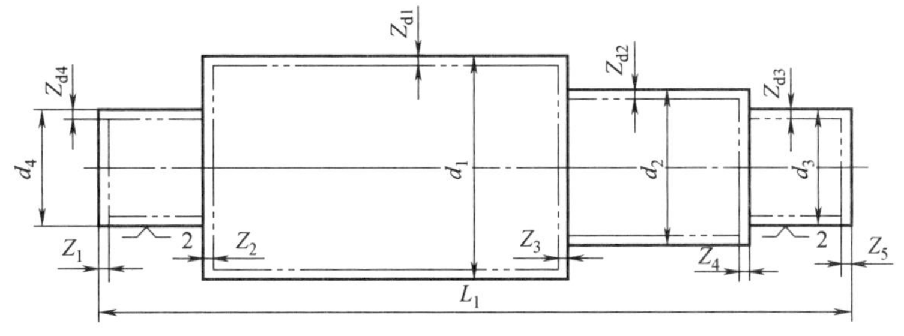

(b) 轴的毛坯 - 零件综合图示例

图 5.13　毛坯-零件综合图示例

5.4 定位基准的选择

定位基准选择，直接关系到零件加工过程中加工顺序的安排，并直接影响零件的加工精度以及加工过程中的加工难度。在进行夹具设计时，定位基准的选择关系到夹具结构的复杂程度。因此，定位基准的选择是一个很关键的工艺问题。

5.4.1 基准及其分类

从设计和工艺两方面来分析，**基准可分为设计基准和工艺基准两大类**。有关基准的分类如图 5.14 所示。

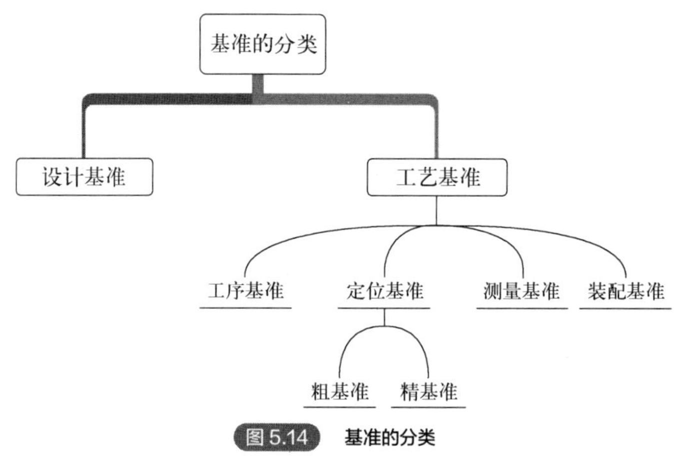

图 5.14 基准的分类

(1) 设计基准

根据零件在装配结构中的装配关系和零件本身结构要素之间的相互位置关系，确定标注尺寸（含角度）的起始位置，这些起始位置可以是点、线或面，称之为设计基准。设计图样上所用的基准就是设计基准。

(2) 工艺基准

零件在加工工艺过程中所用的基准称为工艺基准。工艺基准又可进一步分为工序基准、定位基准、测量基准和装配基准。

① **工序基准** 在**工序图上**用来确定本工序所加工面加工后的尺寸、形状和位置的基准，称为工序基准。

② **定位基准** 在加工时用于工件定位的基准，称为定位基准。

在工艺规程设计中，正确选择定位基准，对保证零件加工要求、合理安排加工顺序有着至关重要的影响。定位基准有精基准与粗基准之分。用毛坯上未经加工的表面作为定位基准，这种定位基准称为**粗基准**；用加工过的表面作定位基准，这种定位基准称为**精基准**。在选择定位基准时往往先根据零件的加工要求选择精基准，由工艺路线向前反推，最后考虑选用哪一组表面作为粗基准才能把精基准加工出来。

③ **测量基准** 工件测量时所用的基准，称为测量基准。

④ **装配基准** 零件在装配时所用的基准，称为装配基准。

5.4.2 精基准的选择

选择精基准一般应遵循以下几项原则：

① **基准重合原则** 应尽可能选择被加工表面的设计基准作为精基准，这样可以避免由于基准不重合引起的定位误差。

② **统一基准原则** 应尽可能选择用同一组精基准加工工件上尽可能多的表面，以保证各加工表面之间的相对位置精度。例如，加工轴类零件时，一般都采用两个顶尖孔作为统一精基准来加工轴类零件上的所有外圆表面和端面，这样可以保证各外圆表面间的同轴度和端面对轴心线的垂直度。采用统一基准加工工件还可以减少夹具种类，降低夹具设计制造费用。

③ **互为基准原则** 当工件上两个加工表面之间的位置精度要求比较高时，可以采用两个加工表面互为基准反复加工的方法。例如，车床主轴前、后支承轴颈与主轴锥孔间有严格的同轴度要求，常先以主轴锥孔为基准磨主轴前、后支承轴颈表面，然后再以前、后支承轴颈表面为基准磨主轴锥孔，最后达到图样上规定的同轴度要求。

④ **自为基准原则** 一些表面的精加工工序，要求加工余量小而均匀，常以加工表面自身作为精基准。例如，精铰孔时，铰刀与主轴用浮动连接，加工时是以孔本身作为定位基准的；磨削车床床身导轨面时，常在磨头上装百分表，以导轨面本身为基准找正工件，或者用观察火花的方法来找正工件。应用这种精基准加工工件，只能提高加工表面的尺寸精度，不能提高表面间的相互位置精度，位置精度应由先行工序保证。

⑤ **便于装夹原则** 定位准确，夹紧可靠，便于装夹。

上述 5 项选择精基准的原则，有时不可能同时满足，应根据实际条件决定取舍。

5.4.3 粗基准的选择

工件加工的第一道工序要用粗基准，粗基准选择得正确与否，不但与第一道工序的加工有关，而且还将对工件加工的全过程产生重大影响。选择粗基准，一般应遵循以下几项原则：

① **保证零件加工表面相对于不加工表面具有一定位置精度的原则** 被加工零件上如有不加工表面，应选不加工面作粗基准，这样可以保证不加工表面相对于加工表面具有较为精确的相对位置关系。如图 5.15 所示套筒法兰零件，表面 1 为不加工表面，为保证镗孔后零件的壁厚均匀，应选表面 1 作粗基准，镗孔 2、车外圆 3、车端面 4。当零件上有几个不加工表面时，应选择与加工面相对位置精度要求较高的不加工表面作为粗基准。

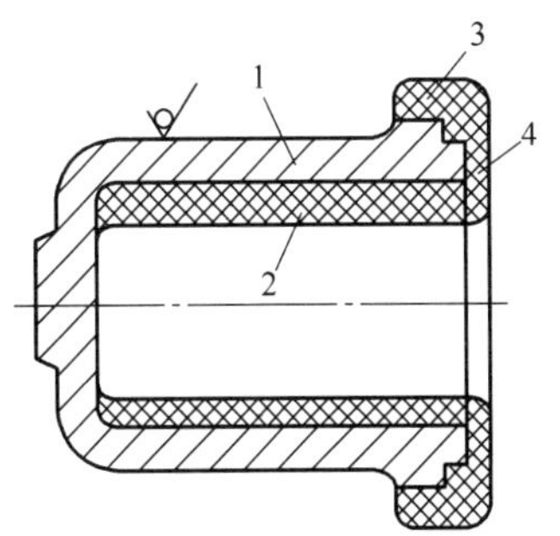

图 5.15 套筒法兰加工实例

1—粗基准表面；2—孔；3—外圆；4—端面

② **合理分配加工余量的原则** 从保证重要表面加工余量均匀考虑，应选择重要表面作粗基准（如图 5.16 所示）。例如，在机床床身零件的加工中，导轨面是最重要的表面，它不仅精度要求高，而且要求具有均匀的金相组织和较高的耐磨性。由于在铸造床身时，导轨面是倒扣在砂箱的最底部浇铸成形的，导轨面

材料质地致密，砂眼、气孔相对较少，因此要求加工床身时，导轨面的实际切除量要尽可能地小而均匀。按照上述原则，故第一道工序应该选择导轨面作粗基准加工床身底面[图 5.16（a）]，然后再以加工过的床身底面作精基准加工导轨面[图 5.16（b）]，此时从导轨面上去除的加工余量小而均匀。

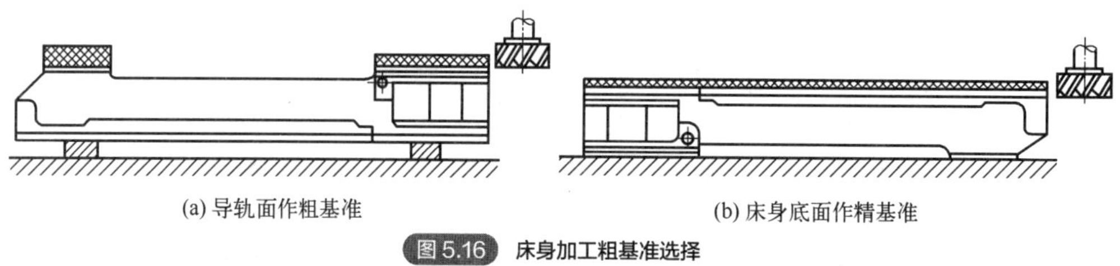

图 5.16 床身加工粗基准选择

③ 便于装夹的原则 为使工件定位稳定、夹紧可靠，要求所选用的粗基准尽可能平整、光洁，不允许有锻造飞边、铸造浇冒口切痕或其他缺陷，并有足够的支承面积。

④ 粗基准一般不得重复使用的原则 在同一尺寸方向上粗基准通常只允许使用一次，这是因为粗基准一般都很粗糙，重复使用同一粗基准所加工的两组表面之间的位置误差会相当大，因此，粗基准一般不得重复使用。

上述 4 项选择粗基准的原则，有时不能同时兼顾，只能根据主次抉择。

5.5 机械加工工艺路线的拟定

5.5.1 加工方法的选择

（1）加工经济精度

各种加工方法（车、铣、刨、磨、钻、镗、铰等）所能达到的加工精度和表面粗糙度，都是有一定范围的。任何一种加工方法，只要精心操作、细心调整、选择合适的切削用量，其加工精度就可以得到提高，加工表面粗糙度值就可以减小。但是，随着加工精度的提高和表面粗糙度值的减小，所耗费的时间与成本也会随之增加。

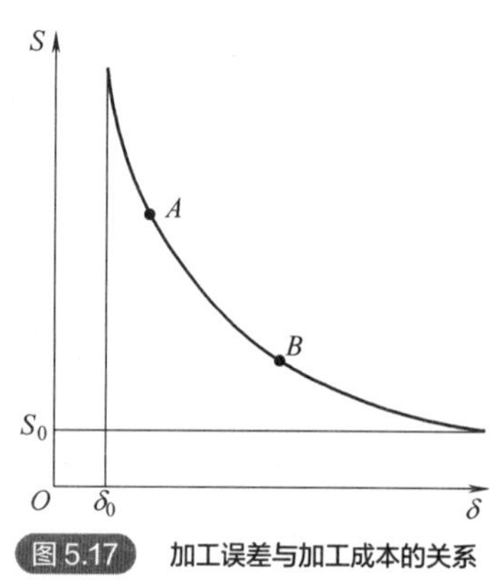

图 5.17 加工误差与加工成本的关系

生产上，加工精度的高低是用其可以控制的加工误差的大小来表示的。加工误差小，则加工精度高；加工误差大，则加工精度低。统计资料表明，加工误差和加工成本之间成反比例关系，如图 5.17 所示，δ表示加工误差，S 表示加工成本。可以看出：对一种加工方法来说，加工误差小到一定程度（如曲线中 A 点的左侧）后，加工成本提高很多，加工误差却降低很少；加工误差大到一定程度后（如曲线中 B 点的右侧），加工误差增大很多，加工成本却降低很少。这说明一种加工方法在 A 点的左侧或 B 点的右侧应用都是不经济的，每种加工方法都有一个加工经济精度的问题。

所谓**加工经济精度**是指在正常加工条件下（采用符合质量标准的设备、工艺装备和标准技术等级的工人，不延长加工时间）所能保证的加工精度和表面粗糙度。

（2）加工方法的选择条件

在进行零件表面加工方法的选择时，需要考虑的因素有：零件加工面形状（平面、外圆、孔、复杂曲面等）、零件材料、加工精度、生产类型的要求，工厂（或车间）现有工艺条件，加工经济精度等因素。

例如：ϕ50mm 的外圆，材料为 45 钢，尺寸公差等级是 IT6，表面粗糙度 *Ra* 值为 0.8μm，其终加工工序应选择精磨；非铁金属材料宜选择切削加工方法，不宜选择磨削加工方法，因为非铁金属易堵塞砂轮工作面；为了满足大批大量生产的需要，齿轮内孔通常采用拉削加工方法加工。表 5.6~表 5.8 介绍了各种加工方法的加工经济精度，供选择加工方法时参考。

表 5.6　外圆表面加工方法及其加工经济精度

加工方法	加工经济精度公差等级	表面粗糙度 *Ra*/μm	适用范围
粗车	IT11 以下	12.5 及以上	适用于除淬火钢以外的金属材料
└→半精车	IT8~9	3.2~6.3	
└→精车	IT7~8	0.8~1.6	
└→滚压(或抛光)	IT6~7	0.025~0.2	
粗车→半精车→磨削	IT6~7	0.40~0.80	不宜用于有色金属，主要适用于淬火钢件的加工
└→粗磨→精磨	IT5~7	0.10~0.40	
└→超精磨	IT5	0.012~0.10	
粗车→半精车→精车→金刚石车	IT5~6	0.40~0.025	主要用于有色金属
粗车→半精车→粗磨→精磨→镜面磨	IT5 以上	0.025~0.20	主要用于高精度要求的钢件加工
└→精车→精磨→研磨	IT5 以上	0.05~0.10	
└→粗研→抛光	IT5 以上	0.025~0.40	

注：表中加工经济精度系指加工后的尺寸精度，可供选择加工方法时参考；有关形状精度与位置精度方面各种加工方法所能达到的加工经济精度与表面粗糙度可参阅各种机械加工手册。

表 5.7　孔加工中各种加工方法的加工经济精度和表面粗糙度

加工方法	加工经济精度公差等级	表面粗糙度 *Ra*/μm	适用范围
钻	IT11 以下	12.5 以上	加工未淬火钢及铸铁的实心毛坯，也可用于加工有色金属（所得表面粗糙度 *Ra* 值稍大）
└→扩	IT10~11	6.3~12.5	
└→铰	IT8~9	1.60~3.20	
└→粗铰→精铰	IT7~8	0.80~1.60	
└→铰	IT8~9	1.60~3.20	
└→粗铰→精铰	IT7~8	0.80~1.60	

续表

加工方法	加工经济精度公差等级	表面粗糙度 *Ra*/μm	适用范围
钻→(扩)→拉	IT7~8	0.80~1.60	大批大量生产（精度可由拉刀精度而定），如校正拉削后，而 *Ra* 可降低到 0.40~0.20
粗镗(或扩) └→半精镗(或精扩) └→精镗(或铰) └→浮动镗	IT11 以下 IT8~9 IT7~8 IT6~7	6.3~12.5 1.60~3.20 0.80~1.60 0.20~0.40	除淬火钢外的各种钢材，毛坯上已有铸出的或锻出的孔
粗镗(扩)→半精镗→磨 └→粗磨→精磨	IT7~8 IT6~7	0.20~0.80 0.10~0.20	主要用于淬火钢，不宜用于有色金属
粗镗→半精镗→精镗→金刚镗	IT6~7	0.05~0.20	主要用于精度要求高的有色金属
钻→(扩)→粗铰→精铰→珩磨 └→拉→珩磨 粗镗→半精镗→精镗→珩磨	IT6~7 IT6~7 IT6~7	0.025~0.20 0.025~0.20 0.025~0.20	精度要求很高的孔，若以研磨代替珩磨，精度可达 IT6 以上，*Ra* 可降低到 0.16~0.01

表 5.8　平面加工方法及其加工经济精度

加工方法	加工经济精度公差等级	表面粗糙度 *Ra*/μm	适用范围
粗车 └→半精车 └→精车 └→磨	IT11 以下 IT8~10 IT7~8 IT6~7	12.5 及以上 3.20~6.30 0.80~1.60 0.20~0.80	适用于工件的端面加工
粗刨(或粗铣) └→精刨(或精铣) └→刮研	IT11 以下 IT8~10 IT6~7	12.5 及以上 1.60~6.30 0.10~0.80	适用于不淬硬的平面（用端铣加工，可得较低的粗糙度）
粗刨(或粗铣)→精刨(或精铣)→宽刃精刨	IT6~7	0.20~0.80	批量较大，宽刃精刨效率高
粗刨(或粗铣)→精刨(或精铣)→磨 └→粗磨→精磨	IT6~7 IT5~6	0.20~0.80 0.025~0.40	适用于精度要求较高的平面加工
粗铣→拉	IT6~9	0.20~0.80	适用于大量生产中加工较小的不淬火平面
粗铣→精铣→磨→研磨 └→抛光	IT5~6 IT5 以上	0.025~0.20 0.025~0.10	适用于高精度平面的加工

表中所列都是生产实际中的统计资料，可以根据被加工零件加工表面的精度和粗糙度要求，零件结构和被加工表面的形状、大小，以及车间或工厂的具体条件，选取最经济合理的加工方

案，必要时应进行技术经济论证。

5.5.2 加工阶段的划分

当零件的加工质量要求较高时，一般都要经过不同的加工阶段，逐步达到加工要求，即所谓的“渐精”原则。一般要经过粗加工、半精加工和精加工 3 个阶段。如果零件的加工精度要求特别高、表面粗糙度要求特别小时，还要经过光整加工阶段。各个加工阶段的主要任务概述如下：

① **粗加工阶段** 高效地切除加工表面上的大部分余量，使毛坯在形状和尺寸上接近零件成品。

② **半精加工阶段** 切除粗加工后留下的误差，使被加工工件达到一定精度，为精加工做准备，并完成一些次要表面的加工（如钻孔、攻螺纹、铣键槽等）。

③ **精加工阶段** 保证各主要表面达到零件图规定的加工质量要求。

④ **光整加工阶段** 对于精度要求很高（IT5 以上）、表面粗糙度值要求很小（*Ra*0.2μm 以下）的表面，还需安排光整加工阶段，其主要任务是减小表面粗糙度或进一步提高尺寸精度和形状精度，但一般不能纠正表面间位置误差。

将零件的加工过程划分为加工阶段的主要目的是：

① **保证零件加工质量** 粗加工阶段要切除加工表面上的大部分余量，切削力和切削热都比较大，装夹工件所需夹紧力亦较大，被加工工件会产生较大的受力变形和受热变形；此外，粗加工阶段从工件上切除大部分余量后，残存在工件中的内应力要重新分布，也会使工件产生变形。如果加工过程不划分阶段，把各个表面的粗、精加工工序混在一起交错进行，那么工艺过程前期精加工工序获得的加工精度势必会被后续的粗加工工序所破坏，这是不合理的。加工过程划分阶段以后，粗加工阶段造成的加工误差，可以通过半精加工和精加工阶段予以逐步修正，零件的加工质量容易得到保证。

② **有利于及早发现毛坯缺陷并得到及时处理** 粗加工各表面后，由于切除了各加工表面的大部分加工余量，可及早发现毛坯的缺陷（如气孔、砂眼、裂纹和加工余量不足），以便及时报废或修补，不会浪费精加工工序的制造费用。

③ **有利于合理利用机床设备** 粗加工工序需选用电机功率大、精度不高的机床，精加工工序则应选用高精度机床。在高精度机床上安排做粗加工工作，机床精度会迅速下降。将某一表面的粗精加工安排在同一设备上完成是不合理的。

④ **便于安排热处理工序** 为了在机械加工工序中插入必要的热处理工序，同时使热处理发挥充分的效果，这就自然地把机械加工工艺过程划分为几个阶段，并且每个阶段各有其特点及应该达到的目的。如在精密主轴加工中，在粗加工后进行去应力时效处理，在半精加工后进行淬火，在精加工后进行水冷处理及低温回火，最后再进行光整加工。

此外，将工件加工划分为几个阶段，还有利于保护精加工过的表面少受磕碰、切屑划伤等损坏。

应当指出，将加工过程划分成几个阶段是对整个加工过程而言的，不能拘泥于某一表面的加工。例如，工件的定位基准，在半精加工阶段（有时甚至在粗加工阶段）中就需要加工得很精确，而在精加工阶段中安排某些钻孔之类的粗加工工序也是常见的。

当然，划分加工阶段并不是绝对的。在高刚度高精度机床设备上加工刚性好、加工精度要求不特别高或加工余量不太大的工件就不必划分加工阶段。有些精度要求不太高的重型零件，由于运输安装费时费工，一般也不划分加工阶段，而是在一个工序中完成全部粗加工和精加工工作。为减少工件夹紧变形对加工精度的影响，可在粗加工后松开夹紧装置，以消除夹紧变形，释放应力；然后用较小的夹紧力重新夹紧工件，继续进行精加工，这对提高工件加工精度有利。

5.5.3 工序的集中与分散

同一工件，同样的加工内容，可以安排两种不同形式的工艺规程：一种是工序集中，另一种是工序分散。所谓工序集中，是使每个工序中包括尽可能多的工步内容，因而使总的工序数目减少，夹紧的数目和工件的安装次数也相应地减少。所谓工序分散，是将工艺路线中的工步内容分散在更多的工序中完成，因而每道工序的工步少，工艺路线长。

① **按工序集中原则组织工艺过程** 就是使每个工序所包括的加工内容尽量多些，将许多工序组成一个集中工序。工序集中的极端情况，就是在一个工序内完成工件所有表面的加工。

按工序集中原则组织工艺过程的特点是：

a. 有利于采用自动化程度较高的高效机床和工艺装备，生产效率高；

b. 工序数少，设备数少，可相应减少操作工人数和生产面积；

c. 工件的装夹次数少，不但可缩短辅助时间，而且由于在一次装夹中加工了许多表面，有利于保证各加工表面之间的相互位置精度要求。

② **按工序分散原则组织工艺过程** 就是使每个工序所包括的加工内容尽量少些，其极端情况是每个工序只包括一个简单工步。

按工序分散原则组织工艺过程的特点是：

a. 所用机床和工艺装备简单，易于调整对刀；

b. 对操作工人的技术水平要求不高；

c. 工序数多，设备数多，操作工人多，生产占用面积大。

工序集中和工序分散各有特点，生产上都有应用。传统的流水线、自动线生产基本是按工序分散原则组织工艺过程的，这种组织方式可以实现高生产率生产，但对产品改型的适应性较差，转产比较困难。采用数控机床、加工中心是按工序集中原则组织工艺过程，生产适应性好，转产相对容易，虽然设备的一次性投资较高，但由于有足够的柔性，受到愈来愈多的重视。

5.5.4 工序顺序的安排

(1) 机械加工工序顺序的安排

机械加工工序先后顺序的安排，一般应遵循以下几个原则：

① **基准先行** 先加工定位基准面，再加工其他表面，即选为精基准的表面，应安排在起始工序先进行加工，以便尽快为后续工序的加工提供精基准。

② **先主后次** 先加工主要表面，次要表面加工可适当穿插在主要表面加工工序之间。**主要表面**是指整个零件上加工精度要求高、表面粗糙度值小的装配表面、工作表面；**次要表面**是指工件上的键槽、螺纹孔等。

③ **先粗后精** 先安排粗加工工序，后安排精加工工序。

④ **先面后孔** 先加工平面，后加工孔。对于箱体类零件，应先加工平面，去掉孔端毛坯表面，以方便孔加工时刀具的切入、测量和调整。另一方面，平面的轮廓尺寸大，也适合先加工出来用作定位基准。

（2）热处理工序顺序的安排

工件进行热处理的目的主要是改善材料的切削性能、改善材料的综合力学性能、提高零件表面硬度和耐磨性等。对于不同的热处理目的，所进行的热处理有所不同，以下分别进行介绍。

① **改善切削性能** 为达到该目的而进行的热处理通常安排在**粗加工之前**，如正火、退火等，称为预备热处理。

② **消除内应力** 为达到该目的而进行的热处理最好安排在**粗加工之后**进行，如人工时效、退火等，但为了减少运输工作量，**对于加工精度要求不高的工件也可安排在粗加工之前进行**。对于机床床身、立柱等结构较为复杂的铸件，在粗加工前后都要进行时效处理（人工时效或自然时效），使材料组织稳定，日后不再有较大的变形产生。所谓**人工时效**，就是将铸件以 50~100℃/h 的速度加热到 500~550℃，保温 3~5h，然后以 20~50℃/h 的速度随炉冷却。所谓**自然时效**，就是将铸件在露天放置几个月到几年时间，让铸件在自然界中缓慢释放内应力，使材料组织逐渐趋于稳定。

③ **改善零件的综合力学性能** 为达到该目的而进行的热处理应安排在**粗加工之后**进行，如调质，对于一些性能要求不高的零件，调质也常作为最终热处理。

④ **提高表面硬度** 为达到该目的而进行的热处理一般应安排在**半精加工之后**、**精加工之前**，如渗碳、淬火等工序。对于整体淬火的零件，则应在淬火之前，将所有用金属切削刀具加工的表面都加工完，经过淬火后，一般只能进行磨削加工。因为淬火处理后尤其是渗碳淬火后，工件有变形产生，为修正淬火处理产生的变形，淬火处理后需要安排精加工工序。在淬火处理进行之前，需将铣槽、钻孔、攻螺纹、去毛刺等次要表面的加工进行完毕，以防止工件淬火后无法加工。当工件需要做渗碳淬火处理时，由于渗碳处理工序工件会有较大的变形产生，常将渗碳工序放在次要表面加工之前进行，待次要表面加工完之后再做淬火处理，这样可以减少次要表面与淬火表面间的位置误差。

⑤ **提高零件耐磨性、疲劳强度和抗蚀性** 为达到该目的而进行的热处理一般安排在**精加工或光整加工之前**，如渗氮处理，由于渗氮层较薄，**应尽量靠后安排**。

⑥ **提高工件表面耐磨性、耐蚀性以及装饰** 为达到这几个目的而安排的热处理工序，如镀铬、镀锌、发蓝等，一般都安排在工艺过程最后阶段进行。

（3）其他工序顺序的安排

为保证零件制造质量，防止产生废品，需在下列场合安排几何尺寸检验工序：

a. 粗加工全部结束之后；

b. 送往外车间加工的前后；

c. 工时较长和重要工序的前后；

d. 最终加工之后。

除了安排几何尺寸检验工序之外，有的零件还要安排探伤、密封、称重、平衡等检验工序。

零件表层或内腔的毛刺对机器装配质量影响甚大，切削加工之后，应安排去毛刺工序。

零件在进入装配之前，一般都应安排清洗工序。工件内孔、箱体内腔易存留切屑，研磨、珩磨等光整加工工序之后，微小磨粒易附着在工件表面上，要注意清洗。

在用磁力夹紧工件的工序之后，要安排去磁工序，不让带有剩磁的工件进入装配线。

5.6 机械加工工序内容的拟定

5.6.1 加工余量的确定

加工余量的大小影响加工效率和加工成本，因此在进行工艺编制时，应结合相关标准和经验确定合理的加工余量。

（1）加工余量的概念

① **加工总余量与工序余量** 毛坯尺寸与零件设计尺寸之差称为**加工总余量**。加工总余量的大小取决于加工过程中各个工步切除金属层厚度的大小。每一工序所切除的金属层厚度称为**工序余量**。

加工总余量 Z_0 和工序余量 Z_i 的关系可用式（5.2）表示：

$$Z_0 = \sum Z_i \tag{5.2}$$

式中 i——某一表面所经历的工序数。

② **单边余量和双边余量** 工序余量有单边余量和双边余量之分。对于非对称表面［如图5.18（a）所示］，加工余量用单边余量 Z_b 表示：

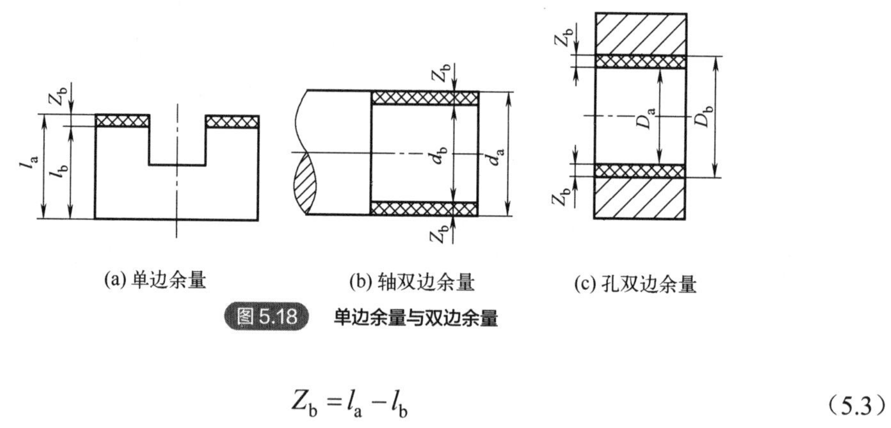

(a) 单边余量 (b) 轴双边余量 (c) 孔双边余量

图 5.18 单边余量与双边余量

$$Z_b = l_a - l_b \tag{5.3}$$

式中 Z_b——本工序的工序余量；

l_a——本工序的基本尺寸；

l_b——上工序的基本尺寸。

对于外圆与内孔这样的对称表面［如图5.18（b）、（c）所示］，其加工余量用双边余量 $2Z_b$ 表示，对于外圆表面［图5.18（b）］有：

$$2Z_b = d_a - d_b \tag{5.4}$$

对于内孔表面［图 5.18（c）］有：

$$2Z_b = D_a - D_b \tag{5.5}$$

③ **公称余量**　由于工序尺寸有偏差，故各工序实际切除的余量值是变化的，因此工序余量有公称余量（简称余量）、最大余量 Z_{max}、最小余量 Z_{min} 之分。对于图 5.19 所示被包容面加工情况，本工序加工的公称余量：

$$Z_b=l_a-l_b \tag{5.6}$$

公称余量的变动范围：

$$T_z=Z_{max}-Z_{min}=T_a+T_b \tag{5.7}$$

式中　T_a——上工序工序尺寸公差；

T_b——本工序工序尺寸公差。

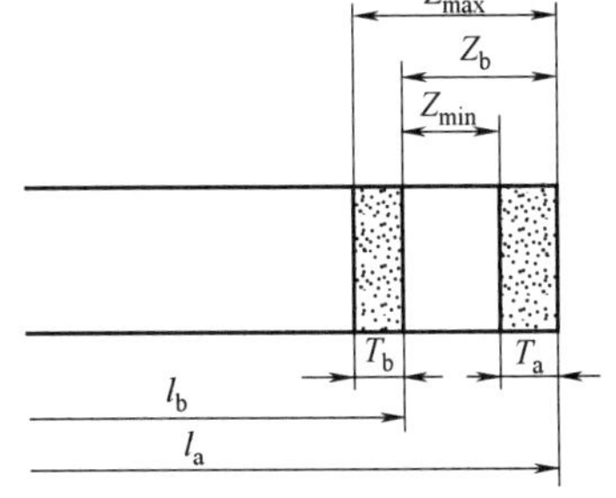

图 5.19　被包容面加工工序余量及公差

工序尺寸公差一般按“**入体原则**”标注，对被包容尺寸（轴径），上偏差为 0，其最大尺寸就是基本尺寸；对包容尺寸（孔径、槽宽），下偏差为 0，其最小尺寸就是基本尺寸。

正确规定加工余量的数值是十分重要的，加工余量规定得过大，不仅浪费材料，而且耗费机动工时、刀具和电力；但加工余量也不能规定得过小，如果加工余量留得过小，则本工序加工就不能完全切除上工序留在加工表面上的缺陷层，这就没有达到设置这道工序的目的。

（2）影响加工余量的因素

为了合理确定加工余量，必须深入了解影响加工余量的各项因素。影响加工余量的因素有以下 4 个方面：

① **上工序留下的表面粗糙度值 Ry（表面轮廓最大高度）和表面缺陷层深度 H_a**　本工序必须把上工序留下的表面粗糙度和表面缺陷层全部切去，因此本工序加工余量必须包括 Ry 和 H_a 这两项因素。

② **上工序的工序尺寸公差 T_a**　由于上工序加工表面存在尺寸误差，为了使本工序能全部切除上工序留下的表面粗糙度和表面缺陷层，本工序加工余量必须包括 T_a 项。

③ **T_a 值没有包括的上工序留下的空间位置误差 e_a**　工件上有一些形状误差和位置误差是没有包括在加工表面的工序尺寸公差范围之内的（如图 5.20 中轴类零件的轴心线弯曲误差 e_a 就没有包括在轴径公差 T_a 中）。在确定加工余量时，必须考虑它们的影响，否则本工序加工将无法去除上工序留下的表面粗糙度及表面缺陷层。

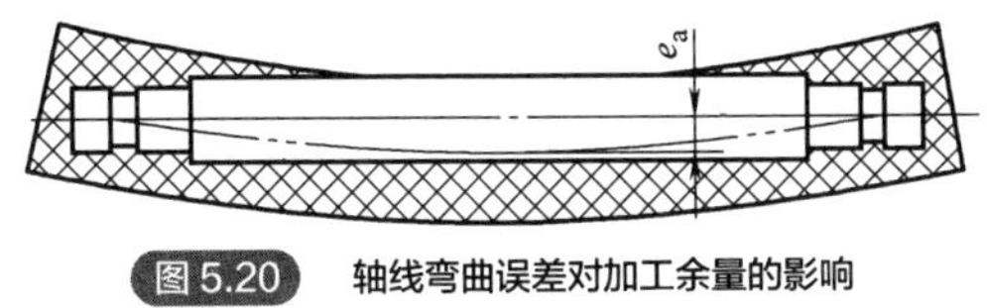

图 5.20　轴线弯曲误差对加工余量的影响

④ **本工序的装夹误差 ε_b**　如果本工序存在装夹误差（包括定位误差、夹紧误差），则在确定本工序加工余量时还应考虑 ε_b 的影响。

由于 e_a 与 ε_b 都是矢量，所以要用矢量相加取矢量和的模进行余量计算。

综上分析可知，工序余量的最小值可用以下公式计算：

对于单边余量：

$$Z_{\min} = T_a + Ry + H_a + |e_a + \varepsilon_b| \tag{5.8}$$

对于双边余量：

$$2Z_{\min} = T_a + 2(Ry + H_a) + 2|e_a + \varepsilon_b| \tag{5.9}$$

（3）加工余量的确定

确定加工余量的方法有计算法、查表法和经验估计法等，分述如下：

① **计算法** 在掌握影响加工余量的各种因素具体数据的条件下，用计算法确定加工余量是比较科学的。可惜的是，已经积累的统计资料尚不多，计算有困难，目前应用较少。

② **经验估计法** 加工余量由一些有经验的工程技术人员或工人根据经验确定。由于主观上有怕出废品的思想，故所估加工余量一般都偏大，此法只用于单件小批生产。

③ **查表法** 此法以工厂生产实践和实验研究积累的经验为基础制成的各种表格数据为依据，再结合实际加工情况加以修正。用查表法确定加工余量，方法简便，比较接近实际，生产上广泛应用。

5.6.2 工序尺寸与公差的确定

生产中绝大部分加工面都是在基准重合（工艺基准和设计基准）的情况下进行加工的。所以，在掌握基准重合情况下采用余量法确定工序尺寸与公差的过程非常重要。

（1）余量法确定工序尺寸与公差

余量法确定工序尺寸与公差的步骤如下：

① 确定各加工工序的加工余量；

② 从最后一道加工工序开始，即从设计尺寸开始，到第一道加工工序，逐次加上（轴类尺寸）或减去（孔类尺寸）工序余量，分别得到各工序公称尺寸（包括毛坯尺寸）；

③ 除终加工工序以外，其他各加工工序按各自所采用加工方法的加工经济精度确定工序尺寸及公差（终加工工序的公差按设计要求确定）；

④ 填写工序尺寸并按“入体原则”标注工序尺寸及公差。

［**例 5.1**］ 某车床主轴箱箱体的主轴孔的设计要求为：$\phi 180\text{J}6^{+0.018}_{-0.007}$，$Ra \leqslant 0.8\mu\text{m}$。在成批生产条件下，其加工方案为：粗镗—半精镗—精镗—铰孔。

从工艺手册查得各工序的加工余量和所能达到的加工经济精度，见表 5.9 中第 2~4 列。根据加工经济精度查公差表，将查得的公差数值按“入体原则”标注在工序公称尺寸上，各工序尺寸及偏差的计算结果列于表 5.9 第 5、6 列。其中，关于毛坯的公差，可根据毛坯的类型、结构特点、制造方法和生产厂的具体条件，参照工艺手册查得铸造毛坯公差±3mm。

为清楚起见，将计算和查表结果汇总于表 5.9 中，供参考。

表 5.9 孔加工工序尺寸的确定

工序名称	工序双边余量/mm	工序的加工经济精度		最小极限尺寸/mm	工序尺寸及其偏差/mm
		公差等级	公差值/mm		
铰孔	0.2	IT6	0.025	$\phi179.993$	$\phi180^{+0.018}_{-0.007}$
精镗孔	0.6	IT7	0.04	$\phi179.8$	$\phi179.8^{+0.04}_{0}$
半精镗孔	3.2	IT9	0.10	$\phi179.2$	$\phi179.2^{+0.1}_{0}$
粗镗孔	6	IT11	0.25	$\phi176$	$\phi176^{+0.25}_{0}$
毛坯孔			3	$\phi170$	$\phi170^{+1}_{-2}$

(2)工艺尺寸链确定工序尺寸与公差

在工序设计中，确定工序尺寸和公差时，如工序基准或测量基准与设计基准不相重合，则不能如前面所述进行余量法计算，而需要借助于尺寸链求解。尺寸链是在机器装配关系或零件加工过程中，由相互连接的尺寸形成的封闭尺寸链，如图 5.21 所示。其中，加工过程中使用的工艺尺寸所组成的尺寸链称**工艺尺寸链**。

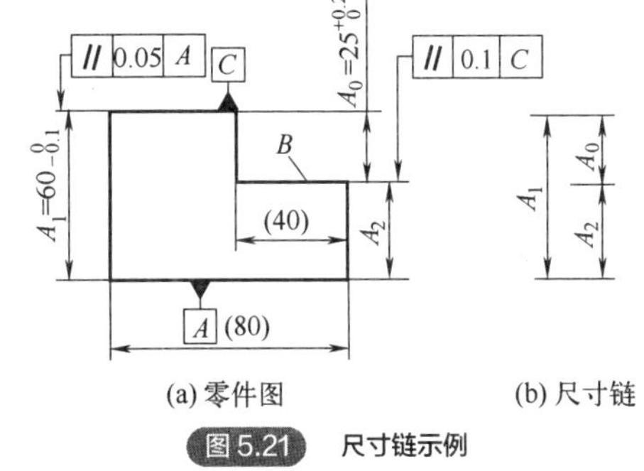

(a) 零件图　(b) 尺寸链

图 5.21 尺寸链示例

① **尺寸链的构成** 如图 5.21（a）所示零件，如先以 A 面定位加工 C 面，得尺寸 A_1（工序尺寸，直接保证）；然后再以 A 面定位用调整法加工台阶面 B，得尺寸 A_2（亦即该工序的工序尺寸，直接保证，用调整法加工，工序中只能直接保证尺寸 A_2），要求保证 B 面与 C 面之间的尺寸 A_0（间接保证）。在该加工过程中，A_1、A_2 和 A_0 构成了一个封闭尺寸组，即组成了一个尺寸链，如图 5.21（b）所示。

组成尺寸链的每一个尺寸，称为尺寸链的环。环又分为封闭环和组成环，而组成环又有增环和减环之分。

a. 封闭环 尺寸链中在设计、装配或加工过程中最后、间接形成的一个环称为**封闭环**，一个尺寸必有且只有一个封闭环。如图 5.21（b）所示尺寸链中，A_0 是间接得到的尺寸，它就是图 5.21（b）所示尺寸链的封闭环。

b. 组成环 尺寸链中通过加工直接得到的尺寸称为**组成环**，除封闭环外的其余环均为组成环。图 5.21（b）所示尺寸链中 A_1、A_2 都是通过加工直接得到的尺寸，即工序尺寸，所以 A_1、A_2 都是尺寸链中的组成环。按照组成环对封闭环的影响不同，将组成环分为增环和减环。

• 增环 当其他组成环的大小不变时，若封闭环随着某组成环的增大而增大，则该组成环就称为**增环**。在图 5.21（b）所示尺寸链中，A_1 是增环。

• 减环 若封闭环随着某组成环的增大而减小，则该组成环就称为**减环**。在图 5.21（b）所示尺寸链中，A_2 是减环。

② **尺寸链的计算方法** 尺寸链的计算方法有**极值法和概率法**两种。工艺尺寸链计算主要应用极值法，下面只介绍极值法公式。

机械加工中的尺寸及公差通常用基本尺寸（A）、上偏差（ES）、下偏差（EI）表示。

a. 封闭环基本尺寸 A_0 所有增环基本尺寸（A_p）之和减去所有减环基本尺寸（A_q）之和为封闭环基本尺寸，即：

$$A_0=\sum_{p=1}^{k}A_p-\sum_{q=k+1}^{m}A_q \tag{5.10}$$

式中 m——组成环数；

k——增环数。

b. 封闭环极限偏差

$$\mathrm{ES}_0=\sum_{p=1}^{k}\mathrm{ES}_p-\sum_{q=k+1}^{m}\mathrm{EI}_q \tag{5.11}$$

封闭环的上偏差等于所有增环的上偏差之和减去所有减环的下偏差之和。

$$\mathrm{EI}_0=\sum_{p=1}^{k}\mathrm{EI}_p-\sum_{q=k+1}^{m}\mathrm{ES}_q \tag{5.12}$$

封闭环的下偏差等于所有增环的下偏差之和减去所有减环的上偏差之和。

c. 封闭环公差

$$T_0=\sum_{i=1}^{m}T_i \tag{5.13}$$

封闭环的公差等于各组成环的公差之和。

③ 尺寸链的应用场合

a. 定位基准与设计基准不重合时工序尺寸及偏差计算 在零件加工过程中，有时为方便定位或加工，选用不是设计基准的几何要素做定位基准。在这种定位基准与设计基准不重合的情况下，需要通过尺寸换算，计算有关工序尺寸及公差，并按换算后的尺寸及公差加工，以保证零件的设计要求。

［**例 5.2**］加工如图 5.22（a）所示零件，设 1 面已加工好，现以 1 面定位加工 3 面和 2 面，其工序简图如图 5.22（b）所示，试求工序尺寸 A_1 与 A_2。

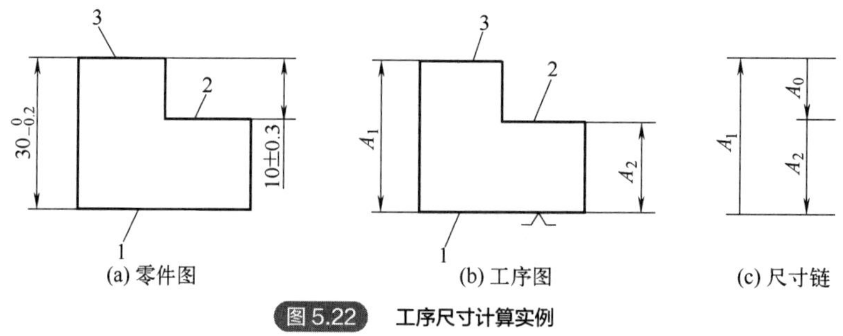

图 5.22 工序尺寸计算实例

［**解**］ 由于加工 3 面时定位基准与设计基准重合，因此工序尺寸 A_1 就等于设计尺寸，

$A_1 = 30_{-0.2}^{\ 0}$mm。而加工 2 面时，定位基准与设计基准不重合，这就导致在用调整法加工时，只能以尺寸 A_2 为工序尺寸，但这道工序是为了保证零件图上的设计尺寸，即（10±0.3）mm，因此与 A_1、A_2 构成尺寸链。尺寸链如图 5.22（c）所示，根据尺寸链环的特性，A_0 是封闭环，A_1、A_2 为组成环，A_1 为增环，A_2 为减环。由该尺寸链可解出 A_2，由式（5.10）可知：

$$A_0 = A_1 - A_2$$
$$A_2 = A_1 - A_0 = 30 - 10 = 20\text{mm}$$

由式（5.11）可知：

$$\text{ES}_0 = \text{ES}_1 - \text{EI}_2$$
$$\text{EI}_2 = \text{ES}_1 - \text{ES}_0 = 0 - 0.3 = -0.3\text{mm}$$

由式（5.12）可知：

$$\text{EI}_0 = \text{EI}_1 - \text{ES}_2$$
$$\text{ES}_2 = \text{EI}_1 - \text{EI}_0 = -0.2 - (-0.3) = +0.1\text{mm}$$

所以工序尺寸 A_2 及其上、下偏差为：$A_2 = 20_{-0.3}^{+0.1}$mm。

b. 测量基准与设计基准不重合时测量尺寸及其公差的计算 加工中有时会遇到某些加工表面的设计尺寸不便测量，甚至无法测量的情况。为此需要在工件上另选一个容易测量的测量基准，要求通过对该测量尺寸的控制，能够间接保证原设计尺寸的精度。这就是测量基准与设计基准不重合时测量尺寸及其公差的计算问题。

［**例 5.3**］ 如图 5.23（a）所示的套筒零件，图样实际标注 B 尺寸，孔深 $45_{-0.02}^{+0.04}$ mm 为工序求得尺寸。在其他尺寸已经加工完成的情况下，最后一道工序，以 A 面为定位基准，车削 $\phi35_{0}^{+0.05}$ mm 的外圆至 C 面，试确定 B 的尺寸及偏差。

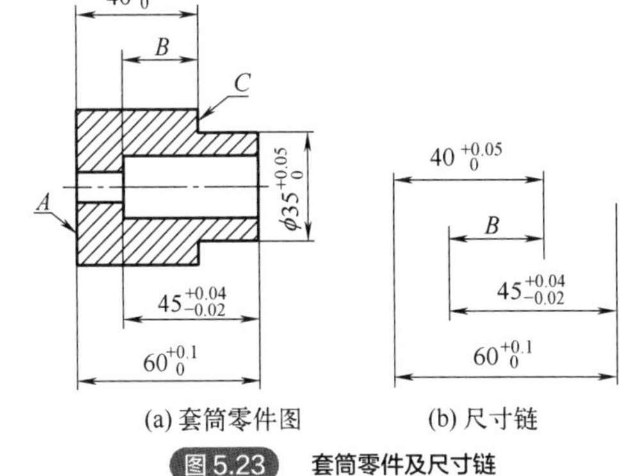

(a) 套筒零件图 (b) 尺寸链

图 5.23 套筒零件及尺寸链

［**解**］ 按设计要求建立设计尺寸链，如图 5.23（b）所示。由于 B 尺寸无法直接测量，实际加工中只能测量尺寸 $40_{0}^{+0.05}$ mm，此为加工过程中保证的尺寸，是组成环；B 尺寸为间接得到的尺寸，因此 B（A_0）尺寸为封闭环。$45_{-0.02}^{+0.04}$（A_1）mm、$40_{0}^{+0.05}$（A_2）mm 尺寸为增环，$60_{0}^{+0.1}$（A_3）mm 尺寸为减环。

由式（5.10）可知：B（A_0）$=A_1+A_2-A_3=45+40-60=25$mm

由式（5.11）可知：$\text{ES}_0=\text{ES}_1+\text{ES}_2-\text{EI}_3=0.04+0.05-0=0.09$mm

由式（5.12）可知：$\text{EI}_0=\text{EI}_1+\text{EI}_2-\text{ES}_3=-0.02+0-0.1=-0.12$mm

所以工序尺寸 B 及其上、下偏差为：$B = 25_{-0.12}^{+0.09}$ mm。

推广之，可以得到这样的结论：无论何种基准不重合情况，都会出现提高零件精度及假废品问题。因此，除非不得已，尽量不要出现基准不重合现象。

c. 中间工序的工序尺寸及其公差的计算 在工件加工过程中，有时一个表面的加工会同时影响两个设计尺寸的数值。这时，需要直接保证其中公差要求较严的一个设计尺寸，而另一个设计尺寸需由该工序前面的某一中间工序的合理工序尺寸保证。为此，需要对中间工序尺寸进行计算。

［**例 5.4**］ 一带有键槽的内孔要淬火及磨削，其设计尺寸如图 5.24（a）所示，内孔及键槽的加工顺序是：

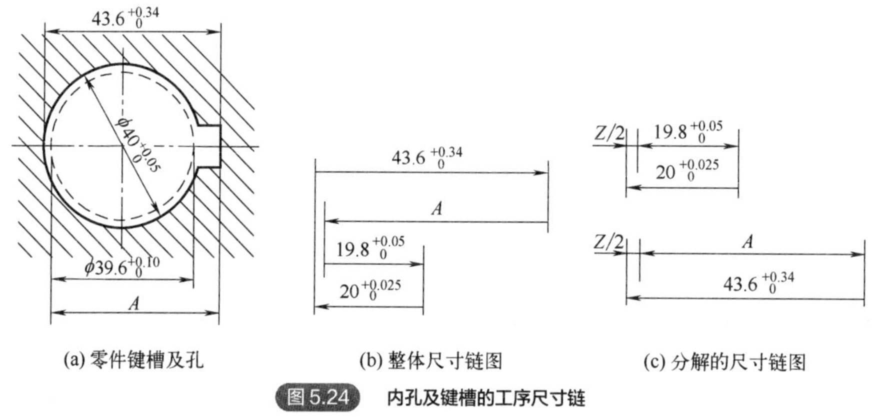

(a) 零件键槽及孔　　(b) 整体尺寸链图　　(c) 分解的尺寸链图

图 5.24 内孔及键槽的工序尺寸链

工序 1：镗内孔至 $\phi39.6^{+0.10}_{0}$ mm；

工序 2：插键槽至尺寸 A；

工序 3：淬火热处理；

工序 4：磨内孔，同时保证内孔直径 $\phi40^{+0.05}_{0}$ mm 和键槽深度 $43.6^{+0.34}_{0}$ mm 两个设计尺寸的要求。

现在要确定工艺过程中的工序尺寸 A 以及其偏差（假设热处理后内孔无形变）。

［**解**］ 为解算这个工序尺寸链，可以作出两种不同的尺寸链图。图 5.24（b）是一个四环尺寸链，它表示了尺寸 A 和 3 个尺寸的关系，其中，$43.6^{+0.34}_{0}$mm 是封闭环，这里还看不到工序余量与尺寸链的关系。

图 5.24（c）是把图 5.24（b）的尺寸链分解成两个三环尺寸链，并引进了半径余量 $Z/2$。在图 5.24（c）的上图中，$Z/2$ 是封闭环；在下图中，$43.6^{+0.34}_{0}$mm 是封闭环，$Z/2$ 是组成环。由此可见，为保证 $43.6^{+0.34}_{0}$mm，就要控制工序余量 Z 的变化，而要控制这个余量的变化，就要控制它的组成环 $19.8^{+0.05}_{0}$mm 和 $20^{+0.025}_{0}$mm 的变化。工序尺寸 A 可以由图 5.24（b）解出，也可由图 5.24（c）解出。前者便于计算，后者利于分析。

在图 5.24（b）所示尺寸链中，A、$20^{+0.025}_{0}$mm 是增环，$19.8^{+0.05}_{0}$mm 是减环，由式（5.10）、式（5.11）、式（5.12）可得：

$$\left.\begin{aligned} A &= 43.6 - 20 + 19.8 = 43.4\text{mm} \\ \text{ES}_A &= 0.34 - 0.025 + 0 = 0.315\text{mm} \\ \text{EI}_A &= 0 - 0 + 0.05 = 0.05\text{mm} \end{aligned}\right\} \Rightarrow A = 43.4^{+0.315}_{+0.05}\text{mm}$$

按“入体原则”标注尺寸，可得工序尺寸及其偏差为：

$$A = 43.45^{+0.265}_{0}\text{mm}$$

5.6.3　机床与工艺装备的选择

机床和工艺装备的选择不仅要考虑设备投资的当前效益，还要考虑产品改型及转产的可能性，应使其具有足够的柔性。

（1）机床的选择

正确选择机床是一件很重要的工作，它不但直接影响工件的加工质量，而且还影响工件的加工效率和制造成本。

在拟定工艺路线时，当工件加工表面的加工方法确定以后，各工种所用机床类型就已基本确定。但每一类型的机床都有不同的形式，其工艺范围、技术规格、生产率及自动化程度等都各不相同。在合理选用机床时，除应对机床的技术性能有充分了解之外，还要考虑以下几点。

① **精度匹配**　所选机床的精度应与工件加工要求的精度相适应，机床的精度过低，满足不了加工质量要求；机床的精度过高，又会增加零件的制造成本。单件小批生产时，特别是没有高精度的设备来加工高精度的零件时，为充分利用现有机床，可以选用精度低一些的机床，而在工艺上采用措施来满足加工精度的要求。

② **尺寸规格匹配**　所选机床的技术规格应与工件的尺寸相适应，小工件选用小机床加工，大工件选用大机床加工，做到设备的合理利用。

③ **生产率和自动化程度与生产纲领匹配**　所选机床的生产率和自动化程度应与零件的生产纲领相适应，单件小批生产应选择工艺范围较广的通用机床，大批大量生产尽量选择生产率和自动化程度较高的专门化或专用机床。

④ **与生产条件匹配**　机床的选择应与现场生产条件相适应，应充分利用现有设备，如果没有合适的机床可供选用，应合理地提出专用设备设计或旧机床改装的任务书，或提供购置新设备的具体型号。

（2）工艺装备的选择

工艺装备的选择将直接影响工件的加工精度、生产率和制造成本，应根据不同情况适当选择。在中小批生产条件下，应首先考虑选用通用工艺装备（包括夹具、刀具、量具和辅具）；在大批大量生产中，可根据加工要求设计制造专用工艺装备。

工艺装备选择是否合理，直接影响到工件的加工精度、生产率和经济性。因此，要结合生产类型、具体的加工条件、工件的加工技术要求和结构特点等合理选用。

① **夹具的选择**　单件小批生产应尽量选择通用夹具，如各种卡盘、虎钳和回转台等。若条

件具备，可选用组合夹具，以提高生产率。大批量生产应选择生产率和自动化程度高的专用夹具。多品种中、小批量生产可选用可调整夹具或成组夹具。夹具的精度应与工件的加工精度相适应。

② **刀具的选择** 一般应选用标准刀具，必要时可选择各种高生产率的复合刀具及其他一些专用刀具。刀具的类型、规格及精度应与工件的加工要求相适应。

③ **量具的选择** 单件小批生产应选用通用量具，如游标卡尺、千分尺、千分表等。大批量生产应尽量选用效率较高的专用量具，如各种极限量规、专用检验夹具和测量仪器等。所选量具的量程和精度要与工件的尺寸和精度相适应。

5.7 技术经济分析

在进行工艺规程制订时，应在满足质量要求的前提下，做到高效率、低成本。生产效率和生产成本也是衡量工艺过程优劣的指标。

5.7.1 生产效率

（1）时间定额

时间定额是指在一定生产条件下，规定生产一件产品或完成一道工序所需消耗的时间。它是安排生产计划、进行成本核算、考核工人完成任务情况、确定所需设备和工人数量的主要依据。合理的时间定额能调动工人的积极性，促进工人技术水平的提高，从而不断提高生产率。随着企业生产技术条件的不断改善和水平的不断提高，时间定额应定期进行修订，以保持定额的平均先进水平。

为了便于合理地确定时间定额，把完成一个工件的一道工序的时间称为单件时间 T_t，它包括如下组成部分：

① **基本时间 T_m** 直接改变生产对象的尺寸、形状、相对位置、表面状态或材料性质等工艺过程所消耗的时间。对于机械加工来说，是指从工件上切除材料层所耗费的时间，包括刀具的切入和切出时间。各种加工方法的切入、切出长度可查阅有关手册。

基本时间可按下式计算：

$$T_{\mathrm{m}}=\frac{l+l_1+l_2}{nf}i \tag{5.14}$$

式中，$i=z/a_p$，z 为加工余量，mm，a_p 为背吃刀量，mm；n 为机床主轴转速，r/min，$n=1000v/(\pi D)$，v 为切削速度，m/min，D 为加工直径，mm；f 为进给量，mm/r；l 为加工长度，mm；l_1 为刀具切入长度，mm；l_2 为刀具切出长度，mm。

② **辅助时间 T_a** 辅助时间是为实现工艺过程所必须进行的各种辅助动作所消耗的时间。这些辅助动作包括：装夹和卸下工件，开动和停止机床，改变切削用量，进、退刀具，测量工件尺寸等。

基本时间和辅助时间的总和，称为工序作业时间，即直接用于制造产品或零、部件所消耗的时间。

③ 布置工作地时间 T_s　布置工作地时间是为使加工正常进行，工人照管工作地（如更换刀具、润滑机床、清理切屑、收拾工具等）所消耗的时间。布置工作地时间可按工序作业时间的2%~7%来估算。

④ 休息和生理需要时间 T_r　休息和生理需要时间是工人在工作班内为恢复体力和满足生理上的需要所消耗的时间。它可按工序作业时间的 2%~4%来估算。

因此，单件时间为

$$T_t = T_m + T_a + T_s + T_r$$

对于成批生产还要考虑准备与终结时间。

⑤ 准备与终结时间 T_e　准备与终结时间是工人为了生产一批产品或零、部件，进行准备和结束工作所消耗的时间。这些工作包括：熟悉工艺文件、安装工艺装备、调整机床、归还工艺装备和送交成品等。

准备与终结时间对一批零件只消耗一次，零件批量 n 越大，则分摊到每个零件上的这部分时间越少。所以，成批生产时的单件时间为

$$T_t = T_m + T_a + T_s + T_r + \frac{T_e}{n} \tag{5.15}$$

在大量生产时，每个工作地点完成固定的一道工序，一般不需考虑准备终结时间。

计算得到的单件时间以“min”为单位填入工艺文件的相应栏中。工时定额也是批量生产时，计算生产节拍、保证平衡的重要依据。

（2）提高生产效率的措施

提高生产率（生产效率），实际上就是减少工时定额。因此，可以从时间定额的组成中寻求提高生产率的工艺途径。

① 缩短基本时间

a. 提高切削用量　通过提高切削用量来缩短基本时间的主要途径是进行新型刀具材料的研究与开发。

刀具材料经历了碳素工具钢—高速钢—硬质合金等几个发展阶段。在每一个发展阶段中，都伴随着生产率的大幅度提高。就切削速度而言，在 18 世纪末到 19 世纪初的碳素工具钢时代，切削速度仅为 6~12m/min。20 世纪初出现了高速钢刀具，使得切削速度提高了 2~4 倍。第二次世界大战以后，硬质合金刀具的切削速度又在高速钢刀具的基础上提高了 2~5 倍。近代出现的立方氮化硼和人造金刚石等新型刀具材料，使刀具切削速度高达 600~1200m/min。

可以看出，新型刀具材料的出现，使得机械制造业发生了阶段性的变化，一方面，生产率达到了一个新的高度，另一方面，加工范围更广了。但是，随着新型刀具材料的出现，有许多新的工艺性问题需要研究，如刀具如何成形、刀具成形后如何刃磨等。随着切削速度的提高，必须有相应的机床设备与之配套，如提高机床主轴转速、增大机床的功率和提高机床的制造精度等。

在磨削加工方面，高速磨削、强力磨削和砂带磨削的研究成果，使得生产率有了大幅度提高。高速磨削的砂轮速度已高达 80~125m/s（普通磨削的砂轮速度仅为 30~35m/s）；缓进给强力磨削的磨削深度达 6~12mm；砂带磨削同铣削加工相比，切除同样金属余量的加工时间仅为铣削加工的 1/10。

缩短基本时间还可在刀具结构和刀具的几何参数方面进行深入研究，如群钻在提高生产率方面的作用就是典型的例子。

b. 采用复合工步缩短基本时间 复合工步能使几个加工面的基本时间重叠，节省基本时间。

• 多刀单件加工。

• 单刀多件或多刀多件加工。将工件串联装夹或并联装夹进行多件加工，可有效地缩短基本时间。串联加工可节省切入和切出时间。并联加工是将几个相同的零件平行排列、装夹，一次进给同时对一个表面或几个表面进行加工。有串联亦有并联的加工称为串并联加工。

② 减少辅助时间和使辅助时间与基本时间重叠

在单件时间中，辅助时间所占比例一般都比较大，特别是在大幅度提高切削用量之后，基本时间显著减少，辅助时间所占的比例更大。因此，不能忽视辅助时间对生产率的影响。可以采取措施直接减少辅助时间，或使辅助时间与基本时间重叠来提高生产率。

a. 减少辅助时间

• 采用先进夹具和自动上、下料装置，减少装、卸工件的时间。

• 提高机床自动化水平，缩短辅助时间。例如，在数控机床（特别是加工中心）上，前述各种辅助动作都由程序控制自动完成，有效地减少了辅助时间。

b. 使辅助时间与基本时间重叠

• 采用可换夹具或可换工作台，使装夹工件的时间与基本时间重叠。例如，有的加工中心配有托盘自动交换系统，一个装有工件的托盘在工作台上工作时，另一个则位于工作台外装、卸工件。再如，在卧式车床、磨床或齿轮机床上，采用几根心轴交替工作，当一根装好工件的心轴在机床上工作时，可在机床外对另外一根心轴装夹工件。

• 采用转位夹具或转位工作台，可在加工中完成工件的装卸。

• 用回转夹具或回转工作台进行连续加工。在各种连续加工方式中都有加工区和装卸工件区，装卸工件的工作全部在连续加工过程中进行。

• 采用带反馈装置的闭环控制系统来控制加工过程中的尺寸，使测量与调整都在加工过程中自动完成。常用的测量器件有光栅、磁尺、感应同步器、脉冲编码器和激光位移器等。

③ 减少布置工作地时间

在减少对刀和换刀时间方面采取措施，以减少布置工作地时间。例如，采用高度对刀块、对刀样板或对刀样件对刀，使用微调机构调整刀具的进刀位置以及使用对刀仪对刀等。

减少换刀时间的一个重要途径是研制新型刀具，提高刀具的使用寿命。例如，在车、铣加工中广泛采用高耐磨性的机夹可转位硬质合金刀片和陶瓷刀片，以减少换刀次数，节省换刀时间。

④ 减少准备与终结时间

在中小批生产的工时定额中，准备与终结时间占有较大比例，应给予充分注意。实际上，准备与终结时间的多少，与工艺文件是否详尽清楚、工艺装备是否齐全、安装与调整是否方便等有关。采用成组工艺和成组夹具可明显缩短准备与终结时间，提高生产率。

5.7.2 工艺过程的经济分析

通常有两种方法来分析工艺方案的技术经济问题：其一是对同一加工对象的几种工艺方案进行比较；其二是计算一些技术经济指标，再加以分析。

当用于同一加工内容的几种工艺方案均能保证所要求的质量和生产率指标时，一般可通过经济评比加以选择。

(1) 生产成本和工艺成本

零件生产成本的组成如图 5.25 所示。其中与工艺过程有关的那一部分成本称为**工艺成本**，而与工艺过程无直接关系的那一部分成本，如行政人员工资等，在工艺方案经济评比中可不予考虑。

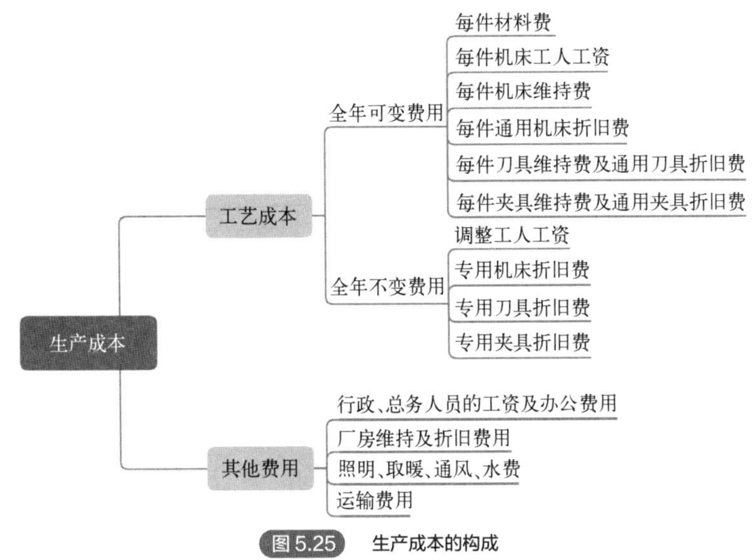

图 5.25 生产成本的构成

在全年工艺成本中包含两种类型的费用：一种是与年产量 N 同步增长的费用，称为**全年可变费用** VN，如材料费、通用机床折旧费等；另一种是不随年产量变化的**全年不变费用** C_n，如专用机床折旧费等。这是由于专用机床是专为某零件的某道加工工序所用，它不能被用于其他工序的加工，当产量不足、负荷不满时，就只能闲置不用。由于设备的折旧年限（或年折旧费用）是确定的，因此专用机床的全年费用不随年产量变化。

零件（或工序）的全年工艺成本 S_n 为：

$$S_n = VN + C_n \tag{5.16}$$

式中 V——每件零件的可变费用，元/件；

N——零件的年产量（年生产纲领），件；

C_n——全年的不变费用，元。

(2) 不同工艺方案的经济性比较

图 5.26（a）所示的直线Ⅰ、Ⅱ与Ⅲ分别表示 3 种加工方案：方案Ⅰ采用通用机床加工，方案Ⅱ采用数控机床加工，方案Ⅲ采用专用机床加工。3 种方案的全年不变费用 C_n 依次递增，而每件零件的可变费用 V 则依次递减。

单个零件（或单个工序）的工艺成本 S_d 为：

$$S_d = V + \frac{C_n}{N} \tag{5.17}$$

其图形为一双曲线，如图5.26（b）所示。

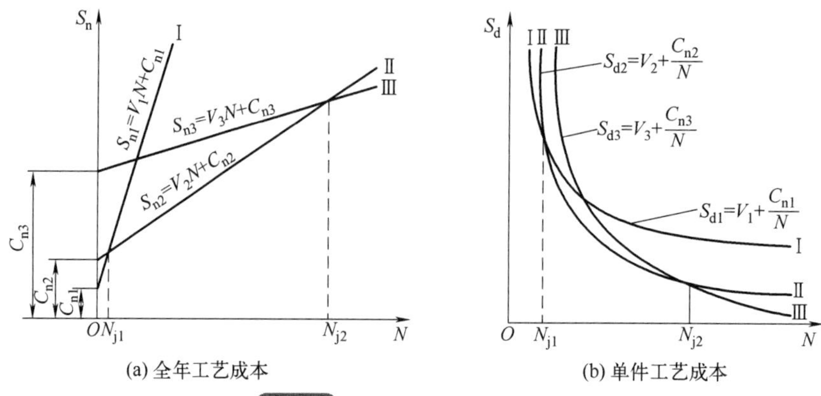

图5.26 工艺成本与年产量的关系

对加工内容相同的几种工艺方案进行经济评比时，一般可分为下列两种情况。

① 当需评比的工艺方案均采用现有设备，或其基本投资相近时，工艺成本即可作为衡量各种工艺方案经济性的依据。各方案的取舍与加工零件的年产量有密切关系，如图5.26（a）所示。

临界年产量 N_j，由计算确定，由：

$$S_n = V_1N_j + C_{n1} = V_2N_j + C_{n2} \tag{5.18}$$

得

$$N_j = \frac{C_{n2} - C_{n1}}{V_1 - V_2} \tag{5.19}$$

可以看出，当 $N<N_{j1}$ 时，宜采用通用机床；当 $N>N_{j2}$ 时，宜采用专用机床；而数控机床介于两者之间。

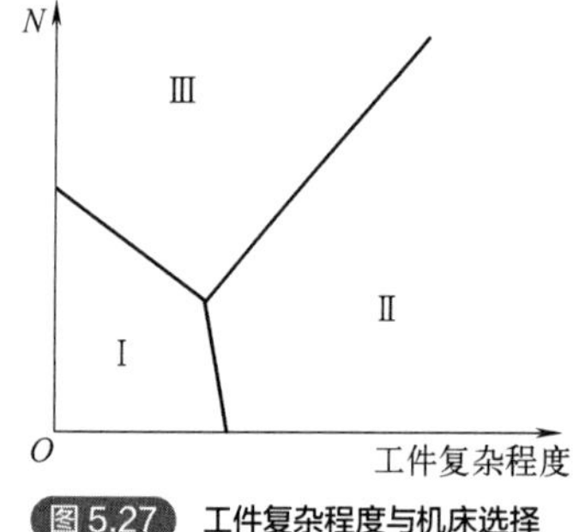

图5.27 工件复杂程度与机床选择

I—通用机床；II—数控机床；III—专用机床

当工件的复杂程度增加时，如具有复杂型面的零件，则不论年产量为多少，采用数控机床加工在经济上都是合理的，如图5.27所示。当然，在同一用途的各种数控机床之间，仍然需要进行经济上的比较与分析。

② 当需评比的工艺方案基本投资差额较大时，单纯比较其工艺成本是难以全面评定其经济性的，必须同时考虑不同方案的基本投资差额的回收期。回收期是指第二方案多花费的投资，需要多长时间才能由于工艺成本的降低而收回来。投资回收期可用下式求得：

$$T = \frac{K_2 - K_1}{S_{n1} - S_{n2}} = \frac{\Delta K}{\Delta S_n} \tag{5.20}$$

式中 T——投资回收期，年；

ΔK——基本投资差额（又称为追加投资），元；

ΔS_n——全年生产费用节约额（又称为追加投资年度补偿额），元/年。

投资回收期必须满足以下要求：

a. 回收期应小于所采用设备或工艺装备的使用年限。

b. 回收期应小于该产品由于结构性能或市场需求等因素所决定的生产年限。

c. 回收期应小于国家所规定的标准回收期，如采用新夹具的标准回收期常定为 2~3 年，采用新机床的标准回收期常定为 4~6 年。

因此，考虑追加投资后的临界年产量 N_j' 应由下列关系式计算确定，即

$$S_n = V_1 N_j' + C_{n1} = V_2 N_j' + C_{n2} + \Delta S_n \tag{5.21}$$

得

$$N_j' = \frac{C_{n2} + \Delta S_n - C_{n1}}{V_1 - V_2} \tag{5.22}$$

对比 N_j 与 N_j'，并结合图 5.28 可以看出，当考虑追加投资时，相当于在纵坐标轴的 C_{n2} 上再增加一线段 ΔS_n，其长度由 T 决定。

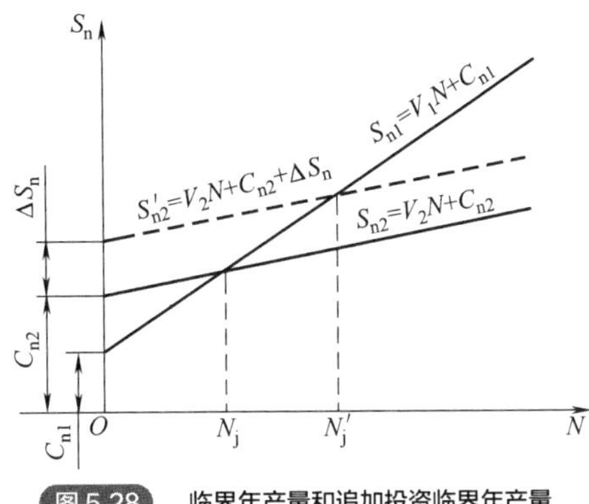

图 5.28　临界年产量和追加投资临界年产量

项目实施

图 1.1 中阶梯轴的生产类型为大批量生产，完成以下任务：

任务 1：毛坯类型及形式、毛坯余量的确定。

任务 2：加工方法的选择及加工阶段的划分。

任务 3：工序顺序的确定。

任务 4：工序尺寸的计算。

任务 5：工时定额的计算。

拓展阅读

计算机辅助工艺过程设计

计算机辅助工艺过程（规程）设计（computer aided process planning，CAPP）是指用计算机编制零件的加工工艺规程。

传统的工艺规程编制都是由工艺人员凭经验进行的，不同人员所编制的同一零件的工艺规

程，其方案一般各不相同，而且很可能都不是最佳方案。这是因为工艺设计涉及的因素多，因果关系错综复杂。计算机辅助工艺过程设计改变了依赖个人经验编制工艺规程的状况，它不仅提高了工艺规程设计的质量，而且使工艺人员从烦琐、重复的工作中摆脱出来，能集中精力去考虑提高工艺水平和产品质量问题。

计算机辅助工艺过程设计（CAPP）是联系计算机辅助设计（CAD）和计算机辅助制造（CAM）系统之间的桥梁。

目前国内外研制的许多 CAPP 系统，大体可分为 3 种类型：样件法、创成法和综合法，其中样件法又称为变异法、派生法。

① 样件法 在成组技术的基础上，将同一零件组中所有零件的主要型面特征合成主样件，再按主样件制订出适合本厂条件的典型工艺规程，并以文件的形式存储在计算机中。当需编制一个新零件的工艺规程时，计算机会根据该零件的成组编码识别它所属的零件组，并调用该组主样件的典型工艺规程。然后根据输入的型面编码、尺寸和表面粗糙度等参数，从典型工艺规程中筛选出有关工序，并进行切削用量计算。对所编制的工艺规程，还可以通过人机对话方式进行修改，最后输出零件的工艺规程。样件法原理简单，易于实现，但它是以前人的经验为基础的，而且所编制的工艺规程通常只局限于特定的工厂和产品。

② 创成法 利用对各种工艺决策制订的逻辑算法语言自动地生成工艺规程。创成法只要求输入零件的图形和工艺信息，如材料、毛坯、表面粗糙度、加工精度要求等，计算机便自动地分析组成该零件的各种几何要素，对每个几何要素规定相应的加工要素（如加工方法、加工顺序等逻辑关系），以及各几何要素之间的逻辑关系（如先粗后精、基准先行等原则）。即由计算机按照决策逻辑和优化公式，在不需要人工干预的条件下制订工艺规程。

由于组成复杂零件的几何要素很多，每一种要素可用不同的加工方法实现，它们之间的顺序又可以有多种组合方案，因此，工艺过程设计历来是一项经验性强而制约条件多的工作，往往要依靠工艺人员多年积累的丰富经验和知识做出决策，而不能仅仅依靠计算。为此，人们将人工智能的原理和方法引入计算机辅助工艺过程设计中，产生了 CAPP 专家系统。它不仅弥补了样件法 CAPP 的不足，而且更加符合实际，具有更大的灵活性和适应性。

尽管如此，目前利用创成法来制订工艺过程尚局限于某一特定类型的零件，其通用系统尚待研究。

③ 综合法 以样件法为主、创成法为辅，如其工序设计用样件法，而工步设计用创成法等。此方法综合考虑了样件法和创成法的优缺点，兼取两者之长，因此很有发展前途。

课后练习

（1）图 5.29 所示为车床主轴箱体的一个视图，其中，Ⅰ孔为主轴孔，是重要孔，加工时希望余量均匀。试选择加工主轴孔的粗、精基准。

（2）试分别选择图 5.30 所示各零件的粗、精基准。其中，图 5.30（a）所示为齿轮零件简图，毛坯为模锻件；图 5.30（b）所示为液压缸体零件简图，毛坯为铸件；图 5.30（c）所示为飞轮简图，毛坯为铸件。

（3）图 5.31 所示箱体零件的两种工艺安排如下：

① 在加工中心上加工 粗、精铣底面；粗、精铣顶面；粗镗、半精镗、精镗 ϕ80H7 孔和 ϕ60H7 孔；粗、精铣两端面。

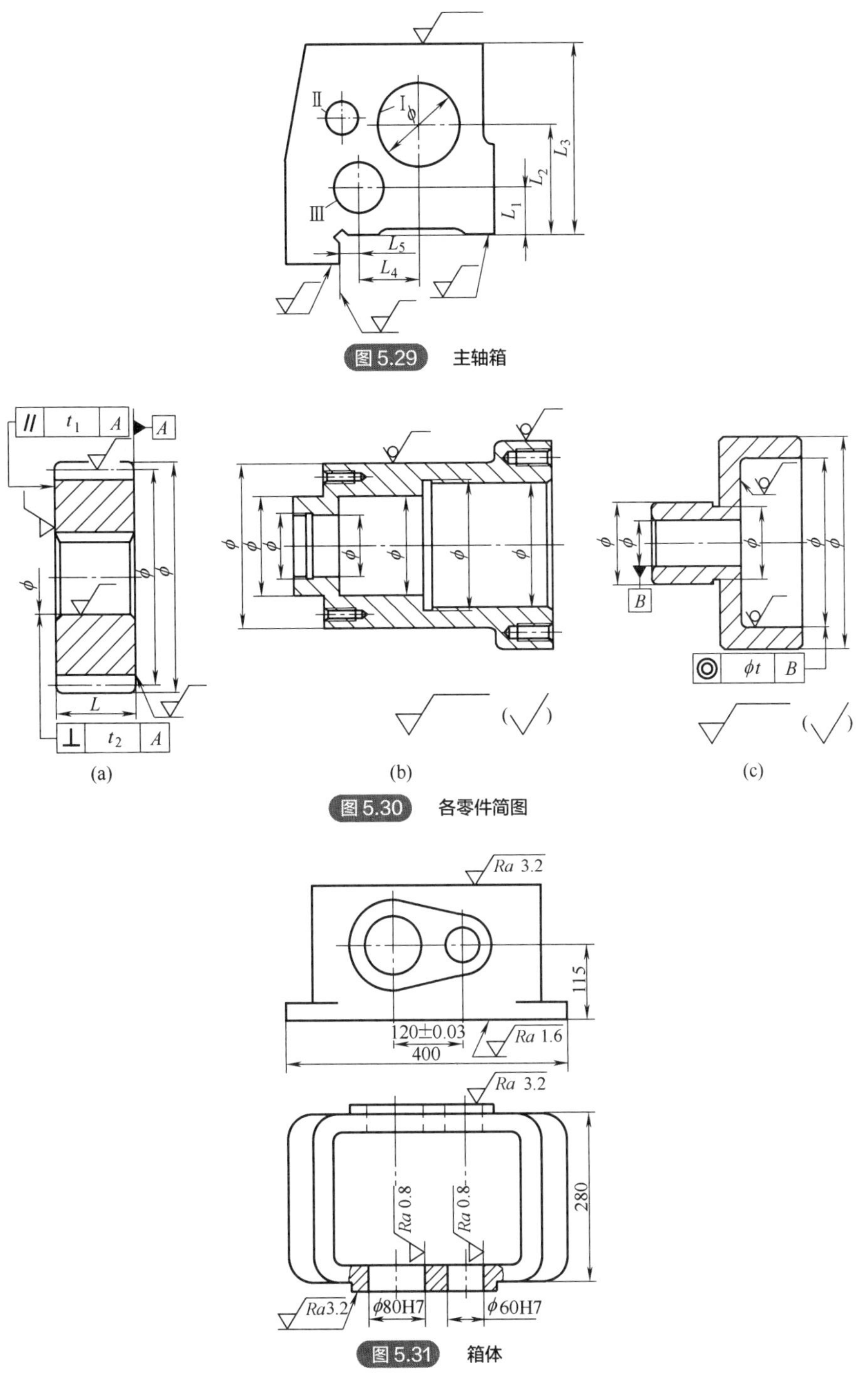

图 5.29 主轴箱

图 5.30 各零件简图

图 5.31 箱体

② 在流水线上加工 粗刨、半精刨底面，留精刨余量；粗、精铣两端面；粗镗、半精镗 ϕ80H7 孔和 ϕ60H7 孔，留精镗余量；粗刨、半精刨、精刨顶面；精镗 ϕ80H7 和 ϕ60H7 孔；精刨底面。

试分别分析上述两种工艺安排有无问题，若有问题需提出改进意见。

（4）图 5.32 所示小轴是大量生产，毛坯为热轧棒料，经过粗车、精车、淬火、粗磨、精磨后达到图样要求。现给出各工序的加工余量及工序尺寸公差，见表 5.10。毛坯的尺寸公差为 ±1.5mm。试计算工序尺寸，标注工序尺寸公差，计算精磨工序的最大余量和最小余量。

（5）一批小轴其部分工艺过程为：车外圆至$\phi20.6_{-0.04}^{0}$ mm，渗碳淬火，磨外圆至$\phi20.6_{-0.02}^{0}$ mm。试计算保证淬火层深度为 0.7~1mm 的渗碳工序渗入深度 t。

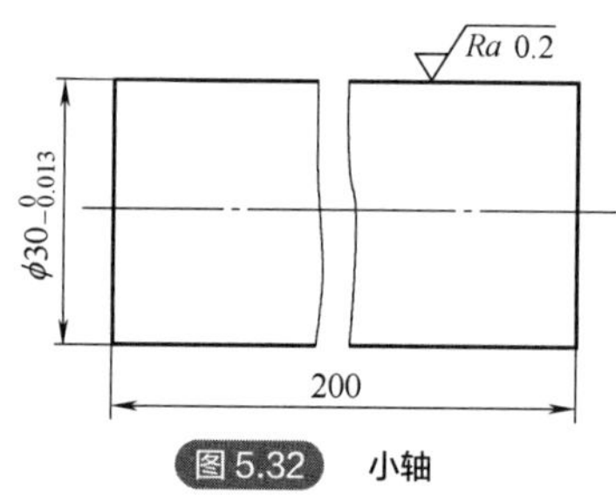

图 5.32 小轴

表 5.10 加工余量及工序尺寸公差 单位：mm

工序名称	加工余量	工序尺寸公差
粗车	3.00	0.210
精车	1.10	0.052
粗磨	0.40	0.033
精磨	0.10	0.013

第6章

机械装配工艺基础

扫码下载本书电子资源

本章思维导图

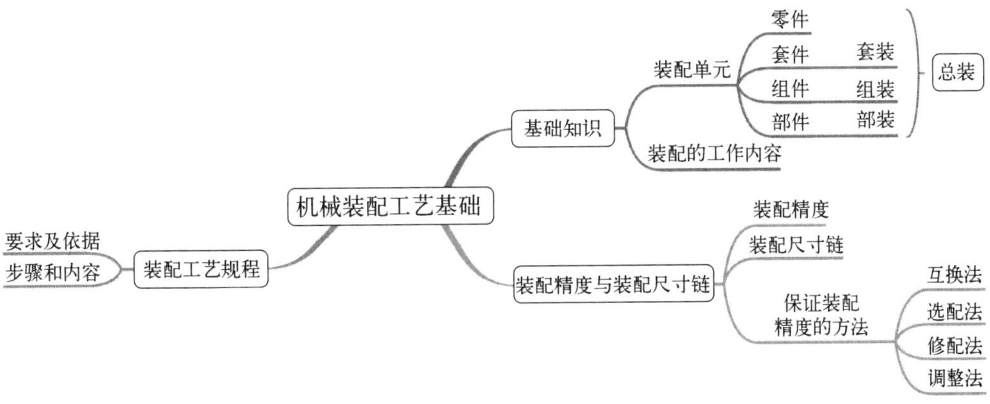

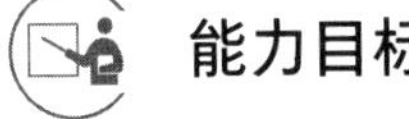

知识目标

（1）熟悉保证装配精度的方法；

（2）掌握装配工艺规程制订的内容及方法；

（3）掌握装配尺寸链的计算方法。

能力目标

能够根据产品技术要求制订装配工艺规程。

思政目标

养成创新思维，提高创新能力，弘扬时代精神。

项目引入

如图 6.1 所示为虎钳，装配过程中的装配顺序对产品的性能会不会产生影响呢？或者什么样的装配顺序是最合理的？试设计虎钳的装配工艺。

图 6.1 虎钳

机器都是由许多零件装配而成的。机器的质量最终是通过装配保证的，装配质量在很大程度上决定了机器的最终质量。另外，通过机器的装配过程，可以发现机器设计和零件加工质量等所存在的问题，并加以改进，以保证机器的装配质量。

6.1 基础知识

任何机器都是由许多零件和部件组成的。按照规定的程序和技术要求，将零件进行组合，使之成为半成品或成品的工艺过程称为装配。为了保证有效地进行装配，通常将机器划分为若干个能进行独立装配的装配单元。

6.1.1 装配单元的类型

① **零件** 零件是组成机器的最小单元。

② **套件** 套件是在一个基准件上，装上一个或若干个零件构成的，是组成机器的最小装配单元，为此而进行的装配工作称为套装。例如，双联齿轮套件就是由两个齿轮装配而成。

③ **组件** 组件是在一个基准件上，装上若干个零件和套件构成的，为此而进行的装配工作称为组装。例如，车床主轴箱的主轴组件就是在主轴上装上若干齿轮、套、垫和轴承等零件。

④ **部件** 部件是在一个基准件上，装上若干个组件、套件和零件构成的，为此而进行的装配工作称为部装。例如，车床主轴箱部件就是在主轴箱箱体上装上若干组件、套件和零件。

⑤ **机器** 机器是在一个基准件上，装上若干部件、组件、套件和零件构成的，为此而进行的装配工作称为总装。例如，车床就是由主轴箱、进给箱、床身等部件以及其他组件、套件、零件装配而成。

在装配工艺规程中，常用装配工艺系统图表示零、部件的装配流程和零、部件间相互装配关系。在装配工艺系统图上，每一个单元用一个长方形框表示，标明零件、套件、组件和部件的名称、编号及数量。如图 6.2~图 6.4 所示分别给出了组装、部装和总装的装配工艺系统图。在装配工艺系统图上，装配工作由基准件开始沿水平线自左向右进行，一般将零件画在上方，套件、组件、部件画在下方，其排列次序就是装配工作的先后次序。

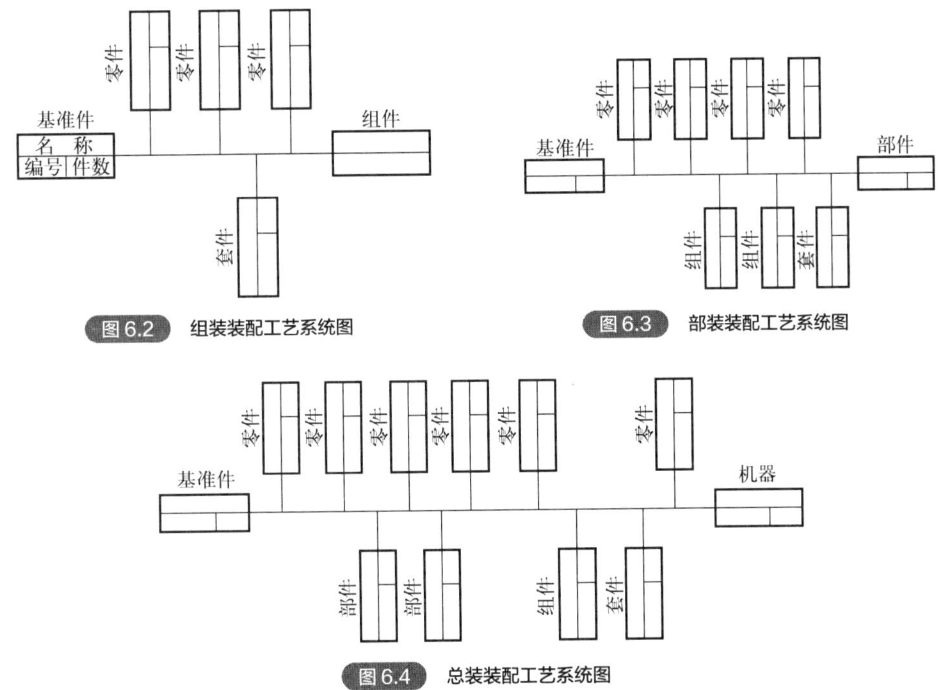

图6.2 组装装配工艺系统图

图6.3 部装装配工艺系统图

图6.4 总装装配工艺系统图

6.1.2 装配工作的主要内容

常见的装配工作内容主要有：清洗、连接、平衡、校正调整与配作、验收试验等。

① **清洗** 用清洗剂清除零件上的油污、灰尘等脏污的过程称为清洗。它对保证产品质量和延长产品使用寿命均有重要意义。常用的清洗方法有擦洗、浸洗、喷洗和超声波清洗等。常用的清洗剂有煤油、汽油和其他各种化学清洗剂，使用煤油和汽油做清洗时应注意防火，清洗金属零件的清洗剂必须具备防锈功能。

② **连接** 装配过程中常见的连接方式包括可拆卸连接和不可拆卸连接两种。螺纹连接、键连接、销钉连接、间隙配合和过盈配合等属于可拆卸连接；而焊接、铆接和粘接等属于不可拆卸连接。过盈配合可使用压装、热装或冷装等方法来实现。

③ **平衡** 对于机器中转速较高、运转平稳性要求较高的零部件，为了防止其内部质量分布不均匀而引起有害振动，必须对其高速回转的零部件进行平衡。平衡可分为静平衡和动平衡两种，前者主要用于直径较大且长度短的零件（如叶轮、飞轮、带轮等），后者用于长度较长的零部件（如电机转子、机床主轴等）。

④ **校正调整与配作** 在装配过程中为满足相关零部件的相互位置和接触精度而进行的找正、找平和相应的调整工作。其中，除调节零部件的位置精度外，为了保证运动零部件的运动精度，还需调整运动副之间的配合间隙。

⑤ **验收试验** 机器装配完后，应按产品的有关技术标准和规定，对产品进行全面检验和必要的试运转工作。只有经检验和试运转合格的产品才能准许出厂。多数产品的试运转在制造厂进行，少数产品（如轧钢机）由于制造厂不具备试运转条件，其试运转只能在使用厂安装后进行。

6.2 装配精度与装配尺寸链

6.2.1 装配精度

(1)装配精度的概念

装配精度是产品设计时根据使用性能要求规定的、装配时必须保证的质量指标。产品的装配精度一般包括：零部件间的距离精度、位置精度、运动精度及接触精度等。

① **距离精度** 距离精度是指相关零部件间的距离尺寸精度，包括间隙、过盈等配合要求，如卧式车床主轴中心线与尾座套筒中心线之间的等高度即属此项精度。

② **位置精度** 装配中的位置精度是指产品中相关零部件间的平行度、垂直度、同轴度及各种圆跳动等。

③ **运动精度** 运动精度是指产品中相对运动的零部件间在运动方向和相对运动速度上的精度，主要表现为运动方向的直线度、平行度和垂直度，相对运动速度的精度即传动精度。

④ **接触精度** 接触精度是指相互配合表面、接触表面间接触面积的大小和接触点的分布情况，如齿轮啮合、锥体与锥孔配合及导轨副间均有接触精度要求。

(2)装配精度与零件精度的关系

机器的装配精度是根据机器的使用性能要求提出的，例如，CA6140 型卧式车床的主轴回转精度要求为 0.01mm，CM6132 型精密车床主轴回转精度要求为 1μm，而中国航空精密机械研究所研制的 CTC-1 型超精密车床的主轴回转精度要求则高达 0.05μm。机器的装配精度，不仅关系到产品质量，也关系到制造的难易和产品的成本。

机器是由零部件组装而成的，因此机器的装配精度与零部件制造精度必然有直接的关系。如图 6.5（a）所示，卧式车床主轴中心线和尾座中心线对床身导轨有等高要求，这项装配精度要求就与主轴箱、尾座、底板等有关部件的加工精度有关。可以从查找影响此项装配精度的有关尺寸入手，并可以建立与此项装配要求有关的装配尺寸链，如图 6.5（b）所示。其中，A_1 是主轴中心线相对于床身导轨面的垂直距离；A_3 是尾座中心线相对于底板 3 的垂直距离；A_2 是底板相对于床身导轨面的垂直距离；A_0 是尾座中心线相对于主轴中心线的高度差，代表在床身上装配主轴箱和尾座时所要保证的装配精度要求。这 4 个尺寸构成了封闭的尺寸组，而 A_0 是在装配后最终形成的尺寸，因此是该装配尺寸链的封闭环。

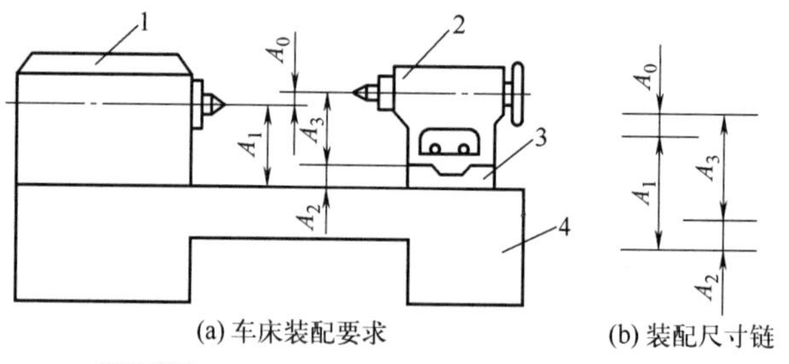

图 6.5 车床主轴中心线与尾座中心线的等高要求

1—主轴箱；2—尾座；3—底板；4—床身

在装配尺寸链中，通过装配后最终形成的尺寸是装配尺寸链的封闭环，这是不同于加工工艺尺寸链的地方。**装配尺寸链的封闭环一般代表装配后的间隙或过盈量。**

由图 6.5（b）所列装配尺寸链可知，主轴中心线与尾座中心线相对于导轨面的等高要求与 A_1、A_2、A_3 组成环的基本尺寸及其精度有直接关系。

实际上，机器的装配精度不仅与零部件的尺寸及其精度有关，还与装配过程中所采用的方法有关，装配方法不同，零部件的尺寸及其精度对装配精度的影响关系不同，所以解算装配尺寸链的方法也不同。对于某一给定的机器结构，必须根据装配精度要求和所采用的装配方法，通过解算装配尺寸链来确定有关零部件的尺寸和极限偏差。

6.2.2　装配尺寸链

(1) 装配尺寸链的定义及组成

装配尺寸链和工艺尺寸链都是尺寸链，有共同的形式和计算方法。但装配尺寸链与工艺尺寸链要解决的问题是不同的。工艺尺寸链中所有尺寸都分布在同一个零件上，主要解决零件的加工精度问题；而装配尺寸链中每一个尺寸都分布在不同零件上，每个零件的尺寸是一个组成环，有时两个零件之间的间隙等也可构成组成环，装配尺寸链主要解决装配精度问题。

装配尺寸链是指在机器的装配关系中，由相关零件的尺寸或相互位置关系所组成的尺寸链。装配尺寸链由封闭环和组成环构成。

封闭环就是装配所要保证的装配精度或技术要求。装配精度（封闭环）是零部件装配后才最后形成的尺寸或位置关系。

组成环就是在装配关系中，对装配精度有直接影响的零、部件的尺寸和位置关系。装配尺寸链的组成环同样也分为增环和减环。装配尺寸链中组成环增减性的判断方法与工艺尺寸链相同。

如图 6.6 所示为轴、孔配合的装配尺寸链，装配后要求轴、孔有一定的间隙。轴、孔间的间隙 A_0 就是该尺寸链的封闭环，它是由孔尺寸 A_1 与轴尺寸 A_2 装配后形成的尺寸。轴尺寸 A_2 不变，孔尺寸 A_1 增大，则间隙 A_0（封闭环）增大，因此 A_1 为增环。反之，孔尺寸 A_1 不变，轴尺寸 A_2 增大，则间隙 A_0（封闭环）减小，因此 A_2 为减环。

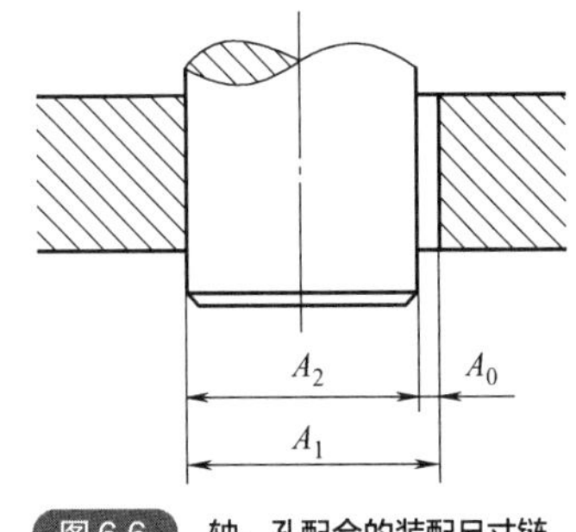

图 6.6　轴、孔配合的装配尺寸链

(2) 尺寸链的分类

按尺寸链中各环的几何特征和所处空间位置，装配尺寸链大致分为 4 种：

① **线性装配尺寸链**　它由长度尺寸组成，各环相互平行且在同一平面内。

② **角度装配尺寸链**　它由角度、平行度和垂直度等组成，各环互不平行。

③ **平面装配尺寸链**　它由成角度关系布置的长度尺寸组成，且处于同一或彼此平行的平面内。

④ **空间装配尺寸链**　由分布在三维空间内，成角度关系的长度尺寸组成。

(3) 建立装配尺寸链的步骤

在装配尺寸链中，装配精度为封闭环，与装配精度有关的零部件上的相关尺寸为组成环，但由于装配后的产品中与装配精度有关、无关的尺寸很多，因此建立装配尺寸链的关键是确定组成环。

① **确定封闭环** 根据装配精度确定封闭环。

② **寻找组成环** 以封闭环两端的两个零件为起点，沿装配精度要求的方向，以相邻零件装配基准面间的联系为线索，分别找出影响该装配精度的相关零件，直至找到同一基准零件，甚至是同一基准表面为止。找到相关零件后，其上两装配基准面间的尺寸就是与该装配精度有关的尺寸，即组成环。

查找组成环也可以从封闭环的一端开始，一直找到封闭环的另一端为止；或从共同的基准面开始，分头找到封闭环的两端。

无论采用哪一种方法，最终所形成的装配尺寸链一定是完全封闭的。

③ **绘制尺寸链** 当找到全部的关联尺寸后，可根据工艺尺寸链的绘制方法，画出装配尺寸链，并判断组成环性质。

（4）装配尺寸链的计算类型及计算方法

① **计算类型** 装配尺寸链的计算分正计算和反计算。正计算是指已知与装配精度相关的各零部件的公称尺寸及其极限偏差（组成环），求解装配精度（封闭环）的过程；反计算是指已知装配精度的公称尺寸及其极限偏差，求解与该装配精度相关的各零部件的公称尺寸及其极限偏差的过程。正计算用于对已设计的装配图样的校验，而反计算用于设计过程中确定各零部件的尺寸及加工精度。

② **计算方法** 尺寸链的计算方法有两种，即极值法和概率法。解算装配尺寸链所采用的计算方法必须与机器装配中所采用的装配工艺相密切配合，才能得到满意的装配效果。装配工艺方法与计算方法常用的匹配有：

- 采用完全互换装配法时，应用极值法计算。
- 采用大数互换装配法时，可用概率法计算。
- 采用选择装配法时，一般按极值法计算。
- 采用修配装配法时，一般批量较小，应按极值法计算。
- 采用调整装配法时，一般用极值法计算。大批量生产时，可用概率法计算。

6.2.3 保证装配精度的装配方法

受机器装配精度、生产规模、生产效率以及工人劳动强度的影响，在不同的生产场合中，通常采用 4 种方法保证装配精度。

（1）互换装配法

采用互换装配法时，被装配的每一个零件不需做任何挑选、修配和调整就能达到规定的装配精度要求。用互换装配法，其装配精度主要取决于零件的制造精度。根据零件的互换程度，互换装配法可分为完全互换装配法和统计互换装配法，现分述如下。

① **完全互换装配法** 采用完全互换装配法时，应用式（5.10）~式（5.13）所表示的极值法计算装配尺寸链（如图 6.7 所示），现举例说明如下。

［**例 6.1**］ 如图 6.7（a）所示是一个齿轮装配结构图，由于齿轮 3 要在轴 1 上回转，故要求齿轮左右端面与轴套 4、挡圈 2 之间应留有一定间隙。由于该间隙是在零件装配后才间接形成的，所以它是封闭环（A_0）。经查对，影响封闭环 A_0 大小的尺寸依次有齿轮轮毂宽度 A_1、轴套厚度 A_2 以及轴 1 两台肩间的长度 A_3，将 A_0 与 A_1、A_2、A_3 依次相连，可得如图 6.7（b）所示的尺寸链。在 A_0 与 A_1、A_2、A_3 组成的尺寸链中，A_1、A_2 为减环，A_3 是增环。已知 A_1=35mm，A_2=14mm，A_3=49mm，若要求装配后齿轮右端的间隙在 0.10~0.35mm 之间，试以完全互换装配法解算各组成环的公差和极限偏差。

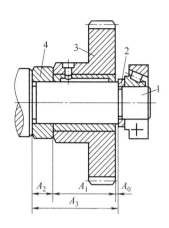

(a) 齿轮装配图

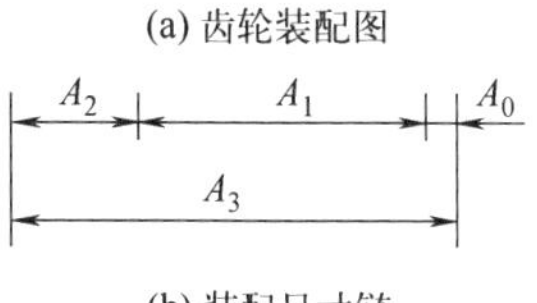

(b) 装配尺寸链

图 6.7 完全互换装配图

1—轴；2—挡圈；3—齿轮；4—轴套

［解］

步骤一：计算封闭环基本尺寸 A_0：

$$A_0 = \sum_{p=1}^{k} A_p - \sum_{q=k+1}^{m} A_q = A_3 - A_1 - A_2 = 49 - 35 - 14 = 0\text{mm}$$

步骤二：计算封闭环公差 T_0：

$$T_0 = 0.35 - 0.10 = 0.25\text{mm}$$

步骤三：确定各组成环公差：

首先计算各组成环的平均公差 T_{avA}：

$$T_{\text{avA}} = T_0 / m = 0.25 / 3 \approx 0.083\text{mm}$$

考虑到各组成环基本尺寸的大小及制造难易程度各不相同，故各组成环制造公差应在平均公差值的基础上做适当调整。因 A_1 与 A_3 在同一尺寸分段范围内，平均公差值接近该尺寸

分段范围的 IT10，按 IT10 给出组成环 A_1 与 A_3 的公差值为：

$$T_1 = T_3 = 0.10\text{mm}$$

因此 $$T_2 = T_0 - T_1 - T_3 = 0.25 - 0.10 - 0.10 = 0.05\text{mm}$$

步骤四：确定各组成环的极限偏差：

组成环尺寸的极限偏差一般按“入体原则”配置，对于内尺寸，其尺寸偏差按 H 配置；对于外尺寸，其尺寸偏差按 h 配置。入体方向不明的长度尺寸，其极限偏差按“对称偏差”原则配置。本例取：

$$A_1 = 35\text{h}10 = 35_{-0.10}^{\ \ 0}\text{mm}$$

$$A_3 = 49\text{js}10 = (49 \pm 0.05)\text{mm}$$

已知：$\text{ES}_0 = \sum_{p=1}^{k} \text{ES}_p - \sum_{q=k+1}^{m} \text{EI}_q$，将有关数据代入上式得：

$$0.35 = 0.05 - (-0.1 + \text{EI}_2)$$

$$EI_2 = -0.20\text{mm}$$

已知：$EI_0 = \sum_{p=1}^{k} EI_p - \sum_{q=k+1}^{m} ES_q$，将有关数据代入上式得：

$$0.10 = -0.05 - (0 + ES_2)$$

$$ES_2 = -0.15\text{mm}$$

故得 $$A_2 = 14_{-0.20}^{-0.15}\text{mm}$$

T_2=0.05mm，查标准公差表可知，基本尺寸分段为 10~18mm 时，IT9=0.043mm，使 A_2 的公差带标准化，取 $A_2 = 14\text{b}9 = 14_{-0.193}^{-0.150}\text{mm}$。

步骤五：核算封闭环的极限尺寸：

$$A_{0\max} = \sum_{p=1}^{k} A_{p\max} - \sum_{q=k+1}^{m} A_{q\min} = 49.05 - (34.9 + 13.807) \approx 0.343\text{mm}$$

$$A_{0\min} = \sum_{p=1}^{k} A_{p\min} - \sum_{q=k+1}^{m} A_{q\max} = 48.95 - (35 + 13.85) \approx 0.10\text{mm}$$

核算结果表明，A_0 的尺寸范围是 0.1~0.343mm，符合规定的间隙在 0.10~0.35mm 之间的要求，故本例所求组成环尺寸和极限偏差分别为：

$$A_1 = 35_{-0.10}^{\ 0}\text{mm}，\ A_2 = 14_{-0.193}^{-0.150}\text{mm}，\ A_3 = (49 \pm 0.05)\text{mm}$$

上述计算表明，只要 A_1、A_2、A_3 分别按上述尺寸要求制造，就能做到完全互换装配，达到“拿起零件就装，装完保证均合格”的要求。

完全互换装配法的**优点**是：装配质量稳定可靠；装配过程简单，装配效率高；易于实现自动装配；产品维修方便。**不足**之处是：当装配精度要求较高，尤其是在组成环数较多时，组成环的制造公差规定得严，零件制造困难，加工成本高。所以，完全互换装配法**适于**在成批生产、大量生产中装配那些组成环数较少或组成环数虽多但装配精度要求不高的机器结构。

② 统计互换装配法 用完全互换装配法，装配过程虽然简单，但它是根据增环、减环同时出现极值情况来建立封闭环与组成环之间的尺寸关系的，由于组成环分得的制造公差过小常使零件加工产生困难。实际上，在一个稳定的工艺系统中进行成批生产和大量生产时，零件尺寸出现极值的可能性极小；在装配时，由于随机拿取的各装配零件制造误差的大小是各自独立发生的随机数，所有增环同时接近最大（或最小），而所有减环又同时接近最小（或最大）的可能性极小，实际上可以忽略不计。完全互换装配法以提高零件加工精度为代价来换取完全互换装配，有时是不经济的。

统计互换装配法又称不完全互换装配法，其实质是用概率法进行计算封闭环与组成环之间的关系，其优点是可以将组成环的制造公差适当放大，使零件容易加工。但这会使极少数产品的装配精度超出规定要求，不过这种事件是小概率事件，很少发生。从总的经济效果分析，仍然是经济可行的。

机械制造中尺寸分布大多为正态分布。可用下述方法求解（非正态分布可参考相关手册计算）：

由误差统计分析可知，当误差呈正态分布，且分布中心与公差带中心重合时，可取各组成环的公差值 $T_i = 6\sigma_i$，封闭环的公差值 $T_0 = 6\sigma_0$。封闭环的公差为：

$$T_0 = \sqrt{\sum_{i=1}^{m} T_i^2} \tag{6.1}$$

即当各环呈正态分布时，封闭环公差等于各组成环公差平方和的平方根。若各组成环公差都相等，即 $T_i = T_{\mathrm{av,s}}$，则各组成环平均公差 $T_{\mathrm{av,s}}$ 为：

$$T_{\mathrm{av,s}} = \frac{T_0}{\sqrt{m}} \tag{6.2}$$

而极值法的各组成环平均公差 $T_{\mathrm{avA}} = \dfrac{T_0}{m}$，两者相比可以看出，概率法可将组成环的平均公差扩大 $\sqrt{m}$ 倍，m 越大，扩大倍数越大。因此，概率法适用于环数较多的尺寸链。

用概率法解尺寸链时，利用封闭环和组成环的平均尺寸进行计算比较方便。当组成环尺寸分布中心与公差带中心重合时，组成环的平均尺寸可按下式计算：

$$A_{i\mathrm{av}} = A_i + \varDelta_i \tag{6.3}$$

式中 A_i——组成环的公称尺寸；

$\varDelta_i$——组成环公差带中心对公称尺寸的坐标值，即组成环的中间偏差，$\varDelta_i = \dfrac{\mathrm{ES}_i + \mathrm{EI}_i}{2}$。

由工艺尺寸链的计算公式可知：

$$\varDelta_0 = \sum_{i=1}^{n} \overrightarrow{\varDelta_i} - \sum_{i=n+1}^{m} \overleftarrow{\varDelta_i} \tag{6.4}$$

即封闭环的中间偏差等于所有增环的中间偏差之和减去所有减环的中间偏差之和。

封闭环的上、下偏差可按下式计算：

$$\mathrm{ES}_0 = \varDelta_0 + \frac{T_0}{2} \tag{6.5}$$

$$\mathrm{EI}_0 = \varDelta_0 - \frac{T_0}{2} \tag{6.6}$$

［**例 6.2**］为便于与完全互换装配法比较，现仍以图 6.7 所示齿轮装配间隙为例进行说明，其他条件不变，试以统计互换装配法计算各组成环的公差和极限偏差。

［解］

步骤一：计算封闭环基本尺寸 A_0：

$$A_0 = A_3 - (A_1 + A_2) = 49 - (35 + 14) = 0\mathrm{mm}$$

步骤二：计算封闭环公差 T_0：

$$T_0 = 0.35 - 0.10 = 0.25\text{mm}$$

步骤三：计算各组成环的平均公差 $T_{av,s}$ 假定该产品大批量生产，工艺稳定，则各组成环尺寸呈正态分布，各组成环平均公差为

$$T_{av,s} = \frac{T_0}{\sqrt{m}} = \frac{0.25}{\sqrt{3}} \approx 0.144\text{mm}$$

与用极值法计算得到的各组成环平均公差 $T_{avA} = 0.083\text{mm}$ 相比，$T_{av,s}$ 比 T_{avA} 放大了 73.5%，组成环的制造变得容易了。

步骤四：确定 A_1、A_2、A_3 的制造公差：

以组成环平均公差为基础，参考各组成环尺寸大小和加工难易程度，确定各组成环制造公差。**因 A_2 便于加工，故取 A_2 为协调环**。因 A_1 与 A_3 的基本尺寸在同一尺寸分段范围内，平均公差 $T_{av,s}$ 接近该尺寸段范围的 IT11，本例按 IT11 确定 A_1 与 A_3 的公差，查公差标准得：

$$T_1 = T_3 = 0.160\text{mm}$$

$$T_2 = \sqrt{T_0^2 - T_1^2 - T_3^2} = \sqrt{0.25^2 - 0.16^2 - 0.16^2} \approx 0.106\text{mm}$$

考虑到 A_2 易于制造，按 IT10 取 $T_2 = 0.07\text{mm}$ 。

步骤五：确定 A_1、A_2、A_3 的极限偏差：

按“入体原则”，取 $A_1 = 35\text{h}11 = 35_{-0.16}^{\ 0}\text{mm}$ ，$A_3 = 49\text{h}11 = 49_{-0.16}^{\ 0}\text{mm}$ ，最后确定协调环 A_2 的极限偏差 ES_2 和 EI_2。

$$\frac{0.35 + 0.1}{2} = \frac{0 - 0.16}{2} - \frac{0 - 0.16}{2} - \varDelta_2$$

$$\varDelta_2 = -0.225\text{mm}$$

故 $A_2 = 14 - 0.225 \pm \frac{0.07}{2} = 14_{-0.26}^{-0.19}\text{mm}$ 。

步骤六：核算封闭环的极限偏差：

$$\varDelta_0 = \varDelta_3 - (\varDelta_1 + \varDelta_2) = -0.08 - (-0.08) - (-0.225) = 0.225\text{mm}$$

封闭环公差：

$$T_0 = \sqrt{T_1^2 + T_2^2 + T_3^2} = \sqrt{0.16^2 + 0.07^2 + 0.16^2} \approx 0.24\text{mm}$$

求封闭环极限偏差得：

$$ES_0 = \Delta_0 + T_0/2 = 0.225 + 0.24/2 = 0.345\text{mm}$$

$$EI_0 = \Delta_0 - T_0/2 = 0.225 - 0.24/2 = 0.105\text{mm}$$

由此可知 $A_0 = 0^{+0.345}_{+0.16}\text{mm}$，符合规定的装配间隙要求。本例所求组成环尺寸和极限偏差分别为：

$$A_1 = 35^{\ 0}_{-0.16}\text{mm}，\ A_2 = 14^{-0.19}_{-0.26}\text{mm}，\ A_3 = 49^{\ 0}_{-0.16}\text{mm}$$

统计互换装配法的优点是：扩大了组成环的制造公差，零件制造成本低；装配过程简单，生产效率高。不足之处是：装配后有极少数产品达不到规定的装配精度要求，须采取另外的返修措施。统计互换装配法适用于在大批大量生产中装配精度要求高，且组成环数较多的机器结构。

（2）分组装配法

在大批大量生产中，装配那些精度要求特别高同时又不便于采用调整装置的部件，若用互换装配法装配，组成环的制造公差过小，加工很困难或很不经济，此时可以采用分组装配法。

采用分组装配法装配时，组成环按加工经济精度制造，然后测量组成环的实际尺寸并按尺寸范围分成若干组，装配时被装零件按对应组进行装配，以保证每组都能达到装配精度要求。

［**例 6.3**］ 在汽车发动机中，活塞销和活塞销孔的配合要求很高，如图 6.8（a）所示为某厂汽车发动机活塞销 1 与活塞 3 销孔的装配关系，销和销孔的基本尺寸为 ϕ28mm，在冷态装配时要求有 0.0025~0.0075mm 的过盈量。

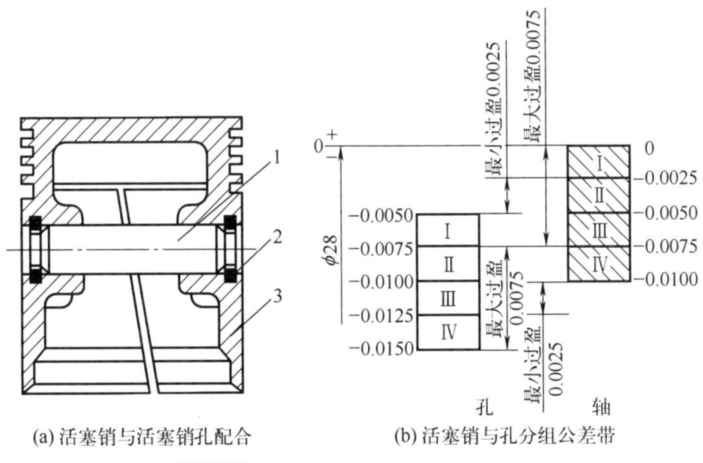

(a) 活塞销与活塞销孔配合　　(b) 活塞销与孔分组公差带

图 6.8　活塞销与活塞销孔的装配关系

1—活塞销；2—挡圈；3—活塞

［解］

方法一：采用完全互换装配法。

按照等公差原则，应将封闭环公差（$T_0 = 0.0075 - 0.0025 = 0.005\text{mm}$）均等地分配给活塞销和活塞销孔，则它们的公差都仅为 0.0025mm。为便于活塞销的加工，采用基轴制配合，则活

塞销的尺寸为 $d=\phi28_{-0.0025}^{\ 0}\text{mm}$，活塞销孔 $D=\phi28_{-0.0075}^{-0.0050}\text{mm}$，精度等级为 IT2，加工这样精度的活塞销和活塞销孔很困难。实际生产中，常用分组装配法来保证上述装配精度要求。

方法二：采用分组装配法。

将活塞和活塞销孔的制造公差同向放大到 4 倍（上极限偏差不动，变动下极限偏差），即放大公差后的活塞销及活塞销孔的尺寸为：$d=\phi28_{-0.010}^{\ 0}\text{mm}$，$D=\phi28_{-0.015}^{-0.005}\text{mm}$，精度等级相当于 IT5~IT6，按该尺寸及精度要求加工较为容易。加工好后，对一批工件，用精密量具测量，将销孔孔径 D 与销轴直径 d 按尺寸从大到小分成 4 组，涂上不同的颜色，以便进行分组装配。装配时对应组进行装配，即让大销轴配大销孔，小销轴配小销孔，保证达到上述装配精度要求。图 6.8（b）给出了活塞销和活塞销孔的分组公差带位置。

采用分组装配法要求分组数不宜太多。尺寸公差放大到加工经济精度就行，否则由于零件的测量、分组、保管的工作复杂化容易造成生产紊乱。分组装配法要配合件的表面粗糙度、形状和位置误差必须保持原设计要求，绝不能随着公差的放大而降低粗糙度要求和放大形状及位置误差。

分组装配法的主要优点是：零件的制造精度不高，但却可获得很高的装配精度；组内零件可以互换，装配效率高。不足之处是：增加了零件测量、分组、存储、运输的工作量。分组装配法适于在大批大量生产中装配那些组成环数少而装配精度又要求特别高的机器结构（多数情况下为精密偶件）。

（3）修配装配法

在单件小批生产中装配那些装配精度要求高、组成环数又多的机器结构时，常用修配装配法。采用修配装配法时，各组成环均按该生产条件下加工经济精度加工，装配时封闭环所积累的误差，势必会超出规定的装配精度要求，装配时通过修配装配尺寸链中某一组成环的尺寸（此组成环称为修配环），最终保证装配精度的要求。

实际生产中，常见的修配法（修配装配法）有以下三种：

① **单件修配法** 在装配时，选定某一固定的零件作修配件进行修配，以保证装配精度的方法称为单件修配法。此法在生产中应用最广。

② **合并加工修配法** 这种方法是将两个或多个零件合并在一起当作一个零件进行修配。这样减少了组成环的数目，从而减少了修配量。例如，普通车床尾座的装配，为了减少总装时对尾座底板的刮研量，一般先把尾座和底板的配合平面加工好，并配刮横向小导轨，然后再将两者装配为一体，以底板的底面为定位基准，镗尾座的套筒孔，直接控制尾座套筒孔至底板底面的尺寸，这样一来组成环 A_2、A_3（见图 6.5）合并成一环 $A_{2,3}$（见图 6.9），使加工精度容易保证，而且允许给底板底面留较小的刮研量。

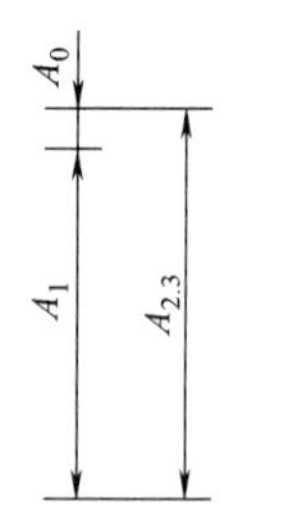

图 6.9 车床主轴中心线与尾座套筒中心线等高装配尺寸链

合并加工修配法虽有上述优点，但是由于零件合并要对号入座，给加工、装配和生产组织工作带来不便，因此多用于单件小批生产中。

③ **自身加工修配法** 在机床制造与维修中，利用机床本身的

切削加工能力，用自己加工自己的方法可以方便地保证某些装配精度要求，这就是自身加工修配法。例如，牛头刨床、龙门刨床及龙门铣床总装时，自刨或自铣自己的工作台面，以保证工作台面和滑枕或导轨面的平行度；在车床上加工自身所用三爪自定心卡盘的卡爪，保证主轴回转轴线和三爪自定心卡盘三个爪的工作面的同轴度。

修配法最大的优点就是各组成环均可按加工经济精度制造，而且可获得较高的装配精度。但由于产品需逐个修配，所以没有互换性，且装配劳动量大，生产率低，对装配工人技术水平要求高。因此，修配法主要用于单件小批生产和中批生产中装配精度要求较高的情况下。

采用修配法时应该注意以下事项：

a. 应该正确选择修配对象，首先应该选择那些只与本项装配精度有关而与其他装配精度项目无关的零件作为修配对象（在尺寸链关系中不是公共环）。然后再考虑其中易于拆装且面积不大的零件作为修配件。

b. 应该通过装配尺寸链计算，合理确定修配件的尺寸公差，既保证它具有足够的修配量，又不要使修配量过大。

［**例 6.4**］ 如图 6.5 所示车床简图，现分析怎样保证车床主轴中心线与尾座套筒中心线的等高精度。已知主轴中心线与主轴箱安装基准的距离 A_1=160mm，尾座垫块高 A_2=30mm，尾座套筒中心线与尾座体安装基准的距离 A_3=130mm。试用修配装配法计算该装配尺寸链。

［**解**］ ① 根据车床精度指标建立装配尺寸链。

如前所述，实际生产中常用合并加工修配法，这样尾座和尾座底板是成为配对件后进入总装的，故装配尺寸链改为如图 6.9 所示。其中，封闭环 $A_0=0_{0}^{+0.06}\text{mm}$，组成环 $A_1=160\text{mm}$、$A_{2.3}=A_2+A_3=30+130=160\text{mm}$。$A_1$ 是减环，$A_{2.3}$ 是增环。

② 选择修配环并做相应计算。

显然，选择 $A_{2.3}$ 做修配环为好。于是可将各组成环按加工经济精度确定公差如下：

$$A_1=(160\pm0.1)\text{mm} \qquad A_{2.3}=(160\pm0.1)\text{mm}$$

验算封闭环 A_0 的上下偏差，得：$A_0=(0\pm0.2)\text{mm}$。

把这一数值与装配要求 $A_0=0_{0}^{+0.06}\text{mm}$ 比较一下可知：当 $A_0=(0.2\sim0)\text{mm}$ 时，垫板上已无修配量，因此应该在修配环 $A_{2.3}$ 尺寸上加上修配补偿量 0.2mm，把尺寸 $A_{2.3}$ 修改为：

$$A_{2.3}=(160.2\pm0.1)\text{mm}=160_{+0.1}^{+0.3}\text{mm}$$

再验算封闭环 A_0 的上下偏差，得：$A_0=0_{0}^{+0.4}\text{mm}$。

从而可知，当 A_0=0 时，刚好满足装配精度要求，所以最小修配量等于零；当 A_0=0.4mm 时，超差量为 0.34mm（0.4mm−0.06mm=0.34mm），所以最大修配量应是 0.34mm。

为了提高接触刚度，底板的底面与床身配合的导轨面必须经过配刮，因此它必须具有最小修配量，如果按生产经验最小修配量为 0.1mm。那么应将此值加到 $A_{2.3}$ 尺寸上，于是得到

$A_{2.3} = 160.1_{+0.1}^{+0.3}\text{mm} = 160_{+0.2}^{+0.4}\text{mm}$ 。

然后再验算 A_0 的上下偏差，可得 $A_0 = 0_{+0.1}^{+0.5}\text{mm}$，因此最小修配量为 0.1mm，最大修配量为 0.44mm。

（4）调整装配法

装配时用改变调整件在机器结构中的相对位置或选用合适的调整件来达到装配精度的装配方法，称为调整装配法（调整法）。

调整装配法与修配装配法的原理基本相同。在以装配精度要求为封闭环建立的装配尺寸链中，除调整环外各组成环均以加工经济精度制造，由于扩大组成环制造公差累积造成的封闭环过大的误差，通过调节调整件相对位置的方法消除，最后达到装配精度要求。调节调整件相对位置的方法有可动调整法、固定调整法和误差抵消调整法等 3 种，分述如下。

① 可动调整法　如图 6.10 所示为可动调整法装配示意图。图 6.10（a）所示结构是靠旋紧螺钉 1 来调整轴承外环相对于内环的位置，从而使滚动体与内环、外环间具有适当间隙，螺钉 1 调整到位后，用螺母 2 背紧。图 6.10（b）所示结构为车床刀架横向进给机构中丝杠螺母副间隙调整机构，丝杠螺母间隙过大时，可旋紧螺钉 1，调节撑垫 2 的上下位置，使螺母 3、4 分别靠紧丝杠 5 的两个螺旋面，以减小丝杠 5 与螺母 3、4 之间的间隙。

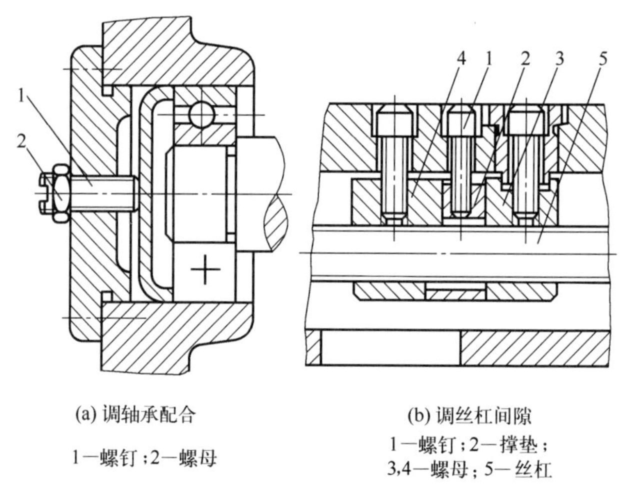

(a) 调轴承配合

1—螺钉；2—螺母

(b) 调丝杠间隙

1—螺钉；2—撑垫；
3,4—螺母；5—丝杠

图 6.10　可动调整法装配示例

可动调整法的主要优点是：零件制造精度不高，但却可获得比较高的装配精度；在机器使用中可随时通过调节调整件的相对位置来补偿由于磨损、热变形等原因引起的误差，使之恢复到原来的装配精度；它比修配法操作简便，易于实现。不足之处是需增加一套调整机构，增加了结构复杂程度。可动调整法在生产中应用甚广。

② 固定调整法　在以装配精度要求为封闭环建立的装配尺寸链中，组成环均按加工经济精度制造，由于扩大组成环制造公差累积造成的封闭环过大的误差，通过更换不同尺寸的固定调整件进行补偿，达到装配精度要求。这种装配方法，称为固定调整法。

固定调整法适于在大批大量生产中装配那些装配精度要求较高的机器结构。在产量大、装配精度要求较高的场合，调整件还可以采用多件拼合的方式组成，装配时根据所测实际间隙的大小，把不同厚度的调整件拼成所需尺寸，然后把它装到间隙中去，使装配结构达到装配精度要求。这种调整装配方法比较灵活，它在汽车、拖拉机生产中广泛应用。

③ **误差抵消调整法** 在机器装配中，通过调整被装配零件的相对位置，使加工误差相互抵消，可以提高装配精度，这种装配方法称为误差抵消调整法。它在机床装配中应用较多，例如，在车床主轴装配中通过调整前后轴承的径跳方向来控制主轴的径向跳动；在滚齿机工作台分度蜗轮装配中，采用调整蜗轮和轴承的偏心方向来抵消误差，以提高分度蜗轮的工作精度。

调整装配法的主要优点是：组成环均能以加工经济精度制造，但却可获得较高的装配精度；装配效率比修配装配法高。不足之处是要另外增加一套调整装置。可动调整法和误差抵消调整法适于小批生产，固定调整法则主要用于大批量生产。

6.3 装配工艺规程

设计装配工艺规程要依次完成以下几方面的工作。

（1）研究产品装配图和装配技术条件

审核产品图样的完整性、正确性；对产品结构进行装配尺寸链分析，对机器主要装配技术条件要逐一进行研究分析，包括保证装配精度的装配工艺方法、零件图相关尺寸的精度设计等；对产品结构进行结构工艺性分析，如发现问题，应及时提出，并同有关工程技术人员商讨图样修改方案，报主管领导审批。

（2）确定装配的组织形式

装配组织形式有固定式装配和移动式装配两种。

① **固定式装配** 固定式装配是全部装配工作都在固定工作地进行。根据生产规模，固定式装配又可分为集中式固定装配和分散式固定装配。按集中式固定装配形式装配，整台产品的所有装配工作都由一个工人或一组工人在一个工作地集中完成。它的工艺特点是：装配周期长，对工人技术水平要求高，工作地面积大。按分散式固定装配形式装配，整台产品的装配分为部装和总装，各部件的部装和产品总装分别由几个或几组工人同时在不同工作地分散完成。它的工艺特点是：产品的装配周期短，装配工作专业化程度较高。固定式装配多用于单件小批生产；在成批生产中，装配那些重量大、装配精度要求较高的产品（如车床、磨床）时，有些工厂采用固定流水装配形式进行装配，装配工作地固定不动，装配工人则带着工具沿着装配线上一个个固定式装配台重复完成某一装配工序的装配工作。

② **移动式装配** 被装配产品（或部件）不断地从一个工作地移到另一个工作地，在每个工作地重复地完成某一固定的装配工作。移动式装配又有自由移动式和强制移动式两种，前者适于在大批大量生产中装配那些尺寸和重量都不大的产品或部件；强制移动式装配又可分为连续移动和间歇移动两种方式，连续移动式装配不适于装配那些装配精度要求较高的产品。

装配组织形式的选择主要取决于产品结构特点（包括尺寸和重量等）和生产类型，并应考虑现有生产条件和设备。

（3）划分装配单元

确定装配顺序，绘制装配工艺系统图，将产品划分为套件、组件、部件等能进行独立装配的装配单元，是设计装配工艺规程中最为重要的一项工作，这对于大批大量生产中装配那些结构较为复杂的产品尤为重要。无论是哪一级装配单元，都要选定某一零件或比它低一级的装配单元作为装配基准件。装配基准件通常应是产品的基体件或主干零部件，基准件应有较大的体积和重量，并应有足够的支承面。

在划分装配单元确定装配基准件之后即可安排装配顺序，并以装配工艺系统图的形式表示出来。**安排装配顺序的原则是：先下后上，先内后外，先难后易，先精密后一般。**如图 6.11 所示是车床床身部件图，如图 6.12 所示是车床床身装配工艺系统图。

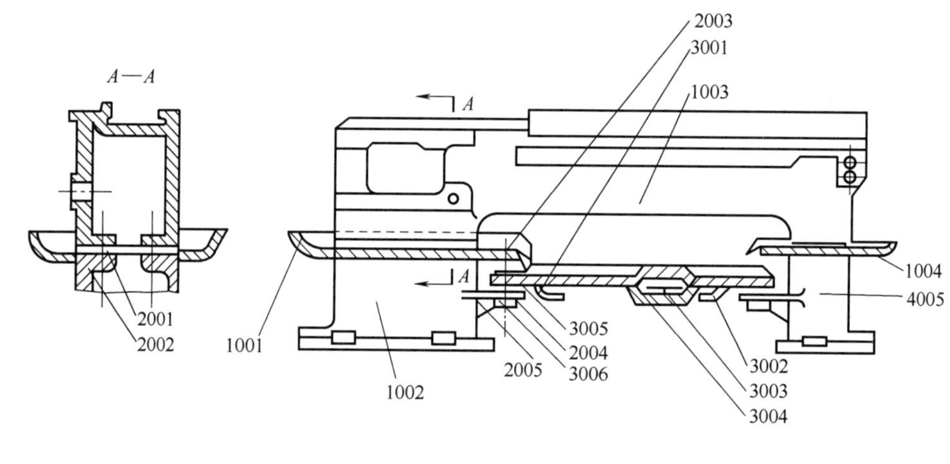

图 6.11　车床床身部件图

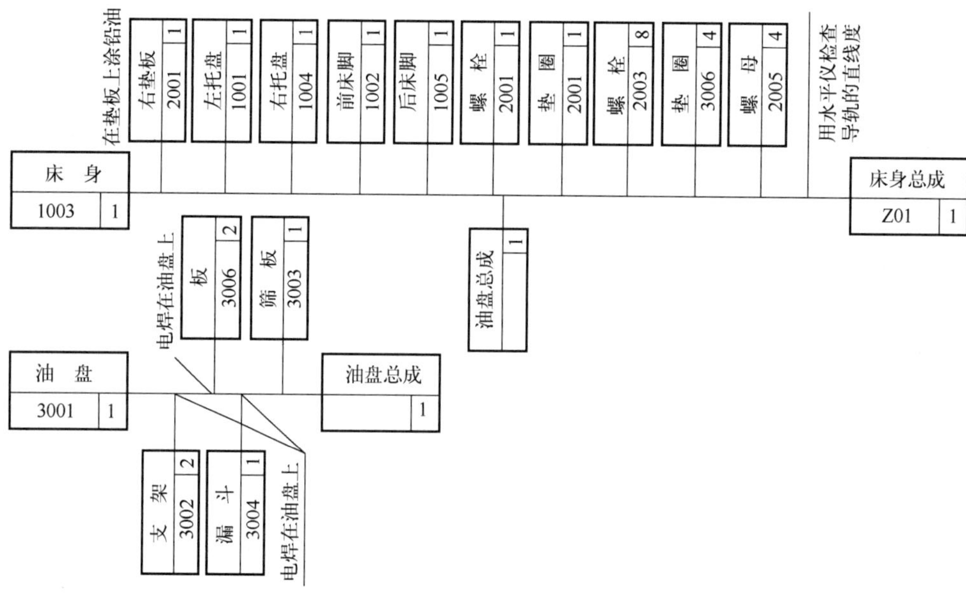

图 6.12　车床床身装配工艺系统图

（4）划分装配工序

划分装配工序、进行工序设计的主要任务是：

① 划分装配工序，确定工序内容；

② 确定各工序所需设备及工具，如需专用夹具与设备，须提交设计任务书；

③ 制订各工序装配操作规范，例如过盈配合的压入力、装配温度以及旋紧紧固件的额定扭矩等；

④ 制订各工序装配质量要求与检验方法；

⑤ 确定各工序的时间定额，平衡各工序的装配节拍。

（5）编制装配工艺文件

单件小批生产时，通常只绘制**装配工艺系统图**，装配时按产品装配图及装配工艺系统图规定的装配顺序进行。

成批生产时，通常还**编制部装、总装工艺卡**，按工序标明工序工作内容、设备名称、夹具名称与编号、工人技术等级、时间定额等。

在大批量生产中，不仅要编制装配工艺卡，还要编制**装配工序卡**，指导工人进行装配工作。此外，还应按产品装配要求，制订检验卡、试验卡等工艺文件。

（6）制订产品检测与试验规范

产品装配完毕后，应按产品图样要求制订检测与试验规范，它包括下列内容：

① 检测和试验的项目及检验质量指标；

② 检测和试验的方法、条件与环境要求；

③ 检测和试验所需工装的选择与设计；

④ 质量问题的分析方法和处理措施。

项目实施

根据图6.1中虎钳的装配图，在分析其装配关系的基础上，制订其装配工艺规程。

拓展阅读

机器装配的自动化

在机械制造业中，20%左右的工作量是装配工作，有些产品的装配工作量可达到70%左右。但装配又是在机械制造生产过程中采用手工劳动较多的工序。由于装配技术上的复杂性和多样性，装配过程不易实现自动化。近年来，在大批大量生产中加工过程自动化获得了较快的发展，大量零件在自动化高速生产出来以后，如果仍用手工装配，则劳动强度大，生产效率低，质量也不能保证，因此，迫切需要发展装配过程的自动化。

国外从20世纪50年代开始发展装配过程的自动化，60年代发展了数控装配机、自动装配线，70年代机器人已应用在装配过程中，近年来又研究应用了柔性装配系统（flexible assembling system，FAS）等。今后的趋势是把装配自动化作业与仓库自动化系统等连接起来，以进一步提高机械制造的质量和劳动生产率。

装配过程自动化包括零件的供给、装配对象的运送、装配作业、装配质量检测等环节的自动化。最初从零部件的输送流水线开始，逐渐实现某些生产批量较大的产品，如电动机、变压器、开关等的自动装配。现在，在汽车、武器、仪表等大型、精密产品中也已有应用。

1. 自动装配机与装配机器人

自动装配机和装配机器人可用于如下各种形式的装配自动化：在机械加工中工艺成套件装配；被加工零件的组、部件装配；顺序焊接的零件拼装；成套部件的设备总装。

在装配过程中，自动装配机和装配机器人可完成以下形式的操作：零件传输、定位及其连接；用压装或用紧固螺钉、螺母使零件相互固定；装配尺寸控制，以及保证零件连接或固定的质量；输送组装完毕的部件或产品，并将其包装或堆垛在容器中；等等。

为完成装配工作，在自动装配机与装配机器人上必须装备相应的带工具和夹具的夹持装置，以保证所组装的零件相互位置的必要精度，实现单元组装和钳工操作的可能性，如装上-取下、拧出-拧入、压紧-松开、压入、铆接、磨光及其他必要的动作。

（1）自动装配机

产品的装配过程所包括的大量装配动作，人工操作时看来容易实现，但如用机械化、自动化代替手工操作，则要求装配机具备高度准确和可靠的性能。因此，一般可从生产批量大、装配工艺过程简单、动作频繁或耗费体力大的零部件装配开始，在经济、合理的情况下，逐渐实现机械化、半自动化和自动化装配。

首先发展的是各种自动装配机，它配合部分机械化的流水线和辅助设备实现了局部自动化装配和全自动化装配。自动装配机因工件输送方式不同，可分为回转型和直进型两类；根据工序繁简不同，又可分为单工位、多工位结构。回转型装配机常用于装配零件数量少、外形尺寸小、装配节拍短或装配作业要求高的装配场合。至于基准零件尺寸较大，装配工位较多，尤其是装配过程中检测工序多，或手工装配和自动装配混合操作的多工序装配时，则选择直进型装配机为宜。

（2）装配机器人

自动装配机配合部分手工操作和机械辅助设备，可以完成某些部件装配工作的要求。但是，对于仪器仪表、汽车、手表、电动机、电子元件等生产批量大、要求装配相当精确的产品，不仅要求装配机更加准确和精密，而且应具有视觉和某些触觉传感机构，反应要灵敏，对物体的位置和形状具有一定的识别能力。一般自动装配机很难具备这些功能，而 20 世纪 70 年代发展起来的装配机器人则完全具备这些功能。

例如，在汽车总装配中，点焊和拧螺钉的工作量很大（一辆汽车有数百甚至上千个焊点），又由于采用传送带流水作业，如果由人来进行这些装配作业，就会紧张到连喘气的时间都没有的程度。如果采用装配机器人，就可以轻松地完成这些装配任务。

又如，国外研制的精密装配机器人定位精度可高达 0.02~0.05mm，这是装配工人很难达到的。装配间隙为 10μm 以下，深度达 30mm 的轴、孔配合，采用具有触觉反馈和柔性手腕的装配机器人，即使轴心位置有较大的偏离（可达 5mm），也能自动补偿，准确装入零件，作业时间仅在 4s 以内。

2. 装配自动线

相对于机械加工过程自动化而言，装配自动化在我国发展较晚。20 世纪 50 年代末以来，在轴承、电动机、仪器仪表、手表等工业中逐步开始采用半自动和自动装配生产线。如球轴承自动装配生产线，可实现零件的自动分选、自动供料、自动装配、自动包装、自动输送等环节。

现代装配自动化的发展，使装配自动线与自动化立体仓库以及后一工序的检验试验自动线连接起来，用以同时改进产品质量和提高生产率。美国福特汽车公司 ESSEX 发动机装配厂就采用这种先进的装配自动线生产 3.8L.V-6 型发动机。该厂每日班产 1300 台 V-6 型发动机，这样每天有数百万零部件上线装配，这些零部件中难免有不合格或损坏的。为了在线妥善处理这一复杂的技术问题，采用了装配和试验装置计算机控制系统。

该系统改进了设计、制造、试验等部门之间的联系，建立了计算机系统，以监视或控制各生产部门。在库存控制、生产计划、零件制造、装配和试验等环节采用计算机控制，形成管理信息系统（management information system，MIS），又采用多台可编程逻辑控制器（programmable logic controller，PLC）来自动控制生产线各机组，以保证其均衡生产。PLC 及智能装配机和试验机可进行在线数据采集并与主计算机联系，并对各装配过程和零部件的缺陷进行连续监视，最后做出“合格通过”或“不合格剔除”的判定。不合格产品的缺陷数据自动打印输出给修理站，修复后的零件或产品可以再度送入自动线。

为了适应产品批量和品种的变化，研制了柔性装配系统（FAS），这种现代化的装配自动线，采用各种具有视觉、触觉和决策功能的多关节装配机器人及自动化的传送系统。它不仅可以保证装配质量和生产率，也可以适应产品种类和数量的变化。

课后练习

（1）某轴与孔的配合间隙要求为 0.04~0.26mm，已知轴的尺寸为 $\phi50_{-0.1}^{\ 0}$ mm，孔的尺寸为 $\phi50_{\ 0}^{+0.2}$ mm。若用完全互换装配法进行装配，能否保证装配精度要求？用统计互换装配法能否保证装配精度要求？

（2）如图 6.13 所示，减速器中某轴上零件的尺寸为 A_1=40mm，A_2=36mm，A_3=4mm，要求装配后齿轮轴向间隙 $A_0 = 0_{+0.1}^{+0.25}$ mm，试用完全互换装配法和统计互换装配法分别确定各尺寸的公差及极限偏差。

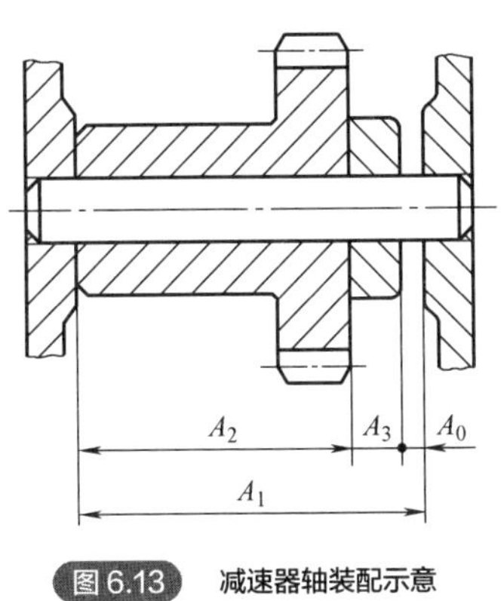

图 6.13　减速器轴装配示意

参考文献

[1] 王茂元. 机械制造技术 [M]. 北京：机械工业出版社，2021.
[2] 陆建中. 金属切削原理与刀具 [M]. 5版. 北京：机械工业出版社，2022.
[3] 张海华. 机械制造技术基础 [M]. 北京：化学工业出版社，2019.
[4] 张士军，孙德英. UG专用夹具设计 [M]. 北京：机械工业出版社，2022.
[5] 吕明. 机械制造技术基础 [M]. 3版. 武汉：武汉理工大学出版社，2016.
[6] 于英华. 机械制造技术基础 [M]. 北京：机械工业出版社，2019.
[7] 黄健求，韩立发. 机械制造技术基础 [M]. 3版. 北京：机械工业出版社，2022.
[8] 王先逵. 机械制造工艺学 [M]. 4版. 北京：机械工业出版社，2023.
[9] 邹青. 机械制造技术基础课程设计指导教程 [M]. 2版. 北京：机械工业出版社，2022.
[10] 艾兴，肖诗纲. 切削用量简明手册 [M]. 3版. 北京：机械工业出版社，2022.
[11] 陈宏钧. 实用机械加工工艺手册 [M]. 4版. 北京：机械工业出版社，2020.
[12] 金捷. 机械加工工艺编制项目教程 [M]. 北京：机械工业出版社，2021.
[13] 卢秉恒. 机械制造技术基础 [M]. 4版. 北京：机械工业出版社，2023.
[14] 王道林，吴修娟. 机械制造工艺学 [M]. 北京：机械工业出版社，2023.
[15] 陈明. 机械制造工艺学 [M]. 2版. 北京：机械工业出版社，2022.
[16] 朱焕池. 机械制造工艺学 [M]. 2版. 北京：机械工业出版社，2023.
[17] 戴曙. 金属切削机床 [M]. 北京：机械工业出版社，2021.
[18] 薛源顺. 机床夹具设计 [M]. 2版. 北京：机械工业出版社，2023.
[19] 王隆太. 先进制造技术 [M]. 3版. 北京：机械工业出版社，2022.
[20] 王增强. 机械加工技能实训 [M]. 3版. 北京：机械工业出版社，2022.
[21] 岳永胜，梅向阳. 机械制造实训教程 [M]. 北京：机械工业出版社，2023.
[22] 贾亚洲. 金属切削机床概论 [M]. 3版. 北京：机械工业出版社，2022.
[23] 刘文娟. 金属切削机床 [M]. 北京：机械工业出版社，2023.
[24] 徐鸿本. 机床夹具设计手册 [M]. 沈阳：辽宁科学技术出版社，2004.
[25] 韩步愈. 金属切削原理与刀具 [M]. 3版. 北京：机械工业出版社，2023.
[26] 肖善华，廖璘志. 机械加工工艺设计 [M]. 北京：机械工业出版社，2021.
[27] 孙光华. 工装设计 [M]. 北京：机械工业出版社，2020.
[28] 兰建设. 机械制造工艺与夹具 [M]. 2版. 北京：机械工业出版社，2023.
[29] 吴拓. 机械制造工艺与机床夹具 [M]. 3版. 北京：机械工业出版社，2023.
[30] 刘守勇，李增平. 机械制造工艺与机床夹具 [M]. 3版. 北京：机械工业出版社，2022.